JN081018

# エイリアン・アブダクションの深層

Passport to the Cosmos

## 意識の変容と霊性の進化に向けて

ハーバード大学医学部教授
ジョン・E・マック［著］
John Edward Mack, M.D.
大野龍一［訳］

ナチュラルスピリット

# Passport to the Cosmos

## Human Transformation and Alien Encounters

by John E.Mack



Japanese translation and electronic rights arranged with
John E. Mack in care of RUSSELL & VOLKENING
c/o Massie & McQuilkin Literary Agents, New York
through Tuttle-Mori Agency, Inc., Tokyo

私の先生であった体験者たちに

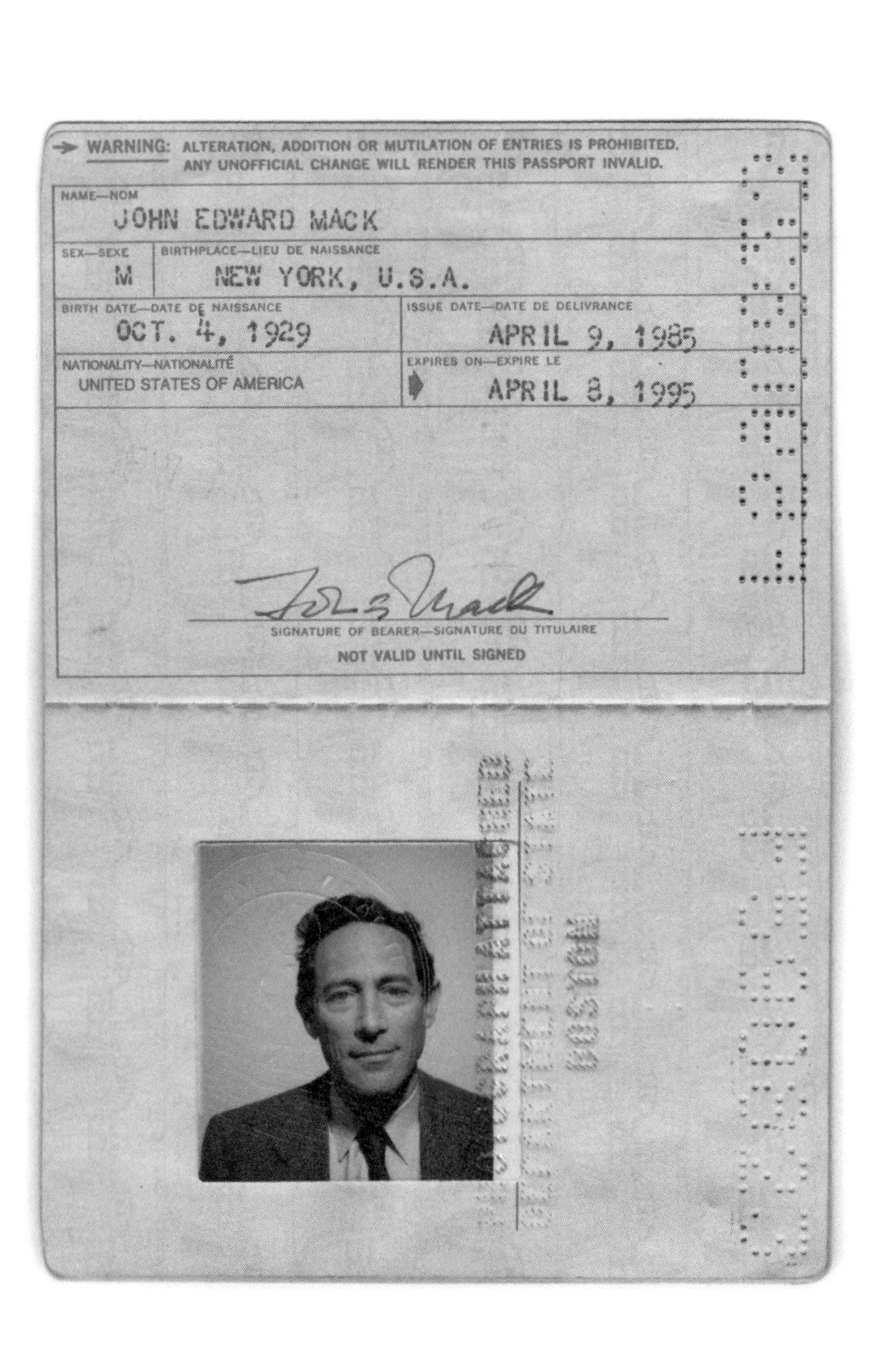
WARNING: ALTERATION, ADDITION OR MUTILATION OF ENTRIES IS PROHIBITED. ANY UNOFFICIAL CHANGE WILL RENDER THIS PASSPORT INVALID.

NAME—NOM
JOHN EDWARD MACK

SEX—SEXE
M

BIRTHPLACE—LIEU DE NAISSANCE
NEW YORK, U.S.A.

BIRTH DATE—DATE DE NAISSANCE
OCT. 4, 1929

ISSUE DATE—DATE DE DELIVRANCE
APRIL 9, 1985

NATIONALITY—NATIONALITÉ
UNITED STATES OF AMERICA

EXPIRES ON—EXPIRE LE
APRIL 8, 1995

SIGNATURE OF BEARER—SIGNATURE DU TITULAIRE

NOT VALID UNTIL SIGNED

# 目次

## 〈第二部〉

### 第五章　地球を守る　175



### 第六章　ハイブリッド・プロジェクト　226

## 〈第三部〉

# 〈第四部〉

## 第十二章　源泉への帰還 ……… 436



## 第十三章　関係：目を通じてのコンタクト ……… 481

## 結論　立ち現われる全体像

# 序文

顔を〔宇宙船の〕窓に押しつけて、あなたが地球を見、宇宙を見るなら、そして一八〇度の眺望が開け、空間を遮るものが何もないため十倍も多くの星が見えるなら、それは壮麗で、圧倒的なものとなるだろう。……起きるのは突然の心の覚醒であり……それは私に次のことを気づかせてくれた。古くからある問い、「私たちは何者で、どこから来たのか、そしてどこに向かおうとしているのか？」は科学の内部では不完全にしか答えられず、欠陥をもつということである。この統合と絆の感覚は、恍惚を伴う、祝福に満ちた体験であった。〔宇宙から〕戻ったとき、私は自分の人生が変わってしまったことを知った。自分がしたこの体験が何であったのか、発見しなければならないことを私は知ったのである。

宇宙飛行士　エドガー・ミッチェル

一九九八年三月八日の、ＰＥＥＲ〔超常体験研究プログラム〕

スター・ウィズダム会議における発言

十年近く、私がエイリアン・アブダクション現象を研究している間、それが潜在的に含みもつ意味合いは広がり、深化し続けた。最初、その現象は奇妙で不愉快な侵害のように見えた。ある未知の力が多くの人々の体と精神、生活に侵入し、誰を選択するかは見たところランダムなものと思われたからである。たしかにある程度まで、今でもそうである。しかし、時がたつにつれ、アブダクティまたは体験者(イクスペリエンサー)と呼ばれる勇気ある人たちとの共同作業のおかげで、私はエドガー・ミッチェルが語った古くからある問い、「私たちは何者で、どこから来たのか、そしてどこに向かおうとしているのか?」に、彼らがどのようにして実際に導かれるのか、理解するようになった。

最初に強調しておきたいのは、本書で私はエイリアン・アブダクション現象の物質的な現実性、つまり、人間型生物(humanoid beings)によって人々が連れ去られ、何らかの種類の空間の中で様々な行為やコミュニケーションが行なわれると言われるその報告が、物質現象として文字どおり真実であるか否かを明確化しようとしているのではない、ということである。私としてはむしろ、これらの体験がいわゆるアブダクティの人たちや、より広く人類一般にとってどのような意味をもつかということの方により関心がある。その意味で、本書はたんにアブダクションを扱うだけでなく、そのような特異な体験とそれと関連する現象が自分自身とリアリティの本質についての私たちの理解の進歩にどんな寄与をするか、という問題にも触れている。

現在の見解に導かれた経緯を振り返って、私が気づくのは、宇宙についての私たちの見解や考え方が実際には不完全で欠陥をもつものかも知れないという可能性を最低限認める意欲がなければ、人はこのような非常識に思える現象を真剣に考え始めることはできないということである。この〔物質主義的な〕世界観では、何かがリアルであるためには、そのふるまいが私たちがすでに知っている自然法則と一致するものでなければならないとされる。そしてその秘密を、五感と合理的な分析、主観と客観、探求者と探求される物との完全な分離に主として依存する知のあり方に従って明かすことを当然視するのである。

こうしたことは念頭に置いた上で、私は読者に知らないという態度、私たちは物事の知り方を知らない、とくに自分にとって最も重要なものについてはそうなのだという謙虚な態度で、本書を読み始めていただくようお願いしたい。私はまた、人間精神特有のロジック、たとえば「もしもエイリアンがXであるなら、どうして彼らはYをしないのか?」といった論法に従って自動的に問いを作り出す傾向を、一時棚上げするようお願いしたい。

私自身のアプローチは、アブダクションの体験者が何らの事前判断や解釈もなしに自分の話をするのを許すという、広く臨床医がとるアプローチである。その語り手とメッセージの内容を評価する時はいずれ後でやってくる。この点で、臨床医は有利な点をもっている。他の人たちと作業をする際、私たちはいつも共感と直観に、知るための道具として自分自身を用いることに重きを置く。私たちは不確実さに、人間経験の多様性と神秘に自らを没入させることに、慣れているのである。

ジョン・E・マック
コロラド州ボールダーにて

「私の自我はこれに抵抗するんです」とカリンは言う。しかし、「より高次の自己意識では、私は全部のプロセスに同意しています。……それは生命の創造、純粋な創造です。それは神のなさることです」(p.245より) イラスト by カリン

# 第一部

Part One

私のベッドの端におずおずとのぼってきて、私はまたパニックになった。それは今はもう完全にベッドの上にいて、私はすっかり目覚めている。……それからそれは、私に目を開けてと言う。「何なのよ、このくそバッタ！」　イラスト　by カリン

# 第一章　アブダクション：ネクスト・ジェネレーション

遭遇のもつ力は、自分が無力であることを認め、事柄全体を疑い続けるところからやってくる。なぜなら、疑問が深くなればなるほど、あなたはいっそう解決策を見つけようと骨折るようになるからだ。もしもあなたが彼ら［存在たち］に問いを発し続けるなら、彼らは、その問いがより挑戦的な、答えることができそうもないものになるよう、事態を変化させ続けるだろう。仮にあなたが「そうか、彼らはエイリアンだが、この惑星内部からやって来るのだ」と言い始めれば、あなたは途方に暮れてしまう。……私はしばしば問いが成り立つはずがないような状況に追い込まれた。あなたはそれに答えないではいられないが、答えることはできないのだ。それであなたはそれを抱え込む。あなたは耐えがたい状況に置かれ——そして成長するのだ。

ホイットリー・ストリーバー
一九九六年六月一六日、サウスダコタでの
著者とのインタビューで

## 背景

エイリアン・アブダクション現象は、つねにというわけではないが通常、その人の意志に反して人間型生物によって連れ去られ、様々な行為やコミュニケーションが行なわれる何らかの種類の囲まれた空間に引き入れられる体験、として定義できる。『アブダクション』(一九九四年)の発刊以後、私はさらに米国と他の国々の、奇妙な存在との遭遇を報告する百人以上の人たちと面接してきたが、本書で述べられる遭遇のすべてが侵略的/トラウマ的な体験という意味で、典型的または古典的というわけではない。のちに見るように、カルロス・ディアス、ジーン、セコイアやギャリー【訳註：第二章末尾の登場人物一覧を参照】の場合は、典型的なものではない。また、その遭遇体験が彼らに深い影響を及ぼしたのはたしかだが、バーナードやアリエル・スクールの子供たちが実際に彼らの見た存在たちに誘拐されたという証拠はない。より広い範囲での体験も含めるのは理解に役立つだろうと、私は信じている。本書では、その後の研究から私が学んだことをお話ししたい。この超常現象のもつ意味と力、とりわけ地球の生態学的危機に対するその関係についての私の理解は、たえず進展している。私は依然として存在する矛盾やパラドックス同様、そこに現われ続けているように見える一貫したパターンから話を始めたい。この宇宙において私たちはいかなる存在であるのか、それを理解する上でこれらの体験がどういう意味をもってくるかは、本書のそれぞれの章で検討されるだろう。

初めてエイリアン・アブダクション現象のことを耳にしたとき、私はそれを自分の精神病理学の知識に適合させようとした。しかし、これらの報告の説明となりそうないかなる精神医学的障害も発見できなかったし、こうした人々に関する心理学的研究で、対照された比較群の人たちより彼らが多くの精神病理学的徴候を示したという結果が出ているわけでもなかった。それゆえ私はほどなく、いかなる説得力のある説明もまだ提出されていないことを知った。純然たる心理学的、社会心理学的説明——つまり、他の知性体または力が外部から体験者の生活の中に入り込んできた可能性を含まない説明——は、これらのクライエントが示しているものについての私の診断的評価と一致しなかったのである。

私はそのとき、これらの人たちの報告を私の世界観に適合する枠組みにフィットさせ、彼らがファンタジーや奇妙な夢、幻覚、あるいは何らかの現実の歪曲をもっているのだという方向に進むか、それとも自分の世界観を修正して、実体、存在、エネルギー――とにかく「何か」――が別の領域から私のクライエントたちの元にやってきたのだという可能性を考慮するか、いずれかの選択を迫られた。最初の選択肢は私の世界観と矛盾しなかったが、臨床的データとは一致しなかった。二番目のものは、私の哲学的基盤と一致せず、現実についての伝統的仮説とも対立するが、私が発見したものとはうまく適合するように思われた。私には、明らかに彼らにはふさわしくない型枠に適合するようクライエントたちを強制し続けるより、自分の世界観を修正することの方が論理的で、知的にも誠実であるように思われた。

一九九五年に、彼女自身、意識の尋常でない状態の研究のパイオニアである親しい友人の一人が、私に次のような挑戦的な問いかけをした。「ジョン、あなたはこの研究で、自分がこの上なく弱い立場に立っているのがわかっている?」。彼女がそう言ったとき念頭に置いていたのは、存在、霊、または何かが、不可視の、または「他の」世界から私たちの物質的現実世界に「敷居を超えてやって来る(cross over)」ことがありうると私が考えているということなのだろうと、私は過(あやま)たず推測した。この「越境(crossover)」は、大部分のとは言わないまでも、多くの先住民文化の中ではふつうに起きることだとみなされている。しかし、私たち西洋の科学的・物質主義的な社会においては、霊と物質の領域は分離され区別されたままで、両者間の往来は全く不可能ではないとしても、疑わしいものとみなされている。私が彼女に、自分がアブダクション現象を調査しようとしている他の文化では、そのような交流は「大層なこと（ビッグ・ディール）」ではないのだと指摘したとき、彼女は私たちの文化ではそれは実際ビッグ・ディールなのだと答えた。

## 世界観と他の文化

物質世界を霊の領域、不可視の力、英国の作家パトリック・ハーパーの言う「ダイモン的現実」【原註】、東洋の霊的伝統におけるいわゆる「幽界（the subtle realms）」から徹底的に分離する世界観がどれほど〔西洋社会に〕深く根を張っているかは、一九九四年春に私の本が出た二、三週間後に痛感された。そのとき、ハーバード・メディカル・スクールの古参教授の一人が私

【原註】ハーパーが使った「ダイモン的（daimonic）」という言葉は、「悪魔的（demonic）」という言葉と混同されてはならない。ハーパーはこの言葉をたんに、物質的世界に顕現する可能性のある不可視の現実または力を指すものとして用いているのである。

に、私の研究を調査する小委員会【原註】の設置を要請する一通の手紙を手渡した。私が行なっていることについて大学当局に「懸念」を表明したと曖昧に説明（そのとき何か特別な苦情を言われたり、その手紙の内容について言及されたわけでもないのだが）した後、彼は楽しげな口調で――というのも、彼は私の友人であり同僚でもあったから――こう付け加えた。もしも私がその本の中で、私の発見はリアリティについての私たちの見解に変化を要請するものだなどとほのめかしたりせず、その原因がまだ明らかになっていない新たな精神医学的病態を発見したと言っていれば、私が面倒に巻き込まれることはなくてすんだだろうにと。

私が最近面接した人の中には、米国や他の国出身の先住民文化の背景をもつ人たちもいる。これらの情報提供者たちは頻繁に、部族伝説によれば、彼らの民族は空からやってきたもので、彼らの文化は「スター・ピープル」、いわゆるＵＦＯまたはそれと似たものに乗ってやってきた人たちによって礎（いしずえ）を築かれたのだと語った。私はそうした話を解釈するのに困難は覚えなかった。ネイティブの文化では、霊や不可視のものと物質世界の関係は〔私たち西洋世界のそれとは〕異なっているからである。たとえば、バーナード・ペイショットは、彼はブラジルの熱帯雨林に住むイピクシュマ族に育てられたシャーマンだが、「私たちの伝説では、ずっと昔、空飛ぶ円盤がアマゾン川流域に着陸したと言われて」おり、この宇宙船から男たちが現われたとされていると言った。彼の話では、数千年前とは言わないまでも、〔近くても〕数百年前に描かれた洞窟画が存在し、そこには何らかの乗り物が描かれているという。これらの存在はマクラス（makuras）、または「上空からやってきた」スピリットであった。私が彼に、あなた方の部族では、この伝説が文字どおり物質世界に関するものとみなされているのか、それとも暗喩（メタファー）的なものと解されているのか、あるいは不可視のまたは霊的な領域から物質世界への越境を示すものなのかと訊ねると、彼は簡潔に、自分の部族では「そのどれにも違いはない」と答えた。(1)　＊巻末註、以下同

同様にして、西アフリカ、ブルキナファソのダガラ族のシャーマンであるマリドマ・ソメ

【原註】この委員会の勧告の一つは、その研究にもっと多くの同僚を関わらせるべきである、というものであった。これはかんたんなことではなかった。しかし、この勧告のおかげで、超常体験研究プログラム（ＰＥＥＲ）はケンブリッジ病院の精神医学部門と提携して、学際的グループを組織し、異常な現象を研究することになった。このグループの最初の会合は、一九九九年四月一〇日と一一日に、ハーバード大学で開かれた。その会合では、大学内外から集められたすぐれた同僚たちがエイリアン・アブダクションや他の異常現象を研究する上での課題について、実りのある議論を行なった。そこに代表を送った学問領域には、宇宙物理学、光物性学、科学史、心理学史、人類学、哲学、神学、神経生理学、そしてもちろん、精神医学と心理学が含まれていた。この会合は本書では「学際的研究グループ会議」または「研究グループ会議」あるいはたんに「研究グループ」として言及されるであろう。

——彼はソルボンヌとブランダイス大学の上級学位をもっている——は、こう書いている。「西洋的な現実では、霊的なものと物質的なもの、宗教的な生活と世俗生活との間には明確な線引きがある。こうした考えはダガラ族にとっては異質なものである。私たちにとって、また多くの先住民文化にとって、超自然的なものは日常生活の一部である。ダガラ族の男女にとって、物質は形態をとった霊的なものに他ならない」(ソメ 1995)と。私は幾度となく北米のネイティブの人たちから同じような言葉を聞いた。たとえば、セコイア・トゥルーブラッド（第九章参照）にとっては、アブダクションの間に肉体が連れ去られるのは重要なことではない。なぜなら「われわれはスピリットである」からだ。ネイティブの人々は、と彼は付け加える。「霊と意味」の世界に暮らしている。これに対して白人は、「科学と事実」の世界に生きているのだ（一九九八年六月の著者との会話で）。

ネイティブの人々の間では、少なくとも伝統的な様式とのつながりを失っていない人たちの間では、創造主との直接的なコミュニケーションは日常生活の一部であるかもしれない。そしてUFOやそれと似たものは、このコンタクトである役割を果たしているように見える。ウォレス・ブラック・エルクは、尊敬されているラコタ族の長老で、シャーマンだが、次のように言っている。霊とコンタクトをとるのに「私たちは紙切れを必要としない。……私たちは創造主に『ヨーホー』という声を送る。すると､誰かが応えてやってくるのだ」と。誰かが「『ヨーホー、私は迷ってしまった。助けがほしい』と言ったとする。そのとき霊がやってきて、その人をある場所に連れてゆく。彼らはあなたをそこまで飛んで連れてゆくだろう。あなたをそこへ引き上げるだろう。もしもあなたが月に行きたいと思えば、彼らはそこにあなたを連れてゆくだろう。彼らはあなたを小型の空飛ぶ円盤の一つに乗せる。そして瞬時にあなたをそこに連れてゆくのだ。それから、彼らはあなたを元のところに連れて戻る」（ブラック・エルクとリヨン 1991）。

科学によって養われた精神がこうした言葉をどのように受け取るかを知ることは難しい。私はそれ以後にブラック・エルクと話をしたことがある。そして、彼が述べることは物質主義者の見地からすれば馬鹿げているという事実にもかかわらず、彼は文字どおりの意味でそう言っているように見えた。私は時々、私が一緒にUFOやアブダクションの類の話をすることを彼らが知っているからこそ、私がインタビューする人たちは、この種のことを話す傾向があるのだと言われることがある。だとすれば、ブラック・エルクの人生の物語から採られた上記の引用は興味深いものとなる。それは語られた言葉——かなりくだけた調子のものと見えるが——を筆録したものだが、一九八〇年に人類学者のウィリアム・リヨンに対して語ったもので、私がこの種のことを研究し始める何年も前の言葉だからである。リヨンはUFOには特段の関心はもっていなかったように思われる。

私が育ち、教育を受けた世界では、不可視の現実から立ち現われ、物質的に顕現する生命、存在、エネルギー——その他何であれ——という考えは、単純にありえないものであった。けれども、まさにこのようなことが、エイリアン・アブダクション現象の事例では起きているのである。私は繰り返し、パトリック・ハーパーが英国の科学者ウィリアム・クルックス卿について述べた話を想起させられた。卿は彼の同僚たちによって、十九世紀の花形霊能者、D・D・ホームの元に、その正体を暴露すべく送り込まれた。予期に反して彼自身が「転向」させられ、そのことを同僚たちに報告した時、彼らは憤慨して、ホームがやっていることは不可能なことだと彼に言った。クルックスは答えた。「私はそれが可能だと言ったことはない。私はそれは真実だと言ったのだ」(ハーパー 1994)。私が発見してきたことは、私自身の背景に照らせば、「可能」ではなかった。けれども、私の臨床的経験と判断の見地からは、それは何らかの点で真実であるとたしかに思えるのだ。その意味で、この現象は、私たちがこんにち「隕石」と呼んでいる空から降ってきた岩についての風変わりな報告が、十八世紀には、当時の科学によってありえないことだとされたのと似ているかもしれない。今は異常な、起きるはずのないことだと解されても、私たちがまだ理解していない何らかの意味でそれはリアルなのだと、のちに判明するかもしれないのである。[2]

## これはどういう種類の現象なのか、そしてそれは私たちに何を伝えているのか?

ここまでで、本書の目的が、エイリアン・アブダクションが、物理的な証拠はあったとしても、文字どおりの物質的な意味で現実であると証明することにあるのではないことが明らかになっただろう。宇宙人（alien beings）と彼らに関係する現象が、観察、測定でき、〔実験室でのそれのように〕再生可能なかたちで実在するか否かは、科学と、私たちの世界観にとっては大きな関心事かも知れない。しかし、そうした物質科学の「流儀」に基づく要求を満足させられるような種類の証拠をまとめることは、困難な、捉えどころのない作業であることがこれまでに判明している。私は体験者の報告を記録すると共に、妥当と思われる物的証拠も提示するが、その場合でも、私の主要な関心は体験それ自体、そのパターン、意味、そしてそれが私たちの現実についての理解と、宇宙における私たち自身についての認識にとってどのような意味を含みもつかというところにある。

私はエイリアン・アブダクション現象を、臨死体験や体外離脱体験、奇妙な動物のバラバラ切断事件、農地に出現するミステリー・サークル【原文はcrop formationsだが、日本ではこの呼称が定着しているので、訳語はそれに合わせた】、聖母マリアの奇異な出現、シャーマンに見られる自然発生的に起こる現象などのような、目下人類の意識が直面させられている多くの出来事の一つとみなすようになった。これらは越境現象（物質世界に起きるが、その内部に由来するものではないように見える様々な種類の出来事）として記述できるかもしれない。こうした現象は、不可視の世界の力と物質的な領域との間にある、合理的な精神には神聖なものである境界を突き破り、研究者リンダ・ハウの言う「他のリアリティ」を私たちに「瞥見（べっけん）」させてくれるものであるように思われる（ハウ 1993, 1998）。

ある意味では、どんな宇宙の神秘も、少なくとも理論的には、「超常」「超自然」現象というより、私たちがまだ理解していない、あるいは測定の仕方を知らない、宇宙もしくはより精妙なエネルギーのたんなる法則の反映にすぎないかもしれない。しかし、エイリアン・アブダクション現象や上記のような奇異な現象は、物理学（伝統的なそれ）の法則をはるかに超えたところで作用しているように思われる。それらは現実についての新たなパラダイムを要求しているのであり、その新パラダイムは、こうした現象もリアルなものとして包摂し、それらを研究するための私たちの認識の仕方を拡大してくれるかもしれない。

ここで扱われる問題は、その秘密を〔現代〕科学の方法論に開示することはないだろう、と私には思われる。というのも、その方法論なるものは、もっぱら物質界の内部に存在するものとしての諸現象を研究するために発展してきたものだからである。これは、観察や分析の注意深い手法がエイリアン・アブダクション現象の物質的な側面に適用されるべきではないという意味ではない。ただ、ＵＦＯの写真やレーダー記録、行方不明者やアブダクションに続く妊娠、奇妙な存在の目撃報告、ＵＦＯが着陸したと思われる地点の焼け焦げた跡、アブダクション後の体の傷や、体験者の体から摘出されたいわゆるインプラント、そしてこの現象に関係する他のすべての物理的痕跡の調査には、その確実さや証拠を見つける上でたえず不一致や困難が伴っていて、最も熱心な研究者たちでさえ、不十分な、あるいはニセの証拠やいたずらについての暴露や非難で相互に対立することがしばしばあるほどである。一方、懐疑派の人たちは、問題全体を幻覚や、そうと信じ込んでいる人たちの病的な妄想にすぎないとして片づける傾向がある。

それはあたかも、ここで働いているエージェントまたは知性が、研究者たちを茶化したり、嘲(あざけ)ったり、罠にかけたり、騙したりして、その現象を信じる準備ができている人たちにとっては十分だが、懐疑派を納得させるには足りない物的証拠だけを提供しているかのようである。この見たところフラストレーションのたまる状況には、より深い真実と可能性が伏在しているのかもしれない。それは私たちにやり方を変え、意識や学び方を拡大し、伝統的な認識や観察の仕方に加えて、その複雑で微妙な、そしておそらく究極的には知りえないであろう性質により適合した方法論を用いるよう差し招いている現象であるかに見える。

ウォレス・ブラック・エルクは、多くのアメリカのネイティブの人たちの長老同様、「円盤」や「これら小さな人々」と遭遇した体験をもっており、彼らとテレパシー的なコミュニケーションがとれるが、科学的物質主義の融通の利かなさと限定された知力を嘲っている。「科学者たちはそれを未確認飛行物体と呼ぶ」と、彼はリヨンに語った。「しかし、それはジョークではないのかね？　彼らは訓練を受けていない。彼らは叡知との、知識、力、天から与えられた能力とのコンタクトを失っている。だから彼らは何でも最初に自分の肉眼で見なければならないのだ。彼らはまずそれをつかまえなければならない。彼らはそれを撃ち落とし、それが何でできているか、それがどういうかたちで、どんな構造になっているか、すべて確認しなければならない。しかし、彼らの意図は間違っている。だから誰かが彼ら科学者を誤った方向に導いているわけだ。……しかし、最大のジョークは、彼ら科学者の側にある。なぜなら彼らはあの星の世界の人々とのコンタクトを失っているからだ」（ブラック・エルクとリヨン 1991 傍点部、著者）。

私たちは不可視のまたは「精妙な」領域からの侵入と呼べそうな現象を理解し、研究する方法を学び始めたばかりである（マック 1996）。伝統的な証拠への要求を満たすには足りないとしても、たえず現われ続けている情報や知識によって測定されるものとして、最良の結果を生み出しそうなのは、細心かつ実証的な観察と、直接的な体験について注意深く記録された話を結びつけ、それらを擦り合わせ、分類し、異なった地域や文化の多くの個人からの報告を対比することである。知らないという態度、仏教徒のような「空っぽの心」は重要不可欠である。既存のスキームや枠組みには「適合しない」観察や報告に進んで耳を貸し、記録する態度が必要なのだ。

エイリアン・アブダクション現象――このことはおそらくすべての「ダイモン的現実」に当てはまるだろうが――の場合、その源泉は不可視である。それは物質世界に突き入ってくるが、こうした遭遇体験はとらえどころのない、また不定期なものである。そして納得の行くようなものとしてそれを記録するのは難しい。情報の最大の源泉は体験者自身の報告である。ここで調査者は、トレーニングを積んだメンタルヘルスの専門家ではなかったとしても、ある意味で臨床医になり、既存の世界観にとって大きな脅威となりかねない情報に対して自らを開かねばならない。体験の回想に真剣に耳を傾けるだけでも、多くのことが学べるだろう。しかしながら、通常とは異なる意識状態の利用――リラクゼーションの実践や適度の催眠――は、その体験の謎により深く入り込み、体験の結果としてほとんどつねに残されたままになっている、内部に蓄積された感情の力を解き放つのに治療的に役立つだろう。用いられる調査プロセスの手法は、次章でさらに詳しく論じられるだろう。

## 体験の第一義的重要性

この研究を行なう際、私は映画『コンタクト』の、宇宙への「フライト」から戻ったとき宇宙飛行士エリー・アロウェイが直面したジレンマのことを思い出す。揺れる恒星間渡航ポッドに縛りつけられたまま、彼女は宇宙空間に打ち出され、ベガ星に向かって猛烈な勢いで飛んだかに思われた。彼女には何時間も経過したと思われる中で、エリーは途方もない力と美しさをもつ渦巻の中を通り抜ける。目の前には超絶的な栄光に満ちた宇宙の眺望が開け、彼女は畏怖と崇敬の思いに圧倒され、神の荘厳な現前をまのあたりにしたかのように感じられる。彼女は光り輝く浜辺に降り立つが、そこでは聖なる自然が織りなすものが触知可能であるように思われる。この具現化した霊的世界の中で、エリーはずっと前に亡くなった父親と会う。その後突然、彼女は発射台に引き戻されている自分に気づく。そこで彼女は、システムが機能不全に陥ったこと、彼女と、彼女が乗った宇宙船（スペース・ポッド）はどこにも行かなかったこと、地上では僅か数分しかたっていなかったことを告げられる。科学者たちは彼女に、宇宙から持ち帰った物は何もないのだし、彼女の話の裏付けとなる証拠は何もないのだから、彼女が体験したと思っていることは幻覚か幻想で見たものでしかないのだと説得しようとする。しかし、何もかもが彼女には正気のことに思われ、少なくともそれまでは、起きたことは何であれ現実なのだと、理性的な人は彼女に言っていたのだ。

彼女の小さな宇宙船のビデオテープは、「その」時間のパースペクティブでは、十八時間が経過しており、エリーの話を裏付けるものであることを示し、異なった時間知覚の新たな謎が生まれる。しかし、それは最も重要な点ではない。彼女は疑いもなくリアルで、超絶的な力、彼女にとっては意味のある、彼女の世界観を打ち砕くほどのものではないとしてもそれを揺るがす、挑戦的な体験をしたのだ。

エリーのジレンマは、私や、私と一緒に事の解明に当たってきたアブダクション体験者たちが直面させられるそれと似通っている。起きたことの真実性を決定するデータの主要な源泉となるのは、体験それ自体と、私たち——体験者と私——のその現実性に対する評価なのだ。それはたとえば、一九九四年にジンバブエのアリエル・スクールで起きた出来事（八五頁、人物紹介の項参照）の際、子供たちが語った確信、十二歳のエミリーが言った、「それはぜったいに本当なんです。誰かがそれはほんとじゃないとか、私たちがつくり話をしているとか言うかもしれません。でも、私たちは自分が何を見たか知ってるし、私たちはそれを信じているんです」といった言葉である。私は十一歳のナサニエルに、子供たちはその事件を想像するか、白昼夢を見たのだろうとほのめかす人に会ったら何と言うかたずねてみた。彼はいくらか憤慨した口調で、「ぼくは、クラスの他の子たちもほとんど全員がそれを見たのだと言うと思います」と答えた。

物的な証拠は、仮にそれがあれば、その体験のマテリアルまたは客観的事実を確証するものと見えるかもしれない。しかし、最も強力な証拠は主観的な、あるいはそれを知るために話の中に一定レベルまで進んで入り込まねばならない面接者にその体験が語られるかぎりにおいて間主観的（五五頁参照）なものである。私たちは事実上、存在論的であると同時に臨床的な判断を下さなければならない。私たちはこの時、この文脈で、この人物について知ることから、たとえそれが何が可能であるかに関する私たちの信念をどれほど揺るがすものであったとしても、彼らが語っている、または再体験していることは本当である（場合によっては本当ではない）と言うだけの勇気、前向きさをもたねばならない。私たちが発見したものの妥当性は、他の観察者が同じか類似のことを発見したとき、補強されることになるだろう。

## アブダクション現象の基本要素

アブダクション現象にアプローチする枠組みは設定したので、今度は私にとって基本的な要素と思われるものを規定しておきたい。一九九四年の私の本、『アブダクション』のときより、情報提供的、変容的側面が本書ではより強調されるが、これは、現象それ自体が変化したからなのか、それとも問題に対する私の取り組み方が変化したからなのか、あるいは両方なのか、私自身にははっきりしない。

### 医学的・外科的側面とハイブリッド・プロジェクト

最初は、アブダクション体験それ自体の今ではおなじみとなった要素である。実質的にはどの年齢の人（比較的若い世代に偏っているように見えるが）も、自宅のベッドや車の中にいるか、ドアの外にいて、明るい光やハミング音、奇妙な体の振動や麻痺、近づいてくる奇異な乗り物か一人またはそれ以上のヒューマノイド、あるいは人間の外見をした奇妙な存在に意識を乱される。その現象に対する個人の関わり方次第で異なる様々な度合いの不安を体験するが、通常は自分の意志に反して浮き上がり、壁やドア、窓を通り抜けてコンピューターのようなものや機械装置のある円形の囲われた空間に連れて行かれたのだと、体験者たちは説明する。その宇宙船、または風変わりな乗り物には、いくつもの部屋があるかもしれない。そしてそこではさらに多くの奇妙な者たちが忙しげに動き回り、体験者たちには通常理解できない作業を行なっているのが見える。

どこかの部屋で、体験者たちは様々な種類の医学的・外科的な検査や処置を受ける。それは何が行なわれるかによって、また彼らがそれまで体験してきたこととの関係、不完全にしか理解されない要因がどれくらいあるかにもよって異なるが、多かれ少なかれトラウマ的である。その体験の中心的な特徴の一つは、複雑な性的／生殖的プロジェクトで、一連の体験の後、ハイブリッド〔混血児〕らしきものが結果として生み出されるように見える。そのハイブリッドに対して、体験者、とくに若い女性は切ないまでに悩ましい感情を覚える。他方、彼らはエイリアンと人間の混血のように見えるその生きものが、愛と養育を必要としていて、彼ら自身が何らかの生命創造の進化的冒険の一部になっているとも感じる。他方、彼らは仮にそうできたとしても、いつそのハイブリッドの赤ちゃんまたは子供に再び会えるかを決める力は与えられていないと感じる。そして自分がブリーダー【ここでは「エイリアンとの混血児を産む役割をさせられている女性」の意味】として使われたことに憤慨することがある。

アブダクティ自身にとっては、なかには同じように考える研究者もいるが、これらのハイブリッドは物質的に文字どおり実在している。体験者たちの意識には、それは全くリアルに思えるのだろう。しかし、ハイブリッドの子孫は、この次元に彼らが文字どおり存在するという明確な証拠は何も発見されていないことからして、私たちが知るようなものとしての物質的な現実世界には存在していないのかもしれない（第六章参照）。存在たちは体験者に、その混血児たちは、人類が進歩した生命を支える地球の能力を破壊し尽くした後、地上の未来の後継者となるのだと伝えるかもしれないが、これもまた、たとえ体験者たちがどれほどそれがたしかだと考えたとしても、それが文字通りの意味でそうだということを示すものではない。

しかし、ハイブリッド・プロジェクトが宇宙船の中で起こるすべてなのでは決してない。体験者の報告によれば、彼らはその存在たちの抗いがたい目にじっと見つめられ、あるいは検査され、調べられ、モニターされることがある。ときに体験者たちは自分の健康状態を、とくに直腸や結腸の検査（「チェックアップ」）を通じて調べられていると感じる。そしてマイナーな様々な治療が、ときに重篤な病状の治療まで行なわれたと報告することさえある（デネット 1996）。彼らは自分が選ばれ、何らかの種類の重要な宇宙的計画またはミッションによって保護されているという感覚を、これはエゴイスティックな調子で語られるわけではないが、獲得する。別の場合には、体験者たちは脳を調べるために探り針を鼻や耳、目から挿入されたと報告する。そして彼らは自分の心が変化させられた、主に自分が人間的により忍耐強くなり、他者や地球それ自体と直観的により深くつながるようになったと感じるようになる。

明らかにこうした体験は、心理学的側面同様、身体的な側面をもつ。アブダクティが体験する検査は鼻血や、肌の傷（ときに多重アブダクションの事例では、同時に二人以上の体験者に対称的な傷跡が生じることがある）と関係しているように思われる。アブダクティたちは、これはすべてに共通したことではないが、様々な期間に、実際に行方不明になっていたという目撃証言が得られることもある。私の経験では、独立した確証は、とくにその遭遇に直接関係していない人【家族や恋人等以外の第三者】からのそれは、きわめて稀である。体験者たちは時々、アブダクションの間にインプラントが肌の下に、またはいずれかの孔【鼻、耳など】から埋め込まれたと報告する。そして彼らは、これらが追跡やモニタリングの装置であることは確かだと感じる。こうしたもののいくつかは外科的に取り出され、分析された。しかし、そのインプラントの組成――それらが非地球起源であることを示唆する奇妙な物理的または化学的特性をもつものであるか否か――に関する証拠は、互いに食い違っている（デヴィッド・プリチャード 1994；ストリーバー 1998；レイヤー 1998）。

アブダクション体験が物質的な証拠を伴っているという事実は、その現象それ自体が物質的な世界に全面的に存在するという結論には必ずしも結びつかない。実際、先に述べたように、この物質世界への貫入は甚大な深さと幅、そして文字どおりの物質的領域をはるかに超える意味をもつ現象のごく一部でしかないと考えられるからである。このことは、アブダクティ自身が「連れて行かれる」と言う場合、その報告には大きな違いがあるという事実によっても裏付けられる。それは、明白に身体的に拉致されて宇宙船に連れて行かれたというものから、体は元の場所にいるままで体外離脱体験のようにして連れ去られたというもの、奇妙な光の出現以外ほとんど何も見なかったとか、「彼ら（エイリアン）」がアブダクティのそばにいるような気がするといったぼんやりした感じにすぎない遭遇体験まで、多岐にわたるのである。

## 情報：地球を守ること

アブダクション現象の第二の重要な側面は、存在たちから体験者への情報の伝達である（第五章参照）。そのコミュニケーションはテレパシー的な伝達を通じて、存在の大きな抗えない目とのコンタクトによって、テレビモニターのようなものに映し出されるイメージによって、また、存在が体験者を、地球の美しさや危機にさらされた生態系などを次々に示す地球環境に「連れてゆく」ことを通じて行なわれる。黙示録的な破壊のシーンは美の映像と並列され、後者はたいそう優美なので、ときに宇宙の教師が体験者の魂の深みに触れようとしているかのように思えることがある。

伝えられる情報はあらゆる種類のスキルを含む、広範なものである。霊的な真理、ヒーリングやアート、科学やテクノロジー、生態学の知識。とりわけその情報群は地球の状態と、それに対する私たちの関係に結びついている。体験者たちは自分がこうした知識をどうすればいいのかについてはよくわからないが、それは深遠で、神聖ですらある意味と重要性をもつものであると感じ、自分はそれを与えられる恩恵に浴したのだと感じ、だからこそ変化をもたらすために何か行動を起こさなければならないと感じる。総合すると、このコミュニケーションは体験者に強力な影響を及ぼすが、彼ら自身の自己観念とは対立し、〔通常の〕個人と集合的アイデンティティに疑問を提起するような性質をもっている。

## 変容と霊性

アブダクション現象の第三の側面は、「意識の拡大」「成長の促進」「霊的〔目覚め〕」など、様々に定義されるだろう。この領域における最も激しい論争の一つは、体験者の心の中の変化が――どの研究者もそのような変化、変容が実際に起きているケースがあることは否定していないように思われる――この現象に固有のものであるかどうかという問題をめぐって生じている。それがこの現象の「目的」や「意図」なのか、それとも一種の副産物でしかないのか、あるいは人間の創造性、トラウマ的なチャレンジに直面した際の適応能力を示すのか、それともエイリアンの策略や欺瞞の結果でしかないのか、といった点である。

「霊的（スピリチュアル）」という言葉をめぐっては、アブダクション研究の分野ではかなりの混乱がある。一体どのようにして、多くの人にとっては明白にトラウマ的なもの、人間の願望、感情、道徳性を貶（おとし）めるように見える現象が、高度な源泉に由来するという意味でのスピリチュアルなものでありうるのかと問う人たちがいる。体験者の中には、意識的・無意識的な永続的な恐怖や嫌悪共々、身体の内外の器官に傷跡が残ったまま放置される人たちもいるからである。スピリチュアルな体験というものは良性の、広く高揚感を与える、啓発的な性質のものであるはずではないか？　けれども、生命を脅かされる病気や悲劇的な喪失、その他の個人的な危機といった体験が、しばしば個人的な深い成長や変容の契機になることがあるのを私たちは知っている。

さらに、多くのスピリチュアルな訓練、たとえば禅仏教やシャーマン的なイニシエーションでは、弟子を内的・外的現実の混乱させるような状況に直面させる厳しい修練が含まれる。アブダクションの体験者の中には、他界、聖なる光、故郷、究極の源泉、あるいは神などと彼らが様々に呼ぶものへの開放、それとの絆について語る人たちがいる。その場合、彼らと話した人には、何か重要なことが起きたのだということに関しては、心にほとんど疑いを残さない。ホイットリー・ストリーバーは、彼が「訪問者」と呼ぶものとの遭遇の前、グルジェフ・ファンデーションを通じて変容の途上にあった。最初は強烈に恐ろしいものであったその存在相手の自分の体験について、グルジェフ教師に話したとき、その教師はこう言った。「そうした人々との十五秒は、十五年の瞑想に匹敵する。君はとても幸運だよ」と（ストリーバー 1987, 1996）。

精神または直観能力の明白な拡大、生命を保護しなければならない使命をもつという感情を伴う自然への敬愛心の高まり、空間・時間知覚の崩壊、リアリティまたは宇宙の、他の次元に入り込んだという感覚、それらに関連するトランスパーソナルな体験——これらはすべて、アブダクション現象に頻繁に見られる特徴で、私はそれらは少なくとも潜在的にはそのプロセスの基本要素であると感じるようになった。実際、アブダクティたちの体験は彼らの精神に、シャーマン的な、または神秘的な状態に非常によく似たものをもたらすのである（第七章参照）。

むろん、体験者たちは生活の大部分では日常の「三次元」生活に深く根を下ろしており、そのジレンマがときに彼らに大きな苦痛をひき起こすのだが。

アブダクティたちが自らその存在、とくに今ではよく知られている大きな目をもつ小柄なグレイ型異星人に遭遇する体験をするとき、最初は大きな恐怖とトラウマを与えられるが、時がたつにつれて彼らを、人間よりも究極の創造的原理または源泉に近い風変わりな霊的案内者、聖なるものの使節とさえ見なすようになることがある。アブダクティたちはまた、自分が故郷、源泉、神からあまりにも遠く離れてしまったという痛切な体験を共通してもつ。そして自分が地上に受肉または生まれ変わってきたという事実に抗うが、渋々ながらも、自分が人間としてのミッションを果たすために、その存在または創造主と何らかの種類の取り決めをしているということを受け入れるようになる。

## 関係

アブダクション現象の第四の基本的次元は、人間／エイリアン関係の進化に関係する（第十三章参照）。一人かそれ以上のエイリアンと、彼らが関わりをもつアブダクティとの間に生まれる絆の体験は、その現象の非常に強力な一貫した側面で、私はそれを基本要素の一つと考えるようになった。その関係はむろん、エイリアン（とおそらく人間も）がどんな性質であるかによって異なる。灰色の爬虫類型の存在は、明るいまたは人間に似た外見の存在と較べて、よりトラウマをひき起こしやすいように見える。にもかかわらず、ある程度の一般化は可能なのである。

一般に、アブダクション体験の最初の記憶は冷たい、よそよそしいコンタクトの記憶である。その中でエイリアン（とくに灰色の爬虫類型、または拝むような姿勢のカマキリ型エイリアン）は人を全く寄る辺のない状態に置き、見たところ体験者の感情などにはお構いなしに、予定されたことを進める。しかし、時がたつにつれて、その関係は全く違ったものに変化・発展するように見える。とくに体験者が、しばしばこうした不気味な遭遇に随伴する恐怖に直面したり、それをくぐり抜けるのに援助が得られる場合はそうである。深い親密感や意味深い絆の感覚が、体験者と一人か複数のそれらの存在との間に育ち、それは地球全体への愛と不可分に感じられるほど深遠な愛の高みに達することがある。この絆はとくにその存在の目とのコンタクトを通じて体験される。アブダクティはこの黒い虚空の底知れない深みに包まれ、呑み込まれ、圧倒されるように感じるかもしれない。結婚や様々な地上的人間関係に嫉妬や他の障害が起きるが、それは別の存在領域に起きているものであるかぎり〔やむを得ないものとして〕、性的その他の強烈な感情的つながりに対する寛容な態度が取られるとき、解決されることが多い。

アブダクティの中には、存在たちが貪欲さや戦争、あるいはテクノロジーの誤用による破壊によって滅びた文明からやってきたもので、彼らの生物学的血統を補充するために地球を植民地として使おうとしてやってきたのだと報告する人たちもいる。これが文字通り真実であるかどうかはともかく、その存在たちはたしかに、ハイブリッドの種族を創り出す目的の何らかの種類の繁殖プログラムと関係しているように思われる。たとえそれが体験者たち自身にはどれほど強力で生々しいものと感じられたとしても、その物質的な現実性はここでも再び問われねばならないが（第六章参照）。

体験者たちは、ちょうど天使が私たちの肉体をもつあり方を羨望すると言われるのと同じで、彼らが私たちの肉体や感情の性質に強い関心を示していると報告する。彼らは人間のもつ性や母性愛、感性の他の表現や、濃密な物質性に、あたかもそれが彼らにとっては新しい、または失われた可能性であるかのように、魅惑されているように見える。彼らは人間の母親に、ハイブリッドの子供を養育する〔＝彼らに授乳する〕よう励ますが、それは彼らが、ハイブリッドの子供たちが人間の愛だけが与えることができるものを必要としていることを、どうやってか知っているからであるように思われる。人間の子育ての要請についての彼らの知識は、どうも初歩的なものであるようだ。愛と快楽の原始的で地上的な表現を観察できるように、彼らは人間同士の性的交わりを演出することもある。彼らが人間との性的交わりを直接行なう場合には、エイリアンたちにとってその体験は興味深い新奇なものと感じられるようで、ぎこちなく、あるいは学習を必要とする生徒たちのようにふるまう。同時に、それに関係する人間にとっては、その体験は冷たい、実体感の伴わないものから、地上で知られているものを超えるエクスタシーを伴うものまで、多岐にわたる（第十三章参照）。

## 本書の構成

本書は導入部の章に、四つのパートとまとめが続くという構成になっている。この導入の章では、一九九四年の『アブダクション』の出版以降に私の考えと研究がどこに行き着いたかについて述べ、私にとってのアブダクション現象の基本要素と思えるものについての概要を提供した。

第一部の四つの章は、科学的物質主義に強く影響されている私たちの現実観を破るような現象を、私たちはどのように考えるかという問題を扱った。第二章、「このような現象をどう研究するのか?」では、どういう考え方が物質世界と不可視の世界両方にまたがる現象の理解に最も役立つかという問題を取り上げている。ここで私はまた、ほとんどのセッションの間私と同席していた精神保健福祉士のロバータ・コラサンテと私が、どのような態度でアブダクション体験者の研究と、この仕事が臨床家である私たちに提供した特別な課題に取り組んできたかについても触れている。第三章「それは『リアル』なのか? だとすれば、どのように?」では、リアリティそれ自体の問題を扱い、この現象が私たちのものの見方や世界観に応じてリアルであったりなかったりする、そのありようを考察する。第四章「光、エネルギー、振動」では、その現象に伴う並外れて強烈なエネルギー的要素と、それがもつ現実性、意味について吟味する。

第二部では、地球の運命とこの惑星での私たちの人生にとって、アブダクション現象がどのような意味をもつのかという問題を取り上げる。第五章「地球を守る」では、アブダクティたちがその体験で受け取っている情報、とくにこの惑星の状況と、それに対する私たちの責任についての力強いコミュニケーションについて考察する。第六章「ハイブリッド・プロジェクト」では、アブダクション現象のこの中心的な側面と、人類と他の種が今直面している現在の地球の生態学的危機との関係を扱う。

第三部では、体験者にとっては通常、アブダクション現象の重要な側面と思われる思考や意味の、深い象徴的構造について考察し、また、その体験が三人のネイティブのヒーラーたちによってどう報告されているかを見る。これらの要素はシャーマニズム研究によって私たちに知られているもので、実際、アブダクティたちはしばしば先住民族たちのそうした世界に引き入れられるように思われる。第七章「シャーマン、シンボル、元型」では、その現象と、私が先住民のヒーラーや呪医たちから学んだことに共通する象徴的・元型的な次元について概観する。第八、九、十章では、エイリアンとの遭遇体験をもつ三人のネイティブのシャーマン、ブラジル人のバーナード・ペイショット、アメリカ先住民のセコイア・トゥルーブラッド、そして南アフリカ人のクレド・ムトワについて、伝記的な要素もまじえて述べられる。

第四部では、その遭遇が体験者にとってもつ意味や力と、それが人間の意識にとってもつ潜在的な重要性についてさらに詳しく述べる。トラウマ的な側面が霊的要素との関連で考察される。そして、体験者がその存在たちとの間にもつ関係それ自体がこの進化のプロセスで果たす役割についても検討される。第十一章「トラウマと変容」では、現象のトラウマ的側面と、それが個々のアブダクティの意識や感情の発達にどのように影響するのかを論じる。第十二章「源泉への帰還」では、とくにその体験にしばしば随伴すると見られる強力な霊的憧憬と、それらがアブダクティの日常生活につくり出す葛藤の問題を取り上げる。第十三章「関係：目を通じてのコンタクト」では、その存在との絆が体験者たちにとってもつ、思いがけない強烈さ、力と意味、そしてそれがアイデンティティ——彼らと私たちの——にとって含みもつであろう意味の問題が取り上げられる。

# 第二章　このような現象をどう研究するのか？

私はこのようなことについて科学的な論文を発表しようとはしないだろう。なぜなら、私はいかなる実験もできないからである。私は光り輝くアライグマを出現させることはできない。私は研究のために科学的な素材を扱う店からそれらを買うことはできない。自分自身を再び何時間も途方に暮れさせることもできない。しかし、私は起きたことを否定することはしない。それは科学が逸話と呼ぶようなものである。それは再現することが不可能なかたちで起こるだけなのだから。しかし、それはたしかに起きたのである。

ノーベル化学賞受賞者　キャリー・マリス

一九八五年のある晩に起きた、異常な体験に関して

## 「リアリティについてのすべての認識は経験から始まる」

一九九七年の秋、スタンフォード大学のピーター・A・スタロックを議長として開かれた著名な科学的パネルは、四日間を費やしてUFO現象を討議し、好奇心をそそる不可解な観察の数は、注意深い研究を要求するには十分だという結論を下した。「説明できない観察が存在するときはいつでも」とそのパネルは概要報告に書いた。「それらの現象を研究することによって科学者たちが何か新しいものを学ぶ可能性が存在する」と。「地球科学の歴史は」とそのパネルは述べている。「元々は民話にすぎないとして無視されてきた現象が成功裏に解明されたいくつもの例を含んでいる。二世紀前の隕石（当時それは「空から降ってくる石」とみなされていた）がその一例である」（スタロック他 1998）。

その報告はUFOコミュニティからは歓迎されたが、それと同程度に、暴露者たちの憤激を招いた。それは初めてUFO研究の問題が主流科学に正当なものとして何らかの認知を受けたものと解されたからである。しかし、私自身も含めて、宇宙船の乗員らしきものとの遭遇を報告する人々の証言を研究する者にとっては、どういう種類の研究がそれにふさわしいかという問題は依然として残っていた。本章では、私がエイリアン・アブダクション現象を研究する上で直面した方法論的な問題と、私がクライエントたちと実際にどのようにして研究に当たってきたかを述べたいと思う。

科学の内部には、「一般化願望」がある（モンク 1990）けれども、研究方法は研究対象がどのようなものかに応じて異なってくるのは明らかである。科学哲学者のポール・ファイヤアーベント【訳註】が一九九〇年代初めに書いたように、「科学を構成する事象、方法、結果は、何ら共通の構造をもたない」、そして「優れた研究は一般的な標準化には従わない」のである。「何が事実かということですら、異なった党派間の交渉に由来する」（ファイヤアーベント 1993）。物理学者や他の「自然」科学者たちは、仮説の妥当性と客観性の担保のために、測定、実験、数量化といった手法を用いる。しかし、物理学ですら、「主題の雑然たる集積にすぎない」のであり、それぞれがそれ自身の方法論を必要とする（同上）。アブダクション現象の場合、私たちが研究している知の領域が何であるのかさえ定かではない。それらが既存の学問分野のいずれにも分類されるのを拒否するのは、その変則的な特性のためであり、私たちは複数分野にまたがる研究手法を用いるか、全く新しい分野の開拓を余儀なくされるかするのである。

科学には、十分な厳格さと方法及び真の客観性——客観と主観の明確な分離——への注意が

【訳註】ファイヤアーベント（一九二四〜一九九四）。オーストリア生まれの科学哲学者。トマス・クーンと共に新科学哲学のリーダーとして知られた。

あれば、成功するという思い込みがあった。たとえば私は、一九九八年の四月、私の一九九四年の本【『アブダクション』】に最も批判的であったハーバード・メディカル・スクールの教授の一人と、アインシュタインの「リアリティについてのすべての知識は経験に始まり、それに終わる」という言葉について論じ合った。彼は私に、私はその言葉を誤解している、なぜなら、彼はアインシュタインが言及した種類の経験は「客観的であって主観的なものではない」と信じているからだと言った（一九九八年四月の著者宛の手紙）。

二、三十年前、哲学者のアルフレッド・ノース・ホワイトヘッドは、人間が獲得するあらゆる知識は複雑な「主観と客観（知る者と知られるもの）との相互作用」から生まれる、そして「主観と客観は相対的な言葉である」と述べた（ホワイトヘッド 1933）。最近ではますます、科学者や哲学者は、いかなる分野の研究でも、それが野心や予期、先入見、世界観によってもたらされるバイアスからどの程度自由になっているかを問題視するようになっている（シェルドレイク 1995,1998 ；ウィルバー 1998）。ヘンリック・スコリモフスキーが示したように、あらゆる研究は参加的なものであり、「研究対象との交わりのアート」に依存している（スコリモフスキー 1994）。

哲学者のケン・ウィルバーは、有用だがかなり堅苦しい範疇化への自分の好みに関連して、知の「三つの目」を定義している。肉眼（経験主義）、精神の目（合理主義）、そして瞑想の目（神秘主義）である（ウィルバー 1983,1994）。私たちが用いる知の手法がどんなものであれ、知識は経験と共に始まる。ルートウィヒ・ウィトゲンシュタインが一九三〇年代初期の倫理学に関する講義の一つで言ったように、経験それ自体が「それを体験した人、たとえば私にとっては、何らかの意味で本質的、絶対的な価値をもっているように見える」のである（ウィトゲンシュタイン 1965）。そして「価値は事実の世界を超えたところにあるがゆえに、事実の言語によっては把捉できない」（モンク 1990）。ウィトゲンシュタインがバートランド・ラッセルや同時代の実証主義哲学者たちと決裂したことは驚くにあたらない。

ウィルバーは、経験主義的・実証主義的科学はつねに内なるリアリティ、おそらくは体験それ自体によって「脅かされて」きたと述べている。なぜなら、固定化すること、客観化することはそれほど困難なことだからである（ウィルバー 1998）。スタロックの報告は、「できるだけ多くの物質的な証拠を含む」事例の集中研究を要請している（スタロック他 1998）。この勧告はUFOそれ自体には当てはまるかもしれないが、UFOコンタクトの体験者たちに起きたことを理解するには、物質的な証拠よりずっと多くのことが必要とされるのである。

精神医学、心理分析や他の心理学的方面の研究では、その場合、主要な研究手段はその人自身であり、人間的な体験の記憶からなるデータだが、主観と客観の区別は物質科学の場合と比べてより不明確とならざるを得ない。心理分析の理論家たち（レヴィンとフリードマン 2000；ストロロー他 1994；ブレニーズ 1997）は、患者／セラピストの関係を特徴づけるのに「間主観的（intersubjective）」という言葉を使うことがますます多くなっている。心理分析家、ハワード・レヴィンは治療的出会いにおける「還元不能の間主観性」と、「分析家は潜在的にリアリティの客観的な（歪みのない）観察者である」という古典的な観念に対する挑戦について書いている。実際には、記憶は「元の純粋な形態で保存されているものから呼び出されるというよりむしろ、たえず構築」されているものなのである（レヴィンとフリードマン 2000）。【原註】

面接者にできる最善のことは、とレヴィンは結論づける。「自分自身の主観性と交流しながら、患者の主観による観察と体験に連れ添い、どのように両者が交流し関係するかを理解しようと努めることだろう」（同上）。このことはもちろん、過去の意味深い再構築が不可能であるということを意味しない。しかし、それは、正確にそれが起きうるという観念を捨てて、〔相手をする側が〕特定の記憶をもたらすよう微妙な、認知されないプレッシャーをかける場面に注意する特別な責任を研究者に課し、また、調査プロセスで起こりうる意識的・無意識的歪曲の原因となるものについても警戒的であるよう促すものである。哲学者のマイケル・ジンマーマンは、エイリアン・アブダクション現象では、私たちに「主観性心理学対客観的物質―エネルギーという二元的な観念」を超えたところに進むよう要請する、複雑なことが進行していると示唆している（ジンマーマン 1993）。

以上のようなことを踏まえた上で、私たちはいわゆる「エイリアン・アブダクション現象」とはどういう性質のものであるのか、また、それを研究する適切な方法は何であるかを問わねばならない。まず、先にも述べたように、それは主流の西洋科学では一般に存在の認知すらされていない、特殊な性質の現象に属しているように思われる。それは可視的な、既知の物質宇宙のものとは思われないが、にもかかわらず、その【＝物質世界の】中に現われているように見えるからである。これはミステリー・サークルや、説明不能の動物のバラバラ解体事件、聖母マリアの出現などと類似した現象で、「越境」事例、スピリットや不可視の領域と科学の物質主義的な世界観との明確な境界を破るものと見えるのである。

## 物理的な証拠とその限界

アブダクション現象が実際に物質的世界に入ってくるかぎりにおいては、それは伝統的な科学の手法による研究が可能だろう。たとえば、ＵＦＯの写真やビデオ、宇宙船が着陸したと見られる場所の土壌サンプルの分析、肌の傷跡、エイリアン妊娠と思われるもの、アブダクションと関係すると思われる様々な健康問題についての医学検査、アブダクションに関連すると思

【原註】東洋の心理療法は、純粋に客観的でも主観的でもない「ニュートラル・マインド」という観念を用いる。それは傾聴の姿勢と、辛抱強いが執着のない心で、観察と知のプロセスを感じとる両方のことをしながら、そこにいることである。おそらくアブダクティとの作業は、このニュートラル・マインドをもってなされるべきだろう。

われる皮下の「インプラント」の科学的分析、アブダクションが起きていたと思われる時間帯に誰かが行方不明になっていたと報告する目撃者、あるいはアブダクションが起きたと報告されている場所の近くでUFOを見たという近隣住民に対する注意深い調査など、である。

しかし、そういう場合ですら、何か地球外の、または奇妙なことが起きたということを科学界に承認させるに足りるデータを得ることは困難であった（スタロック他 1998）。映りのよい劇的な写真やビデオは存在するが、それが本物かどうかに関しては、UFOコミュニティの内部ですら疑問や、不確実性をめぐる議論が避けがたく出てくるように思われる（ウォルターズ 1990；ハイザー 1992；ハフォード 1993；ディアス 1995）。肌の傷跡は繰り返し記録されてきたが、それがUFOまたはアブダクションと関係しているという証明はほとんど不可能【他のことでついた跡ではないと証明することはできないから】である。私の知るかぎりでは、身体検査または妊娠検査でそれとはっきり確認されたエイリアン妊娠の事例は存在しない。インプラントの場合は、それが地球上の素材でできたものであるか、〔皮下〕異物であることが判明するかもしれない（デヴィッド・プリチャード 1994；レイア 1998）。あるいは、それが真に奇妙なものに見える場合でも、その「血統〔由来〕」（pedigree 明らかにアブダクションと関係している人から採られた物体の来歴を明確化するために物理学者デヴィッド・プリチャードが用いた用語）は、明確に証明できないのである。

アブダクションが起きたとされるとき、親族や友人によって行方不明になっていたと報告されている事例はいくらか存在する（私の経験では、その夜、互いの姿が消えていたと言う親や子供たちが多い）。中には、実際のアブダクションの一部を目撃したという例さえある（ホプキンズ 1996）。しかし、それと同じくらい、彼らがアブダクションを体験している間、どこにも行っていなかったという事例もあるのである。非西洋の観察者ならここで、そのとき旅をしていたのは肉体ではなくて、アストラル体、エーテル体、または何らかの精妙体（サトル・ボディ）だと言うかもしれない。しかし、これが証拠や科学的確証を求めるＵＦＯ研究家たちを満足させることはほとんどないだろう。

こうした、人々がエイリアンによって本当に空に浮かぶ宇宙船に連れて行かれたのだと科学者たちを満足させる類の物質的証拠がつねに見つけにくいことをどう判断するか？　エイリアンそれ自体が微妙で、悪賢く、欺瞞的なので、自分の足跡（そくせき）を隠してしまうのだということだろうか？　人々は本当に誘拐されたのだろうか？　それともそれは「心の中でそう思っただけ」なのだろうか？　そもそも本当は何も起きていないのだろうか？　この最後のものは、報告されている体験がもつ力、頻度、話の一貫性に鑑（かんが）みて、まずありえないと思われる。現象それ自体に私たちのテクノロジーや、物事をそのまま受け取りがちな心を嘲るようなペテン師じみたところがあるため、確実な物質的な証拠がなければ何かが実際に起きているとは信じられなくなる、ということなのだろうか（ユング 1959；ニスカー 1990；ラディン 1956）。この考えには一理あるかもしれない。最後に、私たちはパトリック・ハーパーが「ダイモン的リアリティ」

と呼ぶ、まさにその性質からして、証明や特定しようとする努力をすり抜けてしまうような類の現象を取り扱っているということである。

ハーパーにとって、UFOとそれに関連する現象は、究極の「ダイモン的リアリティ」である。物的証拠は、たとえそれがかなりリアルなものであっても、「現象それ自体と同じく曖昧で、それが文字どおり現実だと信じたい人たちを確信させるには十分だが、信じない人たちを納得させるには少なすぎる」のである（ハーパー 1994）。ハーパーの見るところ、そしてこれは跡づけようとする私たちの努力すべてによっても裏書きされてきたことだが、「完全に物質的ではないが、あるメカニズムとして機能することはできる原因を想像しようとするすべての企て」、「すなわち、古くからある霊と物質との間の割れ目、不可視のものと可視のものとの間のギャップを埋めようとするあらゆる企て」は、不成功に終わっているのである。ハーパーはこう指摘する。「霊的なものが霊的であることをやめて物質的になったり、その逆のことが起きる場合、そこにはつねに不連続【説明できない切れ目】が存在する」と。

これは、アブダクション体験の物質的な現実性を示すさらなる物的証拠を探すことは諦めるべきだということを意味するのだろうか？　私は、可視・不可視の二つの世界のギャップを完全に埋めることはできないというハーパーの疑問に関しては考えを同じくするが、いくつかの理由から、そうは考えない。まず、物的証拠は、アブダクション体験の注意深い報告と重ねると強力な裏書きとなる。第二に、物的証拠と関連する詳細の全体が、たとえそれが科学的な証拠の基準は満たさないものであっても、その現象の信憑性を高めるものの一部となる。第三に、自分たちにとって重要なものに物的な証拠を求めることは、ある意味で私たちの文化の本質的性格だからである。私の唯一の懸念は、懐疑的なエリートたちにアブダクション現象が研究に値するものだということを確信させるために、物的な証拠を見つけ、それに頼りすぎることは、この途方もない体験がもつ意味をより深く評価し、探求することから私たちを逸らせてしまうことになりはしないか、ということである。

### 意識の厄介さ：タペストリーを埋めること

一九九二年六月に開かれたＭＩＴ【マサチューセッツ工科大学】におけるアブダクション現象についての会議の終わり頃、共同司会を務めていたデヴィッド・プリチャードは、彼のＭＩＴとハーバードの同僚の物理学者たちに私たちの研究を批判させ、「地球外知的生命体探査（ＳＥＴＩ）」プログラムによる発見を提示するよう取りはからった。このＳＥＴＩは、パターン化された電波を受信することによって、宇宙に生命体を発見しようとするものである。[1]より全体的なアプローチを好む私は、椅子から身を乗り出して、反核運動の当時から少し知っていた、傑出したＭＩＴの物理学者のフィリップ・モリソンに、問題の不確かな性質を考慮するなら、なぜＳＥＴＩは電波同様、何らかの変性意識状態を使って地球外生命体を発見し、コミュニケーションをとろうとしないのかとたずねた。何といっても、意識は地球外知性体の探査を困難なものにする空間／時間の制約は受けないからである。モリソンは誠実にこう答えた。たしかに手段の問題で大いに苦労してきたことは事実だが、意識はたいへん「厄介な」ものであると。もう一人のすぐれたMITの物理学者、ヴィクター・ワイスコフは、かつて神学者のヒューストン・スミスに対してこう言った。「私たちはもっと多くのものが存在することは知っています。ただ、どうやってそれを得るのか、方法を知らないのです」（スミス 1992 からの引用）。

思うに、私のような人間を惹きつけるのは、そしてノーベル賞受賞者のキャリー・マリスのような科学者に、彼自身の「光り輝くアライグマ」との遭遇のような異常な体験の報告を「逸話的」と呼ばせるものは、まさにその〔意識の〕厄介さなのである。プリチャード自身、一九九八年五月に超常体験研究プログラム（PEER）によって開催されたスター・ウィズダム会議で、両極性――こう言えば、いくらか滑稽に聞えるが――を、一方に「計量可能性」を置き、他方に「そんな感じ」「それで満足」〔といった感性言語〕を置くというかたちでつくり出した。報告される体験に首尾一貫性は期待し難いと、彼は主張する。そしてそれゆえ、物的証拠だけが「科学的精査に耐えうる」ということになってしまうのだ。

一九五六年の七月、私がマサチューセッツ・メンタル・ヘルス・センターで精神科医の研修を始めたとき、この分野の偉大な人道主義的教師の一人であったエルヴィン・セムラッドは、病院研修を終えたばかりの新米研修医【著者】にこう言った。この仕事では、私たちはもはや各種の器具や身体検査に過度に頼ることはできない。今もっている私たちの主要なツールは自分自身であり、私たちが成功できるか否かは共感的に患者の世界に入り込み、信頼を得る能力、それによって患者の個人的な強い感受性とその重要性を分かち合えるようになれるかどうかにかかっている。一緒になって私たちは患者の苦しみの原因を探り、彼らが内部に抱え込んでいる強い感情と共にいることができる私たちの能力から治癒が――少なくともその一部が――もたらされる。患者が私たちを信頼して、彼らにとってこの上なく重要なことを打ち明けてくれるようになるには、私たちは自分の知性だけでなく、心と魂を、私たちの全存在を用いる必要があるだろうと。私たちはそのとき、「間主観性」とか「知の道具としての意識」とかいった言葉や言い回しは使わなかったが、それはまさにそのことを指していたのである。

セムラッドの方法は、アブダクション体験を研究する上でかけがえのない貴重なものであることが判明した。というのも、そのための様々な努力（ローソン 1980：パーシンガー 1989,1992）がなされてきたとはいえ、アブダクション遭遇を再現するのに私たちが行なうことができるいかなる実験も存在しないと思えるからである。アブダクティたちはかなり詳しく研究されてきたが、物理的に測定可能な多くのことがあるようには見えない。ノーマン・ドンとギルダ・ムーラはアブダクティが再体験したり思い出したりするとき、脳波計（ＥＥＧ）によって上級霊的瞑想者のそれと似通った前頭葉の過覚醒パターンが見られることを示した（ドンとムーラ 1997）。しかし、私の知るかぎり、このグループを一般の人たちから生理学的に明確に区別する他の発見は存在しない。ＰＥＥＲで、キャロライン・マクロードと彼女の同僚たちは、様々な精神病理学やパーソナリティの尺度を用いて、四十人のアブダクション体験者と四十人の対照群を比較した（マクロード他 近刊）。その結果、それ以前の精神測定研究が示していたことを確証することになった（マック 1995）。つまり、アブダクション現象の説明となるような、体験者たちを対照群から区別するいかなる人格障害や、精神病理学的問題も発見されなかったのである。[2]

それで私たちはケース・バイ・ケースで、私たちや彼らが説明を歪める可能性を示す微妙な点にはできるだけ注意しながら、クライエントの報告と他の人たちのそれとの一致・不一致を探しながら進むことになる。私が行なってきた仕事で、セムラッドのトレーニングがこれほど役立ったことはない。というのも、アブダクション体験に関連する強いエネルギーを再体験することは、クライエントにとってもファシリテーターにとっても、心を打ち砕かれるような出来事だからである【だから全存在をもってそこにいることがそれだけ重要になる、という意味かと思われる】。類似の体験を報告する事例の数それ自体がタペストリーを埋める手助けになることはあるが、アブダクション体験の複数の目撃者が、私たちが扱っているものが完全に主観的でも、内的な要因から生み出されたものでもないということに対する追加的な証拠を提供してくれる（ホプキンズ 1996；カーペンター 1991；ランドルズ 1988）。体験者の統合性と誠実さを証言してくれる外部の「性格証人」も、とくに体験の潤色や歪曲の傾向に関して、その報告が真正のものであることを私たちが確認する手助けとなる。

## どのようにして実際に体験者と共同作業をするのか？

一九九四年の『アブダクション』の刊行以来、私は集中的に、自分がアブダクション遭遇をしたのではないかと疑っているという理由で私やPEERにコンタクトを取ってきた人たちを研究してきた。私がアブダクション現象に関心を向けているということがかなりよく知られるようになったおかげで、これらは自発的に連絡してくれた人たちである。まず、私はアブダクションの報告を、必ずしも文字どおり彼らの身体が連れ去られたことを意味しているとは考えないし、彼らが経験した苦痛やトラウマに関しては努めて共感的であろうとはしているが、体験者を犠牲者とみなすこともしない。また、研究を進めるうちに、私はその現象をたんにネガティブで残酷な侵害とはみなさなくなった。そういうことはありうるが、〔その体験は〕私たち自身や、宇宙の中での私たちのアイデンティティについての新たな理解をもたらす可能性があると考えるようになったのである。

精神保健福祉士のロバータ・コラサンテは、私の体験者とのミーティングのほとんどに同席しているが、私が会う人たちを選ぶ手助けをしてくれている。私たちはコンタクトを取ってくれた人たちの一部に会えるだけだが、選抜するのに何ら固定的な基準は設けていない。一般に、私たちは異常な体験をしたことがかなりはっきりしている人たちを探している。たとえば、目覚めているときに説明できない「存在」(それは特定の文化の信条体系の中では、天使、幽霊、霊的守護者等と解釈されることがある)や人間ではない実体と接触したとか、UFOや奇妙な説明し難い明るい光と接近遭遇したとか、記憶の欠落した時間があるとか、上記のことと関連しているように見える肌の奇妙な傷跡が残っているなどである。

私たちへの連絡は主に手紙や電話によるものである。PEERのクリニカル・ディレクター【臨床部長】であるロバータは、手続きに沿った電話面接でその人たちをふるいにかける。この審査の目的は、精神的な病気、薬物乱用、自殺傾向などの事例を除外することである。[3] もしその人が精神科医の手助けを必要としているなら、ロバータは彼らに適切なセラピストや医療施設を紹介する。適切な事例と判断された場合、その人は私たちにコンタクトを取った理由と基本的な生体情報を短く文書化するよう求められる。それから最初の面接の予約を取るが、それはコンタクトが実りのあるものとなり、私たちの問題についての理解を増進するようなものになりうるか、判断するためである。会った後、その人が体験者ではない、あるいは、何か異常なことを体験していても、その時点でそれ以上の調査をすることがその人にとって最善ではないと、私たちが判断する場合もある。一九九六年に、私たちは特定のアブダクション体験に二人以上の証人がいる事例を研究するための資金提供を受けた。それで今のところ、この要請に従った研究をしている。[4]

通常、最初の面接には少なくとも二時間が費やされる。というのも、まず信頼が確立され、十分な個人履歴がわかり、その人の来所と関係する、または関係しない精神医学的症状があるかどうかを調べ、そしてもちろん、アブダクションまたは異常な体験と見られるものの話を詳しく検討するためである。ときには親族その他の人が同席することもある。その人は支持的な人、または有力な証人として役立ってくれる。〔但し、〕複数証人プロジェクトでは、報告が歪められることがないようにするために、私たちは通常、親族や他の証人とは別々に面接することにしている。

クライエントの注意が自分の内的体験や記憶に集中するのを手助けするために、ゆるい催眠やリラクゼーション・エクササイズが用いられることもある。しかし、情報の約八十パーセントが〔通常の〕意識的な記憶から得られたものであることは強調しておかねばならない。このわずかに変化した精神状態では、より完全に記憶を想起することが容易になるが、通常それは深く抑圧されたものではなく、あたかも体の細胞の中に保持されていたかのように見えるその強烈なエネルギーが放出され始めるのである（第四章参照）。私たちは相手を誘導して、アブダクションの物語を「生産」するのを助長したりすることにならないよう用心している。私たちは通常、中立的で、励ましのコメントや質問をする。しかし、信頼を生み出し、彼らが自分の話をするのを手助けし、彼らがそれを再体験するとき、その体験のもつ力を「保持」するためには、私たちは体験者の世界に深く入り込まなければならない。ときにその想起は強烈な感情を呼び覚ますので、現在の瞬間にそれぞれの体験が生きられているかのように思えることがある。

精神科医のブルックス・ブレンナイスは、記憶を取り戻そうとする探求の際、臨床医が直面するジレンマをうまく表現している。「疑う方向に傾くと」と彼は書いている。「裏切りになりかねない」し、かといって「信じる方向に傾くと」、作り話を助長しかねない。「もしも信じなければ、記憶はその不信に耐えられず〔従って、出てこないことになり〕、もし信じれば、出てくる記憶はどれも〔作り話の可能性が高くなって〕疑わしい」（ブレンナイス 1997）[5]。私たちのクライエントはしばしば、自分の体験を感情的に統合する必要のために、また、それを認めることさえしない社会で生きる手助けを得るために、私たちのところに戻ってくる。この社会においては、少なくともエリートたちの間では、体験者たちがそれに対してオープンになっている存在の広大な領域は認知されていないからである。また、上記の「統合」が完全に満足の行くものとはならないことも、言うまでもない。

これまで私が書いてきたことは、基本的には感情的に強力な体験についてのどんな種類の心理学的研究や探求にも当てはまるだろう。しかし、アブダクション体験者と作業することには、他の患者やクライエント、研究対象を相手にする場合とは異なったものが要求される。これを明確に説明することは難しいが、それは自我の境界をより完全に乗り越える能力と関係する。体験者が遭遇を想起または再体験するとき、彼らは何らかのエネルギー場（フィールド）または尋常でない意識状態に入るが、それにつき従うには自我境界を乗り越えることが必要となるからである

（第四章参照）。

同時に、私たちは、そのプロセスに対する適切なコントロールを維持する観察的で、注意深いプレゼンスを保ちながら、やってくる強烈な感情とエネルギー（体験者たちはセッションの間に汗をかいたり、すすり泣いたり、震えたり、叫んだりすることがある）を入れる容器を提供しなければならない。心理学者のシェリー・タネンバウムは、「瞬間ごとの自己観察または気づきとして体験される、身体に基づく知の直観的な在り方」について書いているが、それはこのプロセスの描写にかなり近い（タネンバウム 1995）[6]。

二年以上一緒に探求してきた後、ウィルはPEERのニューズレターに、私たちの共に学ぶ方法について彼がどう理解しているか、短い記事を書くよう求められた。彼は「合理的でも非合理的でもない」が、「直接の知覚」に土台を置く知の「もう一つの方法」について書いた。これは異なった「周波数設定」で、内的または直観的な方法、私たちがしばしば聴こうとしない「別の声」〔を聴く方法〕だという。この声は、とウィルは書いている。それ自体が私たちの内部につねにある記憶の状態だが、それを発見または再発見するには、「この窓を開く」ことを選択しなければならないのだと。

そして別の課題もある。というのも、私たちが耳にすることは、私たちがその中で育った世界観の見地からすれば、全く奇怪で、ありえないことと思われるので、私たちの心はその現実の再検討を強いられる情報に反発するか、妨害したくなるからである。しかし、そうすることはコミュニケーションを駄目にし、信頼を破壊することになるだろう。私たちは、もちろん、クライエントの報告の真正さ、誠実さにのみ関心を寄せるという事実によって、そしてそれを説明してくれる精神病理学または他の伝記的経験の存在または不在によって、この好奇心に満ちた「不信の一時停止」の態度を取る。報告された体験が文字どおり、または物質的に事実であることを明確にする決め手はない。

目撃されているものの真実性についての私たちの確信は、報告されていることに対する本当の感情の強さと、その妥当性から生じる。他のクライエントたちとの研究から得られたものとの話の一致、二次的に得られた情報でないことや他の動機の欠如、そして最後に、それはかなり微妙で、つねに正しいとは限らないが、その人が可能な限り正直であるかどうかの判断である。たしかに、詩人のライナー・マリア・リルケが言ったように、私たちは「自分が出会うかもしれない最も奇妙で、最も独特な、最も説明し難いものに対して」準備ができていなければならないのである。

## 文化横断的な研究

第三部で見るように、他の文化の体験者を相手にする場合、とくに全く異なった現実観と宇宙における人間の位置づけをもつ先住民文化の人たちを相手にする場合は、特別な課題が出てくる。まず、呪医や女性呪医、その他のネイティブの人々は私が調査しているような種類の体験をしていると信じるがゆえに、通常私と会っているということである。さらに、彼らは通常、私がしていることを喜んでいる。なぜなら、私の研究が部族の神話、伝説、そして体験に確証を与えるものとみなされるからである。それは他でもない「白人」が、彼らにとって神聖なこと、何世紀にもわたって彼らの文化の中で知られてきた事柄にお墨付きを与えるということなのだ。従って、この場合には彼らの側に、私を満足させるような話を思いつかねばならない、私を「手ぶらで」帰してはならないという、意識・無意識のプレッシャーが初めから存在している可能性がある。

もう一つの大きな問題は、なじみのない特定の文化の神話や伝統に接したとき、そこで行なわれるやりとりをどう解釈するかということである。たとえば、特定の部族が「スター・ピープル」の子孫であるといった話をどう判断すればよいのか？　これが文字どおりの意味で言われているのか、暗喩的な意味なのか、調べるのは、あまり役に立たない。というのも、私が研究したネイティブの部族民の間では、この区別は、仮にそれが存在したとしての話だが、どう論じればいいのかわからない問題のようだからである【後で出てくるが、彼らにとってはそのような区別自体が「どうでもいいこと」とみなされていることが多い】。どうやって私は実際に起きた個人的な体験と、部族の物語や伝説、セレモニーの知識に誘発されて生じたものとを選別すればいいのか？　問題は、私には人類学的な知識がなく、自分が面接する人々の文化に精（くわ）しくないという事実からも生じる。私が知り合いになった人々は通常、ある程度まで、白人の世界に住んでいる人たちだという問題もある。第三部で取り上げる三人のシャーマンのように、彼らはネイティブと白人社会の両方の中で育ち、従って、彼らの話には両方の要素が入り混じっているのである。

こうした困難にもかかわらず、これらの問題から生み出される不確実性を念頭に置いておけば、私は多くのことがネイティブの人々から学べると信じている。実際の個人的な体験と部族的な信条や伝説とを区別する上で最も役立ったのは、部族民の報告と、アメリカ人や他の西洋人の報告とを比較し、そこにある同一または類似の要素を識別することが私にできたということである。さらに、文化の違いを超えて共通する、見紛うことのない言葉の使い方や強烈な感情から生じる身体的な表現があるように思われる。ホワイトヘッドが書いているように、「体験の基礎は情緒的なものである」（ホワイトヘッド 1933）。強い感情的恐怖、興奮、怒り、そして悲しみは、人生の実際の出来事を示す普遍的な言語であり、ホワイトヘッドの言葉にもあるように、そこに「喚起するもの」が実在したことを示唆する。実際に起きたことについての体験者の解釈は（第八、九、十章に見られるように）、文化によって大きく異なることはあるけれども。

## 世界の見方が粉砕されるとき

ここで私は、知ることへの抵抗、とくにすっかり内面化されたその人の世界観と対立するような問題に遭遇したときの抵抗について考えてみたい。それはエイリアン・アブダクション現象のような問題をどう考えるかということと無関係ではないからである。宇宙がどういう構造になっており、どのように機能しているかについての特定の見方を防衛したいという意識的・無意識的な欲求のために、心が閉ざされている場合、いくら方法に厳格な注意を払っても、それだけでは相手に新しいことを受け入れさせることはできないだろう。

私はこの点で、とくにテュレーン大学の哲学者、マイケル・ジンマーマンに多くを負っているが、それは人間の意識と安心感にとって世界観がもつ力と意味、そして学界や他の文化的エリートによるＵＦＯとＵＦＯアブダクション現象に対する抵抗のイデオロギー的基盤についての、彼の洞察力ある議論のためである。一連の論文、議論、そして講義の中で、ジンマーマン(1993, 1997, 1998, 2002)は、ＵＦＯやＵＦＯアブダクション現象を研究することを選択し、それをまともに扱おうとした人々に対して向けられる、こうした集団のメンバーたちによる激しい、ときに猛烈と言えるほどの攻撃の、社会的・心理的ルーツを注意深く調べている。ジンマーマンはこうした激しい反応を、私たちの文化の支配的な世界観に対してＵＦＯアブダクション現象が提示する挑戦と結びつけている。彼は「人間中心主義的（anthropocentric）合理主義」「人間中心主義的ヒューマニズム」という言葉を用いて、その支配的な時代精神、あるいは私たちの科学文化がもつ世界観を特徴づけている。この文脈でいう「合理主義」とは、理性や知性を知識を得たり、適切な懐疑を向けるために用いることだけを指しているのではない。それは支配的な世界観に挑戦する可能性のある情報をア・プリオリに、機先を制して排除するために使うことをも意味しているのである。とりわけ、この世界観は未知のものへの恐怖を強調し、不可視の領域についての知を寄せつけない。

その人間中心主義的合理主義、または人間中心主義的ヒューマニズムの世界観によれば、人類はわれわれが宇宙で知っている最も進歩した知性体であり、宇宙における「偉大な存在の鎖」の頂点に立つものであって、他に並び立つものは存在しない。そして創造主【神】自体が徐々に取り除かれ、神々が立ち去った後の死せる物質とエネルギーの宇宙に私たちは単独で取り残されることになる。この宇宙においては、人間だけが究極の価値と目的をもち、自然はたんなる物質的素材、または人類の満足に供されるために存在するだけの「市場」にすぎない（第十章の、支配的な西洋的世界観の傲慢さについてのクレド・ムトワの率直な言葉を参照されたい）。私たちの価値を保証してくれるより高次の力が存在せず、そこから派生する優越的な聖なるものの感覚も存在しないのなら、私たちの主要な喜びは自己主張、征服、物質的なものの獲得によってもたらされることになる。人間中心的な見地からすれば、宗教的な信条や確信は、安心や超越を求める基本的な人間の欲求に仕えるものにすぎず、それは私たちの〔物質的な〕渇望や願望と別に存在するものではないのである【原註】。

世界観は個人のレベルでも組織レベルでも機能する。それは安心の源泉であり、私たちを導いてくれる羅針盤である。個人にとって、それは心を一つにまとめてくれるものである。人の世界観を破壊することは、実質的にはその人を破壊するに等しい。制度や組織の複雑なネットワーク、権力とマネーの大伽藍は、世界観を支持し、それに合法性を付与する。その世界観に深刻な疑義を呈する者は罰せられる。過去においては異端に対する死刑の例があり、今なら嘲笑や暴露、その人の評判を破壊する努力によって罰されるのである。カトリックの神学者、トマス・ベリーはこう書いた。「一般に民族にとって、宇宙や宇宙における人間の役割についての物語は、彼らの統合性や価値の主要な源泉である。……社会が経験する最も深刻な危機は、その物語が現在の状況を切り抜けるのに必要な適切なものを提供できなくなったときに現われる」（ベリー　1990）。禅仏教では、世界観の崩壊は「大死」と呼ばれる。これは自己や世界、

【原註】人類学者のジェレミー・ナービーは、自分が研究から学んだ最も重要なことは、「私たちは自分が信じたいものを見るのであって、その逆ではないこと、そして見ているものを変えるためには、ときに自分が信じていることを変えることが必要になる」ということだったと述べている（ナービー　1998,p.139）。

文化についての私たちのイメージが溶解してしまうときに起こるもので、世界観が提供する、世界の中で自分が何者であるかという感覚を喪失することである（一九九八年六月二五日付の禅匠ジョージ・バウマンから著者宛の私信[7]）。

UFOアブダクション現象はとくに、上記の人間中心主義的ヒューマニズムの世界観にとっては挑戦と映りやすいもののようである。それは私たち人間が宇宙の中で進化してきた高度な知性体の一つでしかなく、その中で最もすぐれたものではないということを示唆しているからである。それは私たちが理解できない、テクノロジー的に優越した存在がいることを示すもので、彼らは私たちに自主、力、コントロールが欠落しているという事実を突きつけ、あまつさえ、私たちの許可なく交配までさせているかもしれない。さらに、これらの存在は厚かましくも私たちに、科学的物質主義の必然的帰結である生態学的破壊の危険性に向き合わせようとしているかに見えるのである。

UFOやUFOアブダクション現象を研究し、それに正当性を与えてきた人たちが非合理的だとして嘲りと攻撃を受け、ニュートン／デカルト的世界観によって境界線を引かれた〔物質〕現象の研究のために発達してきた科学的方法論に従わないというので非難されることは、驚くべきことではない。たぶんこれはスタロック報告のおかげでいくらか変わるだろう。ジンマーマンはUFOを「文化的再構築の〔ための〕超地球生命体のエージェント」と呼んでいる（ジンマーマン 1997）。私は、エイリアンの存在が公式に認められたとして、その場合、社会的崩壊についての緊急警告は、実際の社会的無秩序の危険性がどうのというより、社会の現状が提供している自分たちの既得権益が深刻に脅かされるという意味での、文化的エリートたちの意識的・無意識的恐怖を反映することの方が多いのではないかと思っている。一般の人々の場合、仮に彼らがまだそれを知らなかったとしても、エイリアンが存在することを受け入れる準備はかなりできているように思われる。

どのようにして学者が厳格な物質主義的世界観を守るかを考える際、現代の超心理学の発見を受け入れる際の抵抗を考えてみるのは参考になる。ディーン・ラディンやルパート・シェルドレイクのような優れた科学者は、綿密に調べた後、この分野の研究の水準——たとえば、盲検法や比較試験などが用いられる比率——が、他の科学分野のそれを凌いでいることを示した（タート 1997；ラディン 1997；シェルドレイク 1995,1998）。しかし、他の分野では有名な科学者たちが、超心理学やサイ現象の現実性を示す信頼しうる研究は何もないといまだに感情的な発言を繰り返しているのは驚くに足りない（ラディン 1997）。というのも、超心理学の発見は確立された偶発的原理によって動いている機械論的な宇宙という考えに挑戦し、〔それに代わる〕私たちがまだ理解していない、コントロールが及ばない原理に従って神秘的に作用する、見えない世界を示唆しているからである。

その晩年（一九四〇年代）に、科学とテクノロジーの濫用により、二度の世界大戦でもたらされた荒廃を見て、ルートウィヒ・ウィトゲンシュタインは哲学的に「すべてを変え」たいと思った。しかし、彼は「私たちのものの見方は哲学的信念ではなくて、文化によって、私たちの育てられ方によって決まる」ということを知っていたので、悲観的であった。「一人で何ができるだろう?」と彼はもう一人の哲学者にたずねた(モンク 1990 からの引用)。ウィトゲンシュタインは、「私たちのものの見方」がたんなる哲学的信念ではどうにもならない問題であると見た点で、正しかったように思われる。彼は、ベリーのように、どのようにして世界観が心をつくり上げるかを理解していたように思われる。少なくとも人々はそれに従って感じ、行動するのだ。私たちは自分の時代に、特定の世界観やイデオロギーを、それを脅かすように見える情報に対して防衛するために、人々がどれほど必死になるかをすでに見ている。

人気映画『トゥルーマン・ショー』は、どのようにして世界観が人間の知覚や認識を制限するかを示すメタファーとして見ることができる。見たところ隙間なく構成されたバブル【泡のような実体のないもの、幻想】の中に閉じ込められたトゥルーマンの人生は、彼の地平を制限することによって利益を受けるテレビ局の重役によって筋書きが書かれている。バブルの中で長年過ごした後、トゥルーマンは、彼を愛し、勇敢にも商業的な筋書きを破る一女性の手助けを得て、ついに自分が犯罪的に現実を奪われていることを示唆する手がかりを見つけ出す。そのとき初めて、彼は文字どおりにも比喩的にも、その気泡を「破る」ことができ、外部に自分が気づけなかった大きな世界が存在することを発見する。アブダクションの体験者は、トゥルーマンのように、私たちの世界観を構成しているバブルを打ち破るのを手助けしてくれる存在論的なパイオニアだと考えることができるかもしれない。

私は数年前、トゥルーマンの問題と似たものに歯向かっているように感じた。当時私は、すぐれた物理学者の同僚に、ビッグバンに先立つものは何なのかと質問した。彼は、自分が研究している物理学の基礎にある数学体系では、その質問は意味をもたないと答えた（イースターブロック 1998も参照）。どうやらすべての物理学者が――少なくともすべての宇宙論学者が――この見解に賛成しているようではないようだ。別の著名な物理学者、加来道雄【日系アメリカ人三世の理論物理学者】によれば、並行宇宙と「ビッグバン以前に何が起きたか」という問題の設定は、意味がないどころか、宇宙論の中では主要な問題であるという。私たちの宇宙は、と加来は示唆する。それ自体が「気泡」のようなものであり、宇宙は一種の「多元宇宙」の中でたえず創造されている（加来 1998, 1994）。たぶん、いつの日か、私たちはこの宇宙の気泡の中から出るための十分なエネルギーをもち、他の宇宙【複数形】の中に入ることができるようになるだろう、と彼は想像する。そこでは物理学の法則はかなり違ったものでありうる。キャサリン（九二頁の伝記的スケッチと、『アブダクション』第七章参照）のような、物理学の素養をもたない数人のアブダクティたちも、「ちょっと違った物理学法則がそこにはある」ことを私に説明しようとした。

ひとたび所与の物理学法則を疑うことを自分に許すなら、科学は宗教の領域に入るか、それと混じり合ったものになる。加来にとって、「ビッグバンの直前に何が起きたかは、神が『光よ、あれ』と言った瞬間でもありうる」（加来 1998）。神学者のヒューストン・スミスは、同じ問題を考えたが、それは宗教的見地からのものであった。多元宇宙を考える代わりに、彼は「存在論的レベル」またはリアリティの焦点を提案する。彼は四つのレベルを示唆する。日常世界、霊的世界、神、そして究極的な創造原理または「神性」である。スミスによれば、私たちは単純化のためにこれら四つを、世界と「私たちを超える」不可視の領域という二つに還元してしまったのだという（スミス 1992）。

興味深いことに、「ダーク」な、または「不可視の」物質は、それは私たちの宇宙の大部分を構成しているように思われるが、物理学と神学が出会う基盤となりそうな感じである。加来によれば、最大の望遠鏡を通じて観察されるものは、それよりはるかに広大な暗黒物質（ダーク・マター）に囲まれた「ごく微小な受け皿」に他ならないという。スミスもまた、この宇宙の物質の九十九%は私たちのどんな測定器具にも反応しないのではないかと述べて、物理学的な基盤を必要とさえしない「それ自身の構成物とふるまい方をもつ不可視の階層体（オーダー）」を仮定する（スミス 1992）。

この研究の中心点は、この宇宙の中の不可視の領域と、私たちの測定装置では探知できないように思われる他の仮定宇宙について知る適切な方法を知ることである。自然科学はこうした神秘的な領域に触れることに尻込みしているように見える。加来はそれらについて知る方法は何も示唆していないが、一つの宇宙または次元から他の宇宙に、両者をつないでいるかもしれない「ワームホール」を経由して行く可能性については触れている。それはアリス【『鏡の国のアリス』】が姿見鏡を通って別の世界に行くのに似ている。星の力をマスターした文明にとっては、と加来は示唆する。「この種の次元間のファンタスティックな工作【操作】」は実際「子供の遊び」のように見えるかもしれないと。

宇宙物理学者のルドルフ・シルトは、並行宇宙という考え方それ自体には何も問題があるとは思わないが、望遠鏡や数学に頼る物理学者がそういう考えで何をすることになるかについてはかなり疑問に思うと書いた（シルト 1994）。しかし、神学者のスミスにとっては、それはまさに「メッシー【ここは「意図的に混乱をひき起こす」という意味かと思われる】な」観想的、媒介的なもので、先住民文化とすべての「智慧の伝統」には知られている他の意識拡張やスピリチュアルなエクササイズと同じである。私はそれに、最近発展している催眠関連のエクササイズや、ホロトロピック・ブレスワーク【原註】、遠隔透視、集中的体外離脱テクニック（ブールマン）などを加えておきたい。それは少なくともこれら隠された領域へのアクセスを先導するものかもしれないからである。橋渡し（つまり、可視・不可視の領域に〔同時に〕存在すること）になりそうなアブダクション現象の事例では、伝統的な科学、心理学、そして霊的な伝統はすべて、その側面のいずれかに適用できるかもしれない。

【原註】ホロトロピック・ブレスワークは、スタニスラフ＆クリスティナ・グロフによって開発された、意識の変性状態を達成するための方法〔呼吸法〕である。

ウィトゲンシュタインですら、その最も暗い時期に、枠組みが実際に変化し、「かつて馬鹿げているとして斥けられたものが今は受け入れ可能かもしれない」ことを認めていた（モンク 1990）。しかし、私たちは、新しい情報、説得、リーダーシップ、社会的危機、そして古い考えや手法の恐るべき失敗が組み合わさったとき、どんなことが起きるかということについてはほとんど理解していない。私自身の、意識と「脳を超えた」（グロフ 1985）知性を欠く非宗教的宇宙【生命や魂のない物質だけの寄せ集めの宇宙】という考えは、数十年のうちに少しずつ崩壊し、今では全く馬鹿げたものに思えるようになった。しかし、そうなったのは私が超越的リアリティの議論の余地のない経験的証拠と言えるものをもったこと、そして私の世界観とは対立する、私が伝統的な物質的説明や心理学的説明ではそれに適するものを見つけられなかった、膨大なデータをクライエントたちから受け取ったからである。こうした証拠はたいへん強力に見えるので、私はだんだんと他の人たちは同じ道を通ってきたわけではないので、私にとっては自明または明白と思える真実を受け入れる準備ができていないだけなのだろうと思うようになった。

私の同僚のポール・バーンシュタインは私への短い手紙で、「たぶんアブダクション研究の分野で最大の弱点は、そのリスキーな領域に入って研究する十分な数の人を動機づける勇気の乏しさと同様、方法論にも適切なものがないことだろう」と書いてきた（一九九八年一〇月の私信)。この点で私はバーンシュタインの勇気云々の考えには同意しない。というのも、私は「召命(コーリング)〔天職〕」、自分が何を手掛けるかの選択は、実質的に私たちに強いられるものと信じているからである。私は、しかし、より多くの資格をもつ人々【この場合は学問的訓練を積んだ、学界でしかるべき地位にある人またはその候補者、という意味だろう】がアブダクションやそれに関連する問題を研究するようになることは歓迎する。そして本書がそれに対する何らかの刺激になればと願っている。最後に、私はホワイトヘッドの「批判的な吟味に最もよく値する原理は、最も長い期間にわたって問われないままになっている原理である」という言葉に同意するのみである。彼が書いているように、情熱的な放棄の稀な瞬間に見られるように、「世界の創造力は、過去がそれ自身を新たな超越的事実に投げ込むときの脈動する感情である」(ホワイトヘッド 1933)。

本章で取り上げたすべての知の方法――直接的、観想的、直観的、瞑想的、間主観的、身体的、非感覚的な――は、〔従来科学の〕実証的・実験的な手法に付け加えられれば、私たちになじみのないリアリティの次元へと、私たちを導くかもしれない。アブダクティたちがその旅で表現するような存在の領域がある。私たちが今から行なおうとしているのは、これらのありうるリアリティへの考察である。しかし、その前に、私は本書の主要な内容となるものを報告してくれた体験者たちの短い伝記的スケッチを提供しておきたいと思う。

## 本書に登場する体験者たち

過去九年間で私は二百人以上の人々と面接したが、ここで取り上げたのはそのうちの四十人ほどである。プライバシー保護のため、多くは仮名を用いた。また、重要な点は除き、同じ理由のために経歴のマイナーな部分に関して変更を加えたものもある。本人の許可を得たものは実名を使用している。仮名を用いた場合は＊を名前の上に付けている。【順序はアルファベットに従い、年齢は原著出版当時のものである――訳者】

**＊アビー**（Abby）：アメリカ西海岸に住む三十歳の既婚のヘア・スタイリスト。一九九一年に起きたいくつかの出来事についてもっと多くのことを思い出したいという理由で、会いたいという電話が来た。その遭遇体験は、彼女と未来の夫がキャンプをしていたメキシコでのある遭遇で頂点に達した。強烈な光がテントを満たし、奇妙な大きな頭が彼女に向かってかがみ込み、腕に針を入れられた記憶が意識的なものとしてすでにあった。彼女は一九九七年一一月のある週末に、彼女の雇い主であり、支持的で、私の研究に関心を抱いているテレビ・プロデューサーに伴われて、ケンブリッジ病院を訪れた。私たちは三日間で約十時間を一緒に過ごしたが、そ

れには二時間のリラクゼーション・セッションが含まれていた。

**＊アンドレア**（Andrea）：合衆国北東部に住む、二人の娘をもつ四十五歳の既婚女性。彼女は退行性の目の障害のために、法的な盲人とみなされていた。元々はＰＥＥＲにコンタクトを取り、彼女自身ともう一人の家族が人間でない実体に接触されているという非常に悩ましいいくつかのイメージに関して、助けを求めていた。アンドレアはＰＥＥＲの複数証人プロジェクトに参加していて、そこで他の家族——夫、義妹、妹——も面接を受けていた。自分の体験を思い出した結果として、アンドレアは代替医学の治療師としてのトレーニングを受けるため、学校に戻る決心をした。彼女はクライエント相手の直観診断で成功し、彼らの治癒の手助けをしている。

**アリエル・スクールの子供たち**（Children at Ariel School in Ruwa, Zimbabwe）：一九九四年九月一六日、ジンバブエの首都ハラレ近郊のルーワにある私立小学校アリエル・スクールで、午前中の休み時間に、六十人ほどの子供たちが数機のＵＦＯと、一体かそれ以上の「奇妙な存在」を校庭で目撃した【この出来事全体は十五分続いたとされる】。年長の子供たち（十一〜十二歳）が、年少の子供たち（九〜十歳）を監督していたが、彼らが校庭の囲みの外にまで出てしまったのに気づいた。年少の子供たちを連れ戻そうと後を追ったとき、年長の子供たちも年少の子供たちが見たものを見た。子供たちは興奮して学校に戻り、起きたことを職員会議中の先生たちに話したが、教職員は最初それをいたずらか子供たちの空想と考えて取り合わなかった。そしてとうとう外に出て見たときには、そこには何もいなかった。結果として、見た物についての子供たちの話や描いた絵があまりにはっきりしていて一貫性があったので、先生たちと校長は、子供たちは「この世界のものではない」（ある教師の言葉）何かを見たのだという結論に達した。

ハラレ在住の重んじられている、経験も豊富なＵＦＯ研究家であるシンシア・ヒンドと、その話の調査に当たっていた当地のＢＢＣ支局長、ティモシー・リーチの勧めで、子供たちの多くの絵が、私の助手であるドミニク・カリマノプロスと私にファックスで送られ、その事件の調査が要請された。子供たちの感じ方や絵の技量が様々であることを考えても、絵に描かれたイメージには驚くべき共通性があった。そのことがあったとき、私たちはこの事件とは無関係に、すでに南アフリカに行く予定を立てていた。私たちは一二月二日と三日の両日、その学校を訪れた。そのときまでに、すでに子供たちの中には二度か三度インタビューを受けた子がいて、その都度一貫した話をしていた。

ドミニクと私は十二人の子供たちと会い、私は校長のコリン・マッキィにもインタビューをした。さらに、私たちは先生たちの大部分ともグループで会い、四年生のクラスに出席して、その事件が話し合われるのも傍聴した。多くの子供たちがこの事件以来、恐怖と悩ましい夢に苦しんでいた。それで私は、教職員たちに、生徒たちとオープンに話し、出来事について子供たちが考えていることを話す機会を与えるよう助言した。その学校は英国植民地以後にできた厳格なタイプの学校で、子供たちは私たちの質問に礼儀正しく、正直に答えているという印象があった。

私たちが会った子供たちのめいめいが、多かれ少なかれ同じ話をした。つまり、金曜日の午前十時十五分頃、一機の大きな宇宙船と数機の小型宇宙船が校庭の上でホバリングするか、または「着陸」し、その中から一人かまたはそれ以上の「奇妙な存在」が出てきた、というものである。私は子供たちの一人にわざと異を唱えて、子供の誰かがその話をでっち上げて、先生をかつぐつもりで、その話を他の子供たちにも広めた可能性があるのではないかと言ってみた。その子はそれを注意深く考えて、大人たちがそんなふうに考えるのはわかると言い、でも「それはほんとに起きたこととは違う」と答えた。それが奇妙な、信じがたい性質をもつものであることを除けば、子供たちの話し方には、彼らが言ったのとは違うことが起きたのだと示唆するようなものは何もなかった。

そのとき面接した中の、七人の子供たちの話が本書には出てくる。**エミリー**は十二歳、**エマ**、**リゼル**、**ナサニエル**、そして**フランシス**は当時十一歳だった。**ケイ・リー**は十歳、**オリビア**は九歳である。アリエル・スクール事件については、カリマノプロスの説明（1995）もある。【訳註】

**バーナード・ペイショット**（Bernard Peixoto）：ブラジルのシャーマン、人類学者、民族植物学者。彼の伝記的詳細については第八章。

**カルロス・ディアス**（Carlos Diaz）：メキシコの写真家。彼がテポストランの自宅近くやメキシコ・シティ近郊の他の場所で撮った黄、オレンジ、赤の楕円形の飛行物体の印象深い写真とビデオは、少なくともUFOサークルの中では、彼を世界的な有名人にした。私たちが初めて会ったのは一九九五年一〇月のことだったが、当時カルロスは三十七歳だった。そのとき私たちはドイツのデュッセルドルフにいて、研究者のマイケル・ヘーゼマンが主催したあるUFO会議に出席していた。私はそのとき、カルロスの誠実さと、地球の美しさやかけがえのない生命を守りたいという情熱と配慮に、強い感銘を受けた。私は彼と、アメリカに住んだことがあって流暢な英語を話す彼の妻、マルガリッタを介して、人間の外見をした存在によってその物体の中に連れて行かれた体験を含む、彼の遭遇体験について話をした（カルロス自身はほとんど英語を話せなかった）。彼の誠実さと、その体験がもつ霊的なパワー、そして彼の写真の素晴らしさのために、私は機会があれば彼にまた会いたいと思った。

幸い私は一九九七年の二月に、カルロス、マルガリッタ、そして彼らの二人の子供、カリトスとアレッサンドロに、彼らの自宅で会うことができた。私はそのとき、私の研究に関連する映画を作っていたマルク・ブラシュ、アブダクション研究者のジョー・ルウェルズ、ジム・ボイヤー、一人の若いジャーナリスト（その題材について記事を書くには知識が不足していると感じて同行した）、そしてマイケル・ヘーゼマンと一緒だった。テポストランは大きな町で、壁のような高い崖に囲まれた渓谷の景勝地で、モレロス州のメキシコ・シティから南に車で一

【訳註】著者の子供たちへのインタビューに関しては、ＹｏｕＴｕｂｅに次のものをはじめ、複数のビデオ映像がある（当初入れていたものが削除されてしまったので、差し替えた）。
・African School Children have a close encounter of the third kind
https://www.youtube.com/watch?v=qG2iwjyQH9U
また、カリマノプロスの説明については、John E.Mack Institute の次の記事を参照。
・Exploring African and Other Alien Encounters
http://johnemackinstitute.org/1995/03/exploring-african-and-other-alien-encounters/
このカリマノプロスの文章によれば、その「奇妙な存在」は二体で、一人は宇宙船の中にいて、もう一人が「[重力の稀薄な]月にいるみたいに（それほど高く飛び上がったわけではないが）、草地を跳びはねながら往ったり来たりしている」のが目撃された。彼らは色が黒く、頭が長く、手足は細くて、目は「ラグビーボールのように大きき」かったという。本書にはない他の子供の証言も載っているが、「地球の世話をして、これ以上の破壊を食い止めなければならない」というメッセージが言語を介さず「アイコンタクト」によって伝えられたことは本書の記述と共通している。

時間半のところにあった。その町は、人々に知識をもたらしたとされるアステカ族の神、ケツァルコアトル【「羽毛ある蛇」の意味】の息子、テポツテコにちなんで名づけられている。近隣には崖のそばに作られたピラミッドを含む多くの聖地があって、多くの観光客がその美しさや霊的な重要性のために訪れている。

カルロスと彼の家族は私たち皆を温かく迎えてくれた。そしてメキシコ系アメリカ人のジョー・ルウェルズがカルロスに直接インタビューした短い時間を除いて、マルガリッタが彼や息子たちの言葉を通訳してくれた。再び私はカルロスの誠実さと、自分の体験を分かち合おうとする熱意、そして特に地球の生命と美しさを守る必要性についての彼の考えを人々に広く知り、理解してもらおうとする情熱に打たれた（第五章参照）。家族は私たち皆に温かく、愛に満ちた家族だという印象を与えた。一つだけ心が痛む瞬間があったとすれば、それはカリトスが目に涙を浮かべて父親に、父が自分の体験に没頭して、それが家族をないがしろにすることになっているので、もっと父親と一緒に過ごすことができればいいのにと思っていると言ったときだけだった。

私たちはカルロスがその誠実な人柄のためにどれほどテポストランの町の人々から尊敬されているかに感銘を受けた。彼らはカルロスのセンセーショナルな写真の真実性を受け入れている。なぜなら、非常に多くの人が彼が撮影したのと似た飛行物体を目撃したことがあると語ったからである【原註】。私はマルガリッタから、ディアスと地域のパートナーが「ＵＦＯの現実性」をさらによく知り、理解してもらうためにテポストランにセンターを作っているところだという話を聞いた（一月九日付の私信）。さらに、モレロス州当局が、州の重要事跡を紹介する本のために、カルロスにＵＦＯとそれに関連することについての寄稿を要請した。大人になってからずっとカルロスは、今は薬によってうまくコントロールされているが、発作性疾患に苦しめられてきた。遭遇体験を可能にする意識や知覚能力・方向性と、こうした神経学的状態との間にどういう関連があるのか、考えてみるのは興味深いことである。

＊**キャロル**（Carol）：二人の十代の子供をもつ四十歳の既婚女性。彼女は合衆国北東部に住み、過去二十年、登録看護師として働いてきた。彼女はまだ十代の頃、午後遅く一人の友達と車で帰宅する途中に起きた、説明し難い出来事を報告している。ふと気づくと、高速から出ており、

【原註】その並外れた性質のために、カルロスの写真とビデオは写真の専門家たちからニセモノの可能性を排除するために何度も分析されてきた。私の知るかぎりでは、それらの専門家の誰もそれが本物でないという証拠を見つけた人はいない。カルロスの写真を見せられたテポストランの町の人々が何人も似た物体を見たと言っているのだから、真偽を問う意味はあまりなさそうである。カルロスや彼の家族と三日過ごした後、彼がニセの写真やビデオを作ろうとしたとは私には到底信じられなかった。

すでに日は暮れていて、間違ったランプ【高速の出入口】を出て十マイル【約十六キロ】走行しているのがわかったのだ。彼女は呆然とし、失われた数時間はどうなったのだろうと思った。友達も同じく混乱していた。しかし、驚いたことに、二人はその出来事については決して話さなかった。これまで、その友達はその出来事についてのどんな話し合いも拒み続けている。

＊**キャサリン**（Catherine）：私たちが一九九一年に初めて会ったとき、彼女は二十二歳の音楽を学ぶ学生で、ナイトクラブの受付をしていた。彼女の物語は『アブダクション』で述べられている。一九九三年に共に研究するのをやめてから、キャサリンは心理学の修士課程を終え、一九九八年一〇月に結婚した。

＊**セレステ**（Celeste）：ブリティッシュ・コロンビア在住の四人の子供をもつ三十八歳の主婦。彼女は数年前、ＰＥＥＲに手紙を書き、一九八〇年の大学生時代に体験した不可解な、仰天するような出来事について詳述した。イマージョン・プログラム【訳註】でローマにいたとき、彼女とルームメイトの両方が、三十六時間の時間喪失を体験した。それを詳しく調べたとき、セレステは人間ではない実体に閉鎖的ななじみのない空間に連れ去られ、そこで侵略的な、医学検査のようなものを受けさせられたことをはっきりと思い出した。彼女のルームメイトは彼ら二人が三十六時間の時間喪失を体験したことは明確に認めたが、それと関連するアブダク

ションのような記憶は何ももっていなかった。

**クレド・ムトワ**（Credo Mutwa）：南アフリカのサヌーシ、または高位の呪医。彼の伝記的な詳細については第十章を参照。

**デイヴ**（Dave）：四十一歳の、安定した身分の医療管理者（『アブダクション』のデイヴとは別人）。四人の子供をもつ離婚経験者で、インディアナ州サウスベンドで暮らし、働いている。ある心理学者の勧めで、一九九二年七月に私たちに連絡してきた。子供の頃、奇妙な存在またはは「プレゼンス」と遭遇した記憶、とくに五、六歳の頃、ミズーリ州の家族の農園の納屋の前で恐ろしい顔を見たときのことが蘇っていた。それと関連する恐怖にもかかわらず、デイヴは、大人になるまで続いたその体験が自分に大きな霊的視野をもたらしたことは確かだと感じている。この見方は彼が育った、そして今もそれに直面している、その体験を魔物の憑依または悪魔のしわざと解釈するキリスト教原理主義者の態度とは鋭く対立していた。

【訳註】「目標とする言語の言葉だけを習うのではなく、〈その言語環境で〉他教科を学びその言葉に浸りきった状態（イマージョン）での言語獲得を目指す」プログラムと、ウィキペディアには説明されている。

デイヴは一九九二年九月に、私に会うためにマサチューセッツにやってきた。そして私たちは何時間も話し合った。私はそれから数年、ケンブリッジ病院に彼が来られるとき、ときにはUFO会議で、断続的に彼に会った。一九九四年に、彼は勇敢にも自分のリラクゼーション・セッションをNBCの番組『デートライン』用に録画するのを許可した。しかし、この力強く啓発的なインタビューは大きくカットされ、陳腐な暴露的プレゼンテーションに仕立てられてしまった。私は一九九九年初めに数回デイヴと話をした。これまで以上に彼は、これらの遭遇体験が人間意識における「光に向かっての次元的シフト」であると確信している。デイヴの息子の一人があけすけに、「パパ、ぼくは彼らを見たよ」と言ったことがある。そして自分の心がオープンになったのは、このコンタクトのおかげだと言った。

＊**エヴァ**（Eva）：今は十代になった二人の子供をもつ母親。一九九二年と一九九三年の私たちのミーティングに基づく話は、『アブダクション』で語られている。その後数年、体験をさらに詳しく調べたいと思ったときや、自分の人生に起きていることを私と分かち合いたいと思ったときは、彼女は私に電話をしてきた。彼女は会社で総務の仕事を続けていたが、彼女の人生の焦点はますます霊的な悟りの探求に向けられるようになった。この目的と関連して、彼女はバーバラ・ブレナン・スクール・オブ・ヒーリングに出席し、一九九七年に『交わり（Communion）』と題した論文を書いた。それは彼女の自己発見の旅とカバラ的なヒーリングの伝統、自分のユ

ダヤ教のルーツについて述べたものである。

**ギャリー** （Gary）：彼はヨハネスブルグ郊外、約一時間のところに一人で住んでいるクレド・ムトワ（第十章）の親しい友人である。最初、一九九四年一一月に、ドミニク・カリマノプロスとテレビ映画製作者のニッキー・カーター、そして私をボファツワナの彼の村にいるクレドに会いに連れて行ったのは彼である（ギャリーは映画産業の背景をもっている）。彼は四十代半ばで、白人呪医またはシャーマンを自称している。彼は黒人のヒーラーたちに信頼され、伝統的なヒーリングの手法を国のヘルスケア・プログラムに含めさせることに成功したパイオニアで、健康と医学に対するアフリカと西洋のアプローチを調和させるために働いている。一九九五年一二月、彼は私の二度目の南アフリカへの旅行中、すでにかなりの気づきを得ているUFO関連の遭遇体験と接触するため、私にリラクゼーション・セッションを行なうよう依頼した。退行の間にギャリーが入った神秘的な状態は、その後数時間、強く残っていた。

***グレッグ** （Greg）：一九九六年一一月に『アブダクション』を読んだ後、私にコンタクトを取ったとき、彼はアメリカ南部のある町で成功している四十九歳の内科医だった。彼はずっと続いている遭遇に気づいており、とくに自分の初期のエイリアンとの遭遇体験のいくつかについて、私と一緒に調べたいと思っていた。グレッグは、計四回の一時間半から二時間のセッションの

ために、一九九六年一二月と一九九七年三月にボストンにやってきた。その中で彼は主に、脅威的な爬虫類型存在の恐怖と対峙したが、それは同時に彼自身の性格の暗い側面を表わしているようにも思われた。一九九九年一月に私たちが話したとき、グレッグは、自分の性質の影の部分と直面した結果、その体験はより豊かで多様、かつ多次元的なものになったと言った。彼の見解では、エイリアンとの遭遇の性質は個々人の意識の反映である。個人の性質の中にある統合されていない部分は何であれ、その体験の中に姿を現わす可能性があると、彼は示唆した。

**＊イザベル** (Isabel)：一九九四年一一月に私にコンタクトを取ってきたとき、彼女は三十三歳の、三人の子供をもつ、最近離婚を経験したホンジュラス生まれの母親だった。彼女は地球の運命と、理解できない自分自身の恐ろしい体験について切迫感をもっていた。イザベルは母親と継父によって育てられたが、両親は彼女が六歳のとき、彼女ときょうだいたちを連れてアメリカに渡った。彼女は雑多な宗派と宗教信条に囲まれて育った。それはペンテコステ派(母親)、カトリック（母方の祖母）を含んでいた。母と祖母はどちらもハイチの霊的伝統から深い影響を受けていた。彼女は一度も会ったことはないが、実父はメスクウィタとマヤ族の子孫だった。アブダクション体験の源泉が何であれ、イザベルはいつもそれが宗教と関係していると信じている。子供の頃､彼女は夜間自分のベッドのそばにやって来る「小さな人たち」を魔物（デーモン）だと思っていた。そしてずっと続いている自分の奇妙な存在たちとの遭遇が家族の宗教の信条体系の枠

内では説明できないということに気づいたのは、かなり後になってからだった。
初めて彼女に会ったとき、イザベルは彼女が「青い禿頭たち（ブルー・ボールディーズ）」と呼ぶようになった存在に麻痺させられ、壁を通り抜けて連れて行かれた体験の意識的な記憶をもっていた。「私は彼らと何度も一緒に行きました」と最初の面接で彼女は言った。彼女は大人になってひどく孤独を感じ、地球よりもその存在の方に自分が属していると感じ、それはずっと残った。彼女はその存在たちと一緒に地球の人々を誘拐するために働いたことさえ思い出した。私たちが知り合いになってからの最初の四年間、私はイザベルと三十回以上会った。私たちのミーティングは、私たち両方にとって（と私は信じている）、未知のものへの旅、人間意識の可能性の探求になった。イザベルに会って一年後、当時十代半ばだった彼女の長男が自動車事故で悲劇的な死を遂げた。彼女が不可視の領域との深い絆から引き出していた強さは、この恐ろしい喪失を彼女が受け入れる助けになったと私は信じている。

***ジーン**（Jean）：共通の友人に励まされて、彼女が数年間にわたって体験した光の「存在」との出会いに関して私にコンタクトを取ったとき、彼女は合衆国西部に住む、四十代後半の離婚した母親だった。ジーンは広く講座をして回る社会科学者であり、スピリチュアル・リーダー、ライターだった。彼女は一九九三年に友達と一緒に私の自宅を泊りがけで訪れ、そのとき何時間も話をして、リラクゼーション・セッションを行なったが、それで彼女の遭遇体験のさらに

詳しい部分が引き出された。地上と宇宙船上の両方で彼女が接触した存在たちは、彼女の場合、つねに有益なものだった。彼女は自分の創造力や洞察はその遭遇体験のおかげであり、ある種の神経生理学的な「再プログラミング」が行なわれたのだと信じている。

**ジム・スパークス**（Jim Sparks）**：**一九九六年三月に、私が彼の友人が手配した会合で初めて顔を合わせたとき、彼はイタリア系アメリカ人の出自をもつ、四十歳の住宅用不動産建設業者だった。これとその後の会合の目的は、ジムにとっては主に、彼の体験（公に語っている）からアブダクション現象について私が学ぶのを手助けし、その重要性について話し合うことだった。というのも、彼は催眠や他のどんなリラクゼーション・エクササイズもなしに、一九八九年以来のエイリアンとの遭遇についてのかなり詳しい記憶をもっていたからである。彼にとって、これらの体験は主要な学習プロセスで、彼は結果として地球の生命の存続のために政治活動をするにいたった。その活動には、ＵＦＯやアブダクション現象についての情報を暴露した公務員のために恩赦を与えるプロジェクトも含まれている。自分の体験についてのジムの本【訳註】は、私たちが初めて会う以前に着手されていたが、近く発売されることになっている。

***ジョセフ**(Joseph)**：**ニューヨーク市在住の、既婚の三十代後半の心理療法家。何年か前の、ヨー

ロッパに住んでいたときに起きた奇妙な事件を調べたくて、一九九三年に私に最初のコンタクトを取った。当時の恐ろしい体験についての意識的な記憶を彼はもっていた。そのとき彼は、部屋に強烈な光が流れ込み、動くことができず、自分の周りに奇妙な存在がいるのを感じた。憤慨と恐怖が以後ずっと残っていたので、ジョセフは私の研究の話を聞いたとき、彼の恐怖を和らげ、起きたことを理解する手助けが得られるのではないかと思って、私に連絡してきた。

***ジュリー**（Julie）：一九九〇年六月に私に電話してきたとき、彼女は三十四歳の主婦で、七歳の女の子と二歳の男の子の母親だった。彼女は二つのUFO事件と、友達と自動車旅行をしているときに起きた時間喪失体験のことを調べたいと思った。ジュリーは私の最初の事例の一つで、彼女は私にアブダクション現象の基本的な要素を教えてくれた。私たちは一九九〇年と一九九一年に、五回の退行セッションを含む、多くのミーティングをもった。かつては幽霊だとして斥けていた体験が何らかの点で現実だという恐るべき事実と折り合いがついたとき、彼女自身や家族に起きている出来事に関してはよく連絡をくれたが、私たちが会う回数は減った。彼女の子供たちは二人とも遭遇を体験していた。二歳の男の子は私と会ったとき、彼の鼻をか

【訳註】参考文献にも出ている次の本を指すものと思われる。*The Keepers: An Alien Message for the Human Race*（2007）

じった宇宙船から来た男の人たちを恐れていた。姉の女の子の方は、〔エイリアンの〕訪問について は語りたがらなかった。

ジュリーは、私がこの問題について話をするとき、一緒に演壇に上げたいと思うような種類の人である。というのも、彼女は大変率直な人柄の、良き主婦にして母親であり、いかにも信頼が置けそうな正常な人という印象を与えるからである。実際、私たちの部局の心理学の主任は、一連の心理学検査をして、「発達の健康な神経の（この「神経の（neurotic）」という言葉は〔通常の「神経症患者」を指すのではなく〕メンタルヘルスの業界では一種のほめ言葉である）レベル内の、高度に機能する女性」という診断を下し、その報告書を次のような言葉で締めくくった。「彼女の不安の正確な性質と位置づけは、検査を行なった後でさえ謎のままである」。実際、一九九九年一月に私がジュリーと話したとき、彼女は「それを全部背後に置いて」いた。彼女の体験は彼女をよりオープンな心をもち、批判がましさの少ない人間にしたと彼女は信じているが、それでも彼女はそれで自分の心がいっぱいになっている自分の日々の生活と、一連の遭遇体験を統合することはできないでいた。ジュリーは今、自分が体験した世界を、それは「絶対に」現実だが、〔日常世界とは〕別のものとして保持している。

**カリン**（Karin）**：**彼女は、彼女の知り合いのフロリダのある心理療法家を介して私に紹介されたとき、ボストンでウエイトレスとして働いている二十六歳の未婚女性だった。元々のファーストネームはデボラだったが、遭遇体験をしている途中で彼女はそれをカリンに変えた。一九九六年八月一四日の手紙で、彼女は自分が意識的に記憶している、九歳ぐらいと思われるハイブリッドの子供と接触するために連れて行かれた「夢」を含む、多くのエイリアンとの遭遇について詳しく書いていた。その体験が悩ましく、ときに恐ろしくもある側面をもつにもかかわらず、二年間近くでした三十回以上のミーティングと、カリンが私やＰＥＥＲのスタッフとした会話を通じて、驚異と感謝の態度は一貫して明白だった。これらのミーティングで、私たちはアブダクションと、アブダクション関連の記憶を幅広く調べた。

その間の、彼女の人格的な成長には著しいものがあった。彼女は今ではその変容的なメッセージを聞く耳をもつ人には誰にでも伝える教師となり、それには彼女が働いていたいくつものレストランやパブの客も含まれている。彼女は並外れて情熱的なすぐれた語り手であり、その体験がもつ霊的なパワーと深い意味合いに感謝するようになっている。

**＊マシュー**（Matthew）：イースト・コースト在住の五十歳のサイエンス・ライター。彼は天文学と宇宙物理学に強い関心を抱いており、十五年以上にわたって地球外生命体の問題を研究し、調査してきた。彼と妻のテリーは、数年前にケープコッドでの休暇中に彼らが目撃した異常な現象を伝えるためにＰＥＥＲにコンタクトを取った。

**＊ノーナ**（Nona）：一九九二年の夏、私が彼女の友達の一人からその事例についての話を初めて聞かされたとき、彼女は三十代後半だった。私はノーナが住んでいる田舎町の近くの、北部ニュー・イングランドのある村で、アブダクション現象についての講演を行なっていた。彼女は住宅建設業者と結婚し、五人の子供がいて、そのうちの四人は何らかの遭遇を体験していると思われる。私たちは一九九六年の二月まで、直接会って詳しく話し合うことはなかった。そのとき彼女は自分が過去数年間経験していた奇妙な出来事が「本当に起こった」のかどうか知るために私に相談する決心をした。その後の三年間で、私たちは二十回以上のミーティングをもったが、その中には数回のリラクゼーション・セッションと、多くの電話での会話が含まれていた。私は彼女の自宅でノーナの娘の二人、ナンシーとエリザベスにも会った。当時七歳と九歳で、自分の遭遇体験のことを気にしていた。ノーナはやせた、特徴的な青い目をもつ魅力的な人である。

**ラスティ**（Rusty）：彼はアブダクション現象についての私の最初の先生の一人であった。私たちは一九九〇年の二月に、バッド・ホプキンズのアパートで初めて会ったが、当時三十四歳のミュージシャンだった。私はそのとき、彼の誠実さと精神的な健全さに感銘を受け、彼がそれまでずっとアブダクションを体験してきたことを知って驚いた。最初その体験に恐怖を感じて調べ始めたとき、彼はすぐに、意識の個人的・文化的な変容にとってそれが重要な意味をもちうることに気づくようになった。ラスティは公の場でオープンに自分の体験について話しており、何度かテレビに出演したこともある。彼はアブダクション現象に関する最も明快な教育者の一人である。この十年で、彼はエニアグラムのエキスパートになり、この問題についての数冊の本の著者または共著者になっている。

**セコイア・トゥルーブラッド**（Sequoyah Trueblood）：ネイティブ・アメリカンの呪医にして教師。彼の伝記的詳細については第九章を参照。

**シャロン**（Sharon）：一九九三年に、ホロトロピック・ブレスワークのセッション中に出現した恐ろしいアブダクション体験の記憶のために、私に会いに来たとき、彼女は四十三歳だった。退行セッションを含む二度のミーティングの後、コミュニティのサポートを通じて彼女は自分の体験に対処できると感じるようになった。一九九八年一二月、彼女は自分の体験と〔著者と行なった〕ミーティングについて、地元の町で大勢の大学生の聴衆の前で効果的なプレゼンテーションを行なった。

**スー**（Sue）：一九九四年、二時間のミーティングを行なったとき、彼女は医師と結婚している四十歳の主婦で、十四歳の娘と十二歳の息子がいた。訓練を受けて歯科衛生士として働いていたが、スーは色々な種類の創造的活動に関心があり、自分を一種の何でも屋だと考えている。彼女は最初、一九八七年に、別のアブダクション研究者に、自分で説明のつかない悩ましい〔未知の存在の〕夜間の巡回(ビジテーション)のために相談していた。彼女は一九九二年のアブダクションを議題とするMITの会議に招待され、そこで、自分の環境問題についての増大する懸念と、このことのUFOアブダクション現象との関連について語った。私はこの関係をよりよく理解するために、会ってくれるよう頼んだ。

**ウィル**（Will）：十代の息子を一人もつ、離婚経験のある四十五歳の男性。彼は個人や会社相手の直観師【直感に基づいたアドバイスをする、一種の霊能者の仕事と思われる】として生計を立てている。十五歳のとき、彼は木登りをしているときつかんでしまった高圧電線に感電して、左腕を失った。そのとき体外離脱体験をし、人間でない実体たちに体に戻るよう励まされたのだと主張している。彼はＰＥＥＲにコンタクトを取って、その存在たちに「触れ」られ、その後「捨てられ」てしまったことから来る消えない悲しみの反応について語った。彼は、一九八〇年のヨットの旅で前妻と一緒に体験した異常な体験に関して、ＰＥＥＲの複数証人研究プログラムにも参加している。時々ウィルは自分を「ビリー」と呼ぶことがあるが、それは存在たちとのポジティブな絆を体験していない、彼自身の怯えた身体的な分身を指している。

# 第三章
# それは「リアル」なのか？　だとすれば、どのように？

まあ、なんてこと！　これはほんとに起きてるんだわ。夢じゃない、ほんとに起きてることなのよ。

スー
一九九四年一月一〇日

## 並外れてリアル

アブダクション現象によって、私たちはリアリティの性質について再考を余儀なくされる。体験者自身にとっては、自分が体験したことは完全にリアルで、それはノーナが「私の五人の子供と同じくらいリアル」と語ったとおりである。ある遭遇体験の後、その中で彼女は閉めた窓を通って連れて行かれる体験をしたのだが、翌朝目覚めてから、窓が壊れているのではないかと調べてみたほどであった（それは何の問題もなかった）。「それはぜったいに起こったんです」とイザベルは自分の体験の一つを振り返って言った。しかし体験者たちは、私たちの多くと同様、この科学的文化の中で育ったので、たいていの場合、自分自身の体験を受け入れるのに大きな疑いと抵抗を示す。

私に彼らの話を真剣に受け取るように仕向けたのは、自分が体験したことが何らかの点でリアルだという体験者たちの確信だけではなかった。彼らの話が非常に詳細であること、その異常さに見合った彼らの驚き、疑り深さ、そしてとりわけ、彼らが報告する真正の苦悩その他の感情のためであり、体験を思い出している際、強い感情的、身体的反応が観察されたからである。こうした要素すべてが合わさって、私たちの伝統的な世界観の見地からすればいかにそれが不可解に見えようとも、この人たちには何か強力なことが起きたのだろうという明確な感じを抱かせるのである。

スーは私に、私たちが初めて会った数年前に彼女が体験したことについて語った。彼女は「寝室から青い光、とても美しい青い光に包まれて、階段の上を浮き上がったまま下に降ろされている」ところを思い出した。「私はずっと知っている誰かと一緒にいると感じました。この人はたしかに私の知っている人でした。私はものすごく興奮していました。私は『信じられない、どんなに待っていたことか、あなたはとうとう来た、あなたは来ないとばかり思っていたのに』と言いました。私はこれが誰なのかは知りません。でも、私はほんとに幸せだったのです。この人が私を裏口まで連れ戻してくれた。……私が次に見たのは、彼が私の台所のドアの外の盛り土の上に立っているところでした。私は台所〔の壁〕を通り抜けて、気づいたんです。『まあ、なんてこと！　これはほんとに起きてるんだわ。これは夢じゃない、ほんとに起きてることなのよ』と」。

遭遇体験がどれほど力強く鮮明であったとしても、こうした出来事はたいていの体験者が可能だと信じていることとは正反対である。アンドレアにとって、その体験は「全信条体系を揺さぶる」ものだった。一方、イザベルは、「それが私が教わって信じるようになっていたすべてのものを粉々にした」がゆえに、自分のアブダクション体験を「悩ましい」ものと見た。そのとき自分は夢は見ておらず、疲れてもいなかったのだと自分自身を納得させたとしても、それは自己満足のため〔の正当化〕ではないかと疑い、別の可能性を考える体験者もいる。英国生まれの心理学者で、意識の研究者であるアンジェラ・トンプソン・スミスは、彼女自身がアブダクション体験者だが、自分の体験をどのように見るかで「大きな揺れ」を経験した。ときに、彼女はもう一つの世界に連れて行かれたのは確実だと思い、別の時には、それは「全部想像」なのかもしれないと考えたのである（一九九八年五月一一日の個人的な会話）。数ヶ月一緒に体験を調べた後、私は強い学者的傾向をもつ看護師のキャロルに、それは彼女にとって「完全にリアル」なのかどうかとたずねた。「その通りです」と彼女は答えた。「（でも）私はテレビに出てそれを話そうとは決してしないでしょう」。半年後、彼女はなおもこう言うことができた。「私はあなたにこれが実際に起きていることだとは言えませんが、自分が見たイメージだとは言えるのです」。

よく報告されるように、彼らの周りの人たちが皆、彼らが知覚するものを知覚したわけではないという事実があるだけに、自分の体験の現実性についてアブダクティが感じる疑いが強まるのは無理からぬことである。カリンは、自分が誘拐されたことは「知っている」が、他の人たちは彼女に起きていることには気づいていないと信じている。アンドレアは多くのＵＦＯが自分の家に近づいてくるのを見たことをありありと思い出した。彼女の家の近くには空軍基地がある。「私はたえず何が起きているのか判断しています」と彼女は言った。「もし私が見たものがリアルなら、どうして他の人たちはこれらの宇宙船を見ていないのでしょう？　……彼ら〔空軍〕はあらゆる種類のレーダーをもっているはずなのに」。私たちに言えるかぎりでは、問題のその時期にその周辺ではいかなるＵＦＯの目撃情報もなかった。もちろん、彼女の描写のいくつか（第四章参照）は飛行機とは無関係に思えるが、アンドレアが飛行機を見ていたのだという可能性はある。

## 存在論的ショック

私は、多くのアブダクティたちがもはや自分が体験したことが何らかの点でリアルだということを否定できなくなった時点で体験するものを表現するのに、「存在論的(オントロジカル)ショック」という言葉を使ってきた。シャロンの場合、自分がもはや体験を「否認」できないと感じるようになったとき、それは「大きなハンマーを打ち込まれた」ような感じだった。「それは粉々になりました。それは五千ピースの青空のパズルを組み立てねばならないみたいな感じだったのです」。

アビーはリラクゼーション・セッションで、通常の意識状態で目の前にエイリアンがいるのを見たときのショックを再体験したとき、悲鳴を上げた。「私はそれが何かはわかってるけど、準備ができていない」と彼女は叫んだ。「何の準備？」と私がたずねると、「そんなふうにはっきりと見ることへの」と答えた。それは「途方もない」ショックだと彼女は言った。「私は目覚めていて、それが目の前にいたんですから」。私はそれの何がそんなに恐ろしいのかときいた。「受け入れることがです。私に起きた現実を受け入れることが」。記憶の現実性を疑っていた彼女の心の部分は「破壊」された。

セレステは一日の内失われた時間があることを体験していた。しかし、あえてそのことは口にしなかった。何年もたってから、彼女は私たちに手紙で、その体験が彼女の人生にどんなふうに影響を与えたか、また彼女が感じた孤独について、次のように書いてきた。

孤独。それは「私たちの最初のミーティングで」私を最も落ち着かせてくれた言葉です。それは頭に釘を打ち込まれるのに似ています。イタリアでその日を失って以来、長い年月がたちました。私の人生と現実についての考えは、その体験によって挑戦を受け、私にできたのは数人の人たち（誰も人を助けるプロはいませんでした）との別の秩序立った生活感覚の中で、この束の間の〈時間の〉割れ目をさらすことだけだったのです。ご存じかと思いますが、どんな誠実な態度でこの問題を持ち出しても、その瞬間、あなたは笑いをもって迎えられることになるのです。そのような説明できない体験のことには触れてはいけないのだし、人は理解できないことは笑うのです。その体験は調べられず、隠されたままになりました。

（一九九八年一〇月二〇日付のロバータ・コラサンテ宛の手紙）

数ヶ月後、セレステはこの体験を「裂け目」、または自分の時間・空間・リアリティについての感覚からの「切り離し」として語った。自分自身の不信の理由についてさらに考えて、彼女はこう書いた。「このような出来事は私たちが暮らしている構造の内部では理解することができません。社会にはこういうことを説明する余地はないのです」（一九九九年二月一八日付のロバータ・コラサンテ宛の手紙）。

グレッグは、自分の体験の現実性は基本的に疑っていない五十歳の内科医だが、世界観の崩壊に関連する恐怖はよく知っている。「私たちは途方に暮れてしまうので、自分の伝統を完全に脇にどけてしまうことはできません。そうするとあなたの世界全部が失われ、未知の中に投げ込まれてしまうと感じるからです。どれほどその未知を探求したとしても、未知のものは誰にとっても恐怖なのです」と彼は言う。自分自身の体験に関して、彼は思い出しながら語る。「それをより深く探求したとき、私は再び恐怖に襲われました。しかし、私は一歩一歩学んでゆくすべを心得ています。そうすると安心です。もしもそうしたければ、私はいつでもここ［＝ふだんの現実］に戻ることができるのですから」。

たとえ自分の体験と夢を区別することができたとしても、アブダクティたちはより恐ろしい可能性に直面するより、それらを夢と呼ぶ方を好むかもしれない。しかし、夢に分類しようとして、その人は自分が眠っていなかったことに気づく（ときには白昼の活動の最中にそれが起きることもある）。彼らは自分が実際に起きたことを思い出したと感じる。その内容がどれほど奇妙であろうと、話は論理的に順序立っている。そしてそのエピソードは、思い出すか再体験されるかするとき、通常夢の中での出来事を思い出したときと違って、ずっと強い感情的・身体的反応を伴うのである。最後に、映画『コンタクト』の宇宙飛行士エリー・アロウェイのように、彼らを今の彼らたらしめているすべてが、「これらは実際に起きたのだ」と彼らに告げる。それがたとえどれほど彼らがそれ以前に可能だと考えていたこととは矛盾していたとしても。

イザベルはこう述べる。「夢というのは、その中に何でも入れ込める便利な言葉です。でも、私はそれを他にどう呼べばいいのかわかりません。だから私はそれを夢と呼ぶので、他にどうしようがあるでしょう？　夜起きることを言い表わすのに私は他の言葉を見つけられませんでした。だから私は夢と呼んだのです」。しかし、「私はそれらが夢ではないのを知っています」と彼女は主張する。アンドレアは私に言った。「私は別の場所にいます。私は今自分が見ているものをはっきりとはあなたに伝えられません。それは実にくっきりしています。夢のようではありません」。キャロルは、リアリティの検証を助けるために、三つのタイプの夢を区別する。ふつうの夢、シャーマン的なまたは霊が導く夢、そして「第三」の夢として、心が出来事として憶えている、実際に起きたことかもしれない「夢」である。この夢は、と彼女は言う。はっきりと目覚めた意識状態で起きるもので、「超リアル」でさえあるのだと。

クレド・ムトワにとっては、アブダクション現象とグレイ型の存在（彼の文化ではマンティンダーネと呼ばれる）は全くリアルである。そして彼はそれを疑う人たち、とくに西洋のそういう人たちに苛立ち、彼らを嘲ることさえある。「私は本当に怒っているのです」と彼は私に言った。「なぜならこのものはリアルだからです。星から来た人々は私たちに知識を与えようとしているのに、私たちは愚かすぎるから腹が立つのです。あなたが調査しているものは私たちが知っている最も古いものの一つなのです。あなたが話しておられるものはリアルなのです。それは誰かの想像がでっち上げた作り話などではない。……違った民族の人々、違う文化の人々が同じものを見ているのはなぜなのか？」。しかし、クレドにとっては、私が会った多くの先住民の人々と同様、その現象が「どんな」現実に位置づけられるものなのか、どこからそれがやってくるのか、あるいはいかなる意味でそれはリアルであるのか、といった問題は――われわれ西洋人には重要この上ないものとされるが――大して重要ではないのかもしれない。次に、これらの問題を取り上げてみよう。

## どのようにリアルなのか？　他の次元

マイケル・グロッソは、マイケル・ジンマーマン同様、ＵＦＯアブダクション現象の存在論的な曖昧さ【多義性】を理解している哲学者である。ＵＦＯ「訪問者」の夥しい数と多様性はグロッソには、何か「物理的、神秘的、または心像的な」ことが進行していることを示唆するものに見える。ＵＦＯとの遭遇は、と彼は述べている。精神と物質の奇妙な混成物である。彼らは外部と「私たちの内部」の両方からやってきて、それゆえ、聖母マリアや妖精、魔物や「他のエレメント的な、肉体をもたない、もしくはそれをはぎ取られた性質の生きもの」の出現と同じように、私たちが伝統的に区分けしてきた内・外の二元的なものの見方には適合しないのである（グロッソ 2004）。

もしも私たちがアブダクション現象をリアル、少なくともアブダクティの見地からすればリアルだと認めるなら、次の質問は「それはどのように、どういう意味でリアルなのか？」ということになる。どんなリアリティの中でそれは起きているのか？　アブダクション体験にはよく知られた、頻繁に描写される、物理的・物質的な随伴物がある（スタロック他 1998：ストリーバー 1998：フリードマン 1996）。しかし、これらの発見は、アブダクション報告の確実性を示す重要な証拠であり、さらに多くの研究を要求するものだが、しばしば微妙で捉え難く、実証主義的な科学の要請を満足させるほどには十分なものではない。

そのため私たちはしばしば、アブダクティたちの報告、アブダクションにまつわる話、それと関係する体験と共に置き去りにされる。これらの説明が多くの場合、明確な物理的証拠をもたないという事実は、リアリティの性質、意識、そして人間のアイデンティティについての私たちの知識や理解を深める上でその重要性を減じるものかもしれない。しかし、それは私たちがその話の内容を分析する上でより批判的に、より注意深くなって、ＵＦＯ関連の体験の物理的現実性を額面通りには受け取らないようにする必要があるということを意味する〔だけである〕。アブダクション現象を生産的に研究するには、私はそう信じているのだが、人間意識の全領域、その複雑な特性と多面性が、重要なものとして考慮されねばならないだろう。

アブダクティは通常、その体験がいわゆるふつうの意識状態で体験される世界と同じくらい自分にとってはリアルだと知っているが、キャロルが言ったように、それは「全く異なったリアリティの中に」ある〔ことも理解している〕。エヴァは、自分の体験の一つについて話し合っているとき、次のような言い方までした。「私は肉体をもっています。そして私の体は知覚していました……あれはそれではないと。それは絶対的なものではないのです。それは何らかのレベルで暗喩的なのです」。ジュリーによれば、彼女は一九九〇年以来、私と一緒にその体験を吟味していたのだが、「アブダクション体験はあなたが意識を体から分離することができるということを示しています。そこにあるのは目に見えるものだけではない」のである。

アブダクティは頻繁に、異なった特性をもつ別の次元、またはリアリティの別に平面に連れて行かれたと語る。私たちの器具や数学の知識では探知できない他の次元という考えは、物理学者の間ではすでに認知されている（加来 1994；ウルフ 1989；ヴァレ 1988；ブライアン 2000）。たとえばテキサスA＆M大学のロン・ブライアンは、十二種類のクォークやレプトンのような亜原子粒子【原子より小さい粒子】を説明するのに、十以上の次元を設定している物理学者もいると述べている（ブライアン 2000）。しかし、理論物理学者の加来道雄によれば、「それはファンタスティックではあるが、私たちは十次元まで行く必要はない。ただ、より高度な次元まで行く必要はあるだろう。自然のすべての力を収容するには、私たちがなじんでいる三次元では足りないのである」（加来 1998）。こうした他の領域の客観的存在を目に見える形で示すのは困難である。それは、同じようにリアルだが、経験と言語を通じてしか具象化できないメタファーを扱っているときと似ている。ジュリーは「アブダクションという言葉の選択ですら、一つの解釈」であり、「特定の道へと私たちを導く」ものだと注意を促している。「そう、それは」と彼女は付け加える。「何らかのかたちで言葉にして、それに限定を与えないではいられないほど心をかき乱すものなのです」。

ラスティは、その存在たちがやって来る前の夜間の意識状態をこう説明する。それは劇場の幕が上がるときみたいで、彼らはそれを通じて姿を現わし、非常に鮮明な別のリアリティの存在を明かすのだと。エヴァは、自分の体験の一つについて、「私はただ降参してしまって」「別の状態、いわば別の次元で目を覚ます」のだと言った。アンドレアはこの別のリアリティについて言う。「それは驚くほど鮮明です。彼らはパラレルな状態にいるのだと思います。そして「その次元も彼らも」両方ともリアルなのです」。ジュリーも、他の領域とそこに入ることについて説明しようとして、次のように言う。「私は外に向かって広がったのです。私は目覚めていました。……言葉にするのは難しい。あの別の場所には五十の次元があるのです」。彼女にとって、その存在たちや別の領域はすぐそばにあった。その「次元のリアリティは重なり合った状態で存在する」のだと言う。この理由のために、その存在たちは私たちの隣に、「いつも取り囲むようにしていて、空間を共有している」のだと。イザベルの説明も似通っている。彼女はハイブリッドの赤ん坊たちを「とてもリアルな場所」で見ているのである。

このリアリティ、または複数のリアリティの特性の一つは、時間や空間の異なった体験であり、次元的に違う世界の体験だということである。アンドレアが自分の体験を調べ始めたとき最初に気づいたことの一つは、「私がトンネルを通って時間的な観念をすべて失ってしまった」ことだった。彼女は時間が崩壊してしまう体験がどれほど大きなショックだったかを強調した。彼女は過去、現在、未来が一つであることを感じるために、直線的な時間の観念を超えて考えることを学んだ。

エヴァは、体験の間、自分が入る別のリアリティの側から見て、物質的な世界が〔その中に〕包摂されていることに気づいた。「直線的な時間／空間はより大きな全体の中に含まれています。でも、その逆は成り立ちません」。同様に、カリンにとって、彼女が「四次元」と呼ぶその別の領域では、「すべてが同時に存在し、三次元的なリアリティはその内部に含まれて」いた。キャサリン（『アブダクション』第七章参照）は自分が連れて行かれた一種の「トレーニング・センター」について語って、そこではどんな存在が地球にやって来ることになるのか決定されているのだと語った。「それは私たちの時間／空間の中にある、ここにあるような場所とは違うのです」。アンジェラ・トンプソン・スミスは、彼女が監視者（ザ・モニター）と呼ぶある存在とのテレパシーでの会話について述べている。彼は私たちの時間の観念を受け入れることができないようだった。彼女が時間を計る様々な人間的手法——時計や日時計などの——を説明しようとしたとき、彼はそれに反対した。「しかし、君たちは太陽の経過を測定しているだけで、時間をではない」

（スミス 1998）。のちに見るように、直線的な時間／空間の境界が適用されないリアリティの次元の体験は、先住民文化の中で暮らす人々にはおなじみのものである（とくに第七章〜十章を参照[1]）。

## 変化した知覚

ＵＦＯとＵＦＯアブダクション現象の多くの謎の中でも最も訳のわからないものの一つは、目撃者の知覚が他の人たちには理解できないようなやり方で変化させられる、または影響を受けるように見えることである。物理学者のアーサー・ザイエンスは、そのような差異を人間の知覚の仕方における発展的変化と関連づけた。「私たちは今、新しいものを見るよう求められています。この要請とは自己の変容、そして新しいものを見ることを可能にしてくれる知覚器官の創造です」（ザイエンス 1992）。

カリンは自分の経験に伴う「意識の変容状態」について語って、「より精妙で、より高度な振動（ヴァイブレーション）」と言った。そのおかげで彼女は、そうでなければ知覚できなかったであろう「ものを見る」ことができた。アンドレアは近くの人々が、彼女が自宅近くの空軍基地に離発着する飛行機とははっきり区別できる多くの宇宙船を見なかったことに信じられない思いがしている。

「彼らが見落とすなんてあり得ません」と彼女は言う。「これらの宇宙船や起きていることが見えないなんて絶対ないはずです」。アンドレアのいとこで親友のサラは、私たちのセッションの二つに同席したことがあり、アブダクション現象にオープンである。彼女はアンドレアが信用の置ける誠実な人であることを知っている。サラは「これらのUFOが別の次元から出入りしていることはあり得ます。言い換えれば、その次元が知覚できるアンドレアには見えるのではないでしょうか？」と言った。アンドレア自身はいくらかのフラストレーションを抱えながらこう結論している。「私は選択があるのだと思います。彼ら、ETたち、ビッグ・ボス……何らかの知性体は、見せるかどうかを選択しているのかもしれません。私が思うに、彼らは完全に見られることが不都合であることを知っているのです……」。

イザベルは自分の知覚が奇妙な、しかし意味のある変化を受けた多くの体験をしている。一九九八年初めのあるとき、そのとき彼女は体験者ではない一人の友達と通勤電車に乗っていたが、彼女は別の乗客、「完全にふつうの人間のようにして前方を見ている」男を見た。しかし、それは彼女が「生きもの」と呼んでいる存在だった。彼女がその男の姿を「眼の端で」捉えたとき、それは姿を変えたからからである。「私は震え上がってしまいました。ものすごくこわかったんです」。というのも、そのとき「彼は昆虫のように見えたからです。彼には手さえありませんでした。彼はこういう感じでした。……一番近いものを言うと、それはゴキブリ、またはカマキリか何か、そんな薄気味の悪いものだったのです」。

イザベルは自分が見たことをその友達に話した。しかし、彼はそんな違いは何も見ていなかった。「見まちがいかな？」と思った彼女はもう一度その乗客を「面と向かって」見て、その後「眼の端から」見てみた。すると何度やっても同じ違いが出た。彼女はその男自身が「幻覚のようなものをつくり出して他の人には誰もその違いがわからないようにしている」のだろうかと疑った。それ自体としては、このような奇妙な話は精神医学的障害を示すものとみなされるかもしれないが、体験者たちの生活にはしばしばそういうことが起こるので、他に心的、情緒的障害が何も認められない場合には、それらは別の理解【原註】を要すると考えるべきだろう。

アブダクション現象と関連する時間と空間の知覚の変化には、ときに他のリアリティまたは次元が存在するという感覚、またはその中に移動した感覚が伴うことがある。体験者たちにとって、これは明確に言葉で言い表わすのは困難かもしれない。次の文はカリンが自分の存在論的混乱、遭遇中の時間と空間の知覚の変化と、その複数次元が混じり合った性質を苦労して表現しようとしたものである。

窓を通り抜けるということだけでも悩ましいものです。濃密（ソリッド）な物体が他の濃密な物体を通り抜けられるようにするには、彼らはあなたの振動を変える必要があるからです。そうしてそれは起きます。あなたは窓か壁——彼らは窓を好むようですが——を通り抜けます。分子レベルでは何でも大丈夫なようです（彼女は強い振動か、震えるときのような音をたててみせた）。……あなたはほとんど分離しているように感じます。そしてそれから、どういうふうにしてか生きているこの物の底に入ってゆくのです。するとあなたはテーブルの上にいます。たぶんテーブルの上にいるときは、彼らは振動させるのをやめています。彼らは時間と空間その他すべての異なったレベルをあなたに通り抜けさせて、この別の次元にあなたを物理的にも実際に顕現させたのです。

カリンは体験中に知覚した別のリアリティを「四次元」と呼ぶ。「それは私たちが幻覚と呼んでいるものですが、それは幻覚ではありません。幻覚とは違うのです。それは実在します。それはそこにあって、そこが彼らがいるところなのです。……この別の次元にいるときは、あなたは言語を使いません。あなたは色を用い、ヴァイブレーション他のすべてをもっているの

【原註】ホイットリー・ストリーバーは私に類似の体験について語った。また上記の文章を読んで、教育家のリッチモンド・メイヨー・スミスは私に手紙を書いて、アフリカのシャーマン、マリドマ・ソメが彼の出席したワークショップで、他の次元からやってきた動物霊を彼（＝ソメ）は見分けられるが、彼のような能力をもたない他の人たちは彼らを人間として見るだけだと言ったという話を伝えてくれた。

です」。この次元では、時間／空間は、彼女が言うには、「重要ではない」のである。

## 次元間輸送：「受け渡し」

私たちが初めて彼女の体験を調べ始めてから約六年後、遭遇中、自分がある場所から別の場所へと連れて行かれる際の方法またはモードを言い表わすのに、ジュリーは一種のメタファーとして「受け渡し（デリバリー）」という言葉を思いついた。「それはこういう感じです。あなたがA地点からB地点に行きたいと思ったとして、あなたはB地点を取って、それを曲げ、それを巻きつけて、それを次の地点にするのです。あなたは旅をする必要はありません」。彼女は言った。「〔そうすれば〕あなたはもうそこにいるのです。あなたが宇宙船の中に立っていたとして、そしてそれがそのような移動のプロセスの中にあるとすれば、それを、〈受け渡し〉を体験するのは信じられないことです」。それはむしろ意図（インテント）なのです。私はそれがテクノロジーだとは思いません。

マシューも宇宙船へのこの移動を「受け渡しの感じ」と表現した。他の体験者たちは時々、そこを通ってある次元から別の次元に行く出入口である、渦巻について語る。

加来道雄の、私たちの宇宙内部のつながり、またはワームホール経由の一つの宇宙から別の宇宙への通路についての考え方は、ジュリーの「受け渡し」の観念にかなり似ているように思われる。彼はまた、曲げられた紙片、またはドーナツの比喩を用いる。そこでは、リアリティの別の次元の近接を把握するには、「それ自体をもう一度曲げ直す」だけでよい。あなたは「同じ宇宙のA地点からB地点にかんたんに行ける」と彼は示唆した（加来 1998）[2]。（ソーン 1994も参照。）

テキサスA&Mのロン・ブライアンは、意識を次元間輸送の乗り物として論じた少数の物理学者の一人である。彼は並行宇宙をお互いに近接する、「いわばミリ単位でしか離れていない」管（くだ）のようなものとして思い浮かべる。その場合、意識にとって一種のトンネル（彼はワームホールという言葉は使わない）のようなものを通って、「光」と「他の意識」に出会える「より高度な次元的時空にある別の宇宙」に「流れ込んでゆく」ことはかなりたやすいことである（ブライアン 2000）。多くのアブダクティが光でいっぱいの、または何らかの種類のエネルギーを含む「トンネル」や「管」について語っている。それを通じて存在たちは彼らをある場所または次元から、別の場所・次元へと連れてゆくのである（第四章及び第七章参照[3]）。

ジュリーはアブダクトされるとき、家々や土地が遠ざかってゆくのを見たことがある。しかし同時に、時間それ自体はこの輸送プロセスには妥当しないと感じた。その代わり、彼女はその場で瞬時に、ある次元から別の次元に「受け渡」されるのだ。この感覚を説明する言葉を思いつくのはジュリーにとっては難しい。しかし、別の次元では、極性や二元性それ自体が消滅する。重さや大きさの大小、形態と形態のないもの、そうしたものすべてが同時に存在するように思われる。

ジム・スパークスは、ジュリーと同じく、「次元間旅行」と「全く時間をかけずにAからBへと移動する」または「異なった次元で同じ場所を占める」能力について語る。「私はこれがそういうものだと知っているのです。なぜなら、私はこの〈フィールド〉経由で宇宙船に連れてゆかれたからです。また同じ方法によって、地表の別の場所や、別の銀河に連れてゆかれたこともあります」。「彼らは自らをスター・ピープルと呼んでいます」とジムは言う。「私には彼らが別の次元から来るのはわかっています。……この〈フィールド〉は距離を取るに足りないものに変えてしまうのです」(スパークス 2007)。

ジムにとって、次元間を旅する能力は、より高いテクノロジーと関係する。「必要なのはそのツールをこれらの領域に取り付けることだけです」と彼は書いている。「適切なテクノロジーがあれば、次元を超える能力は無限です」(スパークス 2007)。しかし、彼はまた「思考によって動くテクノロジー」、エイリアンたちの「思考で機械に命令する」能力も観察したので、その区別は意味論的なものにすぎない。エイリアンたちの恐るべきテクノロジーの力についての彼の全評価は、どこででも彼を発見できる彼らの能力(「隠れる場所などない」)についての彼の気づきから生じたものである。「他の次元にある可能性の魅惑的なタペストリーを理解し始めると、なぜいつでも、どこでも私が見つけられてしまうのかがはっきりわかるのです。それは伝統的な境界の観念が重要でないことを示しています。時間と空間の障壁は意味をもたないのです。この領域には、驚くべき力と無限の能力が存在します」(スパークス 2007)。

## 変わる世界観と他の世界

アブダクション現象は、私たちの現実観に挑戦する唯一のトランスパーソナルな体験ではない。体外離脱、臨死体験、または呼吸法のホロトロピック・ブレスワークや、通常のものとは異なる意識状態を生み出す様々な瞑想の実践、サイケデリック・ドラッグ体験、神秘体験、見神現象など、これらはすべて、少なくとも物質主義的な世界観の影響を最も強く受けた人々の間では存在論的な合意を得られたものの一部とは考えられていない、リアリティと意識のレベルを明らかにするものである。

アブダクション現象はとくに、私たちの文化意識に根本的な衝撃を与えるには最もふさわしいものである。それはたんに体験それ自体の圧倒的な性質だけによるのではない。物質世界に顕現する明白な力と、認識しうる進歩したテクノロジーの形態をとってそれが現われるからである。その変則的な性質にもかかわらず、宇宙旅行や、医用生体工学、進歩した素材、コミュニケーション、兵器テクノロジー等々に関心をもつ文化には、多かれ少なかれなじみのあるイメージを含む多くのよく知られた出来事がある。これらには重力の法則を無視するように見えるＵＦＯ、強烈なエネルギーや明るい光、人が浮いて壁を通り抜けること、複雑な医療その他のハイテク器具でいっぱいの宇宙船内部の部屋、外科的な操作、とくに性的・生殖的な性質のそれなどが含まれる。こうしたことすべてがテレパシーで意思伝達したり、瞬時に人を別の場所に転送することができると思われる様々なヒューマノイドや人間に似た存在の関与のもと、生起するのである。

アブダクティたちはしばしば、自分たちの日常生活や幸福に及ぼすその体験の影響に最も関心を寄せるが、なかには自分の体験が私たちのリアリティの見方と文化の発展に対してもつ深い意味に気づくようになる人たちもいる。グレッグはエイリアンとの遭遇をずっと体験してきたが、とくに爬虫類型生物とは生死を賭けた戦いと言っていいほどの関わりをもってきた。彼のアブダクション体験は、彼に特別な敏感さを残し、それは体の傷跡の事例を調べることから、特定の患者の混乱した意識を直観的に探り当てる能力を含んでいる。言うまでもなく、彼はこうした洞察を患者や他の人たちに話すことはない。

グレッグが私に会いに来た目的の一つは、私を揺さぶって、物質主義的なパラダイムによる物の見方の残滓（ざんし）をさらに落とさせることだった。彼は私が自分にそれを期待していたのだと信じている。でなければ、私が彼の手紙を「シュレッダーにかける」こともありえたはずなのだと。私は「他の人たちの体験を一通り全部」知っていたかもしれない。しかし、グレッグの見解では、私はまだ、私が取り込めるものの周りに厳格な境界線を設ける「私自身の自我の構造物と向き合って」いるのであった。「私は本当にそうしたかったのです」と彼は私に言った。「あなたがそれに関して何かできるようにするために、それをヒビを入れたかったんです。もしもあなたがこのきっちりした小さな輪の周りを走り回って、何らかの証拠を手に入れようとしているのなら、あなたはそれを得られない方がマシなのです。もしあなたが本気でその境界の外に踏み出したいと思うなら、それは可能です」。その方法は、と彼は言った。その体験の感情を「あなたの内部に身ごもらせる」のを許し、それらが「あなたの心とあなたの感情の中で転がり回る」がままに任せることであると。「私たちは脳に話しかけることはできます」と彼は言った。「しかし、本当に重要なのは、あなたが私の言っていることを実際に感じとることなのです。感情の部分がこうした出来事全部にとって何より大切なのです」（「出来事（イベント）」という言葉で、彼はアブダクション現象と変化のプロセスの両方のことを言おうとしていたのだろうと、私は信じている）。

グレッグは、彼と私が参加している変化しつつある世界観の中で、問題になっていることをよく認識している。「リアルなものは」と彼は言う。「このパラダイムをはるかに超えています。私たちはそこに行く準備ができていないがゆえに行けないだけなのです。それは量子跳躍のようなものです」。しかし、変化は、と彼は続ける。気遣い、忍耐、愛によってもたらされなければならない。「私たちは一度に少しずつ愛情がもてるようになるのです。私たちは拡大し続けるのです」。グレッグは自分がすでに垣間（かいま）見ている未来の訪れを歓迎している。「それは信じがたい未来です」と彼は言う。「そしてそれは私にとって、それを少し知っているがゆえにリアルなのです。それはすでに起きているのです。私はそれを誰にも話しません。私がリアルだと知っているものがそこにはある。それはこの限定を破るものです。思うに、世界をその問題【後述されるように、それは様々な地球的災厄を指しているのだろう】から離脱させる一つの方法は別の領域に入ることでしょう」。グレッグはアブダクション現象に伴う存在論的変化について語る体験者の中では理路整然とした方だが、彼がそれに気づいている唯一の人だというわけではない。たとえばノーナは、「ベールがはがれ落ちようとしている」と感じている。「私たちは自分のリアリティの内部にこのことを許す方向に近づいているのです」と彼女は言う。彼女の「内臓感覚」、知覚は「私たちが〔これまで隠されていた次元の理解に〕近づきつつある」ことを告げているのだと。

要約しよう。アブダクション現象をめぐる議論の多くは、それが物質的な意味でリアルかどうかということを中心に行なわれてきた。実際、有力な物質的な証拠があるし、私たちに多かれ少なかれなじみのある宇宙船や生物医学的テクノロジーのような現象もある。しかし、前章で述べた知の方法は私たちが体験者たちと共に、時間と空間を超えるより大きな、より深いリアリティについて学ぶことを可能にしてくれる。その中には私たちが感覚を通じて知っている物質的な世界が包み込まれているように見える。アブダクティと共に研究する者は自らが無限の不可視の領域の自覚に導かれ、その中では私たちが知っている空間／時間のリアリティの法則は適用されないように思われる。このことは内部と外部という二元性の中にとどまっている精神にはジレンマをひき起こす。というのも、その現象はその両方に、あるいは今は一方にあって次は他方にあるといったかたちで現われるからだ。哲学者のマイケル・グロッソはこのリアリティを「第三のゾーン」と呼んでいる。それは精神が通常知っているような内部にも外部にも区分けされない世界である（グロッソ 2004）。しかし、それは実際にはそもそもゾーンではない——空間的なメタファーにスリップしてしまわないことはどれほど困難であることか——それはすべての物質／エネルギーがそこからやって来るところの究極的な創造的源泉の近いところにある領域（単数複数を問わず）である（第十二章参照）[4]。

アブダクション体験それ自体が、その源泉は何であれ、アブダクティ本人と、一緒に研究する人たちの両方から、夢や他の精神状態とは医学的に区別される。それらは実際の出来事のもつ特徴を示している。たとえそのような出来事が、これまで受け入れられてきたリアリティや科学的な見地からするとどんなに不可能に見えたとしても、である。アブダクティが知覚する他の領域は、私たちが通常の日常生活で体験する物質的現実とは違ったいくつかの特性をもっている。たとえば、時間の歪みが起きるとか、時間感覚が消えるとかである。転送（「受け渡し」の方法は、既知の物理学法則には従っていないように見える。そして知覚が変化する。甚だしい場合、他の人たちに見えない、聞こえないものが、体験者には見えたり、聞こえたりするのである。

いくつかの事例では、精神それ自体が大きく開かれて、体験者が特別な心的能力をもつとか、意識が肉体を離れて、空間と時間を通り抜け、別の時代、別の文化の中にいる人の意識の中に入ることもある。最後に、アブダクティたちは自分の体験がもつ、パラダイムを粉砕する力に気づくこともある。彼らは自分がその中に参加している存在論的な変化が含みもつ個人的・文化的な意味に、恐怖と興奮の両方を覚えることがある。

私にとって、アブダクション現象のどの側面にもまして印象的なのは、体験者たちがたえず報告している、それに関連する途方もないエネルギーである。このエネルギーはＵＦＯそれ自体との関連で知覚される光のかたちを取ることもあれば、彼らを移送する際に感じられることもある。それは〔たとえば、壁や窓などの〕濃密な障壁を通り抜ける際に起きるように見える身体的な変化や、アブダクティがそれを思い出したり、再体験したりする場合の振動の感覚に見られる。こうしたエネルギーは強力なので、彼らの体はコントロール不能になって震えるほどである。次章ではこうした現象について考えてみたい。

# 第四章
# 光、エネルギー、振動

この青い光線（ビーム）が宇宙の深みからやって来るのを想像して。それが私たちを取り囲んでいる。それはいつも私たちの内部にある。それはすべてなの。

カリン
一九九七年五月九日

## 概観

アブダクション現象を研究してゆくうちに、実質的にその要素のいずれもが、関係する途方もないエネルギーを考慮せずには理解できないことがわかってきた。これらはＵＦＯそれ自体からやって来る、またはそれらに送られる光や熱（ヴァレ 1990：ヒル 1995）、ＵＦＯの移動手段、アブダクティによって体験される強力な振動感覚といったものを含んでいる。実際、体験者や研究者に何かリアルで重要なことが起きていて、それは彼らが体験する変容とも関係すると思わせるものは、この非常な強烈さなのである。高度な振動数の感知は、意識それ自体の変化や高いレベルと直接関係しているように思われる。アブダクションに関連して報告されているエネルギー現象は、多くの科学的、哲学的問題を提起する。それについては本章の最後で触れられることになるだろう。

非常に多様なエネルギーや力がＵＦＯアブダクション現象と関係している。それらは様々な形態の光、熱、音、速い運動、ときに重力の制限を突破するかに見える加速などを含んでいる。体験者たちは近くの器具に起きた様々な種類の妨害を報告している（私自身、これを〔体験者とのセッションで〕何度も見てきた）。アブダクション体験が起きていようがいまいが、あたかも彼ら自身が何らかの種類の奇妙なエネルギーを発しているかのようである。電灯、ラジオ、テレビ、トースター、電子レンジ、テープレコーダー、電話、留守電、電子目覚まし時計、自動車のスターターまで、誤作動したとか奇妙な反応をしたことが報告されている。街灯ですら、一つか、通りに並んだものすべてが、消えてしまうことがある。私は最近一人の体験者から、彼か他のアブダクティへの「訪問」と同時に、近隣一帯が停電してしまったという話を聞いた。電気はすぐに全家庭に戻ったが、一軒だけ例外があって、それは彼らが住んでいる家であった。こうした報告は逸話めいたものだが、あまりにもそれが頻繁かつ規則的に起こると、無視もできなくなる。

本章で私はそれを示したいと思っているのだが、アブダクション体験はしばしば強烈な力をもつ光やエネルギーの出現と関係している。ときに光は聖なるもの、存在するものすべてがそこから生じる究極の源泉、または神の顕現として体験される（第十二章参照）。アブダクティが体験するエネルギーや振動（ヴァイブレーション）を考慮に入れなければ、アブダクション現象を理解し始めることすらできないと私は思う。これが今現在の光や電磁場についての私たちの理解の枠組内部で解釈できるものかどうか、それとも私たちがあまり知らない精妙な形態のエネルギーを含むものであるかどうかは、さらなる研究が必要だろう。

私の『アブダクション』をお読みになったことのある人は、そこで取り上げたアブダクティの中にはこれらの様々なエネルギーに関する顕著な体験をもった人たちがいたのを思い出されるだろう。シーラは「電気で満ちた」体験に先立つ、「とても大きな音と閃く光」について語った。一方、ピーターは、自分のアブダクションを思い出す苦しみの中で、「ぼくの中のすべての細胞が振動している」と叫んだ。エドワード・カルロスは、繊細なヴィジュアル・アーティストだが、自分の遭遇に関連する幅広い光の現象について活き活きと語っている。こうした体験を調べ、体験者たちがその身体的、感情的、霊的強烈さを再体験する際に共にそこにいる、あるいはその力を「もち応える」ことは、私がこれまで経験した中でも最も過酷なものに数えられる。

私は自分が気づいた、のちにいくつかの具体例で詳しく説明する、主要な光とエネルギーの現象についての短い概観から始める。これらの現象は相互に関連している。一つが他につながるのである。だから詳しく説明して、その相互連関を示すことにしたい。

ＵＦＯ分野に関係している人なら誰にでもよく知っていることだが、報告された宇宙船それ自体が白から色のついたものまで、様々な光を放っている。カルロス・ディアスが連れて行かれた黄色―オレンジ―赤の乗物は、形態をもつ光から構成されているように見える。「あなたがその宇宙船のそばにいると」と彼は言う。「始点も終点もない」ような「無数の小さな針が見えるのです」。ＵＦＯを間近で見たと報告している体験者たちは、発光現象の力と幅に驚かされる。それは目も眩(くら)むほどの強烈さなのである。

遭遇体験の始め、アブダクティは、ＵＦＯは見るときも見ないときもあるが、光線や球体、閃きのかたちで、あるいはたんに空間を満たす光の洪水や、光に取り囲まれるというかたちで、光を見たと報告する。その光は強烈なものとして、あるいは夜を昼に変えるような明るさとして言い表わされる。通常は青や青みを帯びたものと言われるが、白や赤の場合もある。マシューは遭遇に先立って、それは唐突に消えたが、腕が伸びるように強い光線を発する巨大な光り輝く物体を空に見たことがある。彼の仲間のテリーは、別の部屋にいたが、彼もその光を見た。光を見ることが奇妙なうなり音その他の音を聞くのに先立ったり、それに伴うこともある。光は宇宙船への「輸送」で重要な役割を果たし、それは光線や、一条の光、管、トンネルといった形態をとり、体験者を冷たい外部環境から保護するように見えることもある。次はアンドレアが宇宙船に運ばれているときの活き活きとした描写である。

　私は光を感じています。肉体はなくなります。私は動いている、溶けています。たくさんの振動が……。私の周りのすべてが動いています。トンネルを通っているみたい。それは輪を描いているようです。だんだん引いて、引いて、そして前進しています。私は広がったみたい。……周りに風と、この途方もないエネルギー、活動があって……。私は今は安全だとわかっています。保護されています。それはエネルギーの波のような……。全く信じられません。私はトンネルを通っています。私は飛んでいる。歳月を通って飛んでいるみたいです。無を通り抜けて飛んでいる。

宇宙船の内部では、強い、涼しげな光が部屋を満たしている。ときにはランプのような物が見えたり、奥まったところから、ある人が言ったように、まるで「いたるところから」それが来ているように見えることもあって、光源を特定するのが困難なこともある。アンドレアは一種の機関室のようなところに連れて行かれたのを思い出す。そこでは巨大な回転磁石が宇宙船に動力を供給しているように見えた。存在たちやハイブリッド自身が輝くか光を発しているように見えることもある。これはとくにいわゆる「光の存在」について言えるが、グレイですら、光り輝いて見えることがある。ときにはアブダクティ自身、自分の体が光で満たされているか、光そのものになったかのような体験をすることもある。ハイブリッドの創造につながる性的／生殖的サイクルのエレメントにさえ、それを助ける力としての光が関係してくることがある。

つねにではないが時々、アブダクション体験の間に見える光が、体の振動的な感覚と関係することがある（この振動感は光とは関係なく体験されることもよくある）。その振動はかなり強烈で、体験者の全細胞に浸透し、個々の細胞が「分子」レベルで分離し、バラバラになるかのように感じられる。とくに体験者が窓や壁、その他の濃密な物質を通り抜けて連れて行かれるときはそうである。この種の繰り返される体験は、自分の細胞と心が永久的に変化してしまったという感情をアブダクティに残すことがある。彼らは自分の振動レベルが遭遇によって上げられたと感じるが、それはあたかも、存在たちやエイリアンの環境に適合するよう調整されたかのよう――「だからあなたは焼けてしまうわけではないのです」とカリンは言う――である。

場合によっては、この高められた振動が存在たちとテレパシーで会話する能力や、「並行宇宙」、他のときには見えない世界や、異なったリアリティの次元とつながる能力と関係することもある。

思考、あるいは精神それ自体が、ヒーリングの力をもつエネルギー源として体験されることがある。光は聖性または聖なる究極の源泉から――「宇宙の深み」から――やって来るものとみなされる。あるいは、身体的な振動の感覚が、細胞レベルで始まる意識の「目覚め」と結びつけられることもある。光がどんな形態をとって現われるかは、暗喩的な意味をもつ。たとえば、光の筋【条線】は、霊的な絆の感覚と結びつき、トンネルや管は、誕生や再生の体験（第七章参照）と関連する、といった具合である。私は「具象化したメタファー」という言葉を、これらの言葉が文字どおりの意味と暗喩的・象徴的な意味の両方をもつという考えを表わすために用いている。

体験者によっては、光や振動エネルギーが彼らを、文字どおりの意味でも霊的な意味でも、私たちの時代よりもっと光に満たされていた昔の時代や他の〔少数先住民文化のような〕文化の知識に向かって開くように思えることがある。ときに彼らは光、霊性、より高度な意識と関係する特定の物やシンボルを見たり、見せられたりすることがある。アブダクティの中には、霊的な修行を始めて、瞑想しているときに光や他のエネルギー現象に再び遭遇する人もいる。アブダクティたちが集まると、彼らが「伝染性」と呼ぶエネルギーの共鳴現象を感じる場合がある。「私たちは皆、振動し始めているのです」とジュリーは数人の体験者のそんな集まりの後に言った。

## ウィル：光の都市

ウィルは私たちに、一九八〇年に起きたある劇的な遭遇について語った。そのとき、彼と妻はバミューダからニュー・イングランドまで帆走しているところだった。彼は午前三時頃、それまで聞いたこともなかった一種のハミング音で目を覚ました。甲板昇降口階段をのぼって、ボートの右舷に出たとき、彼は「光の都市」を見た。その「物」は巨大に見え、「よく整っていた。それは「複層的なレベル」をもち、「光に取り囲まれ」ていたが、「そんなことが可能ならばの話」だが、「その光は内側から出ている」ように見えた。彼はその物体が海の「中」でも海「面」にあるのでもないことに気づいた。「だからそれは、海面より上にあったのです。ぼくは意味をなさないことを言っているようですが……」[1]。

そのとき、とウィルは言った。「光が変わったのです。それには違ったピッチがありました。振動数が変わるのです。その振動は実際、ぼくは今それを感じ始めていますが、どのようにしてかぼくの体の中に入ったのです」。それに続いて起きたことを思い出したとき、彼は動転した。「自分の顔に涙の筋を感じることができる。それはとてもとても冷たい。突然、ぼくは空中にいる。実際はトンネルの中にいるのではない。しかし、そう言ってもいいような感じだ。ぼくを取り囲んでいる円柱と周りの空間には違いがある」。彼は自分の周りに「拡散した光の浸透」を感じ、「振動に気づきました。……それは今では全くなじみのものです。ぼくはここからあそこに、一瞬で行ける。突然、ぼくは敷居を通り抜けて、もうそこにいるのです。ぼくは内部にいる。誰かがぼくに気づいた」。

宇宙船の内部で、ウィルは何かしら自分が違ってしまっているのを感じた。もはや「ヨットを出たあの男」ではない。彼の周りには背の高い、たぶん身長七、八フィート【二一三〜二四四センチ】の存在たちがいて、彼らは半透明に見えた。「きれいだ！」と彼は叫んだ。「なぜ彼らが美しいのかわかりません。彼らはふつうの意味では美しいようには見えないからです。……彼らは青みがかった色をしています。手足はあるのでしょうか？　はっきりした腕や足は見えません」。その存在たちを見ていたとき、彼に見えたのは光か、「光の構造物」だけだった。「半透明というより、輝いているという言葉の方が適切です」。

## ジーン：光の存在

ジーンは私たちに、「何百回も、同じ存在たちによって、同じ宇宙船の同じ部屋に、二年半にわたって、ときには毎晩」連れて行かれたことを語った。「ときには光線で引き上げられることもあれば、ときには掃除機のようなもので吸い上げられることもありました。突然、ヒューって感じです」。宇宙船の中で、彼女は「まん中に大きな穴みたいなものがある」広い丸テーブルの上にいた。そこには他の人たちもいた。そして少なくとも最初は、「私たちは一種のショック状態にありました」。彼女の話によれば、彼女に接触した存在たちはウィルの体験に出てきたような存在だったという。「とても純粋なエネルギー体でした。彼らは文字どおり光の存在だったのです」。

ジーンにとって、「UFOでの地球外生命体との」体験は、「全く、明白にリアル」だった。そしてそれを思い出したとき、そこには「目を開けていられないほどのすごい光」があった。その存在たちは「精妙なエネルギーみたいだけど、大きな存在感があった」。彼らは「くすんだ色のローブか何か」をまとっていた。「でもそれは繊維でできたものじゃないんです」。それに「個別の存在という感じではないが、区別はあるみたいな……。言えるのは、心の体験、心が転送された感じ」。最初彼女は、動物のような恐怖を感じ、戻れなくなるのではないかと恐れた。「シャチとカヤックしてるみたいな。それはあなたより大きくて、あなたにはコントロールできないんです」。しかし、結局彼女は恐怖に打ち勝った。

ジーンは生産的なライターで、非常に評判の良い霊的教師だが、公にはそんな話はしないものの、そうした能力の大部分は遭遇体験のおかげだという。彼女は自分のミッションを私たちにこう語った。聴衆の前ではそういう大袈裟な話はしないが、自分が「トランシーバーになるよう神経学的に再プログラムされた多くの人の一人だと理解するようになった」のだと。これらの人々は「私たちの間で、地上の人々や社会的な諸組織、環境と一緒になって、変容を促進するために働く銀河間評議会の道具」として存在していて、それは「自然破壊をもたらすような暴力的なものではない」のだと。

ジーンの個人的な変容はまた、「身体的なヒーリングのプロセス」、「心理的な結び目を解くこと」でもあった。遭遇体験の間に、彼女は「自分の頭頂部を溶けた金として体験」した。「真に重要なことの一つは、私がその中にいる、このエネルギー的なプロセスに実際に影響を及ぼすことでした。それはハード・ドライブを調整して、新しいソフトウェアを入れるようなものです」。「宇宙船の環境」では、と彼女は語った。「地球的な形態の体はうまく機能できません。それは調整される必要があるのです」。

この「神経システムを吹き飛ばすこと」は、ジーンはそれを「電気痙攣療法」になぞらえたが、結果として「彼女のエネルギーを活性化」させることになった。これは、と彼女は言う。「私がこれまで体験した中で最もエロティックな体験でした」。それから、これらの「エネルギー・ゲート」を通過させられて、「すべてが受け入れられる」よう「解放」された。この、トランシーバーとして開かれた状態の中で、彼女は「複雑な数学的システム」と「宇宙的システム」を与えられ、そのおかげで彼女は「究極の源泉または神」、「私自身と他の人々を癒す能力」を具えた「無条件かつ純粋な愛」に「接続」できるようになった。その結果、「もしあなたがそう呼びたいのなら、究極の聖なるものへの媒体」となったのである。

## アンドレア：「私の体全体が光で満たされた」

光はアンドレアの体験でも中心的な役割を果たしている。彼女が自分の体験の初めに光を見たとき、身体的な振動感覚が即座に、またはすぐ後に起こった。彼女の体験は「閃光」と共に始まった。「超敏感と言えるほど、私は部屋の中のすべてに極度に敏感になりました。その感じは言葉では言い表わせません。獲物を見ているときの動物のようなもので、全身が張りつめて、極度に注意深くなっているのです。私はそういう状態でした。それは私が部屋の一部になっているみたいで、そのとき私は振動し始めたのです」。

約八年前に起きたある体験では、白と青みがかった鮮明な光が窓を通して差し込んできた。「私はベッドの上に座りました。部屋には信じられないほどの明るい光があって、さっと周り全体を照らしたのです」。それは「素晴らしく、何とも言えないほど美しかったのです」。その光が照らしている部屋の部分は化粧ダンスの下と、窓それ自体だけだった。別のときに、部屋の中に光の球やはっきりとした光線を見たこともある。時々、彼女の十歳と十四歳の娘もその光を見ていて、アンドレアは娘たちもアブダクション体験をしているのではないかと心配になった。

アンドレアは、その光が彼女を浮き上がらせて、家から宇宙船まで運んだのだと考えている。彼女はあるセッションで、一週間前に起きたある体験を思い出した。彼女は家の周りから聞こえるハミング音と、「車の大きなヘッドライトのような」明るい青色の閃光で目を覚ました。彼女は恐怖を覚えたが、動けないのに気づいた。そして体全体が振動し始めた。彼女は大きな頭と大きな目、長い手足をもつ二体の小柄なやせた存在を見たことを思い出した。その存在の一つは棒かロッドのようなものを持っていて、それで彼女の耳の後ろを押した。「彼らはとてもやせていました」と彼女は思い出しながら語る。「彼らは光で出来ているように見えますが、その下には骨のような物質的なものがあるようです。でも、骨ではないのでしょうね」。それからその光は彼女を取り囲んだようだった。存在の一つが彼女に強いアイコンタクトを行なった（「彼の目が私の目を見ている」）。そしてこれが、彼女をどうやってかベッドから浮き上がらせたようだった。

この後、彼女は「漂って」足から先に窓ガラスを「通り抜け」たが、それには「驚くばかり」だった。それから、足が先の姿勢のまま木々の上を越え、下には道路が見えたが、それも同じ光で照らされているように見えた。その浮き上がらせる力は「光の中に」あった。それは線または糸を形成していて、それは彼女のへそからその存在たちに向かって伸びていた。光の「流れ」がその存在たちの一つから出て彼女の体につながっているかのようでもあった。三つの光線が彼女を宇宙船まで引き上げるのに使われているように見えた。

その光線またはエネルギーは、彼女の体に変化をひき起こしたように、アンドレアには思われた。「私はもはや肉体ではありません」と、窓ガラスを通り抜けたときのことを回想しながら、彼女は言う。「私の体は拡大してガラスの中に入ってしまったのです。……細胞が爆発して広がり、そうやって私は窓を通り抜けるのです。……もう窓はないのと同じです。ガラスはただの光で、光が光を通り抜ける（ママ）のです」。「私は光です。私の体全体が――それが私の体を光に変えてしまうのです」。

アンドレアが最初にアブダクション、またはアブダクション関連の体験に気づき始めたとき、光の出現はそのまま彼女の体の振動とつながっていた。ときにそれはあまりに強力だったので、彼女はどうして夫が――たいてい彼はぐっすり眠っているように見えたが――それに気づかないのだろうと不思議に思うほどだった。しかし、その後の二年間で、これは「強烈な振動から、穏やかなものに」変化した。私は彼女に、その振動とはどんなものなのかとたずねた。アンドレアはそれを子供の期待にたとえた。「あなたが贈物を、誕生日のプレゼントをもらうようなものです」。身体的にはそれは「体がついに目覚めた」状態のように感じられる。「私は多くの人は眠った状態で歩き回っているのだと信じています。それは私たちの体が、細胞が眠っているようなものです。それは本来の状態ほど喜ばしいものではありません」。時々こうした感情や感覚が日中に彼女の体に戻ってくることがある。「私はそれが振動はしていないのを知っています。それは記憶なのです」。

瞑想している数年の間に、アンドレアは内的に明るい青い光の出現を体験した。「これは霊的体験のようなものです」と彼女は言った。ときには「ベルのようにクリアな美しい声」が彼女に「その光を使いなさい、それを今しなさい、私の子供たちを愛しなさい」と言うことがあった。これは「とても美しい体験」ではあったが、彼女は夫にも他の誰にも話さなかった。彼女は「自分のものではない声を聞いて」いたので、頭がおかしいのではないかと思われるのを恐れたからである。後になると、彼女のその光との体験は瞑想のときにだけ出てくるものではなくなった。「それはいつもそこにあるのです」。

私たちのあるセッションの終わり頃、アンドレアの意識は空間と時間を通り抜けて、遠い昔、古代エジプトに行ったように思われた。その時代の人々が今、私たちの世界にいるみたいに、彼女には思えた。「まあ、私の体全体が光に変わったわ」と彼女は叫んだ。そのとき彼女は自分がその世界にいる体験をしていた。その光はあまりに強烈だったので、思わず「それが見えますか?」と口に出たほどだった。彼女は、自分がふだん関係している古代エジプトの人々より色の黒い人たちと一緒に砂漠にいると感じたのである。

「たった今、人々がエジプトでの人生を生きている。それが、私たちがこれから生み出すものに影響を与えている」とアンドレアは言った。これは「地球が光に満たされている」時代だった。「彼らはここに来たんです。そして彼らは往ったり来たりして私たちを助けることができるんです」。古代エジプトは「非常に誤解されています。……彼ら【歴史家】は間違った時代に焦点を当てている。暗黒の時代に焦点を当てているのです。それ以前には、ずっと多くの光がありました。ものすごく広がった意識の時代が……。そこが入口です」。それを通じて、これらの人々は「エネルギーをここに送ったり、自分自身を送ったりできる」のだと、アンドレアは言った。今度は、彼女自身も「エジプトにいた。だから私は感じることができるんです。私は浮いて往ったり来たりしているみたい」。人々は「二つの生を生きる」ことができるのだと、彼女は主張する。「私の目は開かれている。彼らは私がここで教師になることを望んでいるのです」。

## カリン：「私の体の中の大きな振動」

カリンは自分が〔物質的に〕濃密な壁や天井を通り抜けて宇宙船へと運ばれていると感じるとき、振動が激しくなっているのを体験する。

「この時私は意識を失います。これは私の手に負えないものになってしまうからです。それがどれほど強力かは言葉にできません。それは一時間に三万マイル進むようなものです」。別のときにはこう言った。「これは光速運動です。あなたは光だからです。あなたは光のスピードで動いているのです。……それは現象としては信じられないようなスピードです。白熱したエネルギーみたいな。あなたは球体の中に押し込まれています。……私の体全体が丸められる。

膝がここにあるみたいな（彼女は膝を胸に当てて見せた）。そしてその光はオレンジ—赤—茶色です。この火花が体を突き抜けるのが見えるみたいです。それほど速くなる。大気中をすっ飛ばしている感じです。あなたはこう思います。『神様、私はどうやってもこれには耐えられません』」。カリンにとって、これらの圧倒的なエネルギーは一種の「宇宙的なパワー」で、神から出ているかのように感じられた。初めてその存在に気づいたとき、彼女はエイリアン自身が「とても脆い」ものだと考えた。「でも、そうではないんです」と彼女は言う。「彼らはとても強い魂の振動をもっているんです」。

その体験の後、カリンは非常に多くのエネルギーがまだ体に残っていると感じた。あるとき、彼女は「私の体の大きな振動」を思い出した。「私には理解できませんが、体が麻痺しています。でもその振動はリアルです。私はこの体験でたくさんのことを洗い流すことができます。でも、洗い流せない唯一のこと、それは……指を電球のソケットに突っ込んだみたいな感じです。あなたはそれを感じる。あなたは動けません」。私たちの作業の一部は、リラクゼーションを通じてこうした体験から生まれた残存エネルギーを再体験することだった。「私は身体的に閉じ込められた振動の緊張を再体験する必要があります。私の体がそれを記憶しているのです」。彼女の体はこれが起きたとき、揺れ、振動するように見えた。そして緊張が彼女を通り抜けるときは大声で叫んでしまうほどだった。

カリンが体験したパワーはつねに彼女の中に残っている。「この大きな光が私の内部で生きています。それが私の体を離れることはない。それは細胞のすべての襞(ひだ)に反響しているのです。それはいつもそこにあります」。彼女はテレパシー的なコミュニケーションの能力をこれらのエネルギーと結びつけている。

あなたはテレパシーが何かわかりますか? 人々はそれは誰かの考えを聴きとる能力だと言います。彼らの頭の中の思念を聴きとれるみたいな。しかし、それはテレパシーではありません。それは共振なのです。……私たちはふつうの日常生活でとてもテレパシー的です。……このもの［彼女のアブダクション体験の源泉］がこのブルーのエネルギー、このブルーの感情、このブルーのつながりを宇宙に送るのです。……私はそれとつながっています。それは百万年も生きている樹木のように強力です。けれども、ヤナギの木のように柔軟でもあるのです。……もしもあなたがこの青い光線が宇宙の深みからやって来ているのを想像できるなら、それはすべて私たちの周りにあるのです。それはいつも私たちの中にあります。それはすべてなのです。

## ノーナ：私たちの振動を変える

ノーナの場合、光の体験は遭遇と関連して起きた。しかし、彼女の最も強力な記憶は、体に感じられるエネルギーの記憶である。私が研究した他の体験者たちと同様、彼女はこれらのエネルギーを振動または「体の中を流れる電流」と表現する。彼女にとって、それはまた意識の変化や霊的成長と関係する。瞑想していると、体のその感覚が蘇ってくる。「深く入れば入るほど、私はより微細な、しかし速い比率で振動するようになるのです」。

一九九六年四月の私たちのセッションの一つで、ノーナは一九九三年一月に起きたアブダクション体験から生じた、まだ彼女の中に残っている強力なエネルギーを発見した。そのセッションで彼女が体験したことの多くは省略するが、次のような話は出来事の本質を伝えるものになるだろう。

私たちに会う前の、その当時の日誌に、ノーナはこう書いている。「午前一時十五分に目を覚ます。私の周りに多くの、ローブを着てフードをかぶった存在がいた。液晶光のシャフトが頭頂から入ってきた。私の体は痙攣し、震え始めた。自分は死ぬのだろうと思った。存在たちはその痙攣が止まるまで、手を私の体に当てていた。それは彼らがこのエネルギーが私の体の中に収まるのを手助けしているかのようだった。彼らは私にアンク十字【古代エジプトの生命の象徴】を見せて言った。『これは魔法（マジック）なのだ』。それから彼らは立ち去った」。そのときの記入の終わりの方に、それは遭遇のもっと詳しい多くの記述を含んでいたが、ノーナはこう書いた。「翌朝目を覚ますと、体中が震えていて、電流が通り抜けているみたいだった。あらゆる細胞が振動していた」。

彼女が体や言葉の表現で強烈なエネルギーを解き放っているとき、一緒に部屋にいるのはドラマティックな体験だった。私にとって、このような体験を誰かがしているときに同席するには、それにもち応えるためのある種の広い、しかし集中された「中心性（centeredness）」（他によい言葉が思い浮かばない）を必要とした。彼女は存在たちに取り囲まれて自分がベッドの上に座り、上に明かりがあるのを思い出した。「私は頭頂部に振動を感じます」と彼女は説明した。「……誰かが脊柱の中の何かを上に突き上げているみたいです。……私はエネルギーが体中を動き回っているのを感じます」。少しうめき、苦しそうに息をして、ほとんど泣かんばかりに彼女はこう言った。「どうしようもない感じ。体のあらゆる部分が目覚めているみたい」。彼女は話すのも難しそうだったが、どういう体験をしているのかという私の問いにはとつとつと答えることができた。「それが私の手に……顔にあります。肩にそれを感じることができます。すべてが振動していて、それが背中にも回っています」。

そのセッションで、こうした感覚はそれを〔遭遇時に〕実際に体験しているときほど恐ろしいものではないと、彼女は言った。「私の脚が振動し始めています。膝が……。私はそれが下に降りてきているのを感じます。それはふくらはぎにあります。それは動いて通り抜け、全身を動き回っています。そして体がとても軽く感じられます。それはどんどん軽くなる。全身にある私のエネルギーが変わった。それは細胞を順々に経めぐった感じです」（三週間後のセッションで、もっと落ち着いた感じで振り返ったとき、彼女はこう言った。「私はほぐされていいって、根本的に分解したみたいな感じでした」)。

ノーナはそれから、次のような感覚についても語った。「私の周りに何かがある感じ、カプセルのような、何かのエネルギーがあって、でもそれは透明で外が見えるような感じです。……それが私を保持しています」(三週間後、彼女はそれを「私を包み込んでいるエネルギーの石棺」と表現した)。「存在たちが見えます。でも彼らが私のそばにいるという感じはしません。彼らは今ここにはいないんです」。私は彼女に少し時間を先に進めるよう頼んだ。すると、再びうめき声が上がって、彼女は「足のすぐそばにいる存在」を見た。彼は、古代エジプトの永遠のシンボルである金色のアンク十字を持っていた。「彼は言っています。『これは魔法なのだ』と」。

ノーナには、時々続けるのが困難に感じられた。しかし、彼女の戦いに注意を向けることが、彼女が先に進むのを可能にするように見えた。彼女は「私の背中の下の振動」と「下から持ち上げられている感じ」について語った。彼女は大きく息をして、声に出してうめいた。私はさらにリラックスするよう彼女を励ました。「私は〔エネルギーを〕手を通って入っている際のポイントに感じます。……それはほとんど浄化みたいな感じです」。それから「私はドアを通り抜けます」。信じられないという驚きの感じが彼女の声にあったので、私は「何か困ったことが起きている?」とたずねた。「ええ」と彼女は頷いた。「私の細胞がみんな分離してしまって、全体がない。私はソリッドではないんです」。明らかにノーナの心はそのことでさらにやっかいな問題を抱えているようだった。それで私はそのまま自分の体験を口にするように頼んだ。そうすれば私たちは後で「物理的なこと、可能なこと、不可能なことを理解」できるだろう。

「私の家の二階の外で」と彼女は続けた。「私は囲まれています。彼らが私の周りにいる意味が理解できません。彼らは私をぐるりと取り囲んでいる。私には彼らがそこにいるのはわかりますが、彼らにはかたちがないいんです」。あなたはどこに行ったのかと、私はたずねた。「私はもう動けません。私は今そこで宙ぶらりんになっているんです」。私は何が彼女に話せなくしているのかときいた。「もう少し時間が必要です」。長い休止があった。「私の一部が言っています。『いいえ、あなたは空中にぶら下がったままここにいることはできない』」。さらに長い休止があった後、彼女は言った。「私は坂を滑り落ちている感じです。……私の周り一面に光があります」。彼女はまた自分の周りの「者たち」に気づいた。それからこう言った。「私は光線の内部にいます。私は昇っています。そして私の上に穴があります。それは暗いけれど、光に囲まれています。それは青い光のようです」。三週間後のミーティングで、彼女は「空に浮かぶ宇宙船」と「地面に差してくる青い光線」を、そして「それがトンネルのようなものの中を通っている」のを思い出した。「彼らが私を運んでいます。彼らのエネルギーが、です」。

ノーナはそれから、「家の部屋の中にいる」ように「何かの内部に」いるところを思い出した。「でも、私は何かの底のところにいるんです。……私がいるところは平らです。そしてドームのようなものがあります。そしてこの光がその中心、その頂上から出ています」。長い休止があった。「私は一人でここにいるのを感じます」。それに続くのは背中を下にして冷たい「金属のような」表面に横たわっているかなりトラウマ的な記憶だった。そして圧迫感と恐怖があったが、「何か」が彼女の耳に入れられているとき実際の痛みはなかった。彼女は目覚めたとき枕に血がついていたのを思い出した。そして「以前二、三回」同じことがあったと思った。医者たちはこの耳の傷に気づいた。それはこのセッションの前までは彼女が〔何かの〕爆発の近くにいたからだということにされていた。ノーナの友達はセッションの終わりにこう言った。「この部屋のエネルギーは驚くべきものでした。私の体全体が一緒に振動していました。……この部屋に何かものすごく強力なものがいたのです」。

ノーナは自分の体験が、とくにその本質であった強烈なエネルギーを通じてのそれが、彼女を精神的にも身体的にも大きく変えたと感じた。自分の「全存在が」と彼女は言った。「より高い振動、より高度な振動数のレベルで動いています」。別のアブダクティ、キャロルとのミーティングの後、彼女は言った。「私たちが一緒にいるときに起きることは圧倒的です。この信じられないエネルギーは……。私たちは何らかのかたちでシフトまたは変化したのだと私は信じています。ただのかたちではない、振動のかたち、振動の仕方という意味で。私たちは加速しているみたいです」。

その体験の効果は、とノーナは言う。「私たちがそれに何を持ち込むか」または「私たちのものの見方」によって変わると。「真夜中に誘拐され、脅され、レイプされていることもありえます。また、あなたが本当に気遣い、重要な情報を伝達してくれる存在に会うという点で、霊的に引き上げられているということもありえるのです。それは並行宇宙を覗き込むことができるみたいです」。その重要な情報はとくに「私たちが自分の地球を全く気にかけていないその度合い」と関係がある。「私たちは全く他の人のことを気にかけていません。私たちは自分を、全体で一つのものとしてではなく、分離した実体と考え続けている。……それは全部つながっている。私たちは皆、相互に関係しているのです」（第五章参照）。

## イザベル：「すべてがエネルギー」

イザベルも自分の遭遇体験に関連する強烈なエネルギーの結果として体が変化またはシフトしたと感じている。彼女の感じでは、これらのエルネルギーはヒーリングと創造の偉大な力——誤用されると、破壊の力ともなる——を含んでいる。自分の部屋で初めて存在たちの「現前（プレゼンス）」を感じたとき、「すべてがほんとうに静まり、耳の中にこれらのトーンが聞こえた。あなたは彼らがやって来ていることを、あるやり方で空気がチャージされているのを知るのです」。あるときに、イザベルは、彼らがそこにいるようには思えないときでさえ、自分を存在たちと結びつけているエネルギーを体験することがある。「彼らは私のいる部屋に物理的に入り込む必要はないのです」と彼女は言う。あるとき、彼女は一人で家にいて、椅子に座ってテレビを見ていた。そのとき「私の体は振動し始めたのです。それはまるで私の中のすべてが前後にシフトしているかのようでした。私の中で地震が起きているみたいな感じです」。それは「私のつま先から始まりました。それは着実に私の体の中のあらゆるポイントを押えながら上へ上へと動いているようでした。そして私の体は実際に動いていたのです。それは内側だけではありませんでした。私には椅子の上で自分の体が動いているのが見えたからです」。それは痙攣発作のような唐突なものではなかった、と彼女は思い出す。「でも、それはそんなふうにシフトしていたんです。私の体は温かくなりました。そしてそれが私の頭のてっぺんまで来たとき、それはここに集中しているような感じでした」。そう言って彼女は自分の頭頂部を指さした。「それから今度は、再びそれが下に降り始めたのです。私の肌は卵の殻のようでした。そして体の内部は全体が液体の暖かなエネルギーになったようでした。……もし肌を切ったら、中から液体がこぼれ出しそうな、そんな感じです」。

「私はほんとにびっくりしました」とイザベルは言った。「それで私は戦おうとしました」。彼女は自分をリラックスさせ、呼吸を整えようとした。そのとき、彼女は自分の頭の中でこう言う声を聴いた。「それと戦わないように。君はいつも戦う。ある地点まで行くと、君はいつもそうなのだ。それと一緒にいなさい。それは君を傷つけはしない。それは起こらねばならないのだ」。その声は彼女が十二歳のとき以来知っている「私の友達で守護者」の声だった。彼女は「その守護者が自分の隣に立っている」ように、そして「つねに私を見守ってきた」ように感じた。その声と守護者が「まさにそこにいる」ことが彼女を落ち着かせた。彼女はその存在の顔は思い出せなかったが、かなり背が高いだろうと思っていた。「どうしてかというと、過去に会ったとき、上を見上げなければならなかったのを憶えているからです」。

この体験は「本当にショックでした」とイザベルは言った。「私にとっては、それは一歩を踏み出したばかりに思えたからです。私は何かを悟ったとか、そんなことを言うつもりはありません。それは大きな体験だったと言えるだけです。……何かが私の中のエネルギーを実際に変えたのです。私の中のすべてが突然切り替わって変化したみたいな感じで、内部の全体が震えて、再調整されているように感じたのです」。この体験に先立って、イザベルは強い抑うつの時期を経験していた。彼女の一番上の子供、十五歳の長男が自動車事故で亡くなり、間もなくそれから一年になろうとしていたからである。しかし、この体験の後、「私が感じていた深い抑うつ感は完全に消えました。身も心も軽くなったようで、幸福を感じ、ポジティブになったと感じたのです。それ以前とは全く違う感じでした」。

人はこの抑うつが引き上げられた体験のタイミングと、彼女の息子の死との関係に興味をもたざるを得ない。アブダクティたちはしばしば、訪問が個人的な危機やトラウマ、喪失感の時期に起きることを、そしてその体験が治癒や、気分を変える力をもっていたことを報告している。しかし、存在たちが彼らのトラウマを癒すために「来る」のか、「そういう時期には」その人が彼らの訪問によりオープンになっているからなのか、それとも懐疑的な人が推論するように、自分の苦痛を和らげるためにその体験を心理学的に捏造または発明するのか、そのあたりは明確ではない。

イザベル自身は、自分の抑うつからの解放とエネルギーのシフトの両方を、その守護的な存在との新たにされた結びつきのおかげと考えている。彼女はこのシフトを、「不毛の地」に置かれて、「あらゆるものから」切り離され、「それから突然、どこからともなく友達が現われ、その友達はいつもそこにいてくれた」〔のだと気づく〕ことにたとえた。この意味で、その守護的存在は彼女の「真の家族」だったのである。この状態の中でイザベルは、「すべてはあるべきようなやり方でつながっている」ことを感じた。そして自分の力についての強い感覚を体験したのである。

## アビー：体が覚えている――治癒のエネルギー

一九九一年の一一月、アビーは二十四歳で、夫となる人とメキシコでキャンプをしていた。そのとき、彼らのテントとその周辺が光を浴びた。そして彼女は大きな頭と太い首と腕をもつ四体の光り輝く存在が「テントのそばに浮いている」のを見た。未来の夫は彼女を揺り起こし、起きていることに注意を向けさせた。しかし、後になるとその出来事が思い出せなかった。アビーは西海岸から私に会いにやってきた。「もっと多くを思い出したい」と思ったからである。

以下に報告するセッションは、ロバータ・コラサンテ、カレン・ウェソロウスキー、そしてアビーの上司である、彼女の体験に特別な関心を示した、彼女が信頼するテレビ・プロデューサー同席のもとで行なわれたものである。彼女はすぐリラックスして、その再体験が始まった。「私には準備ができていない」。テントの側面を通り抜けてその存在たちが入ってきて、自分が動けないでいるのを見たとき、彼女はパニックになってそう叫んだ（彼女のその体験の現実性に関する苦闘については一〇九頁を参照）。

その存在の一つは女性で、額に手を当ててアビーをなだめた。その「エネルギーの流れ」を思い出したとき、彼女の体は震えた。それから彼女は自分がベッドから持ち上げられ、「横滑りに」浮かされて、「テントの側面」を通り抜けて連れ出されるところを思い出した。「うわっ！」と彼女は驚きの叫びを上げた。まるですべての細胞が「分解する」かのようなぞくっとする感じがした。「とても速くて何とも言えない感じです」と彼女は喘ぎながら言った。「すると、もう向こう側にいる。そのときは元に戻っています」。彼女はあっけにとられたように笑いながら、「テントを通り抜ける」感覚を思い出した。この通過の際の体の感覚、とくに手に感じたそれを彼女は再体験しているようだった。「この転換【いったん分解されてまた元に戻ること】の感覚がまだ私の手に残っているみたいです。指が今、燃えています。その先が凄い感じになっています」。重く深い息をしながら、彼女は言った。

畏敬と恐れが入り混じった状態で、アビーは出来事の再体験を続け、途切れとぎれに話して、細胞の変化、とくに手のそれに対する畏怖に満ちた叫びを上げた。彼女の体は「それがどんなものだったか」を、「細胞が分離」して「また一緒になる」感覚を憶えているようだった。「私は解体され、そしてまた統合されるのです」。彼女は腕や脚、そして頭のエネルギー変化を再体験し、喘ぎ、叫んだが、彼女が最も強くその感覚が残っていると訴えたのは手のそれだった。手の感覚はたいそう強烈になり、「燃えるとか、ピンや針で突き刺すのを超えた」ものだったので、私たちにもそれが感じられるはずだと思い、そう訊いたほどだった（私たちにはわからなかった）。

存在たちは満足している様子だった。アビーは思い出して、「あなたは物質を通り抜けられる」と喘ぎながら言った。「彼らは私がこのことを教わる準備ができているのがわかっていたのです。彼らは私を見てこう言いました。『ほら、わかっただろう』」。私は彼女が学んだことについてもっと具体的に話せないかとたずねた。「物質を非物質に変えて、またそれを逆にする能力は」と彼女は言った。「私が今体験したばかりのことです。彼らは物質を通り抜けるのに機械は使いません。私たちも同様にその能力をもっています。でなければ、彼らは私たちにそうさせることはできないでしょう」。

この後、アビーは、周りを白い光（「それが私たちを運ぶエネルギー」になっている）に囲まれた「冷たいシリンダー」の中に入れられ、「彼らが作業をする」場所に連れて行かれたことを思い出した。これは彼女を混乱させるものだった。なぜなら、彼女は「上に上がって」いたはずだと思うが、シリンダー内部には何の動きも感じられなかったからである。「シリンダーが開いて、私たちは外に出ました」と彼女は言う。そして自分が「宇宙船の中の広い部屋」にいるのに気づいたが、「でもそれはテントのすぐそばで、……彼らは宇宙船という言葉を好みません」と彼女は言う。それで私たちは「彼らが作業をする場所」に落ち着く。その部屋で、彼女は自分を「迎える」いくつかの存在を見た。これは他のときとは違っていた。なぜなら「彼らは私を使って実験する――その言葉も彼らがそうするのも私は嫌い――ためにここにいるのではなくて、何かを見せて説明する」ためだからである。

強い感情をもって、アビーはそのときのプロセスを描写した。存在たちの一人で、彼女がテントを通り抜けるのを可能にした分子または細胞の変化について「やったわね」と微笑んだのと同じ女性の存在が、「物質を非物質の状態にする」とはどういうことなのかを教えてくれた。「彼らは手でそれをエネルギーに変えるのです。……手を使って、彼らは構造を変化させるのです」。これを再体験しているとき、彼女は再びうめき声を上げて叫んだ。そのエネルギーはあまりにも強力なために、息をするのもしんどいほどだと、彼女は説明した。

セッションの終わりに、リラックス状態から出たとき、アビーは言った。「私は今まで一度もこんなパワフルなものは体験したことがありません。まるで触ることによってエネルギーが爆発して、部屋中を飛び回ったみたいです。私は手にそのときと同じ感覚を覚えたのです」。アビーにとくに驚きと深遠な感じを抱かせたのは、「物質を変える」ことができたという感覚だった。そのセッションはアビーの上司にとりわけ強い印象を与えたので、彼は「その体験全体に目覚めさせられた」と言ったほどだった。

六ヶ月後、アビーは手紙で、あれから数週間、祝福に満ちた状態になり、その後かつてないほど深い感情になったと書いてきた。そのセッションで人間がもつ潜在的な創造力を垣間見たのだと、彼女は書いていた。

要約すると、光や他のエネルギーの顕現がＵＦＯの活動のみならず、アブダクション体験のあらゆる部分の根本的な側面だということである。テレパシーによる意思伝達でさえ、体験者にはエネルギーの精妙な形態と関係するものと感じられる。光と特定の音が、強烈な主観的かつ観察可能な振動現象と関係しているのかもしれない。そのエネルギーは途方もなく強烈なレベルに達することがある。こうしたエネルギーはその体験以後、どのようにしてかアブダクティの体に残っていることが多いように思われる。そしてリラクゼーションのエクササイズは、その緊張を解き放つ上で非常に有用なのである。これが起きるとき、体験者たちは激しく震え、苦しみや安堵から叫ぶこともある。ファシリテーターにとっても、それは畏敬に満ちた体験となるだろう。

体験者の中には、振動数または「エネルギー場（フィールド）」の変化が、存在たち自身のより高い振動数への同調だという印象をもつ人たちもいる。そのエネルギーは彼らを取り囲んでいる「宇宙的なエネルギー場」なのである。その変化はまた、何らかの点で、存在たちがもつ、人間に濃密な物質の中を通り抜けさせる能力、体験者たちが告げられる、私たち皆が潜在的にもつ力と関係すると感じられる。濃密な物質の中を通り抜ける記憶を再体験するとき、彼らが使う言葉が非常によく似ているのは注目に値する。「細胞が分離する」「分子のレベルで分解する」等々である。それらは特徴的に、彼らがその体験のこの部分を再体験したり想起したりするとき、信じられないほどの驚きを与えることを示している。物質とエネルギーの互換性についての強い感覚をもつ体験者もいる。多くは、その体験の結果として、自分の体の振動数が何らかの種類の永続的な変化をこうむったと感じる。

きわめてしばしば、アブダクション体験は、注意深い研究に値する、自己治癒や他者を癒す能力につながる身体のエネルギー的な変化と関係する。たいていの場合、彼らが体験するエネルギーと光は、個人的な変容、霊的な発達、個人的・集合的両方の意識の進化と関係するようになる。この結びつきは、第十二章でさらに詳しく検討されることになるだろう。

## これらのエネルギーの性質と起源は何なのか？　いくらかの理論的考察

アブダクティが直面する光、エネルギー、振動現象を理解しようとする努力は、この問題を超えて、宇宙の根底にある性質についての理論的な問題にまで私たちを連れてゆく。これは、両者が完全に重なり合うことはないとしても、理論物理学と霊性（スピリチュアリティ）が互いに触れ合う領域である。このセクションでは、僅か数ページではその豊かな含みと重要性を摘示するのに十分ではないが、こうした問題をいくつか取り上げてみたいと思う。

最も根本的な問題の一つは、アブダクションや臨死体験、その他の「トランスパーソナルな旅」の間に体験される光と、物理学で観察され、研究されている光との関係である。たとえば、臨死体験の研究者、P・M・H・アトウォーターは、「主観的な光（瞑想や他界への旅、臨死体験やヴィジョンなどに現われる）は物理的な光と似たやり方でふるまう」と書いている（アトウォーター 1998）。しかし、一方、経験科学の立場から、MITの物理学者であるデヴィッド・プリチャード（専門は光物性）は、この章の初期の原稿を読んだ後、私に次のように書き送ってくれた。「アブダクティの光は、彼らを啓発してくれるものかもしれません。しかし、私にとってはそうではありません。それは私が研究している物理学的な光のようにはふるまっていないのです」。さらに、「振動現象は、私が知っている物理学では対応するものがありません」。「その言葉は」と彼は書いている。「私がスピリチュアルな目覚めに関する本で読んだことのあるような類のものです」。同様に、アーサー・ザイエンスは、光の研究を専門としていて、物理的な光と霊的な体験における光の複雑な関係を研究している別の物理学者だが、「内部の光は外部の対象物（としての光）とは別の秩序をもつ」と主張している（ザイエンス 1995）。

これらの物理学者は二人とも、アトウォーターとは対照的に、外界と内界に究極的な統一的つながりを見出そうとする探求において、本質的な差異、消すことのできない二元性が結局は残るということを、私たちに警告している。アブダクション体験と関連する光／振動的エネルギーは、たとえそれが非常によく似たものと感じられ、物質的な痕跡さえ残すものであったとしても、物理学者が研究し、測定するエネルギーや光の現われと似ている――同じ「秩序」をもつ――ものであることにはならないのかもしれない。

それでは、UFO、とくにアブダクション現象と関連する途方もないエネルギーの性質についてはどんなことが言えるのか？　強力な力は明らかにUFOそれ自体と関係している。その驚くべき推進力、UFOが放つ光、周辺環境への明白な影響、UFO着陸が目撃された場所に発見される、溶けて硬くなった地表（フィリップス 1975）、そして観察される強烈な光、体験者自身に与える接近遭遇の身体的・精神的影響など。

本章で見てきたように、アブダクティはその体験の間に強烈な光と振動的エネルギーを観察または感じ、それは彼らに永続的な影響を及ぼす。光とエネルギーはその核心またはすべてだと、彼らは説明しようとする。同じように、意識と物理学の研究者であるピーター・ラッセルは量子物理学と意識の研究の両方で、「光は何らかの点で根底的」だと述べた（ラッセル 1998 傍点は引用者）。これは直観的には明らかかと思われるが、正確にはそれは何を意味、または含意するのだろう？

東洋哲学や霊的な研究になじみのある人たちがアブダクション遭遇について学ぶとき、彼らは進んでエネルギーに関連する体験の側面を気【道教や東洋哲学の】、プラーナ、クンダリーニの目覚め、そしてインドや中国のヨガの伝統と比較する（たとえば、バジャンとカルサ 1998；ブレナン 1987；ブルイー 1994；アイゼンベルグ 1985；グリーンウェル 1988；モッカージェ 1986；ホワイト 1990 を参照）[2]。これら強力な現象のすべてが、測定可能な身体的効果を伴う深遠な霊的変容と関係している（ブレナン 1987, 1993；ルビック 1995）。しかしそれらを物理学で知られている電磁場のエネルギーに還元または翻訳する努力は、概して成功していない。元ＮＡＳＡの物理学者であったバーバラ・ブレナンは、彼女は人生をこれらのエネルギー（ときに「人間エネルギー場」とか「宇宙的エネルギー場」と呼んでいる）の研究に捧げたが、それが大きな治癒的特性をもっているらしいことを観察した。そしてその適用に基づく多くの代替療法が近年開発されてきた。

エネルギー・ヒーラーたちによって振動的に体験されたり、オーラとして観察されたりする人間エネルギー場（ＨＥＦ）と宇宙的エネルギー場（ＵＥＦ）は、根本的な意味で、伝統的に理解されてきた電磁気エネルギーとは異なっているように見える性質をもっている。それは測定が難しく、また逆説的なふるまいをする。たとえば、電磁気エネルギーと違って、これらのエネルギーは自存し、より多くのエネルギーを生み出す。たいていの身体的努力による消耗はあなたを疲れさせる、とデイヴは学際的研究グループの会議で言った。しかし、この種のものはそうではない。「それはあなたを増強するのです」。また、このエネルギーは情報を含み、テレパシーの媒体でもあると、彼は言う。電磁気エネルギーは有限だが、人間または宇宙エネルギー場は無限であることを示唆している。それらはまた、とブレナンは述べる。直接様々な形態または意識の変化と関係し、「通常の科学的説明には手に負えない」ように見えるのだと（ブレナン 1987)。【原註】

上記のような理由のために、そのような問題を研究する研究者たちは、これらの「サトル・エネルギー【subtle energies：慣用化しているのでそのままにしたが、文字どおりには「精妙、繊細なエネルギー」のこと】」を呼び出す上で、東洋哲学やその実践者たちと提携してきた。彼らはまた、近年、サトル・エネルギーのヒーリングやその他の特性と、それがオーラやチャクラの体系、エーテル体、アストラル体、光輝体その他の「精妙な」体に対してもつ関係を研究し始めた。これらは、東洋のヒーリングや霊的伝統では、物質界と非物質界との境界線上に位置するとされているものである（コリンジ 1998；クーパーシュタイン 1996；ハント 1996；ブリッジ【雑誌名】：サトル・エネルギー・ジャーナル：そして特にウールガー 1987,1988)。医師で科学者のラリー・ドーシーは、祈りのもつ治癒効果と意識的な意図が遠方に影響を及ぼす手助けとなる可能性についてのパイオニア的な研究を行なった（マルキディス 1987,1989,1992も参照）が、生理学や物理学の既知のいかなる信条も、「エネルギー」という観念それ自体でさえ、そのような現象を研究する上で有用なのかどうか、疑問視している（ドーシー 1992, 1993)。

アブダクティにとっては、彼らの体の細胞や分子に影響を与え、それを変えてしまうように思える強い物理的振動は遭遇体験の中心的側面である。これらが再体験される場に居合わせた者は誰でも、そのようなエネルギーの驚くべきパワーに感銘を受けるだろう。それについては第十二章でさらに詳しく論じるが、これらの振動的体験は意識の何らかの変化や霊的目覚め、そしてリアリティの別の次元とつながる感覚と関係しているように思われる。現象のこの側面に関連して、私はとくに、物理学や宇宙物理学の近年の発見によってもたらされた宇宙論の進展に関心を寄せている。

特定の亜原子粒子の発見は、数学的に他の多くの次元または宇宙の設定を要求しているように思われる。しかし、おそらくより重要なのは、物理学者による宇宙は膨張しているという発見である。銀河は加速しながら互いに遠ざかりつつある（リース他 1998）[3]。そして空間それ自

【原註】多くの研究が人間または宇宙的エネルギー場の測定を、各種の器具を使って行なおうとしてきた。これらのいくつかはポジティブな結果を得た（ハント 1996；ブレナン 1987；オシスとマコーミック 1980）。これは、しかしながら、サトル・エネルギーが、ある場合には測定可能な物理的現われを見せるということを示すにとどまっている。それは私たちに、それらが何であるか、何を源泉としているかは教えてくれないのである。

体が、空虚で無生命であるどころか、「真空エネルギー場」とか「ゼロポイントエネルギー」と呼ばれる、それ自身の強力な波動エネルギーで充満しているのである(オリーリ 1996；ミッチェル 1996)。物理学者のブライアン・オリーリは、空間を満たしているエネルギーを採取しようとしたパイオニア的な発明者たちによって報告された物議をかもす結果についてまとめている(オリーリ 1996)。最後に、ルドルフ・シルトは、銀河の中心部にあるブラックホールは、あたかもそれらが別の宇宙であるか、またはリアリティの他の次元につながっているかのような働きをしているように見えると示唆している。私たちがその内部に入るすべはないので、それに向かって放たれたレーザー光線ですら、その領域に達すると分解してしまうように見えるのである。

シルト(1998)、ブライアン(2000)、その他の科学者たちによれば、アポロ宇宙船に乗ったエドガー・ミッチェルもそうだが、アインシュタインによって設定された四次元宇宙は、こうした発見を説明するには不適切である。シルトは、UFOや「エイリアン」はどのようにしてか、自らを輸送して地球の大気圏内に入るために、真空エネルギー場の量子ゆらぎをマスターする方法を発見したのではないかと思っている。たぶん、と彼は推測する。彼らは「五次元を導入する」方法を見つけ、それによって、「私たちがまだ発見していない、私たちの次元の中にある質量とエネルギーを組織化する」ことができたのだろう。アブダクティたちがこれらの尋常でないエネルギーに遭遇したとき、そのような強烈な振動を感じるのは驚くべきことではない、と彼は示唆する。こうした発見すべては、心霊現象の現実性を示す、彼にとっては議論の余地のない証拠とも相まって、彼に「何らかのより大きな宇宙的スピリットまたはエネルギー」、「エネルギーにそのエネルギーを与える」もの、キャサリンが言ったような、人々にテレパシー的な、あるいは遠隔地との意思伝達を可能にさせるものが存在するのではないかという思いを抱かせるに至った。

私は、アブダクティによって知覚または体験される光やエネルギー現象が何の物質的痕跡も残さず、物理的影響はないと言っているのではない。マシューと同伴者が見た強烈な光、ノーナやアビーが体験した体が振動する圧倒的な体験は、彼らには明白なものとして知覚され、あるいはその体に感じられた。しかし、未知のまま残っているのは、そのエネルギーの性質または源泉であり、それがどのようにして私たちの物質世界に入る方法を見つけたかである。ウィルヘルム・ライヒの「オルゴン」エネルギーを使った実験以来、冒険的な科学者たちが行なってきたように、シルトの言う「より大きな宇宙的スピリットまたはエネルギー」の効果を測定することは可能かもしれない。しかし、このことはその性質と起源の理解に私たちを大きく近づけることはないかもしれない。

結局のところ、私たちはアブダクション現象に関連するエネルギー（たぶん、この言葉本来がもつ物理学的意味合いからすれば、「創造力」「源泉」といった表現の方が適切だろう）は個人的成長や霊的変容の可能性を含みもつ、そしてこうした変化はその体験の振動的、感情的強烈さと関係しているらしいという明白な事実に戻ることになるのである。しかし、ここで再び、私たちは「霊と物質との古くからある割れ目」、パトリック・ハーパーがそれについて書いた、これらの領域間の断絶にぶつかることになる。

この割れ目は、しかし、実際のものというよりは見かけであって、それは私たちの限定された知のあり方から生じるものである。それは私たちが、不可視の領域にあるものの物質的な領域への侵入、あるいは宗教的な言語で霊の顕現とされるものを、物理学的な測定〔手段〕を用いたり、物質的な世界でなじみのあるメカニズムを当てはめたりすることによってそれを理解しようとするとき、埋めるべき「ギャップ」として存在するものでしかない。両者のつながりを理解するには、私たちはアナロジーや概念、メタファーや共時性のようなものを使うことなしには先に進めないことを認めるべきだろう。そして直観や直知、意識それ自体――ウィルバーが言う「瞑想の目」――だけがその割れ目を埋めることができるのかもしれない。

アブダクションにおける光の体験は、愛の強烈な感情と関係している。三十代初めのあるオーストラリア人男性は、本書の他のところでは取り上げていないが、リラクゼーション・セッションの間に、光に囲まれ、通常の人間的な愛より「千倍も強い」愛を体験していると言った（五二三～五二四頁のジュリーの発言も参照）。マシューにとっては、宇宙エネルギーの中核は実質的に愛と同一であった。「小さい頃からそう感じていました」と彼はロバータ・コラサンテと私に語った。「身体的な愛、官能的な愛、働くエネルギー、創造のエネルギー、青空、渦巻く銀河、宇宙船、〔そのすべてが〕このエネルギーを使っています。……このエネルギー現象は愛の現象であり、生命のエネルギーであり、宇宙のエネルギーなのです。私たちは本当にはそれを感じていないから、それが理解できないのです」。

偉大な科学者、マイケル・ファラデーの時代から、何らかの種類の波、「力の物理的な流れの振動」がリアリティの中核にあることは知られていた（ザイエンス 1995）。ルドルフ・シルトが言うように、「宇宙は私たちにあらゆる種類の振動を与えている」のであり、光は振動の現われの一つである。しかし、振動とは正確には何なのか？　それはおそらく、物質的なものと非物質的なものが出会うところ、スピリットと物質が結びつくところ、未知のものと知りうるもの（少なくとも経験科学の手法によって）が互いに触れ合うところであるこの場に存在する。フォトンのような光粒子は質量をもたず、光は物質的な基体をもたずにあらゆるところに存在しているように見える。アーサー・ザイエンスが書いているように、光は時間と空間の外側に遍在する、永遠の存在であるように思われる。「光の性質は物質には還元できない。それはそれ自体として存在するもの」であり、「精妙にもつれた」ものである（ザイエンス 1995）。

これらはアブダクティたちが遭遇と関連して強烈な光の現象を体験するとき、あるいは自分の体に強力な振動を感じるときに口にする性質である。言葉にすることは難しいが、時々彼らは体験の間に、空間と時間の外側、あるいはその「彼方」に自分がいることを知り、物質と非物質をまたいで存在するという畏怖の感覚をもつことがある。体の振動の感覚は物質的に強烈だが、それは同じほど強い効果を精神にももたらすのである。[4]

＊　＊　＊

アブダクション現象に関連する力は、特定の情報、とくに地球それ自体の情報のかたちをとって現われる場合がある。それは物質的な現象と同様、体験者に深い影響を及ぼす。同様に、人間とエイリアンが一緒になってハイブリッド種族を生み出すことには、奇妙で強烈なエネルギーが含まれるように思われる。アブダクティがときに気づくように、これは二つの種【人間とエイリアン】の「振動数」の違いから生じるように思われる。それをどのように理解するかはともかく、アブダクション現象のこうした側面を次の二つの章では考えてみたいと思う。

# 第 二 部

Part Two

「彼らの心があなたの心に沁み込むのです。彼らの理念はあなたの理念になることができる。……人類の歴史のこの時、全世界が一つであるという意識を私たちの心に注ぎ込んでいるのは、彼らなのです」（クレド・ムトワ　1995年12月、著者とのインタビューで）
イラスト　by　クレド・ムトワ

# 第五章

# 地球を守る

彼らがあなたにこれらの環境を見せるとき、あなたは実際に花々や木の葉、そして水中に宿る生命の力を見ることができます。それは今まであなたが見たこともなかったような色合いなのです。……熱帯雨林の中で、あなたは生命が一枚の葉の内側に、これらの木々の頂(いただき)に宿っているのを見ることができる。それらの木々の頂の至るところで、地球の精霊たちがダンスを踊っているのです。

ノーナ
一九九六年

## エイリアン・コンタクトと地球の運命

UFOアブダクション現象はある点で地球の生態学的危機と結びついている。それを私が初めて知ったのは、私が知り合いになった最初の体験者の一人であるジュリーが、一九九〇年の初期のミーティングの一つで、彼女が見た、約二十年前に始まった繰り返し現われる悩ましいヴィジョンについて語ったときだった。これらのヴィジョンの中では、彼女は四十代半ばで、当時の彼女より少なくとも十歳は年上だった。そのヴィジョンの中では彼女は田舎暮らしをしており（彼女は現実にはボストン郊外で暮らしていた）、老人たちで混み合う大きな温室のようなところの食事配達センターのあるセクションを担当している。核戦争か、他の地球規模の破局的な出来事があって、食料のすべてを水耕栽培で育てなければならなくなるような大混乱と地球の破壊をひき起こしたのだった。食べ物を洗浄して自分のセクションの人たちに出すのが彼女の仕事で、人々はカフェテリアスタイルの列を作って押し合いへし合いしている。ジュリーはまた、こんな夢――彼女はそれを、鮮明さと「重み」で劣るがゆえに、ヴィジョンとは区別していた――も見ていた。その中で彼女は宇宙船に乗っているが、その中にはエイリアンたちの姿と、地球の人々に供給するための食料を育てる水耕農園が見えたのである。

ジュリーとのこの初期のミーティングの後、私が驚いたのは、地球の生態系に対する人間の脅威についての力強いメッセージが、生き生きとした見紛うことのない言葉とイメージで体験者に伝えられているケースが続出したことである。これらのコミュニケーションのインパクトはしばしば深甚で、体験者を地球の生命〔保護〕のための活動に積極的に乗り出すよう奮い立たせるような性質のものである。実際、地球の生命の保護がアブダクション現象の核心である可能性はかなりあると私には思われる。驚いたことに、私たちが地上の生命に強いているダメージは、宇宙に住む知性体または創造原理（それがどんなものであれ）には「気づかれない」ままだったわけではないようで、それは、どんな奇妙なかたちに見えようとも、何らかの種類のフィードバックを私たちに提供しているように思えるのである。本章では、アブダクティたちがエイリアンたちから受け取った情報をどのように報告しているか、このコミュニケーションの性質はどのようなものなのか、そしてそれが彼らの意識と活動にどんな影響を与えているか、それを見てゆきたいと思う。この分野のすべての研究者が同程度に生態学的な次元の重要性を強調しているわけではない。UFOアブダクション現象の地球救済的次元の確実性についての私の確信は、体験者たちが地球の生命に対する危険について受け取り、伝えるメッセージの鮮明さと力強さから引き出されたものである。

## 生存のための情報を受け取る

自分に与えられている情報を受け取る、またはそれに「アクセス」できるようになるために、アブダクティたちは自分の「振動数」を調整しなければならないと感じている。自分が何らかの方法でその体験によって「再プログラム」され、知識を受け取ったり、それを他者のために出すことができるようになる――ジーンの言葉では「トランシーバー」になる――という感覚は、この情報の次元と直接関係しているように思われる。アブダクティが受け取っているという情報には色々な種類のものがあるが、共通する要素は、それが何らかの点で人類と地球の存続に役に立つ情報だということである。彼らは自分の体験から、そうでなければ吸収できなかったことを学べたと感じている。

アブダクティたちは多くの方法で情報が自分の元にやってきたと言うが、その方法にはテレパシーを使ったもの、目と目のコンタクトによるもの、宇宙船の教室に似た場所でテレビ画面のようなものに映されて伝えられるレッスン、そして情報が収納された様々な種類の「図書館」で学んだことなどが含まれる。その図書館は、ふつうの本のようなものや知識が書かれた表示板が置かれた部屋から、膨大な量の情報でいっぱいになった光の球のようなものにまで及ぶ。メキシコの写真家、カルロス・ディアスの体験では、情報は洞窟の奇妙な球体の中に貯蔵されていた（後述、カルロスの項参照）。

光の球はアンドレアの体験でも重要であった。彼女は自分の十四歳の娘、リリィの安全について、彼女自身の言葉でいえば「深く心配」していた。娘自身が誘拐され、「ブリーダー」として「使われて」いたかもしれなかったからである。にもかかわらず、アンドレアは、自分の体験で見た光の球は「とても神聖」だと考えていたので、リリィがそれと部屋にいて、それが含みもつ情報にアクセスする方法を学ぶのを受け入れることができた。アンドレアの話では、その存在たちはリリィに、「どのようにして自分の振動数をその球のヴァイブレーションにまで上げるか」について教えていた。

スーは私に、本を見せられる出来事が二度あったと話した。その一つでは、こんな具合だった。「気がつくと私は、大きな目をもつ輝く三人の白い小さな存在とその背後にある黒いベルベットの穴または割れ目のようなものを見ていました。私は彼らに近づきました。私は手を出しましたが、少し神経質になっていました。私に気になったのは、自分が本が積み重なったこの黒い切れ目の反対側にいたことです。本が山のように積み重なっていました。書店のような感じです」。もう一つの出来事では、彼女は暗いトンネルを通って連れて行かれたが、「高く昇ればのぼるほど、それは明るくなり、途中で私は次から次へと書棚が並んでいるのを見たのです。そのことから理解したのは、私は自分を教育しなければならないということでした」。

クレド・ムトワは、自分を「たんなるふつうの人間」と呼んでいるが、マンティンダーネは「ときに私が扱いかねる、しかし私の民族の生き残りと関係する、非常に進んだ」知識を自分に与えてくれたと言っている。学校に行っている頃、彼には「学校の勉強に関係することを教えてくれる奇妙な仲間」がいて、「ときには自分が先生より物知りになっていることに気づいたが、私は読む本は何ももっていなかった」。のちに彼は、その存在たちは地理や望遠鏡の作り方（「私は自分でレンズを研磨することさえした」）、ジェット・エンジン、クロスボウ、「攻撃者を追い払う効果的な銃」について教えてくれたと言っている。クレドはまた、船を作るための「いくつかのデザイン」も教えられた。「最も重要なデザインの一つは」と彼は言った。「海に石油を垂れ流す」ことのないタンカーの設計法だったと。「世界にそのような船を作らせるのです。さもないと海は死んでしまうでしょう」。クレドはまた、自分のヒーリング・パワーや病気についての知識（超音波を使ってエイズを治療できると彼が考えている方法も含め）、さらには芸術家（彼は熟達した画家であり彫刻家でもある）としての自分の能力も、少なくともその一部はエイリアンから来たものだと信じている。

ジム・スパークスは、宇宙船の中の彼が「エイリアン・ブーツキャンプ【ブーツキャンプは米軍の「新兵訓練所」を指す】」と呼ぶ所で訓練を受けたと書いている（スパークス 2007）。教室のようなところで彼は多くのことを教わったが、その中にはテレパシーで意思伝達する方法、「エイリアンの文字と数字」、物体をマインドの力で動かす（少なくとも宇宙船の中で）能力、複雑な象徴体系とその意味、「第六感」の開発方法、言葉をあまり使わずに考える能力などが含まれる。その教授法はかなりソクラテス的な、または禅的なやり方に見える。「たいていの場合」とジムは書いている。「彼らは直接答えることを好みません。なぞなぞのような答え方をするのです」。彼は情報を伝達するスピードについても書いている。あるとき、大きな頭をもつ、皺だらけの年寄りに見える存在が、「私の目を覗き込んで、百を超えるような思念を伝達しました。……これはほんの一瞬で行なわれたのです。それは私の側の分離した感情反応も含んでいました。私は伝達されたそれぞれの言葉に同じような速さで答えたのです。これは奇妙でした。情報がやりとりされるスピードは私の心と体の能力を超えていたからです」。

## 地球に対する脅威について、体験者たちはどんなことを学んでいるのか

クレド・ムトワはこの惑星を「私たちの母なる地球」、新たな種が「成熟と完全性に達するのを許す特別な養育の場」「母なる世界」「子宮世界」「私たちが滅茶苦茶にしている成長の場所、庭園」といった表現で言い表わしている。「アフリカの文化と宗教によれば」と彼は私たちに語った。「空には二十四の母なる世界があり、地球は二十五番目なのです。……母なる世界は生命を誕生させることを目的とする特別に作られた場所です。今やこうした母なる世界はごくごく稀なものになっている。あなたは何千もの生命のいない世界を見つけられるでしょうが、母なる世界は一つしか見つからないのです」。このユニークな創造世界は、彼によれば、「私たちが愚かさゆえに殺している、太古から存在する鯨その他の実体によって導かれて」いる。マンティンダーネのような、この惑星が神聖だと思っている、地球の保護に関心をもつ様々な集団が、私たちをどうするかについて今議論しようとしている。

アブダクティたちが遭遇の過程で受ける情報や教育、トレーニングは様々である。しかし、

最も頻繁に現われているように見えるのは、地球に対する生態学的脅威、その脅威に対する人間の責任、そして体験者や私たち皆がこの惑星の生命を守りたいのなら取らなければならない、適切な行動と関係したものである。一般的に言って、体験者たちは、彼らの背景からしても、環境保護活動家になる候補者としてとくに向いているから選ばれたのだとは思えない。たとえばスーは、パワフルな環境保護活動家になっているが、一九九二年のＭＩＴでの会議でこう述べている。「私は環境科学に関して何ら正式な教育を受けた者ではないことを明確にしておきたいと思います。私は独学です」（プリチャード他 1994）。私たちのミーティングで彼女は私にこう言った。「これは私の元々の性格ではありません。私は全面的なパーソナリティの変化を経験したのです」。カリンもこう言った。「私は決して環境保護論者ではなかった」が、宇宙船の「学校に行く」ことによって、環境について学んだのだと。

アリエル・スクールの子供たちがその遭遇の中で誘拐されたという証拠は何もないが、私が面接した子供たちの何人かは、主にその存在たちの黒い目を通して、地球の生命に対する危険についての情報を受け取ったと話した。五年生のフランシスは、その存在の一人に引き寄せられたと感じた。「ぼくは目がそれと関係があると思います」と彼は言った。彼はその存在から「これから起きようとしていることについて」教わり、「汚染をしてはならない」と言われた。それ以前に学校で汚染問題についてのディスカッションが行なわれたことはあったと、フランシスは言った。しかし、彼がそれについて考えたり話したりするのはこれが初めてなのだと。この関心は「彼（宇宙船の外にいた存在）から」やってきたのだとフランシスは感じた。「それがただポンとぼくの頭の中に入ってきたんです」と彼は言った。フランシスは「彼の目つきから」その存在が汚染を心配しているのだという印象を受けた。十一歳のエマにこれらの「ヘンな存在（彼女自身の言葉）」がここで何を求めていると思うかとたずねたとき、彼女はこう言った。「彼らは人々に、私たちがこの世界に実際に害を与えていること、私たちはテクノロジー化【technologed この子の造語】しすぎてはいけないことを知ってもらいたいんだと思います」。十一歳のリゼルもまた、存在の目を通じて、私たちは「地球の適切なケア」をしていないというメッセージを受け取った。

一九九二年のＭＩＴの会議でスーは、自分の体験の結果生じた「最も顕著な変化」は、「環境についての関心が増大したこと」だったと述べた。その体験の一つで、彼女はスクリーンのようなものを使って、中東の植林された土地と、かつては森に覆われていたが、今は不毛の地となった南アフリカのある丘の風景を見せられた。後者の土地では生態学的な「大虐殺」が起きたのだと言われた。スクリーンには、人々、植物、動物が揃った、いくつかのガラス製のドームの下にある人工的な環境が映し出された。「私はそれから大きな洞窟に連れてゆかれて、異なった種類の種子を見せられ、それを使うよう励まされました」。

「彼らは私に、私たちの愛する地球の危機的な状況のことを知らせたのです」とジム・スパークスは書いている。「彼らのメッセージは真実です。この惑星の深刻な状況を理解するのにロケット・サイエンティストは必要ありません。核兵器や生物兵器、大気や土地、水を汚染しているそれらの廃棄物。森やジャングルや木々は、伐(き)り倒され、死にかけているのです」。食物の汚染、「人口過剰、病気、私たちの手に負えないウイルス——これらは私たちがつくり出している問題のほんの一部にすぎません」。ジムは「まだ食料品店に行って食べ物が買えるというので、私たちの大部分がこの現実に対して鈍感そのものになっている」ことにひどく悩まされている。「私たちは日々の仕事にかまけて、この死や瀕死の状況を見ることはしないのです」。

アブダクティたちは、地球の危機的な状態に対する人間の責任についてはほとんど疑いをもっていない。カルロス・ディアスは私たちに言った。「真に重要なことは、私たちが世界規模でつくり出している生態学的な問題です」。ジム・スパークスは、一つの種として「私たち人間は発達の初期段階にあり、宇宙に解き放って自分たちの好きなようにやらせるには危険すぎる」のだということを教えられた。彼は宇宙船でしばしば「人間の破壊的なやり方とそれが環境に及ぼしている影響について、次から次へと」映像を見せられた。それにはテレパシーによるメッセージが伴っていた。「君タチハ君タチノ惑星ヲ殺シテイル。君タチノ惑星ハ死ニツツアル」。「私はもし自分たちが自分と地球に配慮しないなら、どうして銀河系の仲間づきあいに参加することができるだろうかということを学びました」。

クレド・ムトワは、エイリアンに対する愛はもっていないが、悲観的な簡潔で控えめな言い方でこう述べた。「私たちは世界に有難くない影響を与えているのです。本当は私たちのものではない、地球というこの世界に。……なぜ」と彼はたずねる。「人間はこの地球にとってウイルスのような動物に変わってしまったのでしょう？　人類は地球を破壊しているのです。なぜなのか？　私たちは多くの煙突を作って大気に煤煙を吐き出すのはよくないことだと知っています。しかし、げんに私たちはそうしているのです」。

クレド同様、イザベルも人類を「体全体を守るためには取り除かなければならない」危険なウイルスか癌にたとえる。「地球は散々な目に遭ってきました」と彼女は言う。「それは大変な目に遭いながら、幼稚園の子供たちがスプレーペインティングやクレヨンでそれを描くのを支えなければならないのです」。人々は自分たちが発するネガティブなエネルギーで地球に害を与えているのだと、彼女は言う。「もし私たちがこのネガティブなエネルギーをずっと出し続けるなら、そのうち地球は私たちを有害なバクテリアのようなものとみなすようになるでしょう。そして私たちを撃退しようとするでしょう。それは反撃するのです」。彼女はエイリアンの役割を「医者」のようなものだと思っている。彼らは私たちが地球を癒すのを助け、私たちが成長するのを助けるためにここにいる。「これら『ブルーの禿頭たち（ボールディーズ）』（彼女がグレイ型エイリアンにつけた名前）——私は彼らがこの地球を所有していると言うつもりはありませんが、ここは彼らの故郷なのです。私が思うに、ここは彼らが最初に所属していた場所です。彼らは管理者、地球の真の管理者です。……彼らは成長期の私たちが成熟するのを助けているのです」。

カリンにとっては、その存在たちは「人類のすることを監視して、私たちを見張っている。……それは神の心か何かみたいなもの」である。

ノーナも、その存在たちが地球とその運命に密接な関わりをもっていると感じている。彼女は言葉では言い表わせないような素晴らしい熱帯の光景を見せられたが、それは危機にさらされたアマゾンの熱帯雨林を表わしているように思われた。彼女はおとぎ話のような風景を見たことがある。それは宇宙船の中にある庭園のようなもので、存在たちは、地球にそのような美しい場所をつくり出す潜在力はまだあると言った。

体験者の中には、エイリアンたちは地球を守ることに関心を抱いてはいるが、それは高尚な動機に基づくものではないと言う人たちもいる。ジム・スパークスは、「銀河系」を一種の「ビジネスのための遊戯場」とみなしている。「この惑星でのビッグ・ビジネスはエイリアンたちと共に眠っている」と彼は主張する。「私たちの破壊的な道は、通常、ビジネスをやるにはよくないのです」。スパークスによれば、その存在たちは「自分自身に仕えて」いる。そして地球に対する明白な関心は、「投資を気にかける」彼らの努力を反映しているのである（スパークス 1996, 2007）。

クレドのマンティンダーネについてのネガティブな見方は、文化的な見方の相違によるというよりもむしろ、彼の個人的な体験や苦々しい思いと関係しているように思われる。私が彼と二度目に会ったのは、ヨハネスブルグの彼の友人宅だった。彼はちょうど自分の小さな村、カラール（第十章参照）から強制退去させられたばかりだった。意気阻喪し、健康状態もよくない中で、彼はその前年よりもより否定的な口調でマンティンダーネ――今やそれを「おぞましい小さな寄生虫」と呼ぶようになっていた――について語った。ジムと同じく、彼はこれらの存在を「純然たる利己心」に動機づけられたものと見なしている。「マンティンダーネ、彼らは私たちを愛してはいません。彼らは私たちを必要としている。これまでもそうだったし、今後も必要とし続けるのです。彼らが自己〔の種族の〕保存のよりよい方法を開発するまでは」。彼らは私たちに、「自分自身を汚染することによって人間としての自分を破壊する」ことについて警告している。なぜなら、「もしも私たちの体がドラッグや大気中の汚染物質によって汚染されるなら、どうやって彼らは私たちから物を得ることができるでしょう」。「これらの生物は、地球を生かしておきたい、私たちを生かしておきたいのです」。それは「自分自身の車が巻き添えになっては困るので、玉突き事故を望まない運転者のようなもの」なのだと彼は言う。この惑星の生命を保存しようとするエイリアンたちの目的についての見方となると、エイリアン・アブダクション現象の多くの側面に見られるように、真実は見る者の感じ方や意識によって違ってくると言えそうである。

## 黙示録と予言

ときに、体験者たちに提示される地球の破壊のイメージは、黙示録的な色彩を帯びるほど劇的で荒涼たる、破局的なものになることがある。こうした光景は、来たるべきものの予見として、体験者たちにはしばしば文字通りに受け取られる。セコイアはこれらの変化を母なる地球による、バランスを回復するための「浄め」と呼んでいる。カリンは、黙示録的なヴィジョンがなければ、地球に対する関心がかき立てられるほど深い影響は受けず、自分が変わることはなかっただろうと言っている。[1] そのような光景またはヴィジョンの影響は深甚で、ショックや恐怖、深い悲しみなどを含む強烈な感情的反応を呼び起こす。ほとんどの場合、体験者は見せられているものが未来に実際に起きることだと信じ、時には自分が一種の予言者になったように感じる（ストリーバー 1996）。この未来はすでに確定しているように感じられるかもしれないが、彼らは、にもかかわらず、聖書の預言者のように、私たちは自分の破壊的なやり方を変えなければならないのだと警告する。

クレド・ムトワは、瀕死の世界についての彼のヴィジョンを私たちに語ったが、「これらの生物は未来から来た」と信じている。「アフリカ中に、人間による地球の汚染の結果生じる影響についての、恐ろしい予言が見つかるのです。人間が悪い魔法を使ったことの結果として、空は汚れ、動物たちは消え、海は毒性のぬかるみに変わる。そのとき、人間にとって水は金よりも貴重なものとなるのです。そのとき人間は変わるだろうと、その予言は伝えているのです。彼らは小さくなるだろう」――マンティンダーネのように、と彼は示唆する。

「どこかで何かがひどくおかしくなったのです」と、イザベルは嘆く。「文明は自らを食い潰しているのだと私は思います」。彼女はこう予想する。「たくさんの宇宙船がここに来ることになるでしょう。私が思うに、彼らは私たちを捕まえて、まず私たちを除去するでしょう。地球は浄化されなければならないのです」。彼女は「旧約聖書にあるような」来たるべきことについての夢を見た。大波が襲い、気候は変わり、多くの病気が発生する。「地球は終わろうとしているのです」と彼女は予言する。そして皆が「新しい地球」に入れるわけではない。ジム・スパークスは、自分がモニターで「地球環境の深刻な状態」を見せられたときの「自分が動揺しているようには見えなかったことの悲しさ」について書いている。「どうして動揺しなかったのか？　それは真実だからです。この惑星、私たちの故郷は死につつある。……私たちがその警告がどこからやってくるのかを理解するには多くの文化が必要なのです」。

アンドレアもまた、将来起きて地球のいくつかの地域を破壊するであろう「浄め」のイメージをもっている。彼女は夜中に目を覚まし、存在からテレパシーで、爆発を起こして噴火の連鎖反応をひき起こすであろうハワイ島について知らされた。存在たちはこれについて人々に話し始めるよう彼女を促した。彼女は宇宙船で、地球とその磁極、格子線の画像を見せられた。「地球の変化」が起こるだろうと、彼女は言った。そして「静電気」が「それにかかる雲のように」

地球を覆い、そして「その時点で、誰も中には入れなくなる、と彼らは言いました」。彼女は「日本の左側の炎の輪」も見せられた。そして、もしも人々が「地に足を着ける」ようになって、「地球と深く結びつく」よう努めなければ、地軸の変化が北半球で始まって、それが「多くの落ち込みと混乱」をひき起こすことになるだろうと告げられた。

カリンの場合、私が接したどの体験者にもまして、未来のヴィジョンが伝統的な予言にあるような血なまぐささ、苦悩、神の怒りで彩られている。彼女は自分の黙示録的な恐怖「のヴィジョン」を、遭遇体験がもたらした「目覚め」、とくにそれと共にやってきた「エネルギー、振動」のためだとしている。それ以前には、と彼女は言っている。「私は世界の終わりについて考えたこともありませんでした。私には世界の終わりなんて、どうでもよかったんです」。そのヴィジョンの中で、彼女はある物体、またはそれの集まりが降り注ぐのを見た。それは隕石か、ひょっとしたら核弾頭で、あらゆる場所が破壊された。地上に「神の怒りが爆発したかのよう」だった。一瞬にして「すべてが変化する。あらゆるものが一掃されました。都市は瞬く間に消え失せたのです」。そして何もかもがその場で停止する。「子供たちには親がいなくなり、親たちは子供を失い、仲間は仲間を失うのです」。今や泣きながら、カリンは「未来に」、いたるところ瓦礫とグシャグシャになった車、犬の死体が散乱する未来にいる。川はゴミでいっぱいになり、飲めなくなる。彼女はこの危機を「艱難」になぞらえた。「これはあのセカンド・カミング【キリストの再臨・最後の審判】なのです。これは聖書が語っている出来事なのです」。

ときに破壊のシーンは、エイリアンたちが自分の前の居住地【星】に対して行なったことを示している場合もある。クレドは私たちに、自分は以前に絶滅した文明を見たことがあると言った。一九九五年一〇月にドイツのデュッセルドルフで開かれた国際会議で、クレドは、その存在たちは自ら破壊の歴史を「体験」したが、「彼らはそれを生き延びた」のだと言った。カリンは爆発と、エイリアンの惑星表面の破壊をひき起こした「露天採鉱」を見せられたことがある。そこで彼らは再植生に失敗し、「全体のバランスを滅茶苦茶に」してしまった。そのため「彼らは地下に潜ることを余儀なくされました。なぜなら地表はひどいことになってしまったからです。……彼らはそこに人工的な環境を作らねばなりませんでした。大気は呼吸できないものになり、あらゆるものが退化し始めたからです。彼らの目は光の欠如のためにずっと暗くなりました。……彼らの体は以前は物理的にずっと……でした。彼らは繁殖できなくなりました【たぶん結果として生じた遺伝子的変異のために】。それで今や彼らは新しい血を入れなければならなくなったのです。言葉の真の意味で、彼らは肉（flesh）を必要としているのです」。

カリンがした体験の一つで、存在は自分のマスクと「生物機械的スーツ」を脱いで、言った。「君は彼らに理解させなければならない」。そのときその存在は彼女の目の前で崩壊するように見えた。彼はその前は「昆虫のよう」に見えたが、今や彼の顔は点のような目をもつ「ぞっとする」ものになった。「彼の顔は死人のようでした。彼は腐っているように見えたのです」。逃げないように、とその存在は強く言った。「君はこれを理解しなければならない。これが君ら種族の未来なのだ。これが君たちに起きようとしていることなのだ」。

こうした黙示録的なヴィジョンは、それが文字どおりの未来の予言だとアブダクティたちがどれほど確信しようとも、エイリアン・アブダクション現象の他の側面と同じく、物質世界の出来事というより、意識または宇宙的な情報プロセスの中で生じるある種の劇を私たちが扱っているのではないかということを示唆している。ハイブリッド・プロジェクト（次章参照）のような、あるいは浮揚して窓や壁、ドアを通り抜けるといった現象は、私たちが生物学や物理学について知っている、あるいは知っていると信じていることの延長線上で、少なくとも理論的には理解可能かもしれない。しかし、アブダクティが見る未来のヴィジョン、彼らが知覚するイメージ、そしてそれらと関係する体験は、物理的な世界についての私たちの考えを無視するのみならず、論理的にも、それら相互の内部でも矛盾しているのである。隠喩的な意味の場合は除き、地球の生命は一定のやり方でしか破壊できない。生命は疫病や地震、洪水、汚染、そして核爆発によって突然終わる可能性はある。

瞑想していたあるとき、アンドレアは地響きのような轟音（ごうおん）を聞き、白い大波が自分に向かってくるのを見た。それはその通路に当たる土地の大きな部分を破壊した。そのとき彼女にショックだったのは、その大波ではなかった。そうではなくて、起きていることに対する意識、ある意味でそれはすでに起きているという意識だったのである。それはほとんど「不適切」なほどでした、と彼女は付け加えた。「何か特定のことが起きるでしょう。地震、火山噴火、そして津波のヴィジョンは、それら個々の出来事よりもっとリアルなセルフ【全体】からの分離を示しているのです」。アンドレアにとって、これらのヴィジョンは、私たちの地球に対する共感的絆を深め、「私たちに自分を取り戻させる」ための「神または創造主、あるいは全体意識」の「たんなる大きな計画」でしかない。

私はこれらの予見的なイメージが体験者によってでっち上げられたものだとか、彼らの個人的な恐怖を反映したたんなるファンタジーにすぎないなどと言おうとしているのではない。それどころか、これらの事例で彼らが体験していることは、それが目下地球を苦しめている差し迫った状況を生きたシンボルによって正確に反映しているという意味で、全くリアルであるかもしれない。これらのイメージを、その源泉は何であれ、外的・内的両方の抗しがたい現実、世界と人間精神の両方を襲っている大災害についての情報とみなすのは、道理にかなったことのように思われる。その痛みを、カリンのように、私たち残り者の代わりに、ほとんど殉教者のようにして感じる人たちには、それがやって来るのである。この種の体験では、時間は事実上崩壊している。だから、破壊のリアリティが、現在の瞬間にすでに起きていることとして、もしも私たちが生き方を変えなければ起きることとして、感じられるのである。この点で、アブダクティの中には、古代の聖書の預言者のように、終末的な破壊の元型を体現している人がいるように思われる。違いは、現在の状況では、彼らが鋭くヴィジョンとして体験したような危険がげんに私たちの目の前にあるということだけである。

## 地球の美しさを見る

黙示録的な性質を帯びた破壊のイメージを通じて伝えられる情報だけが、アブダクティたちが地球の決定的な重要性とその生命体系が直面している危険を自覚させられる方法だというわけではない。遭遇体験の中で、彼らは息を呑むような自然の美しい光景を見せられることもある。つねにではないがときに、それに続いて破壊や死の対照的なイメージが示されることもある。

多くの体験者同様、ジムはその体験の一つで、宇宙船のモニター画面かスクリーンで、一ダース以上の一続きのイメージを見せられたと言っている。彼の見積もりでは、それはそれぞれが三秒から五秒くらい続いた。最初に現われたのは「生き生きとした色の、美しい自然の情景」だった。そこには次のようなものがあった。

古木が立ち並ぶ、山脈を背景にした森。空は晴れ、くっきりとして青かった。その風景の美しさは息を呑むほどだった。私は文字どおり崇高だと感じた。それは私をいい気分にさせた。それからその風景は薄れて消えていき、低い唸り音と共に数秒後、次のシーンが現われた。今度は魚たちでいっぱいの青い海だった。そして再び、私はこの情景に愛着する強い感情を覚えた。その情景が薄れると、次のものが現われた。それはゴージャスな淡水湖で、澄んできれいだった。次のシーンは峩々たる山を背景にした滝だった。それから次は熱帯雨林に変わる、等々。

これらのイメージはジムに「完全にうっとりした」気分を残した。同じシーンが再び順々に映し出されたが、「今度は何か違っていた。それらは醜いものになり始めた。言い換えれば、汚染されていった。それぞれのシーンが人間の破壊のやり方を示し始め」、環境に及ぼすその影響を示していた。

たとえば、美しい古木の森を示す最初のシーンは、茶色く、灰色がかったものになり、健康な緑の代わりに、死の様相を呈していた。空は澄んだ青から、不快な灰色になった。これは私をとても悲しい、憂鬱な気分にさせた。私は自分が見ているものを全く好まなかった。次のシーンでは、水面に死んで腹のふくれた魚が浮いて漂っていた。次から次へとそんなシーンの寒々としたメッセージが続き、私は悲しくなって、もはや見ていられなくなった。しかし、私には見るしか選択肢はないようだった。私は逃げることはできなかった。

ジムは必死に自分の注意を「これらのおぞましい光景」から逸らそうとした。というのも、「その真実がもたらす悲しみは私が耐えられる以上のものだった」からである。

ノーナもまた、優美な自然の美しさを示すシーンを見せられたことがある。そうした体験の一つは一九九六年に起きた。その説明は信じがたいものだったが、彼女はそれを夢で見たのではないと主張した。まず彼女は私に、自分が意識的に思い出せることについて話し、それからリラクゼーション・エクササイズでさらに詳しいことを〔思い出して〕話した。

ノーナは、もう一人の女性と一緒に、彼女がブラジルの熱帯雨林ではないかと思うところに連れて行かれたのを意識的に憶えていた。彼女は「浮いて……これらの宇宙船でこの熱帯雨林の上空に」連れて行かれたのである。そこには「私が自宅で（自分の周りに）見たことがあるこれらの光の球の集まり」があった。その場所はうまく隠されているように見え、ノーナはそれを「ＵＦＯ基地」または「とても特別な場所」だと思った。そこには「たくさん、ほんとにたくさん〔の光の球〕が集まっていた」。間もなく、彼女は自分が遠くを見渡せるプラットホームかデッキの上に立っているのに気づいた。その光景は何とも言えないほど美しいものだった。「すべてが、これらの光の球から木々の頂まで、魔法のようでした。それはこれまでの人生で私が見た中で最も美しいものでした」。

私たちはその体験を調べ直した。今度はノーナはよりリラックスした状態になっていた。彼女はそのシーンをより詳しく、より鮮明に、感情的な力を伴って思い出した。そこは暗かった。時間は夜の九時か十時頃だろうと彼女は推測した。同時に、光源が何かはわからなかったが、そこは「全く自然な光」によって照らし出されていた。ノーナは地中の「とてもとても深い」ところからやってくる「エレベーター」のようなものに乗って「押し上げられている」のを思い出した。その後、彼女は何も生えていないように見える開けた場所にいるのに気づいた。彼女自身は「ガラスのように」感じられる平らな磨かれた金属板の上にいたにもかかわらず、円錐形またはトランペット型の丸い貝殻で取り囲まれていた。その丸い貝殻は非常に薄いが強い金属のようなものでできていて、木々の間にぴったりはまるように見えた。それは彼女が見ているものを高める反射板のような機能を果たしているようだった。

ノーナは、山々で囲まれた窪地、谷、渓谷の内部にいた。木々の高さは「私の背丈ぐらい」で、いたるところに木々があった。「この窪地の端」、彼女がいるところより少し高い位置に、「宇宙船があった」。空は「ほんとに美しく」、彼女は窪地の中で安全で守られていると感じた。「ここには何かとても神聖なもの、強力なものがある」と彼女は感じた。それには特別な光とエネルギーが備わっている。森は厚く茂り、湿潤で、「いい香り」がした。そして彼女の周りには苔も厚く生えていた。ここは「人里離れた、ほとんど知られていない」場所だが、彼女には見覚えがあった。前にも連れてこられたことがあったような気がしたのである。彼女はそれを自分の家族と分かち合えるように、のちに実際に彼女はそうしたのだが、この「究極の美」を見せられたのだと感じた。

興味深いのは、四ヶ月後、ノーナがこの体験をバーナード・ペイショット（第八章参照）に話したとき、彼が、その窪地が彼の部族にとって神聖なアマゾン川流域の特定のエリアにあることを進んで認めたことである。彼とその地域のネイティブの人々は、とペイショットは私たちに語った。同じく「それらの光が木々の頂で旋回するのを見た」ことがあるのだと。彼の考えでは、それは「どんな植物も生えない」「熱帯雨林の中にある深い穴からやってきた」ものである。ペイショットはノーナの体験を、熱帯雨林を脅かしている生態学的危機についてのメッセージだと解釈した。続く数ヶ月、彼女は熱帯雨林を商業的利益目当ての略奪から守ろうとするブラジル先住民たちの戦いにより深く関与するようになった。その関与の結果として、彼女はペイショットから、呪医やジャングルに住んでいる他のネイティブのブラジル人が千六百人集まる会合に特別に招待されることになった。これを書いている時点で、その地域の洪水のために、それは二度延期されている。

〔前のセッションから〕二、三週間後、ノーナと私はこの体験と、それが彼女に与えた影響について、さらに話し合うことになった。このような「信じがたい」体験は、と彼女は言った。「私をその都度広げてくれる。……それで何もかもが変わるんです」。あなたは「生命の存在」が「全く素晴らしいもの」であることを悟る。「私たちは空を見上げて、あの青い空の向こうにはたくさんの、ほんとにたくさんの文明があるかもしれないと考えることができるのです。彼らがあなたにこれらの環境を見せるとき、あなたは花や木の葉、水に宿る生命力を実際に見ることができるのです。それはあなたが今まで見たこともないような色合いなのです。……熱帯雨林で、あなたは木の葉の内部に、木々の頂(いただき)の上に存在する生命を見ることができます。それらの木々の上、いたるところで、それぞれの〔生命の〕精霊たちがダンスを踊っているのです」。故郷ニューハンプシャーの家でも、と彼女は言った。同じように自分は生命を体験することができるようになったのですと。

## 地球の痛みを感じとる

「アブダクティは」とジュリーは言う。「地球への深い愛をもちます。彼らは本当にこの惑星を愛するのです」。しかし、彼らが地球の苦しい状態と自己同一化するとき、この愛は苦悩で満たされる。スーの「環境について何かしなければならないという強い切迫感」は、彼女が自分の遭遇体験に気づくようになった一九八五年に始まった。ある朝、朝食の後ポーチに立っていたとき、「私は突然、病気か毒に当たったみたいな圧倒的な感情を感じたのです。私はこれがヘンに思われることはわかっていますが、でもそうだったのです。私は自分が地球で、苦しんでいるように感じました」。道路のそばの植物を見たとき、アンドレアにはそれらが自分に向かって助けを求めて叫んでいるように思えた。「私は植物を感じることができる。そこで起きている破壊を感じることができるんです」。

自分の一九八〇年のアブダクション体験の詳細に触れた長いセッションの後の週に、セレステはロバータと私に多くの手紙を書いた。それは彼女の故郷のカナダの生物に加えられている攻撃についての苦悩で溢れており、ときには様々な環境問題についての記事も同封されていた。彼女は有毒廃棄物に対する環境規制を無視している企業について、核施設から出る廃棄物でオンタリオ湖の生物が殺されていることについて、グレイト・ベア湖一帯に一・五トンの廃棄物が堆積していることについて、書いていた。「私たちは自分たち人間にとって貴重な実に多くのものを失ってしまったのです」と彼女は嘆いた。彼女はとくに、未来に対する心配について書いていた。「私たちは時間を無駄にすることはできません。生命はとても大切なのです」「私たちは生命を破壊する有毒物質をまき散らされた惑星を去ることになるでしょう。それは私たちの恥ずべき遺産です。ですから、変えるために力の及ぶかぎりのことをしなければなりません。地球は生命にとても親切にしてくれたのですから[2]」。

カリンの痛みもとくに強烈なものだった。「私はこの町で起きていることについて騒ぎ回っているおしゃべり屋みたいです」と彼女は言う。「私たちがそこらを掘り起こして通りを作るたびに、ううって感じです。地球は痛がっているのです。私は土が苦しんでいるのを感じます。どうやって土が苦しんでいるのを感じるんでしょう？　どうやって植物の苦しみを感じるんでしょう？　どうやって岩が苦しむのを？　私は毎日少しずつ、自分が死んでゆくように感じます。私は植物と一緒に、すべての悲しみと一緒に、私の周りで死んでゆくこれらの人たちの痛みと一緒に、死んでゆくのです」。彼女は「宇宙飛行士」のように、遠くから「地球を見た」

ことがある。「それは宝石のような、信じられないほど美しいものでした。それは私が泣くには十分なのです」。

先住民文化の伝統について特別な知識はもっていないが、アブダクションの体験者たちは必然的にネイティブ・アメリカンの霊性や地球意識に魅かれるようになるようだ。「私はインディアンには何の関心もありませんでした」とカリンは言った。しかし、私たちのセッションの一つで、彼女は「地球とのつながりから切り離されてしまった、本当に年寄りのインディアンたち」のイメージについて語った。「彼らは明らかに深いつながりをもっていたのです。でも今は、彼らの非常に多くが地球の振動とじかにつながったこの絆を失ってしまいました。それが彼らの民族に大きな傷を与えているのです」。スーは私たちに、「ネイティブ・アメリカンの霊性とUFO現象の間には驚くような並行関係があります」と言った。彼女は一人の呪医と一緒に崖の上で死んだ初期のアブダクション体験【これは文字どおりの意味ではなく、その体験の中で見たシンボリックなヴィジョンを指すのだろう】について語った。「私が思うに」と彼女は結論づけた。「私がUFO現象を理解するためには、ネイティブ・アメリカンの霊性に辿り着かねばならなかったのです」（第七章参照）。

## カルロス・ディアス「この生命の光」

生命と自然に対する最も劇的な自己同一化の例はカルロス・ディアスによって私に示された。それは一九九七年二月に数日間、彼とその家族と過ごしたときのことだった。

地球生態学の教師としてのカルロスのリーダーシップは、一九八一年、メキシコ・シティ近くのアジャスコ・パークで彼が最初の劇的なUFOの写真を撮った二ヶ月半後に起きたある遭遇体験と共に始まった。もっと写真がほしいと思って、彼は同じ場所に戻ったが、そこで彼は霧と雨越しに、森の真ん中に黄色の発光体を見たのだった。彼は丘をよじ登り、頂に光がそこから出ている輪のようなものをもつ、輝くドーム型の物体から四十〜五十フィート以内と思われるところまで来た。「突然、私は何者かに肩をつかまれたように感じました。そして気を失ったのです」（ディアス 1995）。何時間かして目を覚ましたとき、辺りは暗くなっており、物体は消えていた。彼は丘を下りて車まで戻って中に座り、混乱を鎮めて何が起きたのかを理解しようとした。エンジンをかけ、ヘッドライトをつけたとき、彼は正面に赤い小型車を見た。そして一人の若者が彼に近づいてきた。その男の年齢はカルロスと同じくらい（当時二十三歳）だった。しかし、背はもっと高く、がっしりした体格で、明るい髪をしていた。男は言った。もし君が丘の上で見た物についてもっと知りたいのなら、明日の昼頃、ハイウェイのアジャスコの分岐点のところまで来るといいと。

カルロスは指定された場所まで実際に行った。そこで彼はあの男が芝生の上に座り、二十人の学童たち相手に話をしているのを見た。そばにバスが一台停まっていた。子供たちは、植物の動物に対する関係、自然の中のすべてがどのように関係し合っているか、どのようにして動物や植物は自然の中に居場所を見つけているかといった男の話に夢中で聞き入っていた。男はカルロスに、あのとき肩をつかんだのは、そして前夜彼に話しかけたのは自分だと言った。そしてカルロスが丘の上で見た宇宙船から来た者だと言った。彼はまたカルロスに、君はこの出来事の記憶を必要に応じて徐々に取り戻すだろう、そうでない場合、遭遇を思い出すのはショックが大きすぎるからだ、と言った。

翌週から、その出来事の詳細な記憶が蘇り始めた。彼はその宇宙船が「私の頭の上に浮かんでいる」のを見た。「それは無数の光の点でできていました。私はその物体に触れようとしましたが、私の手はその黄色の光を突き抜けてしまいました」。まるで自分がその宇宙船と合体してしまったみたいで、それは彼に深い安らぎをもたらし、「誰かを深く愛して」いるときのようだった。カルロスは今やその宇宙船が鍾乳石や石筍が並ぶ洞窟内部のプラットホームの上に立っているのに気づいた。その洞窟の多くにはマヤの彫刻のようなものや、他の素晴らしい芸術作品が彫り込まれていた。

その男はカルロスを連れて別のもっと小さな洞窟に行った。「そこにはイリュミネーションのような奇妙なものがありました」と彼は思い出しながら話した。「それはいたるところにあったのです。しかし、私はその電源を見つけられませんでした」。それは岩それ自体から出ているように思われた。洞窟の中で、彼は「七つの光る球体を見つけて強い印象を受け」た。男はその球体の一つに入ってみるよう彼を促した。それは、それ自体が宇宙船のようで、黄色い光からできていた。最初、カルロスには光以外何も見えなかったが、そのとき、彼は自分があるイメージによって取り囲まれているのに気づいた。「まるで私は目だけの存在になったようでした。私は森の中にいて、全体を見渡せました。新鮮な大気を感じ、鳥のさえずりが聞こえました。それはそこにいるみたいだったんです。私は本当に驚きました。私は何にも触れることができず、自分の体を見ることもできませんでした」（ディアス 1995）。

カルロスがその球体の中にどれくらい長くいたのかはわからない。そこから彼は「一瞬で」連れ出された。男は彼に、情報を受け取るために君はそこに連れて行かれたのだと言った。そしてそれから、彼はカルロスを宇宙船に戻した。カルロスは自分の地球の「エコロジー」への情熱的な関心を、これや他の類似の遭遇体験と結びつけている。一九九五年一〇月のデュッセルドルフでの国際会議で、彼はこう言った。「私が球体の中で見たことすべてが、最小の粒子から最大のものまで、相互に関係しているという気づきを私にもたらしたのです」。それぞれのものが「固有の義務」をもっているのだと。

カルロスの「私たちがその一部である素晴らしい全体」「生きていられる素晴らしいチャンス」「美しい生きた地球を楽しむ」といった強い感覚は、これと、それに続く体験から生まれた。

彼はその明るい髪の男は人間ではないことを知ったと言う。そしてのちの遭遇で、宇宙船の内部や、それに関連する場所で彼のような別の存在にも会った。その体験以降の年月で、カルロスは自分の体験を自分の家族や、地元のコミュニティと、そして国内外のミーティングでも分かち合おうとした——「できるだけ多くの意識を開いて、私たち皆が生命を守れるようになるために」。

カルロスのケースでは、宇宙船は、それを通じて彼が自然を見ることができる目と、彼を森林や砂漠、ジャングルや海岸線、北極圏といった異なる地域または生態系に彼を輸送する手段の、両方の働きをしたように思われる。宇宙船の中にいるとき、彼は外のことを知りたいという欲望をもったことがあった。すると「突然、船全体が私の視界となった」。それはまるで宇宙船が「私自身の目」となったかのようで、「上下、左右、後ろ——何でも」見えるようになった。「その視界のおかげで」と彼は言った。ジャングルも、明るく照らされた下方も、それぞれの生きものを囲み、その内部から発する光も、見ることができる。

カルロスの生きものとつながる体験は非常に強烈なので、彼は文字どおり自分が描写しているその物になっているかのように思われる。彼はたとえば、夜の昆虫とはどのようなものかを自分は実際に感じることができると信じている。「私が蟻になったときには」と彼は言う。他の蟻たちの後をついて行くことができ、卵を高い場所に運ぶ作業を一緒にやっているようなのだと。異なった蟻には異なった役割がある。それはたとえば、ガイド役と監督役のようなものである。蟻は、歩いているときに「彼らから来る」ある液体が出す特定の臭気や一種の光の後を追う。カルロスの蟻である意識はたいそう強いので、ジャイナ教徒のように、彼らが家の中にいると、「私は彼らを外に連れ出して、殺しません」と言うほどである。「彼らは雨からの避難所を探して家の中に入ってくるのです。かわいそうなこの生きものたちは一夜の宿を見つけなければならないのです」。

時々、とカルロスは私たちに語った。光のビームによって地球に下ろされたり、別のときには宇宙船全体が下に降りることもあると。浜辺に連れて行かれたときのことを彼は話した。カジュアルな服装の「私たち八人」の男女が「宇宙船と共に降りた」。宇宙船が着陸する前、彼は自分の周りを見ることができ、「湿度や温度、地球の鼓動、その光を感じることさえ」できた。ピンク色に発光しているように見える、その浜辺の特定のエリアで起きていることに彼は注意を向けた。「宇宙船全体がズーム・イン」したとき、カルロスは砂の上で産卵しているカメたちを見ることができた。海自体が輝いていました、と彼は言った。それは絶え間なく変化している「異なった色の無数のダイヤモンドのよう」で、「壮大な光のショー」だった。

それぞれの生きものが、とカルロスは言った。植物、木々、そして小さな動物に至るまで、すべてがそれ自身の特徴的な「光の雲」、「それ自身のオーラ」のようなもので囲まれていた。そこには「脈動している無数の光の点」があった。昆虫が植物の上に乗って、それを食べ始めるとき、「その植物の光は変化し、その昆虫の光もまた変化するのです」。たとえば、初めはブルーだった昆虫が、「以前はもっていなかった紫や緑色」を示すようになる。すると植物の色も変化する。「私たちは歩き続け」、そして「砂が動いた途端、私は小さな蟹がどんなふうにして出てくるのかを見ました。その砂自身が光をもっていて、砂から出てきた蟹たちも、小さなランタンのような、固有の光をもっているのです[3]」。

カルロスは、このような体験で自分が見た光を、「生命の光」と呼ぶ。「多くの人にそれが見えるわけではありません」と彼は言う。「でも、たいていの人はそれを感じることができるのです」。彼は月が動いた距離から、他の人たちと一緒に浜辺を歩いてから宇宙船に戻るまでに、二時間が経過したと見積もった。この種の生態学的なレッスンを受けた後、宇宙船で自宅の向かいにあるフットボール場まで戻され、光のビームによってすばやく地上に「下ろされた」のだと、彼は語っている。

## 生命の網の目

遭遇体験の影響の一つは、アブダクティに生物の相互依存、自然のデリケートなバランスについての意識をもたらすことである。私の前の本、『アブダクション』を読んだことのある人たちは、キャサリンのケースを思い出すかもしれない。彼女はスクリーンで、美しく多様な自然の風景を見せられた。「理解」したかと存在たちにきかれたとき、彼女は「あらゆるものがつながっていて、どれもが他なしでは存在できない」ことを悟った。イザベルは言う。「私にとって母なる地球は一個の生きた有機体のようなものです。それは生きた有機体で、太陽系の中の宝石である、または宝石であったのです。人類はバランスから外れています。……創造ではなく破壊に向かう種をもつところでは、それは他のすべてのものに影響を及ぼします。彼ら【その存在たち】はバランスをもたらさなければならないのです」。

私が研究した体験者の中で、自然の相互連関の網の目について最も豊かな理解をもつようになったのは、やはりカルロス・ディアスである。存在たちはほとんどしゃべらなかったと彼は言うが、彼らが何か言う場合、それは「すべての異なった種類の生物がどのように相互作用し合っているかを私に教えてくれる」ものだった。カルロスは「全生物圏で働く意識」を見たことがある。「そこでは惑星上の最小のものから最大のものまでが相互作用し、惑星と自分自身を生かし続けるための共同作業を行なっている」。彼はどのようにしてそれぞれの個体が集団と交流し、それがより大きな集団と交流して、最後には全体に至るかを見せられたことがある。生態系が複雑であると同時にシンプルなものである、その精妙なありようを、彼は教えられた。生態系が他の生態系と結びついているのを見たとき、彼は「地球は生きている」ことを理解した。自然の中のこの協力はこれまでずっと続いてきた、と彼は言う。「不幸なことに」地球上の支配的な勢力【人類】が「生命の自然な流れ」に逆行している。宇宙で創られたそれぞれの生きものは、「保存するに値するもの」だと彼は言っている。

宇宙船の居住者たちとのコンタクトは、それ自体、生命の内的つながりについてのカルロスの理解に貢献してきた。「私はETに会いました」と彼は言う。そしてその体験が「宇宙に生命は可能であるという確信」を彼に与え、また、「生命のそうした現われの一つ【エイリアン】が地球の私たちを訪れていて、私たちを尊重している」と確信させた。カルロスの妻のマルガリッタは、彼の周りの人たちが自然の美しさや彼が強く意識している生命に対する脅威に敏感ではないと感じられるとき、彼がどれほど苦痛と孤独を感じるか、理解している。カルロスは重要な「哲学」教師ではありませんが、と彼女は言う。とてもたくさんの知識が彼からもたらされるのだと。彼は他の人たちに私たちは「溺れている」のかも知れないということがわかるようになってもらいたいと思っている。しかし、これを伝えることは彼には難しい。「誰も彼が感じていることを感じない」ので、彼は「とても孤独で無力だと感じている」のだと、マルガリッタは言う。

## 目覚めと学び

地球生態系の危機的な状況についての情報を大量に与えられるので、アブダクティは大きな苦痛を経験するのみならず、地球の保護でより積極的な役割を果たすよう駆り立てられる。彼らは変化の必要性を認め、このプロセスに自ら責任を負っていると認識する。「私に起きたのは」

とアンドレアは言う。「振り払うことのできない悲しみです。私は自分たちが地球に与えているダメージに気づいていませんでした」。彼女はリサイクルについて語り、こう言う。「私たちはこれら車すべてを買うのをやめるべきです。……私の一部が、あの消費主義の一部が脱落しています」。地面に座っていたある日、彼女は「草に耳を向け、〔草の声を〕聴きました」。地球はこう言っているように思われた。「すべてのことがすっかりわかるようになるだろう」と。しかし、彼女は「これらのことについて話さねばならない」のである。「私たちは地球を救うのに助けを必要としている」というのが、彼女が受け取ったメッセージだった。

ジム・スパークスは、クレド・ムトワと同じく、エイリアンたちをこの惑星に対する自分の投資を守ろうとする者とみなしている。にもかかわらず、彼は私たちが変わる必要性を見ている。「こう言うと小学生じみて聞こえるかもしれませんが、今の地球の状況は皆の協力を必要とするほど深刻なものです。リーダーたち、彼らはしくじったのです」と彼は言う。「だから今度彼らがやらねばならないことは、地球上の平均的な人間にこの種の情報に接触させることです。それは私です。私はあなたにお願いしているのですよ、ドクター・マック」。クレドは私に熱心に勧めた。「あなたの神聖な国の名において、アメリカ人に、これ【宇宙人やUFOが実在するかどうかといったこと】について議論することをやめるよう頼んでください。〔そんな無益な議論に時間を費やすのではなく〕マンティンダーネが私たちに与えてきた知識を受け取るようにと、彼は促した。そしてそれを「本当に問題になっている人々、海を汚染している連中」

に手渡すのだと。「地球外知性体の存在を、懐疑家たちのおもちゃにすべきではない。このことは人類にとって死活問題なのです」。

体験者の中には、地球の生物の破壊を止めるのに必要な急進的な行動をとるためには、まず彼らまたは私たちが十分な知識を身につけることが必要である、と言う人たちもいる。カルロスが言うように、もしも「もっと多くの人が地球の生命保護のために協力して働くなら」、その人はそんなに孤独だとは感じなくてすむだろう。彼は子供の頃からテレビでその番組を見てきたジャック・クストー【著名なフランスの海洋学者。一九九七年没】の言葉を引用する。「人は自分が愛するものを保護する」と。「しかし、愛するためには」とカルロスは続ける。「あなたはまず知らなければならないのです。あなたはもっと多くの情報を得なければなりません」。カリンは「この情報をもっている私たちには何らかの責任があります」と言う。というのも、「あまりにも多くの人々が目に膜がかかっている【そのため物が見えなくなっている】」からだと。

スーは自分の体験に刺激を受けて、関連する問題について自分で勉強するようになった。彼女は物理学（「私は数学が苦手でした。そんな私が物理学を勉強するなんてほんとに驚きです」）、生態学、哲学、宗教学を勉強した。そして植物や、環境とガーデニングに関係するものなら何でも読むようになった。「私には世界がどうなっているのかについて広い知識が必要だったんです。私は異なった宗教では人をどう捉えているのか、知る必要がありました。空腹がどういうものであるか、環境汚染が何を意味するか、理解する必要があったのです。そうした知識がなければ、私は効果的に活動できないのです」。

多くのアブダクティが、自分にもたらされたすべての情報の結果として経験しつつある変化のプロセスを言い表わすのに「目覚め（awakening）」という言葉を使う。「目覚めは今起きなければなりません」とカリンは言う。「時間がもうあまり残されていないからです」。カルロスによれば、彼の環境教育は「学びマスターするカリキュラム」というよりも、むしろ意識の進化の側面が強かった。ノーナは自分の体験のそれぞれが自分を「伸ばす」か「拡張する」かしてくれたと言う。ニューハンプシャーの自分の私有地にある小川を見るとき、「それはもはや岩場を流れるたんなる水ではなく、流体となったエネルギー」なのだと彼女は言う。「私はあらゆることを違ったふうに知覚し、扱うようになったのです」。ブラジルの熱帯雨林の聖なる場所に連れて行かれる体験をした後、ノーナは、自分がそこで得た感情を家に持ち帰り、子供たちに分かち与えたいととくに強く感じた。

地球に対する脅威についての彼らの知識から育ってきたように思われる意識の拡大は、スピリチュアルな誕生または再生の性質を帯びている。カリンは情報を「ダウンロード」すればするほど、自分が卵の殻を「割って」外に出ようとしている〔ヒナの〕ように感じる。「それは生まれようとしているときのようです」。ノーナの高められた意識は、彼女にエネルギーをもたらしているが、それは「私たちが知覚できる物理的・物質的環境の外にあり、それを超えるもの」である。「それはスピリットの精髄なのです」と彼女は言う。

イザベルも、地球の「汚染の中和」には「物質的なものから霊的なものへの全面的変移」、「より高度な意識」への一種の地球的運動が必要だと感じている。しかし彼女は、非常に多くのネガティブで破壊的なエネルギーを出している何百万人もの人々の死（「除去」）が「バランスの回復」には必要かも知れないと見ている。「彼ら（エイリアンたち）はこれまで、より精妙なやり方でそれ【地球生命の保護】を試みてきたのです。しかし、私たちはそれを受け取っていません」。一つの種として、と彼女は結論づける。「私たちは自分が与えられた責任を引き受けることができるのだということを、他の皆【地球の他の生命及び地球外知性体】に証明しなければならないのです」。

アブダクティたちは、自分自身の内部に潜伏していた何かを解放する「引き金」として自己の体験を語るかもしれない。それは意識に変化をもたらし、地球に関する責任感を高める。しかし、しばらくの間、彼らは絶望感でいっぱいになるかも知れない。とくに地球の生命に対する破壊と自己同一化しているという意識が働くとき、なおさらそれは強烈なものとなる。カルロスの十二歳の息子カリトスは、私たちにこう言った。「父はいつもぼくらが地球のことを気にかけないなら、ぼくらはみんな死ぬことになるだろうと言います」。カルロス自身は、私たちは必要な情報をすべてもっていると言う。「しかし、人は私たちが生きていられる素晴らしいチャンスを与えられているということは自覚していないのです。私たちはそれを生命を保護することには使わないのです」。

## 行動を起こす

体験者たちは自分の拡大する知識と個人的な変容によって、何らかの行動をとるよう迫られているると感じるかもしれない。しかし、彼らはその課題の重大さに怯んでしまう。何ができるのか、と彼らは自問する。自分が受け取った情報はすべて「本当に重要」であると、ノーナは言う。しかし「あなたはそれでどうするのでしょう？　どうやって私は世界に、私たちは自分自身を殺しているのだと言えばいいのでしょう？」。カリンは「誰も私の話を聞こうとしないんです」と抗議する。

けれども、たしかに全員ではないが、アブダクティの中には直接、熱心に地球環境保護の活動に参加する人たちがいる。これは彼らの切迫感と、自分の恐怖や悩ましい感情に直接向き合った結果である。「私は何かしなければなりません」とスーは言った。「私はそれについて非常に深いレベルで知りました。……私には選択肢がありました。でも、〔実際のところ、そうする他に〕選択の余地はなかったのです」。彼女が結果として環境教育に強くコミットし、活動家になったのは、地球との自己同一化のためであった。

アブダクティの環境保護活動は多岐にわたる。伴侶や子供たちに地球について自分が得た新しい知識や関心について語ることから、スーやカルロスのように、地域や国、さらには国際的なレベルの教師になるなど、色々である。環境運動や関連組織で働くことを選択する人たちもいる。稀にはジム・スパークスのように、政治的な活動に直接関与する場合もある。自分をミッションを与えられた人間と考えるようになることも珍しくない。「私は選ばれた人間ではありません」とカルロスは言う。「私はメッセンジャーなのです」。

宇宙船の中のある「会議」で、存在たちはジム・スパークスに、自分たちは地球の指導者たちと、「われわれのアドバイスとテクノロジーを使って、君たちの惑星の環境条件を好転させるための手立てを講じる」という合意を結んだことがあるが、それは反古にされてしまったと語った。だから彼らは〔方針を変えて〕彼のような「平均的な」人間との接触にエネルギーを集中することになったのだと。

君たちの大気、水は汚染されている。君たちの森、ジャングル、木々や植物は死にかけている。君たちの食物連鎖にはいくつもの亀裂が生じている。君たちは大量の核兵器と生物兵器をもっている。それが核による汚染と生物学的な汚染を生み出した。君たちの惑星は人口過剰である。警告はこうだ。事態は、君たち人民が行動しなければもうほとんど手遅れというところまで来ている。君たちの惑星にいかなるダメージも与えることなくエネルギーや食糧を得るよりよい方法がある。権力をもつ人々はこれに気づいていて、この方法を世界的に使われるようにする能力をもっている。【訳註】

スパークスがその「会議」で存在たちに、なぜこれらの方法が使われないのかたずねると、彼らはこう答えたという。「権力者たち」はそういう手段を「軍事的、安全保障的脅威」とみなしているのだと。自然に対する彼らの犯罪への恩赦が与えられさえすれば、と存在たちは彼に言った。「これらのリーダーたちは真理と共に進む」ようになるだろう、だから「君たちは協力して生き延びられるように、これを行なうことが必要」なのだと。スパークスはまさにこれを行なっている。それには彼がイニシアティブをとっている、エイリアン・アブダクション現象に関連する政府情報の開示を選択する官僚たちの訴追を免除する恩赦法案（それを彼は「国家安全保障恩赦法案」と呼んでいる）も含まれる。さらに、スパークスは自分が苦労して稼いだお金の多くを地球保全運動に注ぎ込み、環境問題関連の教育ビデオを作製し、地球の保護と保全のプロジェクトで、様々な基金や環境団体と協働している。自分のエイリアン〔から受けた〕教育を記録する本を出版したいというスパークスの願いは、大部分、彼が地球の生態系の危機について教えられたこと〔を伝えたいという思い〕から来ている。

カルロスはとくに、自然の中のすべての生き物がポジティブな相互関係をもっていることについて子供たちに教えることに献身している。たとえば、彼はこんな具合に話をする。「ここにサソリがいます」。しかし、子供たちにそれを殺さないようにと言う。「これについて考えてみなさい。これらの生きものは私たち以前に、何百万年もいたのです。もし誰かがそのテリトリーを侵しているとすれば、それは私たちなのです。彼らが私を殺せることは、私にはわかっています。だから、私たちはそれを地面におろして、彼らを行かせるのです」。これらの教えはカルロスの子供たちには強い影響力をもつ。たとえば、カリトスは、ディスカバリー・チャンネルの野生生物番組に魅了され、自然界についてのタイム・ライフ社の本を読み、昆虫を傷つけることなしにつかまえる素晴らしい腕前を身につけた。私が彼に、どうやって自然に対する敬愛心を身につけたのかとたずねたとき、彼はこう答えた。「父がそれをぼくに教えてくれたんです」と。

カルロスが地球について人々に情報を伝えることができるとき、それはたんに言葉で言うのではなくて、彼らがそれを感じるのを手助けすることを通じてである。彼はそのプロセスを水泳にたとえる。「あなたは五年間、泳ぎ方について、水のかき方その他について話すことはできます。でも、相手の人は自分で実際にそれをやってみるまで、それを理解することはないでしょう」。孤独感と、彼が遭遇するメッセージへの〔人々の〕抵抗にもかかわらず、カルロスは「自分の体験を伝える素晴らしいチャンス」を与えられていると感じ続けている。自分の体

【訳註】訳者あとがきでも触れた『非認可』というドキュメンタリーに、この「エネルギーを得る方法」についての説明が出てくるので、興味のある読者はそちらもご覧いただきたい。

験を他の人に伝えることができたとき、それは「私を生き生きさせてくれる」のである。

デュッセルドルフの会議で、カルロスは出席者たちを前に、宇宙の他の場所における「生命の現われの一つ【=エイリアン】」は、「私たちと平和に共存し、私たちの人間としての高潔さを尊重」しているという、自分の確信について書いた声明を出した。体験のおかげで、と彼は言った。「私たちが暮らしている惑星の驚異に、最小のものから最も複雑なものまで、それぞれのものとの人間の協力と相互作用に基づいている世界、それが私たち自身のホームである地球なのだ」ということに気づくようになったのだと。「不幸なことに、私たち人類は自分の惑星の完全性を危険にさらしているのです。私たちは絶滅に向かって進んでいます」(ディアス 1995)。にもかかわらず、彼は一年半後に私たちにこう語った。「私たちは地球を救うことができる。私たちは地球を救うことができるのです」。

文化的な相違はあり、ノーナのそれはカルロスの遭遇に出てくる宇宙船と存在たちとはかなり異なっているように思われるが、彼女が遭遇体験から持ち帰った知識へのコミットメントは、彼のものとよく似ている。存在たちから受け取った「贈り物」がどんなものであれ、彼女はそれを、とくに「地球の子供たちをケアする」ために、他の人たちに手渡さなければならないと感じている。とりわけ彼女は自分のヴィジョンの魔法を夫や母親、兄弟姉妹や親戚、自分のコミュニティの友達と分かち合うことにした。

ノーナの子供たちの水や空気に対する感情的な受け止め方の質は、彼女が私たちを取り囲むエネルギーについての「よりよい感覚を彼らに与えることができる」に従って向上しているように見える。末っ子のナンシーは、母親が彼女もまた連れて行かれたと信じている地下の場所について、母親に話している。壁はなめらかな石で出来ていて、床には渦巻状のパターンがある、などである。この場所へは、そこに流れ込む水に乗って入ることができる。「その水はキラキラ輝いていて、ダイヤモンドみたいだったのよ、ママ」とナンシーは言った。ノーナはその感覚を自分自身の国に伝えようとしている。「それはここで起こるの」と彼女はナンシーに言う。ブラウニー団【ガールスカウトの幼少会員】のリーダーとして彼女は、自然界の潜在的な美しさに対して、自分が率いる一団の喜びをうまく引きだすことができる。彼女自身がより深い観察者になったので、ノーナは他者も彼ら自身の体験の観察ができるようにする能力を得たのである。

彼女の生態学的なコミットメントは、ノーナの九歳の娘、エリザベスにも影響を及ぼしている。一九五〇年代に、市民は二千エーカーの州の保留地にビーバーのダムをつけることによって、四エーカーの池を作っていた。それは人気のあるリクレーション・エリアになり、ヘラジカやヤマネコなど、他の動物をそのエリアに引き寄せていた。しかし、そのダムはこわれかけ、池の魚たちが死にかけていた。そして、そのダムは安全ではないと言うエンジニアたちの勧告に従って、州の魚と野生生物部局は、それを修理するのに資金を出す代わりに、その池を水を抜いて干上がらせる計画を立てていた。この計画を聞いたとき、エリザベスはたいそう驚き、怒った。そして鹿やキツネ、アライグマに囲まれたその池の絵の下に、「親愛なるミスター・ニューハンプシャー・パーソン様」として、次のような手紙を書いた。「どうかアルバート池の水を抜かないでください。多くの動物たちがそこで暮らしています。動物たちは池の水を飲みます。フクロウ、キツネ、鹿、コヨーテ、サギ、熊、ヘラジカ、そしてアライグマがいます。私は池の近くの大きなライトブルーの家に住んでいます」。

エリザベスはその手紙を父親に渡し、町の人たちがアルバート池の計画について、魚と野生生物部局の部長、アンソニー・ニグロと話し合う機会をもつミーティングに持っていってほしいと頼んだ。ニグロは思慮深い、優しい人であったが、ミーティングでその手紙を読んだ。そして、この子供の手紙が彼に池を救うことを考慮させたと言い、この可能性【池を残すという】を調べてみると約束した。地方紙の記事が、この出来事を取り上げて、こう締めくくった。「私たちはニグロ氏がエリザベスの手紙を彼の机の上に貼って、何度もそれを見て、彼がそれを技術的測量と州の歳入の有効活用に値する重要な問題と考えてくれることを希望する」と。

翌月のフォローアップ・ミーティングでは、ダムを修理する様々な可能性のあるプランが検討された。このミーティングの後、主要な地方紙が「ポーツマスの少女、州をひざまずかせる」という見出しをつけて、楽しげに微笑むアンソニー・ニグロがエリザベスの右手をとって左膝をついている写真を掲載した。そのキャプションにはこうあった。「ニューハンプシャー州の魚と野生生物部局のオペレーション・ディレクター、アンソニー・ニグロは、将来ポーツマスの小学三年生、エリザベス・スカイラーが、アルバート池の未来について自分と意見が一致するのを望んでいる」と。その記事はこう締めくくっている。「とくに感動的なのは、ニグロ氏が小学三年生のエリザベス・スカイラーの関心に応えたその対応の仕方で、彼はその問題に彼女が関心を寄せてくれたことに対して、個人的な手紙を書いて謝意を表したのである」。一九九八年一一月、州は池を守る最終提案に対して、予算を計上した。

ノーナや彼女の子供たちと同様、スーの環境問題に対する切迫した思いは、彼女のアブダクション体験と並行している。それは誰かが彼女にこう言い続けているかのようである。「私は何かしなければならない」。彼女の活動範囲の広さは、その場合、自分の遭遇体験との関係についてに口にすることはめったにないが、驚くべきものである。彼女は自分が住む町の三つの小学校の十のクラスで、環境への自覚を高めるプログラムを立ち上げた。それは大きな木材会社から寄付された三百本の木を植えることや、生態学的な持続可能性についての森林レンジャーによる講座などを含んでいる。一九九一年に、スーは青年環境正常化グループの地域の幹事になった。そして彼女とその夫は、自然と生態学、環境問題に関する教師用の資料図書を彼らの地域の図書館に寄付した。彼女はまた、町の環境保全基金でも働き、生徒たちを自然遊歩に引率している。

さらに、スーは熱心な庭師、造園家になった。彼女は地域のアース・ガードナーズ・クラブの会長になり、町のセンターの庭園を作った。「内なる促し」のために、彼女はおなかをすかせた人たちに食を提供しなければならないと感じて、フード・パントリー【貧窮者のために食料を貯蔵し配給する所】でも働き、二番目のパントリーを開き、近隣の大きな町に三号店をボランティアで作った。「この後、私は自分がする必要のあることが他にもまだあるとわかっています」。彼女は自分の地域の様々な小学校や高校で、そしていくつかのラジオ番組で話をし、グリーンピースとも連携している。スーの十三歳の息子は、彼女は彼もUFO関連の体験をしていると思っているが、やはり環境問題に大きな関心を寄せている。

デュッセルドルフで、カルロスは、多くの人が「UFOと生態学に何の関係があるんですか?」と質問すると語った。本章で私は、遭遇体験とそれに対する体験者の反応を調べてゆくうちに出会った、体験者たちから得られた豊かな情報を提供することによって、この疑問に答えようとした。アブダクション研究者の中には、アブダクティが地球の破壊に関して受け取るイメージは、彼らの意識を変え、行動を迫るために与えられるのではなく、彼らの反応を調べるため、または存在たちの真の、より邪悪な目的に関して彼らを欺くためのものだと主張する向きもある。私はこういう考え方は、エイリアンたちのアジェンダ【日程表・予定】ではなく、むしろ私たち人間精神の働き方をより多く反映しているのではないかと思っている。というのも、結局のところ、地球の生態学的な状況についての最も科学的な情報によって記録されているのと同じほど正確に私たちの現実を反映しているもの【=エイリアンたちからの情報】を、テストとして見るのは、いくらか無理がありすぎるように思われるからである。

また、仮にエイリアンたちが地球の運命をそれほど心配しているのなら、なぜ彼らはもっと直接的にその問題に対する援助を行なわないのか、と論じる向きもある。思うに、その答は、責任の問題、そして人間の成長と関係している。エイリアン・アブダクション現象は、実のところ、人類の生き方に変化をもたらすことを目的とした一種の介入、ときに過酷なそれと解釈できるかもしれない。いずれにせよ、地球の運命に対する責任を私たちが自覚するには、心理的・霊的な成長、または意識の拡大が不可欠な要件になると言えるだろう。

おそらく、これが聖なる源泉（Source）が取る方法なのだろう。エイリアンという使節団を通じて、私たちは地球に配慮する責任を全うするよう、強制されるのではなく、誘われ、促されているのである。アブダクション遭遇は、それが究極的には何であれ、すべての体験者ではなくとも多くの体験者の地球に対する意識に深い影響を及ぼす。この驚くべき現象の他のいかなる側面にもまして、人間の意識の覚醒と拡大の結果として生じる変化は重要である。その気づきがどれほど苦痛を伴うものであっても、体験者たちは自分が大きな全体、生命の広大な網の目につながっていること、その保護に皆が一緒になって責任を負うべきことを深く自覚するようになる。もしも私たちがこの責任を取り損ねるなら、カルロスが言うように、それは私たちが現在の方向を取り続ける結果がどのようなものになるか知ろうとせず、悟らなかったためだろう。

一九八〇年代に、バッド・ホプキンズは、UFOアブダクション現象の中心に、人間とエイリアンが共同してハイブリッドをつくり出す何らかのプロジェクトが存在するということを発見した（ホプキンズ 1987）。次章で見るように、私はこのハイブリッド「プロジェクト」を、人類が地球にもたらした増大する生態学的危機との関連で眺めることがますます多くなっている。次はこの「プロジェクト」とその解釈について考えてみたい。

彼は「人類の未来」について、そして「生殖可能な、人間が知るような愛と幸福を知る、そして私たちが知らない魂と意識を知る、地球に住み、それの世話をし、そこを美しい場所にするであろう」新しい種族について語った（p.249） イラスト by カリン

# 第六章　ハイブリッド・プロジェクト

どんな種族が絶滅しかけ、繁殖できなくなっているのであれ、私は自分が次の種のスターティング・アップの一部にされるのはかまわないのです。

ノーナ

（この）知性体は言っています。「そう、われわれはより深い、暗喩的な意味での〈受胎〉を意図している。君たちにそれはできない。だからわれわれが、君たちにはできないようなかたちでこれをやろうとしているのだ」。

エヴァ

## 生態学的な〔危機の〕文脈でのハイブリッド「プロジェクト」

研究者の中には、バッド・ホプキンズのパイオニア的な本、『イントゥルーダー』の出版以来、人間とエイリアンのハイブリッドの子孫を創り出すのが、アブダクション現象の中心的な目的ではないとしても、重要な目的または意味だと考えるようになった人たちがいる（ホプキンズ 1987；ジェイコブズ 1991, 1998）。私はそのハイブリッド・プロジェクトなるものをこれらの研究者たちと同程度に文字どおり生物学的なものだとは思わないが、何らかの種類の人間とエイリアンの性的・生殖的関係と結びつく体験は、すべてとは言わないが、私が研究してきた多くの事例では現象の重要な一部をなしている。私はだんだんとハイブリッド・プロジェクトを前章で述べたような生態学的な危機の文脈で捉えるようになった。

ハイブリッド・プロジェクトは、存在たちが自分自身の惑星を居住不可能にしてしまい、自らの繁殖能力も破壊してしまったという事実から出てきたものだと報告するアブダクティもいる。今や、エイリアンたちは私たちと掛け合わせることによって自分の系株（ストック）を補充しようとしているのだと。たとえば、ジム・スパークスはこう言っている。エイリアンたちは人間を「自分たちの長期的生存のために」必要としている。それで「貿易と商売のための労働要員をつくり出す」のだと。彼は「エイリアンたちが、その驚異的なテクノロジーにもかかわらず、培養に人間の母親を必要とする」ことを知って驚いたのであった。さらに、人間に自分が今地球と自分自身に対して行なっていることと向き合わせるために、エイリアンたちは彼ら自身の過去の生態学的、生物学的破壊の映像を利用しているのだと言う体験者もいる。

また、アブダクティの中には、ハイブリッド現象は私たちが自分と地球に対して与えているダメージとより直接的に関係していると報告する人もいる。「私の夫は医師です」とスーは言っている。彼女の夫は「驚くべきスピードで男女が生殖能力を失いつつある」のを見ている。彼女はこれを土壌の毒物汚染と結びつけている。「私たちがそれを除去するには何世紀もかかるのです。……それを取り除く何らかの技術を発明するのでないかぎりは」。スーはまた、存在たちによって行なわれている土壌サンプルの採取と検査（ホプキンズ 1996）、動物の一部に対するそれ（ハウ 1993）は、生命を支える地球の力の劣化と関係しているとみなしている。キャサリンは、ハイブリッドは「人間が地球を破壊してしまった場合、代わりになるものが残るよう」に、それを目的としてつくられているのだと信じている（『アブダクション』第七章）。たぶん彼女は、人間と掛け合わせることによって「エイリアンたちは、より物質的だが他の領域でも存在できる、一つの生命形態を作ろうとしている」と言いたいのだろう。

カリンやジム・スパークスのような体験者たちは、ハイブリッド「プログラム」（スパークスの言葉）は〔エイリアンと人間〕両方の種のニーズに関係するものではないかと思っている。

ジムは「ひょっとしたら私の一部だったかもしれない」「小さなハイブリッドの少女」を見せられたことがある。「私たちが深刻な危険にさらされた環境を修復しそこなった場合」、その「ハイブリッドたちが地球に再植民するために使われるのだろう」と彼は信じている。その見方によれば、ハイブリッド・プログラムは「秘密クラブ」または「保険プログラム」、「バックアップ・プラン」だということになる。おそらくハイブリッドは、とスパークスは示唆する。私たちより「ほんの少し知的」で、「感情的な度合いがいくらか少ない」ので、「環境に対して幾分か多くの敬意をもつだろう」。同様に、ノーナはハイブリッド・プロジェクトを「地球全体を抹殺しかねない」私たちの潜在的な力と関係しているとみなしている。ときに彼女は自分の遺伝子的な素材を採取されるのを、両方の種の保存に貢献するものとして受け入れているように見える。

## 生殖の手順とその実際

バッド・ホプキンズが最初に私たちの注意をここに、つまりエイリアン・アブダクション現象の中心には、存在たちが主導する、人間とエイリアンの特性を組み合わせたハイブリッド種族を創るための何らかの大きな「プロジェクト」または「プログラム」が存在するという事実に向けさせた。ホプキンズの発見（1987）以来、その生殖活動は現象の標準的な特徴となり、私自身も含めて、研究者たちはたえずホプキンズと同じ発見を繰り返してきた（ジェイコブズ 1992,1998；バラード 1994：マック 1994）。これから見るように、人間・エイリアン間の生殖的・性的関係と見えるものを考慮する際には、困難な存在論的区別がとくに重要になってくる。

そのディティールの多くは体験者によって異なるとしても、報告されているハイブリッド・プロジェクトの基本的な要素は次のようなものである。精子が男性から、卵子が子供を産める年齢の女性から強制的に採取される。のちにティーンエイジャーの娘または女性が、存在たちによって受精卵（それはエイリアンの遺伝子を含むものと思われる）を再移植された結果として妊娠する。その後、訪問を受けている間に、胎児が女性から取り出される。宇宙船で、アブダクティたちは妊娠初期のハイブリッドの赤ん坊たちが入っている保育器の列を見ることもある。その後、女性の体験者たちは――頻度は劣るが男性も――ハイブリッドの子供に引き合わされ、それをいつくしむよう促される。それは自分の子供だと彼らは告げられ、通常はそうだと彼ら自身が認識する。

体験者にとって最も悩ましく悲痛な瞬間、研究者にとってとくに説得的なのは、体験者たちがハイブリッドの子供に引き合わされたときどう感じるかを思い出したり再体験したりする際に見せる、強い感情反応である。彼らは相手に母親としての、または父親としての愛情を感じるが、二度と会えないかもしれないのである。調査の過程で、多くの体験者が「別の世界」に自分が強い絆を感じるエイリアン、ハイブリッド、または人間の伴侶さえもっているということを知るかもしれず、場合によっては、それがこの地上での結婚に道徳的なジレンマを作り出すこともある（この問題につき、より詳しくは第十三章を参照）。

生殖の話は体験者にとっては非常にリアルなものだと、私は確信している。アブダクティとの面接に何千時間も費やしてきた後では、フロイトその他の精神力学的説明は何らその基本的な要素の説明にはならなくなる。言い換えれば、私は体験者たちのライフヒストリーや、彼らの現在の個人的な生活、欲望や欲求、葛藤や意識・無意識に（たとえば、想像妊娠の場合、背後には妊娠したいという願望が明らかに見てとれるのだが）、その奇妙な話の説明となるものを何ら発見できなかったのである。

ハイブリッドが文字どおり物質次元でつくられているものか、それともその現象を違ったふうに、たとえば別のリアリティの中で起きている、集合的無意識が関係するものと見るべきなのかは、私たちがそれを理解する上で重要な意味合いをもっている。文字どおりの解釈では、利己的な目的のためにエイリアンが地球の植民地化を目論んでいるという見方（ジェイコブズ1998）も含む、脅威的なシナリオが出てきて不思議ではない。「次元横断的」見解はより複雑で、それは人間の意識と霊的な進化の理解の強調を伴う、エネルギー的、神秘的、隠喩的要素を含んでいる。私自身の調査では、両方の見方を支持する証拠が見つかっている。私はこうしたデータをできるだけ客観的に提示し、読者の皆さんに、この抗し難い謎を解明しようとする企てに一緒に参加していただきたいと思う。

私が性的・生殖的体験を調べてきたアブダクティの全部ではないが大部分の人にとっては、その遭遇とイメージは生き生きとしたもので、感情的にもリアルで強烈なので、本人にはそれが文字どおりの現実と感じられるほどである。アンドレアの体験では、エイリアンたちは「熱心に生命の種を集めて」いて、「ハイブリッドは一種の保険として、地球に繁殖させるためにここにいる」ということになる。アンドレアは二十歳の時に結婚して、二人の娘の母親である。彼らは「私の最も弱い点をついたのです」と彼女は言う。それは母性である。「彼らはどうすべきかをほんとによく心得ています。それはほんとにリアルに感じられます。私はすでに母親です。母親がどういうものかはわかっています。私は息子をもっているように感じました」。ノーナは「私が乗ったことのあるあの宇宙船」に多くのハイブリッドの子供たちをもっていると信じているが、「それが事実なのかはよくわからない」。ジム・スパークスは、エイリアンを文字どおり私たちから肉体の素材を採取しているものと見ている。「彼らは私たちを利用しているのです」と彼は言った。クレド・ムトワはマンティンダーネが私たちを「採掘」し、「収穫」を上げていると信じている。「たぶん、私たちは少しばかりの脳ミソをもった生きた台木なのです」とイザベルは皮肉な口調でほのめかした。

多くのアブダクティにとって、明確な妊娠の徴候とその後の喪失を含むその生殖体験は、非常に生々しくリアルなので、彼らは遺伝子生物学の言葉を使い、ＤＮＡの組み換えや遺伝子的成果について語るのである。私は実際の遺伝子変化を記録した研究があるとは聞いていないし、その問題に関して、精子や卵子の採取、エイリアンによる受胎という事実、あるいは私たちが知っているようなものとしての物質世界におけるハイブリッドの存在を記録した説得力ある研究も〔少なくともこれを書いている時点では〕存在しない。

ときに産科医や種生態学者たちが、自分の患者が妊娠の徴候を示し、検査結果もポジティブだったのに、その後胎児は存在せず、妊娠の症状も消えてしまったことを発見するという事例は実際にあるようである。医者の見地からすれば、これは「見落とされた」堕胎であって、胎児の細胞が母体に再吸収されてしまったか、患者が気づかないうちにそれが排出されてしまったということになる。二、三の事例では、アブダクション研究者はそれを、胎児が失われた（または取り去られた）際に起きる、回復されたアブダクションの記憶と関連づけている。しかし、私の知るかぎり、いかなる種生態学者も、妊娠の産物【＝胎児】がエイリアンに奪われたとか、謎めいた結果に終わった【存在したはずの胎児が途中で消えてしまった】といったことを証明することはできないし、進んで証明することもないだろう。（「エイリアン妊娠」の診断に関するものも含む、診断上の問題についての注意深い議論については、ミラー 1994を参照されたい。）

しかし、アブダクティたちと何度も繰り返し、精子や卵子の採取、妊娠のプロセス、胎児の除去等に関連する痛みや、トラウマ、憤慨を見てきて、アブダクティが「エイリアン」妊娠と通常の妊娠の違いを敏感に感じ取る能力をもつことも考え合わせると、私は赤ん坊が実際につくられたかどうかはともかく、何か大きな力をもつ、強烈なことがそこで起きていたということは認めざるを得ないのである。

## 受胎と妊娠

具体的な事例がたまに存在すること、自分の生殖体験についてのアブダクティの説明の一貫性と明確さ、受胎や妊娠サイクルについての彼らの記憶の明確さに鑑(かんが)みて、実質的にファンタジーだけがこうしたことの説明になるとする可能性は除外される。それは、カリンが言ったように、彼らが彼女の「種(シード)」を取るとき「針のようなものを中に入れられる」ことから始まるかもしれない。別の事例では、胎児が「振動的に【ヴァイブレーションを使って】埋め込まれた」。存在が「私のおなかを光に当て、それを浸透させた」とされる。この「針のようなもの」を入れるタイミングは奇妙で、それは「典型的な排卵の一週間後」(ここのカッコによる強調は著者)であるように思われる。たぶん、と彼女は示唆する。このときに「彼らは埋め込みを行なう」のだろうと。

イザベルは、ブリーダーとしての健康を維持するために彼女の肉体を拉致する(「調整のために」)ことが、存在たちには「本当に必要」なのだろうという印象を受けている。このプロセスの一部として、彼らは彼女に苦い液体を飲ませ、彼女が「ワクチン」と呼ぶものを「接種」

する。「私は針のようなものは見た記憶がありません」と彼女は言う。しかし、後になって「マークがあるのに気づいた」。その飲み物は「ただの薬」か「スーパービタミン」の類だと彼女は信じている。「もし私が健康なら、彼らのベビーもより健康になるのでしょう」と彼女は推測する。存在たちは、その「奇妙な姿」の赤ん坊を抱いたり、彼らに授乳するために、彼女の肉体を必要とするのだという。受胎したと彼女が信じるその体験の二十四時間以内に、「私のおなかはふくれ」、「マイルドな妊娠」の感覚を覚えた。彼女はそれを自分が経験していた「本当の妊娠」とは区別している。エイリアン妊娠においては、「体は化学的に変化し、より精妙になるのです。私は通常の妊娠の時のように朝体調が悪くなることはありませんでした」。三ヶ月間、カリンの期間は「正常ではありませんでした。その間、私はほとんど出血しなかったのです」。約三ヶ月たった後、彼女はどのようにして「彼らがおなかを光で開けて、それを取り出す」のかを見せられた。

「彼らがあなたを身体的に連れ去るとき」とイザベルは言った。「それは目を覚ましたらあざがあるとか、骨盤のあたり全体に痛みがあるときなのです」。エイリアン妊娠を体験しているとき、彼女は「子宮の中に何かがあって、おなかをくすぐられているような」感じを覚える。しかし、それは通常の妊娠よりずっと早い段階で生じる。「五週目で、その動きは妊娠四ヶ月か五ヶ月のときのようなものになるのです。私には三人の子供がいます。だからそれがどういう動きなのかはわかっているのです」と彼女は言う。「乳房が痛くなりました。私は［子作りは］

全部終えたつもりなのに、妊娠の徴候です」。あるときなど、彼女は自分が妊娠しているというはっきりした感じをもったので、診断検査を受けたが、結果はネガティブだった。このプロセスのようなものはクレド・ムトワにはおなじみのものである。彼は、マンティンダーネ（実質的にはグレイ型エイリアンと同じ）は「性的に人間と適合性があって、地球の女性を妊娠させる能力をもつ」のだと言う。[1] 彼はアメリカのアブダクティたちのように、存在によって連れて行かれたと彼が言う場所で、「大きなボトルの中で泳いでいるもの」を見せられた。「私はこの胎児がこの液体の中で小さなカエルのように泳いでいるのを見ることができました。私には何か理解できませんでしたが、この生きもの【ここはエイリアンを指す】は私が見ているものが何なのかを私に理解させようとしているようでした」。

## ハイブリッドの子供

アブダクティたちがハイブリッドと、彼らとの自分の関係について語る率直かつ非常に詳細なやり方には、たいそう説得力があって、これらの体験、そしてハイブリッドそれ自体が何らかの意味でリアルだということにはほとんど疑いを残さない。しかし、これは純然たる物質的な意味で、それらが血と肉をもつ赤ん坊または子供であるということを意味するわけではない【何度も繰り返し言われているように、それを示す明確な証拠がない】。たとえば、ノーナは、「宇宙船から歩いて出て」きた「私の前で半円をつくってみせた」これらの子供たちの記憶を報告している。「彼らは私の娘（とくに背が低いエリザベス）にとてもよく似たのです」と彼女は言った。「彼らの体は頭に比べて短かった。頭が大きすぎたのです。彼らはとても青い目をしていました。彼らの髪はとても細くて僅かでした。……たぶん身長は三・五フィート【約一〇七センチ】ぐらいだったでしょう。でも彼らは皆同じ年に見えました」。「あなたは私たちのお母さんで、あなたを必要としています」と彼らは言った。ノーナは葛藤を感じつつ、こう言った。「私は行けないの。私には家族がいて、だから行けないのよ」。「私はノーと言うのをすまなく感じました。しかし、私は行けなかった。〔地球を〕去るわけにはいかなかったんです」。

イザベルは「奇妙な姿」の子供たちを宇宙船の中で見たことがあり、「薄気味の悪い赤ん坊」の夢を見たこともある。彼女はこれらの「生きもの」を人間の子供たちと同じくらいソリッドだが、体重が軽く、濃度が稀薄なものとして描写している。その中の一人について、彼女はこう言った。「彼女の顔はまだらでした。それには濃淡両方の斑点があったのです。彼女の手足は長く、腕を私の体に回してきました。それで私は彼女を腰の上に乗せて、足が前に来るようなかっこうでおんぶしたのです。もう一人もまとわりついてきました。その肌は乾燥していて、うろこのような、それがはがれかけたような、奇妙な感じでした。ローションが必要だなという感じです。彼女はとても寂しげでした。私は生物学的な意味では自分の子供だと感じました」。

一年後、イザベルは「マーブル・トーストで出来たみたいな」男の子のことを語っている。彼は「二色の肌」をもっていたが、それは「ほんとに粗く、とても厚い」感じだった。彼は「とても小さく」、まばらな髪と、ほとんど鉤爪（かぎづめ）のような爪をもっていた。別の子供は「四角っぽい」頭と、大きな目をもっていた。彼は「黄褐色の赤ん坊」で、弱々しく見え、小さかった。イザベルは部屋にいて、これらの奇妙な子供たちに囲まれている夢を見たことがある。

ノーナのようにイザベルも、これらの赤ん坊を抱いたり養育したりすることについて葛藤を感じた。「母性本能を感じたと言いたいところですが、実際はそうではありませんでした。……最初、それはほとんど嫌悪を催すようなもので、私は赤ん坊たちに触りたくありませんでした。しかし、それから、赤ちゃんたちはとても可愛く、素晴らしい［ことがわかりました］。彼らは性格が可愛くて、好奇心豊かだったのです」。私は彼らの体はどんな感じだったのかとたずねた。「とても弱々しい感じでした」と彼女は答えた。「優しく抱いてあげないといけないみたいな……。しっかりした手応えのある感じではありませんでした。彼女はとても軽かった――驚くほど軽いんです」。時々イザベルは、赤ちゃんが「私に抱いてもらって、お乳をせがむが、それが出ない」夢を見ることがあった。これらの夢は実際の体験のように感じられた。目覚めたとき、彼女の乳首はヒリヒリして、まだ「その子を抱いている感じ」だった。彼女は「すべてを思い出す」手助けはしてもらいたくなかった。「私はこれらの赤ん坊を産むのがどんなことかを思い出したくないのです。私は母親なので、たえず子供たちの心配をしてしまうからです」。

時々、私たちのセッションで、体験者たちは「生殖的サイクル」の一部を再体験するが、それには非常に詳細で強い感情が伴うので、彼らが報告していることが彼らが語ったそのとおりに起こらなかったとは信じがたいほどである。カリンは「生きた胎児」が自分の体内から取り出され「保育器」の中に入れられた最近の体験を思い出した。痛みに叫び声を上げながら、彼女は存在たちが「小さな、小さな、ほんとにちっちゃなもの」（彼女の見積もりでは二インチほどの長さしかない）を彼女から取り出しているところを自分が見ているのを思い出した。「神様、醜い、とてもかわいそうで醜い。あんなに小さい」と彼女は言った。その頭は「ピンク、赤みがかったピンク」だった。存在たちの一人がそのもの【胎児】を手に取った。それから彼らはそれを右側にある「一種のU字型の通路」を通って、運んでいった。

今度は、存在たちがカリンにテレパシーで、どこに胎児を連れて行くかを見せようと言った。それは「そのことを学ぶべきとき」だったのだと彼女は言った。「それは科学の授業のようでした」。「通常、我々はこれを素早く移動させる必要はない」と彼らは言った。「しかし、生きた胎児をもっているので、我々はそれを保育器に入れる必要があるのだ」。ハイブリッドの看護師が、カリンの見たところ、それは五フィート【約一五二センチ】ぐらいの身長で、カリンが知っている存在だったが、彼女を案内した。カリンとその看護師は三人の存在の後をついていった。彼らの一人がその「胎児」を手に取り、カリンを、ライトアップされたもの以外は暗い左側の、「くさび型」で「赤っぽい、錆色」の部屋に導いた。「そしてそこには私がいつも耳にする泡が沸き立つ音がしていた。私たちはいつもこうしたブクブク音を耳にするのです。それは水槽のようでした」。彼らはその胎児をこれらのタンクの一つに入れ、「この物【何かは不明】をその頭の上につけ、それは両耳に入った」。なぜならそれ【胎児】は「自由に浮く」ことはできないからだ。この「物」はどうやってかその胎児をタンクにつなぐ〔役目を果たしている〕ように思われた。「彼らはそれには痛みはないと言いました」とカリンは言った。「それであなたは思うのです。『なんて小さいのかしら』と」。カリンは、「部屋中にたくさんの他の保育器」があって、「異なった発育段階の他の小さなハイブリッドたち」を見たと言った。足の長い生きものが近くの保育器の中に浮いていた。「でも、彼の目は閉じていました。それは不気味でした。あなたは彼の大きな黒い目がどこについているかわかりますが、それは肌か膜で覆われているのです。あなたはその切れ目を見ることができます。爬虫類が目を閉じているときのような感じです」。

## トラウマ

言うまでもなく、性的・生殖的な一連の流れの中のいくつかの場面は、体験者にとっては強烈にトラウマ的で、それは彼らを憤りや悲しみでいっぱいにする。自分の子供たち、とりわけ十代の自分の娘がこのプロセスで使われていると信じ、あるいはそうなっているのではないかと恐れるときは、とくに苦しめられる。『アブダクション』で私は、自らの意志に反してペニスを刺激され、射精させられ、精子を採取される、男性にとってのひどい屈辱について書いた。クレド・ムトワはこう打ち明けた。「なぜマンティンダーネが私から精子を盗み取ったのかはわかりません。一度マンティンダーネにそういうことをされると、あなたは女性との愛の行為を恐れるようになるのです。精子が出る瞬間、あなたはあの恐ろしい日のことを思い出し、意気阻喪してしまうのです。私はそれを請け合いますよ」。女性の場合には「ブリーダー」として利用されるその全プロセスが、苦痛に満ちたものとなりうる。それは、自分が宇宙船の中に子孫をもっている、あるいはどの場所、どの領域であれ、ハイブリッドはどこかに存在するという感情と関連する、悲しみや喪失感が入り混じったものである。

カリンは存在たちが彼女の卵子と胎児を取り上げたことにフラストレーションを感じている。「あなたにはこれらの赤ん坊がいるのです」と彼女は言う。「そして彼らはそれを取り上げるのです」。私たちのセッションの一つで、侵略的な膣への手順を思い出したとき、彼女の怒りは爆発した。彼女は「あぶみ綱」のようなものの上で、産婦人科でとる姿勢を取らされた。「宇宙船の中でですよ。それで再び開脚させられるのです。それでこの針のようなもの、これが私は嫌いですが、私の体の中に、子宮に差し込まれるのです」。「彼らの優しさ」のようなものはあったが、とカリンは言う。「金輪際、私はこんなこと、イヤです」。そのような侵入の後、「私の体は続く三ヶ月間、再びメチャクチャになるんです」。彼女は自分に息子が――彼女はその子をバリエンと呼ぶが——「あそこに」いることを「知って」いる。「私にはいつもあの子を失ったことが潜在意識的にはトラウマになっています。……それは私の子で、ほんとに幼いんです。それはかつてあなたの子宮の中にいて、あなたの脳はそれを知っています。奥深くで、魂はそれを知っているんです。……私はそれ以来、子供がほしいと思ったことはありません。私は今でも潜在意識的にはあの子を失ったことを悼(いた)んでいるからです」。

ノーナは「自分の体から卵子が取られたという考え」に悩まされている。「私はそのことに、知らないうちに子供を産まされた可能性に苦しみました。それがどんなものであれ、この種族を持続させるというのは、私にはオッケーなのですが」と彼女は言う。しかし、存在たちが「それを私と共有」しないことには怒りを覚え、傷つけられたと感じる。彼女は、自分のハイブリッドの子供に対する「情緒的愛着」に関連する苦痛について考えることを自分に許すことができない。

体験者とエイリアンの間の関係についての一般的な問題は、第十三章で論じられる。ここでは次のようなことだけ言っておきたい。私がこの研究を始めて約三年後、体験者たちは私に、とくにハイブリッド「プロジェクト」の文脈で、存在たちとの強い愛情の絆を報告することが多くなり始めたということである（たとえば、『アブダクション』第十三章のピーターの例）。中には、自分が他の領域でその伴侶となって、一緒にハイブリッドをつくった相手のエイリアンまたは人間／エイリアンとの強い、親密な関係について語ったケースもいくつかある。これは地上の伴侶の側に嫉妬や、裏切られたという潜在的な感情をひき起こすこともあり、それはカップルにとって、共に乗り越えるべき課題となる。

たとえば、アンドレアは、強い感情をもって詳細に、自分のエクスタシー的、エロティックな、「あの上」で会った人間／エイリアン伴侶との関係を私に語った。彼女は小さな男の子と女の子がこの結合の結果生まれたと信じている。とくにその男の子は、と彼女は言う。「赤ちゃんを作る〔ふつうの〕方法で作られたのではありません」。つまりこの章や『アブダクション』で述べられたような、またほかの研究者たちが書いている（ホプキンズ 1987；ジェイコブズ 1992,1998）ような手の込んだ一連の方法によってである。アンドレアとこの男性は一緒に（と彼女は信じている）、彼らの親密な関係の結果としてこの男の子の親になった。こうしたことすべては彼女にとってリアルで、自分が愛している夫への裏切りかもしれないという罪悪感を覚えている。しかし、この罪悪感は、「宇宙伴侶」との関係は地上で起きたのではないという事実によって軽減されている。彼女はその男性が「少なくとも一時期、人間の形態をとって地球にいた」と信じている【後出「エイリアンと人間の融合」参照】。

## 受容

ハイブリッド・プロジェクトに関連する苦痛やトラウマにもかかわらず、アブダクティの中には必ずしも自分を犠牲者とは見なさず、それに参加したことを受け入れるようになる人もいる。

ノーナはエイリアンたちが「私たちの基準からすると侵略的」であることは認める。しかし、「私が彼らから受けた感じでは、彼らは私たちに悪意はもっておらず、彼らにはある目的がある」のだと感じている。その存在たちは、「傷つけるためにここにいるのではない。彼らは攻撃的なやり方はしていない。そこには配慮の感じがつねにあるのです」と彼女は言う。「そして彼らにはそう受け取ってもらう必要があるのです」。最初、とノーナは言った。「自分の体から卵子を取られるということには嫌な感じがありました。……それは子供を取られるようなものです。誰にそんなことができるでしょう。それに、私は五人以上の子供はもちたくないのです」。ノーナや他の体験者たちは理解のモードに移行する。「私たちの感情や現実感覚はこうしたこととあまりにもかけ離れているので、それ自体が恐怖を生み出すのです」と彼女は述べる。「私たちは頭がおかしくなるのを恐れます。幻覚を恐れます。悪夢を恐れます。私たちは自分に理解できないことは何でも恐れるのです」。「私がこれを受け入れるようになったのはこの時点です」とカリンは言う。「彼らのことを考えて私は理解という言葉を使い続けます。すると彼らはその言葉を理解します。彼らには私が理由を理解したがっているのがわかるのです」。

ノーナやカリンその他の体験者が感じる受容は、彼らが生命を持続させるミッションの一部であり、出来事をより高い目的のためだとする感じ方から来ているのかもしれない。カリンは自分は十七人ものハイブリッド・ベビーをもっているかもしれないと信じている。「信じられません！　そして私はそのうちの二人しか知らないんです」。けれども彼女は「私が生命を付与する一部」になっているがゆえに「その喪失についてよい」気分になれるのだという。ノーナは私に繰り返し、それが彼女が信じる、エイリアンと「人の遺伝子」両方の種を救う文明の「再播種」かもしれないものの一部となっていることを「名誉」に感じている。「私はそれを名誉としています」と彼女は言う。「私は彼らがしていることをすべて知っているわけではないが、「どんな種であれ、絶滅しかけて、繁殖できなくなって」いる場合、「自分が次のスターティング・アップ【始動】の一部となることはかまわないんです」。「私の自我はこれに反対します」とカリンは言う。しかし「私のより高い自己意識では、私は全プロセスに完全に同意していまず。……それは生命を創り出すことなのです。それは神のなさることです」。アンドレアは、「私はそれは神の計画でもあると思います」と言う。

## ハイブリッドたちの健康と感情の問題

体験者たちに一貫しているテーマの一つは、ハイブリッドの子供たちの健康や幸福と関係している。彼らは元気がないように、発育障害の人間の幼児か子供のように見える。ときにアブダクティたちは、存在たちから特定の解剖学的あるいは身体的欠陥について知らされる。ノーナたちはそれを二つの種の交配から生じる問題なのだろうと考えている。

カリンはグレイが人間とつくり出しているハイブリッドが、身体的にも情緒的にも病気に見え、「年齢が上がるほど具合が悪くなる」ように見えるのを観察してきた。「彼らはほんとに悲しげです」と彼女は言った。「そして彼らは悲しいという感情を理解していません。でも私が彼らを見るとき、彼らが悲しさを感じているの〔がわかるの〕です。彼らの体は病気に見えます。彼らはやせ細っていて、一種の器官萎縮が見られるのです」。さらに、ハイブリッドたちには感情が欠けているように見えるが、それは彼らの種から「遺伝子的に変異させられた」ためだと彼女は信じている。カリンによれば、ハイブリッドたちはまだ「感情の部分をもっていない」、それはエイリアンにも同様に当てはまることだという。彼らは感情を「快苦」として、または「愛を愛として」解釈していない。彼らはたんにそれを「振動」として解釈するだけなのである。彼女が言うには、「私たちと統合することによって」、彼らは「それらの両方（発育可能な身体と感情）を獲得」しようと努めてきたのである。

アンドレアは、ハイブリッドの失敗を根絶するシステムがうまく機能してこなかったのに気づいた。私たちのセッションの一つで、彼女は「非常に多くの赤ちゃんが並んでいる」一種の「保育室」を見た。しかし、「それはうまく行っていなかった」。彼らの「腎臓がシャットダウンしているために、「彼らは生きていなかった」（エイリアン自身、肌を通じて排泄作用を行なっていると彼女は信じている）。同じように、ノーナも存在たちの一人に、「われわれは子供たちの口蓋（こうがい）に問題をもっている」と聞かされた。そして遭遇体験の一つで、看護師で、多くの口蓋裂手術で外科アシスタントもしたことのある彼女の姉の一人が、「(ハイブリッドの) 口の中を調べ、この存在に何が問題なのかを説明していた」。ノーナにとって、「交配の改良のために」、もし「何か人間的に奇形の部分があれば、彼らが人間にたずねる」のは理にかなったことであるように思われた。

年がたつうちに、ハイブリッドの「プロジェクト」は変化したように思われる。主要な変化は、人間のような異質な種をグレイ、またはどんなものであれエイリアンと交配のため組み合わせる困難と関係する。「作られた子供たちは」とノーナは言う。「種族または存在間の交配種なのです」。そして課題は、ハイブリッドたちが地球の環境で生きて行けるように「私たちと彼らとの間のバランス」をつくり出すことだった。たとえば、と彼女は言う。エイリアンたちは私たちの体と、人間の目がどのように機能するかについて学ばねばならなかった。「口蓋に関する問題」は、「ひょっとしたら彼らには消化の問題があるのではないか」という疑いをもたせた。途中で、とアンドレアは言う。「彼らはミスをしたのです」。そしてハイブリッドの中には「あまりよくないことが判明した」ケースがあった。この章の後の部分では、その変化がどの程度までアブダクションが関係する変化を反映しているのか——たとえばノーナは、エイリアンたちは「彼らの必要を満たすだけの十分なハイブリッドを作った」と信じているが、どの程度までそれらは体験者と、彼らを一緒に研究してきた側両方の発達した意識の表現の進歩を反映しているのか——について論じる。

## エイリアンと人間の融合

一九九七年に私は、人間とエイリアンの融合が以前より「成功」して、特別な性質をもつハイブリッドがつくり出されたという話を聞くようになった。アンドレアは私に、彼女がキランと呼ぶ七歳のハイブリッドの息子の話をした。彼は「保育器の他の赤ん坊たちとは異なって」いる。その子供たちは「半分人間で半分エイリアン」だが、これに対してキランは「完全に人間で、完全にエイリアンで、彼は完全に統合されている」のである。「私は今度はうまく行ったのだと思います」と彼女は付け加えた。彼女の話では、他にも〔キランのように〕異なった子たちがいる。「私は二つの完全な組み合わせが新しいのだと思います」。彼女は、彼女が絆を感じているキランの父親は「彼らから受肉した」もので、同時に人間でもあるという。「彼は地球上の次元に存在します。そしてまた彼らの世界の一部でもあるのです」。アンドレアはキランに数回授乳し、彼をとても愛している。「私は彼がどんなに美しいかを見ました」。そして「とても彼のことを気にかけています」。彼女は、キランは「とても異なっていて健康」なのに、「他の子供たちはうまく行っていないという事実に悲しみを感じる」。誇らしげな母親のような口調で、彼女はキランが「これから生きることになっていて、とても美しくとても才能豊かで、自分という感覚をもっている」と言う。

多くの体験者は、私たちの感情とエイリアンのそれとを統合することはとくに困難だと観察するか、言われるかした。ノーナは、私たちは感情が強い種族で、それに深く根差しているが、「彼らにはそれは存在しない」と言う。「それに感情を組み入れる」には、彼らは「どのようにしてその者に振動を感情として体験させるか」を学ばなければならなかったのだと、カリンは信じている。

一九九七年三月のセッションで、カリンはまた強い感情と共に自分のハイブリッドの子供たちを見たことを思い出した。その遭遇では、感情的な特性が十分融合されているように見えた。その存在たちは彼女に自由に「彼らの小さな頭を、頭の後ろ、小さな耳を触らせたり」した。「それはとても小さかったんですが、手応えのようなものがあったのです」。畏(おそ)れや歓び、喪失感のようなものが入り混じった感じで彼女は言った。「背の高いエイリアンが私に、これはあなたの子たちだと言ったんです。ごらんのように彼らは融合が成功したのだと」。彼は「人類の未来」と「再生が可能で、人間と同じように愛と幸福を知る、そして私たちが知らないような魂と意識を知る、そして地球に住み、それを世話し、そこを美しい場所にするだろう」新しい種族ついて語った。

## 未来を保全する

アブダクティたちは繰り返し、ハイブリッド・プロジェクトは地球の生態系の危機的な状況と関連しており、人間とエイリアン両方の種を保存することを目的として行なわれているのだと告げられた。たとえばノーナは、ハイブリッドは「私たちが人類を絶滅させてしまいかねない可能性が大いにある」がゆえに「作られている」のだと言う。「私たちは生き残れないかもしれないし、彼らも生き残れないかもしれない。だからこの〔新しいハイブリッド〕種を完成することがとても重要なのです」。彼女はそれを「微調整」と呼ぶが、彼らはこの地球環境の中で生きられる」ようにならなければならない。ハイブリッドたちは人工的な環境の中で育てられるので、彼らが「将来（地球で）生き残ることができるように教えなければならないことがたくさん」ある。

カリンは言う。「問題は、私たちが差し迫った状況にあるということに気づいていないことです。……私は日々それをますます強く感じます」。「死に瀕しているというのは大変なことです」と彼女はすすり泣きながら言う。キリストは、と彼女は嘆いた。「メタファーだったのです。彼は聖なる源泉の一片の詩でした」。そして彼を殺すことによって「私たちは自分自身を殺したのだという。今では「私たちが同じことをしている。そして宇宙は私たちがもう一度自分を殺すのを見ているのです」。彼女はハイブリッド・プロジェクトを「私たちが自分の意識から神を完全に取り除いてしまった」という事実と直接結びつける。「私たちの次元【世界】は本当に効果的な方法で彼らに潜入されています。それでハイブリッドは私たちの美点を保存するのです。そしてそれはグレイにとっては実現可能な肉体をもつチャンスなのです。……人間にとっては、それは神のようになることです。彼らは再び神を知ることになるのです」。

エイリアンたちはカリンや他の体験者たちに、彼らが生殖できないこと、だからハイブリッド・プロジェクトは「人類が自らとその環境を十分に搾取【破壊】したとき」、人間のなにがしかの部分を保存することを保証するものなのだと伝えた。完全に統合されたハイブリッドは、と存在たちはカリンに言った。「君たちの惑星の未来なのだ」と。彼らを通じて、「君たちの一部が永遠に続く。しかし、まだハイブリッドはここには用がない。目下のところ、彼らは地球環境にはできるだけさらされないことになるだろう」と。

アンドレアによれば、エイリアンたちは「私たちが見ているよりも、私たちが与えている〔環境への〕ダメージを多く見ている」。それで彼らは悲しんでいるのだ。彼女はまた、いずれ地球にやって来る進んだハイブリッドも予見している。「彼らはたぶん本当にここに住みたい、あるいは、自分のある部分をここに住まわせたいと思っているのです」。彼女は「あと五年で」キランは「ここにやって来るだろう」と言われた。彼女は「彼らが地球を乗っ取るだろう」という考えを「誤解」だとして斥けた。「彼らは何も奪いません。……彼らの性質にはそういうところはないのです。他の種を乗っ取る気持ちや能力はありません」。私は彼女に、彼らは何をしようとしているのだと思うか訊いてみた。「彼らは私たちと合併したいんです」と彼女は答えた。「彼らは私たちとコンタクトする方法を見つけ、私たちと一緒になりたいんです」。

## ここでは何が進行しているのか？

このあたりで立ち止まって次のように自問してみるのがよいかもしれない。そもそもこれはどういう話なのか、どうやって私たちはこういう問題を理解すればいいのか？　要するに、一体ここでは何が起きているのか？

こうした話の多くは、一種の植民地化のプロセスの中で、ハイブリッド・ベビーは実際に物質的に作られていて、私たちの世界に潜入しつつあり、あるいは将来潜入するだろうという考えを支持するものとして使われることがある。たしかに、アブダクティにとっては、これらの出来事は概して、生き生きとした詳細とそれに見合った強烈な感情を伴った実際の記憶、出来事として体験されているのである。体験者たちは生きたハイブリッドの子供が「あそこに」いると信じ、彼らがエイリアンの手配によって一緒にいられるときは別として、彼らと離れ離れのままになっているという事実に対してひどい喪失感を抱いている。上述のような、ハイブリッドの子供たちの器官組織に関する特定の問題が述べられる。概して一貫した【しかし、全体としては荒唐無稽に思われる】説明が、他の面では正気の、正常な性的営みを行なっている人たちによって提供される。アブダクティたちは妊娠に似た徴候について、たとえばふくれたおなかや胸、さらにはそのプロセスと関係する性器の痛みについて言及することさえある。アブダクション体験の後、明確に確認できる小さな体の傷跡を報告する人たちもいる。それは彼らが体験した肉体への侵入行為と関係しているように見える。クレド・ムトワは、そしておそらく他のアフリカの呪医たちも、マンティンダーネは実際に人間の女性を妊娠させられると信じている。

イザベルは、ハイブリッドを霊（スピリット）と物質の連続体のどこに位置づければいいのかということで悩んでいる。人間は、と彼女は言う。「同時に霊と物質です。でも、私たちは〔物質的に〕濃密なので、すぐには私たちの中にあるスピリットが理解できません」。スピリットと物質の両方は「同時に存在」しうる。エイリアンたちも両方だが、しかし「あえていえば、私は彼らをよりスピリットの世界に位置づけるのです」。ハイブリッドは、しかし、「物質寄り」である。「なぜなら、私の体験からすると、彼らは身体的な接触や授乳を必要としているからです。彼らは養育を必要とするのです。だからスピリットよりも物質寄りなのです」。

しかし、全く文字どおりの物質的解釈には問題がある。まず、遺伝子、ＤＮＡ、ミトコンドリアといった言葉の使用にもかかわらず、私が知るかぎりでは、ハイブリッドの創造それ自体を含む、こうしたことのいずれかが分子レベルで測定可能な程度に、物質的な次元で起きているという確かな物的証拠は存在しないからである。せいぜいのところ、私たちが物質的な次元で〔証拠として〕もっているものは、小さな傷跡（懐疑的な人は自分で付けたのだと言うだろうが、私はそういう証拠は何も発見していない）と、リアリティの別の次元に起源をもつ精妙な力、実在するエネルギーの表われかも知れない身体的な兆候ぐらいである。

イザベルは、自分の体験と関連する明白な妊娠のような徴候を示し、自分はどういうかたちでかブリーダーとして使われたのだと信じているが、「翌朝それを夢として振り返ることはなかった」にもかかわらず、その体験を「夢」と呼ぶべきだと主張している。「私にとってそれは記憶です」。しかし、彼女は「それを〔実際の〕体験だとは主張」しない。「なぜなら私はあなたにそれを見せて、『ほら、これが彼女の服の切れ端です』とか、『これが彼女の髪の一房です』とは言えないからです」。

さらに、アブダクティはこれらの体験と交差する次元にある「他在性（アザーネス）」を体験するかもしれない。カリンは「異なった〔発育〕段階」と大きさのハイブリッドの子供たちが入った保育器を観察したが、その場所では、「すべてが次元的に奇妙に感じられた」。ハイブリッド・プロジェクトが成功するためには、と彼女は言う。「私たちの次元」が「彼らの次元によって浸透されねばならない」だろうと。アンドレアは、すでに見たように、異なった地球とエイリアンの領域という問題に取り組んでいる。彼女が言うには、彼女のハイブリッドの息子の父親は、「地上の次元に存在し、かつ彼は彼らの世界の一部」である。人間とハイブリッドの調整と交わりの全プロセスが、その問題と複雑さが、アブダクティによって詳細に述べられているのだが、そのこと自体が私には、ハイブリッドを純然たる物質的なものとして考える、または彼らがいつか地球にやって来て繁殖するだろうとする考えに疑問を投げかけるものと見える。その「プロジェクト」が今やアブダクティにとって進歩したように見えるということ、そして彼らが人間とエイリアンの融合が成功したと感じるという事実は、本章の結論で述べるように、必ずしも文字どおりに捉える必要はない。

強い宗教的・霊的な要素――たとえばカリンの、ハイブリッド・プロジェクトの進化を人間が再び神の認識を取り戻すことと結びつける陶酔的な捉え方――は、その現象の物質的な側面と対立するものではないとしても、何かそれ以上のものが進行しているという感じを私に与えた。デイヴは精液が自分から採取されたことについて語ったが、その意義は物質的な点と同様、霊的な面にもあり、二つの宇宙が「相互に絡み合う」未来を表わしているのだと言った。この結合の目的は、私たちを次の次元に、「全く異なった身的形態」に私たち自身を再誕生させることにある。「私たちのスピリットはこの世界の中でリサイクルさせられるのではなく、次の世界に実際に私たち自身を生まれ変わらせることになるだろう」ことを彼は学んだ。そこでは、私たちとエイリアンのスピリットは「合流して一つになる」だろう（第七章のシンボルについての項も参照）。アブダクティたちの光や、人間とエイリアンまたはハイブリッド間の振動的・次元的な相違への繰り返される言及はまた、このうちのどれも全く文字どおりの意味で、少なくとも地球の物質的次元で起きたものとして解釈する必要はないという強い印象を与える。

アンドレアの人間とエイリアンの交接体験は、それは感覚的には喜ばしいものではあっても、人間同士のそれとは「非常に異なって」いる。「私はそれは（性的な刺激というより）振動を通じてもたらされるものだと思います」。それは「部分的なオーガズムではなくて、全身的なもの」だと彼女は言う。「あなたの細胞は宇宙船の動きと共に、宇宙と共に、振動し始めるのです。それは素晴らしいことで、地上で経験するようなものとは違います」。キランは、この結合の結果生まれた子供だとされているが、「とても、とても進歩」していて、人間に似ている。しかし、彼はまた「明るい光そのもの」でもある。アンドレアはこの高度な振動的エネルギーのいくらかを自分の夫との間のセックスに持ち込むことができたようである（五〇六頁）。

カリンは目が覚めて、「自分の骨盤が白く輝いている」のに気づいた。彼女はエイリアンたちが「私たちより高い振動」上にいると感じている。「エイリアンたちは自らを三次元的に現すことができますが、そうするのは彼らにとってはとても不快なことで、大変な仕事なのです。ハイブリッドたちは彼らよりそれがたやすくできます」。一九九七年の六月に、私は直接彼女にこうたずねた。彼女のハイブリッドをつくり出す「プロジェクト」への参加は「私たちの現実」の中で起きているのか、それとも「別の振動の次元、あるいは別の宇宙か何か」で起きていると感じているのかと。「振動の次元でだと思います」と彼女は答えた。エイリアン妊娠は、と彼女はさらに続けた。「決して完全には三次元的次元で完了するものではないのです」。アンドレアや他の体験者たちにとって、人間とエイリアンとの交わりはたんに肉体的な再生だけに関わるものではない。「それは意識に、自分の意識レベルを変えたいと本当に思っている人たちに開かれるドアに、関係するのです」。

数年間、エヴァはバーバラ・ブレナンのヒーリング・スクールに出席していた（『アブダクション』第十一章参照）。このトレーニングの結果として、彼女はたいていのアブダクティよりサイキックなエネルギーと、アブダクション関連の体験でそれが果たす役割に敏感になっていた。エヴァのアブダクション体験についての探求は、神により近づきたいという願望と交差するようなかたちで進んだ。彼女の最近の教育的な体験も、自分のアブダクション体験を文字どおりの、物質的な意味ではないものとして解釈しようとする彼女の傾向と関係している。この傾向は、一九九六年の八月、私にそれについて話す半年前に起きたある体験の解釈にも見てとることができる。

朝の十時頃、エヴァは自分が疲れていて、昼寝したい気分になっているのに気づいた。彼女は肩を下にして横になり、眠りかけたとき、「彼らが私の背後にいる」と感じた。稲妻のような電気的な青い光が背中で「パッと」閃き、脊柱を通って、体の前に出てきた。その感覚は「とても熱く、刺すような」もので、「もう耐えられないほど、気を失って無意識に落ち込んでしまうほど」の痛みだった。

その後、「私は目覚めて別の次元に」、「緑の草」と「ブランコ」がある「公園」にいた。エヴァはとても奇妙に感じた。なぜならそこには、木々もなければ人もおらず、目に見える空さえなかったからである。彼女の周りのエネルギーは、そのときまでそれは形態をもたないように見えたのだが、「ある種の男性に、かなり人間に似た存在に変わった」。そのとき、「それが私に、テレパシーで、私がそれを引き寄せるだろうと言ったんです」。それが「私を妊娠させる」ことができるように。そうすることによって、と彼女は言った。「それは私に仕える。それはそれ自身とは何ら関係がないのだ」と。エヴァは「言いようもないほどのショック」を受けて、「全面的な不信」でいっぱいになった。彼女は考えた。「そのものが私にそれを引き寄せさせる、あるいは私がそれを引き寄せるか何かする必要があるのはわかる」と。「そして私は瞬時意識を失って、次に気づくのはこの男性のような存在と草の上を転がり回って、それの脚に私自身をこすりつけ、そのペニスに気づくのですが、それは象牙色のぐにゃぐにゃしたミミズ、大きなミミズみたいなものなのです」。私はそのペニスが彼女の内部に入るとか、液体を放出するとかしたのかとたずねた。彼女はその両方にノーと答えたが、彼女の回想は自分が次のようなことを考えるところで終わった。「こんなことが起きるはずはない。私は自分の体に何のコントロールも及ぼせない。その時点で私は気を失ったのです」。こうしたことが起きている間、とエヴァは回想する。「私の体の下位の部分が何かしていた」のだが、「それには何の感情も伴わなかった」。彼女はその実験がそこで終わったとは信じていないが、それ以上のことを思い出すことはできなかった。夢のような転移の後、「私は戻り、目覚めて、いつもどおりになったのです」。

エヴァにとってこの遭遇がどれほど体験的に鮮明でリアルだったとしても、彼女はそれが通常の物質的な次元で起きたとは信じていない。「そういう体験での受胎は、セックスとは大いに違っています」と彼女は説明した。「相手からの何らかの種子のようなものが私の中には残った」だろうが、それは「物質的なものではなく、エネルギー的なもの……で、私は妊娠して赤ん坊、肉体をもつそれを産むこともありません」。彼女にとってその体験は「セックスとは全く関係がない。それは私の心の解釈の仕方にすぎないのです」。

具現化して彼女と接触することになったそのエネルギーの最初の無形の姿は、エヴァには明らかと思われる。彼女は自分の知覚が言語や自分の思考習慣によって制限されているのを認める。「ここにエネルギー、かたちのないエネルギーがあって、そしてそれがどういうふうにしてか、私が受胎するだろうというメッセージを送っているのです」。それは「起きていることへの私の不信だけでなく、これが本当だろうかという私の混乱も理解していました」。というのも、「私が肉体をもっているという事実があるのですから、どうやって無形のエネルギーが私に受胎させるのでしょう?……私の心の中では、創造とは形態です。私の心が理解できる唯一の方法は」と彼女は続けた。「それ自身のメタファーを作り出すことです。その存在またはエネルギーは、私の制限に合わせ、私の言語をしゃべるのです。……それは人間の形態をとることによって私の領域で私に合わせようとする。私がより快適に感じるようにさせ、交わりへの恐怖がなくなるようにと望んで」。

このような遭遇は、エヴァのスピリチュアルな旅の重要な一部である。それらは「架け橋、コンタクトの橋、コミュニケーションの架け橋」として役立つ。その体験のおかげで、彼女は「私内部のその場所、私が必ずしもいつも真剣である必要がない、あるいは構築され、限定された、どうやって楽しむかを学ぶことのできるその場所と再びつながる」ことができた。それはすべて、「気づくこと」に関係している。「それは本当の私を、〔自分が〕光の中にいることを、神の一部であることをより多く見ること、知覚すること、感じることと関係しているのです」。

この五ヶ月後、エヴァは自分の「自己発見の旅」を「交わり（Communion）」と題して文章化した。その中で、彼女は存在たちとの自分の性的または生殖的な遭遇体験についての見解を、以下のように要約している。

私はまた、性的な方面での存在との遭遇体験も幾度かしました。この論文を書いている間に、私は、体験のその性的な部分はたんなるメタファー、私に特定の本質的で精妙な人格的変身【変態】を理解させるために使われたメタファーにすぎないのだということを理解するようになりました。実際は、その遭遇は多様な交わり、神的で神聖な遭遇の集合体で、私が自分の真のセルフのさらに多くの側面に触れ、それを体験し、想起することを可能にさせるものだったのです。ある遭遇で、私は自分が体験した受胎のプロセス（それ自体は人間的な性行動に似ていた）が、私の意識的な気づきを個別化された存在にまで引き上げるプロセスとして役立つのを学んだのです。その「個別化された存在（individuated Being）」とは、神へと帰還するセルフの発見の途上にあるもので、人はその途中で、全体性、完全性、無執着、そしてなかんずく謙虚さを体験するのです。(2)

要約すると、人間／エイリアンの性的・生殖的プロセスが、いつか地球に「降りて」くるだろうハイブリッドの種族の創造につながるように見えるということは、体験者たちにとっては全くリアルだが、彼らは他の点では異常な考えをもったり、感情的な障害をもってはいない（マクロード後述）ということである。しかし、大部分のアブダクティたちの、自分は「あそこに」存在する存在の親であるという強い確信、妊娠の徴候を示し、アブダクションの間にこうむった侵略的行為を反映するように見える小さな、観察しうる身体的傷が存在するという確信、さらには、遺伝子や生殖に関係する細胞や器官が傷つけられたという確信は、にもかかわらず、十分な証拠をもたないのである。主要な証拠として挙げられるものはその経験〔の記憶〕、意識、アブダクティ自身の報告にすぎない。こうした証拠を元に、テンプル大学の歴史家で、アブダクションの研究者であるデヴィッド・ジェイコブズは、ハイブリッドまたはエイリアンは、「人間社会に組み込まれ、支配するだろう」、そして「新たな階層秩序は昆虫のようなエイリアン、ハイブリッド、アブダクティ、ノンアブダクティ〔の順〕となるだろう」という不吉な結論に達した（ジェイコブズ 1998）。

しかし、私たちが見てきたように、こうした文字どおりの、物質的な解釈には問題がある。最も明白なのは、実際の妊娠や遺伝子変異の明確な証拠、またはハイブリッドの子供それ自身が物理的に存在するという証拠が何もないことである。しかし、これはほんの始まりにすぎない。アブダクティの中には、このプロセスを異なった時空の別の領域または次元で起きていることと考え、彼らがしばしば描写する出来事を、より高い振動数に属する〔世界の〕ものと考える人たちもいる。ときに彼ら自身が異なった意識状態にいると気づくこともあり、それは眠りと覚醒の間で、自分の周りの像(イメージ)や出来事が「ファジー【曖昧】」に感じられる。少なくともエヴァの場合、彼女はエネルギーと意識の問題にかなり精しいが、ある重要な性的・受胎的遭遇体験を隠喩的な、意識の発達や、霊的な事柄として解釈したのである。ハイブリッドの地上での生存という問題については、それはアブダクティたちがたえず感じていることだが、それ自体がこの「プロジェクト」全体の存在論的な「他在性」を反映している。少なくとも、そのような存在の地上次元での現われは、私たちにはまだ未知の物理学、生物学の要素を〔理解のために〕必要とするものだろう。

次のように言う人もいるかもしれない。主に研究の問題として、こうしたことすべての物理的な現実性を記録するためには、より多くの、よりよい証拠を集める必要があり、主な障害は、エイリアンたちが欺瞞的で、微妙で、うさんくさいというところにあると。たしかに、私たちはこのプロセスについてのさらに多くの物理的な記録を得るよう努力しなければならないだろう。しかしそれはたんなる物質的な証拠を得れば済むという問題ではないかもしれないのである。根本的な難しさは、哲学や意識、そして方法の領域にむしろあるかも知れない。問題は私たちが考えているより謎めいていて、異なった認識の仕方、考え方を要求している。たとえば、ハイブリッド・プロジェクトそれ自体が、生物学的な子作りや植民よりも、意識の進化の表現を反映したものと考えることもできるだろう。

しかし、これを考えるために、私たちは、ユダヤ・キリスト教的伝統と西洋科学の両方を支配してきた、霊と物質、可視の世界と不可視の世界といった根本的な区切りを脇にどけるか、克服する必要があるだろう。もしも私たちが意識と物質の相互浸透の可能性、物質的な像、さらには物質世界それ自体が意識またはスピリットの顕現でありうるという可能性を受け入れるなら、その場合、人間／エイリアンの性的・生殖的プロセスの見た目の身体性を、人間のアイデンティティまたは宇宙とのつながりにおける変化の具体的なかたちをとった表現〔つまりメタファー〕とみなすこともできるだろう。

こう言ったからといって、それはエイリアンやハイブリッドが何らかの点でリアルではないということではない。むしろ私は、そのプロセスが広く他の領域、別の振動数をもつ世界、一種の中間領域――純然たる形態をもたない霊でも、濃密な物質でもない――で起きているのかもしれないと言うだろう。それは、ある環境下にあって、私たちの世界に浸透し、強い体験的確信をもたらし、アブダクティの体に微細なしるしをつくりだすような性質のものである。

私たちは前章で、ジム・スパークス、アンドレア、ノーナ、カリンその他が、ハイブリッド・プロジェクトを一種の進化上の保険的プログラムとみなしていることを見た。それは両方の種の最良のものを保存する新種の創造で、私たちが地球をもはや人間の生命を支えることができないような状態にしてしまった場合、生き延びることができるような生命の創造である。しかし、ハイブリッド・プロジェクトそれ自体が、現実化された生命を持続させるための一種のメタファー、ますます生命それ自体にとって破滅的なものになりつつある地球の生態系に対する深刻な脅威を前に創造的な知性が発した応答なのかもしれない。この見地からすれば、私たちが一緒に研究してきたアブダクティたちの幾人かにとって、ハイブリッドそれ自体がより完全な、生命力のある、自覚的存在に進化しつつある――つまり、プロジェクトがより「成功」するようになっている――ように見えるということは、存在それ自身の文字どおりの進化と同じく、体験者と彼らのファシリテーターたちの意識における進化も反映しているのかもしれない。

生殖的なハイブリッド・プロジェクトが完全にその通りの物質的なものではないと言うことは、その現象の重要性を減じるものではない。しかし、それは経験や意識を通じて知ることができる領域、私たちの物理的世界に微妙なかたちで浸透したり顕現したりするものではあるが、元々はそうではない性質の世界に存在するものなのだと解釈することはできる。もし私たちがその現象をこのように解釈するなら、そしてそれが人間にとって善か悪かという単純な見方をするのでなければ、私たちはそれを脅威として見ることは少なくなるだろう。私たちはそのとき、それを通じて、自分自身の地球に対する関係、不可視の知性体または宇宙の知性に対する関係を発展させることについて学び、究極的には、私たち自身の、新たに出現しつつある心理的・霊的在り方とアイデンティティについて学ぶようになるかもしれない。

＊　＊　＊

エイリアン・アブダクション現象は、体験者たちに、個人的・集合的両面で、彼らを人間の心の最も深いレベルに向かって開かせる、象徴的なイメージの豊かな世界を喚起するように思われる。最初はこれらのシンボルの意味が理解できなくても、彼らはこれが重要なものだと知るようになるようである。このことは、アブダクション現象をたんに地球外生命体の私たちの世界への侵入として考えるだけでは不十分だというさらなる証拠を私に与えてくれた。次は、現象のこの次元について考えてみたいと思う。

# 第三部

Part Three

〈上〉セコイア・トゥルーブラッド（2000年9月、鎌倉の茶会でパイプ・セレモニーを行なう）／〈下〉クレド・ムトワ（1994年11月、南アフリカ、カワカヤレンダバの「物語の家」で、自作の小彫像と共に）
　どちらも、彼らの意識に深い影響を及ぼしたヒューマノイドとの遭遇体験をもっている。

# 第七章

# シャーマン、シンボル、元型

不死鳥はジムには不吉な、脅威的なものに見えたが、目もくらむような光を発していた。それは力と栄光を表わしていた。「それは圧倒的だった。私は魅了され、畏怖でいっぱいになった。私の心臓は早鐘を打ち、ほとんど息もできないほどだった」。

ジム・スパークス
一九九六年八月

# アブダクションとシャーマン的な旅

人間型生物（ヒューマノイド・ビーイング）が、最初動物や他のものに変装して体験者の前に姿を現わすという報告は、アブダクションの研究者にはよく知られている。しかし、なぜそうなのか、どんな深い意味がそこに隠されているのかについては、これまであまり考えられてこなかった。その問題をより体系的に調べたとき私は、アブダクション体験は多くのアブダクティを、日常の心理的・物質的現実のレベルをはるかに超える、シンボルと元型の豊かで意味深い世界に導くことがあるのを発見した。こうした世界や言語は先住民族の人々、とくにシャーマンや、ネイティブのヒーラー、霊的指導者たちにはおなじみのものである。しかし、私たちの主流文化には、キャロルのようにその様式や意味について研究する特別な努力をしたのでないかぎり、あまり知られていない。第五章で述べたように、アブダクティは先住民族の文化や意識に文字どおり同一化する（UFOアブダクション現象を理解しようとしてアメリカ先住民の霊性に「最終的に」行き着いたというスーのコメントに見られるように）。それはとくに、これらの社会の人々があらゆる形態をもつ自然世界に感じる密接な絆のためである。

アブダクション現象を理解しようとするとつねに、私たちはその源泉の神秘に直面する。しかし、体験者たちが元型的なシンボルやシャーマン的なテーマと意識に引き込まれたとしても、それは驚くに足りない。[1] 準備段階の訓練を受けたり、術（アート）を実践する時のシャーマン同様、彼らは体験によって通常とは異なる精神の状態に導き入れられるからである。そこでは空間と時間はその力を失い、人間ではないスピリットの世界が顕現する。体験者たちがそれらの次元と関わるとき、自然とその存在自体が神聖なものとなり、第五章ですでに見たように、伝統を守る先住民たちの経験やものの見方と類似の、地球とその運命に対する畏敬と慈しみの感情が現われる。さらに、変性意識と体験者が経るトラウマ的な厳しい試練は何らかの点で、シャーマン的な旅の厳しさとエクスタシー、スピリット・アニマル【動物の姿をとった守護霊】や他のレベルの現実との遭遇と似ているように思われる。

要するに、そのときアブダクティは自分の体験によって、より深いレベルの心やリアリティに対して開かれるのであり、それは私たちの文化の学校教育では、ほとんど知識を与えてくれない性質のものなのである。これらの次元に対する体験者の自覚が育つにつれ、彼らはますます自分がシャーマンや先住民族たちの自然に根差した意識に引き寄せられ、それに大きな共感をもつようになっていることに気づくようになる。のちにもっと詳しく見る（第十一・十二章）ように、アブダクション現象が喚起する心的・霊的な開示のプロセスは、さらに深い意識のレベルに体験者を連れて行くこともある。そこでは一性、または創造の相互関連性が圧倒的なリアリティになり、物質的な形態はほとんど存在しなくなるかに見える（第八章のバーナード・ペイショットの体験を参照）。

第五章で見たように、ノーナはシャーマニズムに強く引き寄せられた。「私は全くシャーマニズムを勉強したことがありませんでした」と彼女は私に語った。しかし数ヶ月自分の体験を探求した後、強烈な内的な体の振動と、それが起きていたときに感じ、またセッションの間に再体験した意識の変化が、多くの点でシャーマンが意図的に入ることができるらしい精神の状態に似ていることに気づいた。シャーマンの旅で起きるときのように、アブダクション体験は彼女を、「周波数が上がる」状態に導いたのである。ノーナは自分の体験をとくにシャーマン的なイニシエーションにたとえる。「あなたがシャーマンになるとき」と彼女は言った。「イニシエーションがあなたを死の瀬戸際まで連れて行くのです」。同様に、彼女の遭遇体験も彼女を「瀬戸際」まで連れて行った。彼女が「窓を通り抜けて連れ出されるとき、その瞬間は死と出会うときと似ている」のである。

より具体的に言うと、すでに見たように、ノーナはその体験の一つでアマゾン川流域の熱帯雨林のある聖なる場所に「連れて行かれた」のだが、私と一緒にこの体験を探求した四ヶ月後、彼女はボストンで、まるで巧妙に仕組まれたことであるかのように、バーナード・ペイショットに出会ったのであった。彼はブラジルのシャーマンで、当時、自分の国の先住民の人々とブラジル政府、さらなる破壊から残された熱帯雨林を守ろうと必死の努力をしている世界の諸民族を結集しようとする取り組みのリーダーになりつつあった。彼女とバーナードは友達に、この戦いで連帯する「惑星のパートナー」(彼女の言葉)になった。そして彼はノーナを、この政治的プロセスで重要な役割を担う、ブラジルで開かれた先住民のリーダーたちや部族民が集う大集会に招待した。彼女はまた、キャロルにも引き寄せられたが、キャロルは体験者で看護師であり、シャーマニズムをライフワークにしていた。

## 私たちの時代にとっての元型的シンボル

ノーナの遭遇体験は、やせて背の高い、黒っぽい髪をした美しい存在との出会いを含んでいるが、チュニックを着たその存在を彼女はエジプト人だと思った。これらの存在はとりわけ優しかったが、とくにその中の一人に彼女は見覚えがあった。あるとき、彼女はこの人物が――それはかなりしっかりした（「霧みたいな幽霊じゃない」）存在だったが――彼女の体の上に覆いかぶさっていたものの、何か彼女のオーラまたは人間のエネルギー場の外側にいるようだったのを思い出した。彼が手を彼女の上に載せると、彼女は「全体的」だがエロティックではない純粋な愛でいっぱいになった。この存在は彼女に金色のアンク十字を見せて、「これは魔法なのだ」と言った。ノーナはその後、アンクは永遠の生命を表わす重要なエジプトのシンボルだということを学んだ。

ある晩、ノーナがブラジルへの旅行を計画していたとき、彼女は友達の一団と外に立っていて、ひそかに星に向かって、その旅には何が必要なのかとたずねた。その夜の出来事が夢だったのか、それとも目覚めて見たヴィジョンだったのかはわからないが、それは彼女に深い影響を及ぼした。その夢またはヴィジョンの中で、彼女は他の人たちが空に浮かぶ雲だと思うものを見た。しかしノーナは「よく見て」と言った。というのも、彼女には雲ではなくて宇宙船に見えたからである。その宇宙船が近づいてきたとき、彼女は強いエネルギーがそこからやってくるのを感じ、上昇し始めた。下の人々はあっけにとられていた。そしてノーナは疑いやネガティブな言葉が口にされるとき、自分は落ち始めるだろうということに気づいた。

木々の間を通って上へ上へと飛んだとき、彼女の手は純粋な光に変わったように思われた。下の人たちは、彼女が落ちるのは確実だと思って、不安げに走り回っていた。そんなことはない、と彼女は自分に向かって言ったが、その巨大な宇宙船は遠ざかり始めた。そして彼女はゆっくり落ち始めた。そのとき「信じられない白い馬が現われた」。それで彼女は「あの馬に乗ろう」と言ったが、〔下の〕人々は「ダメだ。あの馬には鞍も何もついていない。あなたは〔落ちて〕死ぬだろう」と言った。しかし、彼女はその馬に飛び乗り、そのたてがみにつかまった。そのたてがみはトウモロコシの毛でできているように思われた。それから彼女とその馬は出発し、空を舞い上がった。

ノーナはそのとき、次のような考えと共に「目覚め」た。「まあ、なんてこと！　私はただ求めさえすれば、知りたいことは何でも与えられるんだわ。私が本当の自分を信頼すれば、手綱なしに私は自分がする必要のあることができるのよ」。彼女はこの確信がその存在【先のエジプト人だと思った存在】からやってきたものだと感じた。それは、と彼女は言った。「聖なる源泉からの最も明確なメッセンジャー」なのだと。彼女はそれから、バーナード・ペイショットが彼女を選んでブラジルの会合に出席させたことに、自分がどれほど深く感動したかを語った。それは最初は「こわい（scary）」、「聖なる（sacred）信頼」だったのである。この〔ブラジルでの会議出席の〕機会と上記の夢体験の両方に関連して、「自分自身を開いたとき、人にどんなことが起きるかに私は驚いた」と彼女は言った。その空を舞う白馬の霊的な力と象徴としての意味は、自明であると思われた。多くの文化では、白馬は豊饒と強さ、生命と光を表わしている。この場合、それは彼女を乗せて運ぶ、潜在的な創造力〔の発現〕を確証するものだったのである。(2)

## スー

スーと一九九四年に会ったとき、私はアブダクション現象とシャーマンの入会儀礼の旅との関連についてはあまり考えたことがなかった。しかし、ミーティングの記録を読み返していたとき、それが今ざっと見た基本的なポイントの多くを含んでいることに気づいた。スーは自分の体験が元で、先住民文化について書かれたものを読むようになり、その体験をとくに「シャーマンの旅」になぞらえるようになった。彼女にとってその体験は力または「大きな」夢、「何かを教えてくれる夢」または「ヴィジョン・クエスト【自然の中で独りになって、断食をしながら行なうネイティブ・インディアンの修行の一つ】」のようなもので、その中で「あなたは自分自身を異なった状態に入れる」のだという。

スーは、アブダクション体験に毎度のように伴う強烈な光は、その変容状態を誘発するのに役立っているのかもしれないと示唆した。シャーマンが同じ目的のためにドラッグや音楽、リズム、太鼓、さらには光さえ使うのにそれは似ているのだと。最初、彼女は自分の恐ろしい体験を危険な、「悪の具現化現象」とみなした。しかし、ネイティブのヒーラーのヴィジョン・クエストのときのように、アブダクション体験を通じて、彼女は自分の最も強烈な恐怖と「デーモンたち」に直面するようになった。彼女は「試され続けて」おり、「通過儀礼」のさなかにある。それを彼女は一種の「魂の闇夜」になぞらえるが、それは彼女が恐怖心をなくすまで続くのである。「これが意味するのはそういうことなのです」と彼女は言った。

記憶にある最初のアブダクション体験で、それは私たちが会う九年前に起きたものだが、スーは夜中に二度目を覚ましたのを憶えている。最初は「家の中のものすごい雷の音や光」によるもので、そのときは何か冷たくて丸い探り針のようなものが、鼻から入れられて目の間を通り、頭に入れられているような感覚があった。それからこめかみの片方にも同じことをされているような気がした。額の中央に「途方もない圧力」を感じて、スーは思わず「彼らは何を探してるのかしら?」と口に出してしまった。その体験にはどこかなじみがある気がした。

翌朝、前夜起きたことを思い出そうとしたとき、誰かの手が自分の顔をざっと撫でる感触があって、それで落ち着いた気分になったのを思い出した。そのとき彼女は自分が長い曲がりくねったトンネルを通るのを見たが、そのトンネルの端には柔らかな黄色い光があった。彼女は中央に目がある三角形のものを見た。そして「これら腕のすべてが、角の周りから、この三角形に向かって伸び、異なった人種のすべて、黒、白、黄、赤の、子供の腕も大人の腕も、すべてこの三角形の中心にある目に向かって伸びている」のが見えた。「私はとても快適に感じ、このあと大きな安らぎを感じました」。人類が一つになる、あるいは統合という考えが、このイコンに向かって伸びている多くの色の腕によって表わされているのは彼女には明らかだった。しかし、スーはそのとき、キリスト教やフリーメイソンの聖なる三位一体が中心に目をもつ三角形によって表わされていることには気づかなかった。それはまた、アメリカの一ドル札の裏側の図柄でもある。

その体験の間自分の体が連れ去られていた可能性を否定するわけではないが、スーはアブダクションというよりむしろ、〔人類の〕現在の袋小路的な状況から「脱出する方法」をそれらは示していると考える方を好む。「人間の意識がこれを私たちのために行なっているのです」と彼女は述べる。「それがそう言っている、あるいは他の誰かが私たちを助けているのです。それはギフト、真実です。それは私たちの救済の始まりなのです」。その現象の背後にあるものが何であれ、それは「私たちを最も揺さぶるものを使って、私たちの注意を引こうとしている」。私たちの文化の場合には、と彼女は示唆する。生命形態は機械論的で、テクノロジー的なものである。「普遍的なシンボル」が存在すると彼女は信じているが、次のように言う。「でも、それぞれの文明はそれ自身のシンボル体系をもっているのです。何であれその時代の人間意識に見合った、最も適切なもの、または最もたやすく理解できるようなものを……。機械を相手にする科学者なら、降りてきて『いい、わかってるわね。あなたはあなたの世界に対して何かしなければならないことがあるのよ』と言おうとする天使より、私たちを物質的に操るETのようなものの方が受け入れられやすいでしょう」。たぶん、とスーは考える。「ETや宇宙船は受け入れ可能な（つまり、〔現代人にとって〕知覚可能な）現象だということになる」のだろうと。私たちの場合、「それは古代ギリシャの神々のようなものではありえない」。なぜなら「誰も神々を信じないから。だとすると、次に一番いいのは？　私たちを操る、科学的な実験を行なう地球外生命体ってことになる。私はその可能性があると思います。こういうのは元型、現代風の元型なんです」。

## エイリアンとの遭遇とアニマル・スピリット

鹿、アライグマ、猫、フクロウ、ワシ、ヘビ、そして蜘蛛は、アブダクティたちが自分の体験で遭遇する動物の中に入っている。目がその動物にしてはあまりに大きすぎたという彼らの記憶は、しばしば他の種類の存在がこうした特定の形態で姿を現わしていることへの手がかりを提供する。最初のセッションで、キャロルは空から彼女のところに降りてきたフクロウのことを思い出した。しかし、さらに調べて行ったとき、そのフクロウは彼女の顔のそばに浮かんでいたが、その羽根はパタパタ動いているようには見えず、その「大きな黒い目」が頭部の「三分の一」を占めていることもわかった。「これはミュータントのフクロウか何かだわ」と彼女はそっけなく言った。

私はバーナード・ペイショットに、アブダクションの体験者が初めに動物の姿で遭遇するグレイ型エイリアン（彼の部族ではそれをイクヤスと呼ぶ）と、先住民の人々の間で人と動物の世界を結びつけているパワー・アニマルとの間には何か関係があるのかとたずねた。「それは全く同じものです、ジョン。それに関しては疑いの余地がありません」と彼は答えた。「私たちが彼ら（イクヤス）に、何らかのセレモニーで、動物の姿をとって現われるよう頼むと、彼らはそうします。そして彼らの中には、いつも同じ〔動物の〕姿で現われるものもいるのです」。たとえば、と彼は言った。「パワー・アニマルとして黒豹をもっている部族は、セレモニーを行なっているときはいつでも、黒豹を見るのです。それは豹の姿で現われる同じヒューマノイドなのです」。その存在たちは人間になじみのある形態をとって現われるように思われる。バーナードの説明では、それはおそらくその人が最も強いつながりをもつアニマル・スピリットなのである。

彼はバッカローロについて話した。それは彼の部族の間で行なわれている葬儀のセレモニーで、その際、死んだ戦士の体が焼かれ、灰と焼け残った骨のかけらは、生者の間で生き続けることができるよう、友人や親戚に送られる。彼は、ある大きな火葬セレモニーで、一羽のフクロウが現われて木のてっぺんに止まったときのことを憶えている。年配の人たちは「イクヤ、イクヤ、イクヤ！」【三一九頁訳註参照】と繰り返し唱えた。バーナードは彼らに、なぜその生きものがフクロウではなくイクヤだと思うのかとたずねた。トランス状態に入っていたので、自分にはそのフクロウの周りに光と力があるが見えたのだと、彼らは答えた。それは彼らに、それが変装したヒューマノイドであることを教えたのである。また、彼らがフクロウに変装したイクヤスに向かって矢を放つときは、その矢はフクロウを殺すことなく、その体を通り抜ける〔と言われている〕。

しかし、動物はエイリアンであることを隠すためだけにアブダクティの前に現われるのではない。それらはまたその出現の意味が探求された場合にだけ明らかになるシンボリックな力を伝えているのかもしれない。その体験の一つで、カリンは葉でできた大きな天蓋（てんがい）のついた巨木を含む暗い空間に入った。その木の別の枝々には、小枝を集めて作られた大きな巣と、そのそれぞれに静かに安らいで座っているワシがいた。「私は何かを見せられているのだ」とカリンは強く感じた。このイメージについての私たちの検討は不完全なものだったが、そのワシは彼女の空高く舞うより高い自己を表わしているように見えた。一方、巣とその木は彼女の母性や気遣う性質、そして生命それ自身の力と関係している。

ウィルがそれまでにトーテム的な象徴体系、パワー・アニマル、アメリカ先住民たちの意識と関係するものについて考えたことがあったのかどうかは、私にはわからなかった。とにかくある日、PEERの常任理事、カレン・ウェソロウスキーと私はセント・ローレンス川の土手の聖なる場所に、彼と、その川にタバコの捧げものをするために私たちを招いてくれたモホーク・インディアンの女性の友人、マーリンと一緒に座っていた。

そのセレモニーが済んだ後、太陽が雲の間から現われた。するとマーリンは、これは私たちの捧げものに対する応答だと言った。その後、私たちはめいめい、体験や、ある特定の劇的な瞬間の際に空に現われたことのあるサインまたはシンボルについて話し合った。マーリンは、西マサチューセッツでのアメリカ先住民の集まりで、ワシの羽根のかたちをした雲が、重要な瞬間に空に現われたという話を聞いたことがあったのを思い出した。

マーリンがこの話をした後、ウィルは数年前のある出来事を思い出した。そのとき、彼はニュー・メキシコに行く途中だった。事前にある友達が彼にタバコを渡し、それを祈りの捧げものに使うよう頼んでいた。タオスで、ウィルはそのタバコを捧げ、三時間祈っていた。そのとき、ある声が彼にこう言った。「君の名前は傷ついたワシだ」と（ウィルが十五歳の時、珍しい事故で片腕を失っていたことを、私たちは思い出すかもしれない）。ウィルと知り合ってから二年たっていたものの、この名前はカレンと私には初めて聞くものだった。しかし、マーリンはためらうことなくウィルに、あなたの名前は傷ついたワシで、ワシのように空高く舞うが、それは片方の翼だけでだと言った。

腕が一つだけのおかげで、ウィルは友達やコミュニティに依存することが多くなったとはいえ、自分のハンディキャップによる制限のために生じた内的変化と、自分のアブダクション体験を通じて学んだこととの分かち合いは、実際に人々の輪を広げるのに大きな贈り物になっていた。セント・ローレンス川で、ウィルは自分が思春期にしたあやうく彼の命を奪いそうになった電気の事故の詳細を、私たちと分かち合うことができた。その事故で彼は片腕を失い、片方の尻にも重傷を負っていた。私たち四人の間で、人の負傷や治癒と、それが先住民族の人々とより大きな人間のコミュニティによって必要とされる傷や治癒にどう関係するかについての意味深い会話が行なわれた。

## 蜘蛛

私にはいくらか意外だったが、蜘蛛はアブダクティのイメージの中にはかなりよく現われる。蜘蛛は複雑な象徴体系と関連していて、すべての創造の網の目の中心や、太陽とその光線、太母（たいぼ）や月の女神、運命の紡ぎ車、そして誕生と死の力など、様々なものを表わす。それはまた、多くの人々にとっては胸がむかつく、ぞっとするものとして感じられるだろう。イザベルには、蜘蛛はエイリアンが偽装したものに見える。彼女は自分の手と同じほどの大きさの「明るい茶の斑点をもつ大きなタン・スパイダー」の「夢」を見たことがある。「でも、それはほんとの蜘蛛のようには見えなかったのです」。その蜘蛛が部屋中に何百匹となくいて、それらは「ロブスターの殻みたいに」ツルツルした光る胴体と、顔全体を覆う「大きな黒い、怒ったように見える蜘蛛の目」をもっていた。その中で最大のものは、「サソリの尻尾みたいな、大きなツノが頭の横から突き出て」いた。

一度、カリンが働いているパブの客が、ニワトリの心臓が入った袋を彼女にくれたことがあった。それはぞっとするようないたずらで、彼女を震え上がらせた。どうすればいいかわからなかったので、彼女はその心臓を冷凍室に入れた。そしてその夜ベッドに入ったとき、彼女は強いヴァイブレーションを感じた。彼女の次の意識的な記憶は、宇宙船の一室（「医用室ではない」）にいて、「この蜘蛛が私の腕を這いのぼって」いるところだった。「私は蜘蛛は嫌いなのよ！」と彼女は叫んだ。「すると彼ら（宇宙船のエイリアン）は蜘蛛をそこにいさせるよう私に求めた。私は蜘蛛にそこにいてもらいたくなかった」。それで彼女は彼らに向かって、その蜘蛛をどかせて、どこかにやってちょうだいと叫んだ。しかし彼らは、それはそこにいる権利をもっているのであり、彼女を傷つけることはないのだと言い張った。「私は死ぬほど蜘蛛が嫌いなんです」と彼女は言った。〔両者の〕意志の戦いは、「蜘蛛は私と全く同じ神の、宇宙の一部なのだから大丈夫」という考えが彼女のところにやって来るまで続いた。

ちょうどカリンが蜘蛛はトリックなのかどうか考えていたときに、あたかも彼女を試すかのように、イメージ――たぶんホログラフィー的な――を見せられたのだった。「彼らは私の胸を開いて、心臓を取り出しました」【話の展開が唐突に見えるが、蜘蛛と心臓は彼女の意識ではつながったシンボルだからなのだろう】。彼女はそんなことは起きないと激しく抗議した。「あなたは誰かの心臓を取り出したりはしないのよ」。この時までに、彼女は心臓や、メタファー、シンボルその他についてかなりのことを学んでいた。そして私たちに、これはすべてメタファー、「愛であり、生命であるものを表わす元型」なのだと示唆した。彼女はさらにシンボル的なレッスンについて述べ、ニワトリから牛に至るまで、すべての動物がどのようにして心臓をもつ〔ようになるの〕かを語った。「私に自分の心臓を見させる」ことの教訓は、と彼女は言った。すべての動物は心臓をもっているが、ケージに入れたり殺したりして、私たちが家畜から「生命の網の目に参加する権利」を奪っているということを彼女に見せることにあったのだと。アメリカ先住民は、と彼女は言った。狩りをするたびに食べ物に祈りを捧げ、栄養を与えてくれる地球とそれぞれの動物たちに感謝を示していた。彼らは「自分の命を与えて、後世で、それが何を意味するにせよ、生命の一部になれるようにした」のだと。「食べ物は神聖です。食べ物は神であり、愛なのです」と彼女は言う。あのパブの客の行為は、カリンの中に心臓の真の、神聖な象徴性と意味を呼び覚ます種類の冒瀆行為だったのだ。

セコイアの場合、蜘蛛は彼の人生における決定的な時期に重要な教師としての役割を果たした。一九八七年の夏、彼は四十七歳で、ノースカロライナの様々な刑務所施設で一年を過ごしたところだった（第九章参照）。それは違法薬物の所持、密輸、販売の罪で連邦や州の矯正施設に入れられた、何度かの拘禁生活の最後に当たるものである。彼はヨガや瞑想、心理療法を含む集中的な個人的ワークをやり、ノースカロライナのチェロキー族保留地で若者向けのヒーリングプログラムを作るために先住民の長老たちと共同して作業に当たっていたが、セコイアは「いつでもこの惑星を去ってスピリットの世界に戻る準備はできている」と感じていた。崖の上に、彼が好んでそこに腰掛け、足をそこから垂らし、谷を見下ろしていた一つの岩があった。ある日、「私は心がオープンになるに任せていた。そして自分の隣にこの蜘蛛の巣があるのを見た。私は蜘蛛がそこで作業をしているのを見た。すると突然、その蜘蛛が私に教え出した。それはこう言っているかのようだった。『見なさい。これらの関係はどれほど入り組んで複雑であることか。宇宙とはこういうものなのだ。母なる地球では物事はこんなふうになっているのだ』と」。

その蜘蛛は彼にこう言っているように見えた。「おまえは歩道から森を通ってここに来るまでに、どれほど多くの関係を破壊したと思っているのか？　ここを出て戻るとき、何かを踏みつぶさずにすむよう自分に何ができるかを考えるがいい」。その蜘蛛はセコイアに、彼は十分優しく地面を歩いていないことを教え、靴の代わりにモカシン【昔のインディアンが履いていた、一枚の皮でできた柔らかい履物】を履くように言った。というのも、彼の民族は昔、地球に対してより敬意を払った歩き方ができるようにそれを履いていたからである。その後、セコイアはモカシンを履くようになった（「今はもはや一足の靴さえ持っていない」）。そして伝統的な先住民の衣装を着て、ホワイトハウスの会議やハーバードの卒業式に出席するときですらそうした。

それからその蜘蛛は言った。「私を見なさい、私を見なさい」。そしてセコイアはそれがどんなに優しく巣の上を動き回るかを見たが、それは「私に優しさとその必要性を教える」ものだった。蜘蛛を見ているとき、突然、彼は右目で、崖の下から自分の方に向かって飛んでくるきらきらする紫色の光を捉えた。彼はまもなく「ほとんど昆虫のような」透明の羽根をもつ、ある存在の姿を見た。それには胸があった。「私はそれが女性だとわかりました。そしてそれは手と腕をもっていたのですが、私の前にまっすぐ上がってきて、そこで羽ばたいていたのです」。セコイアはこの存在は彼をスピリットの世界に連れ戻すために来たのだとわかった。「それで私は知ったのです。彼女は私の方に手を伸ばして、いつでも私の足に触れる準備ができていたのですが、もし彼女が私に触れれば、私は彼女と一緒に行くことになるのだと。それで私は突然叫びました。『いや、私はまだ行く準備ができていない』と」。彼がそう言うと、その存在は「まるでわかったと言うみたいに」身をかがませ、「それから下に降りて、消えてしまった」。この体験は、これまで私が見た中で最も熱烈で生産的なものと思える、先住民のリーダーとしての彼の人間奉仕の歳月を告知するものだったように思われる。

## エイリアンの形態と人間の心

そう信じている体験者がいるように、ヒューマノイドがどういう姿をとって現われるかは、「先方の」様々な存在たちのイニシアティブ、または体験者の精神とは別個のエイリアン側の「アジェンダ」に依存するのと同じくらい、体験者自身の意識のレベルにもよるのかもしれない。爬虫類型エイリアンは、暗い内部の力と格闘している人たちの前に現われ、働き蜂的なグレイは、自分のリアリティを受け入れる準備がまだできていない人々の心を開くためにやってくる、光り輝く存在は悟りを得た人たちに現われる、等々である。このことはもちろん、体験者が自ら選んだエイリアンを招き寄せる、または召喚するということを意味するものではない。この考えが厄介なのは、それは微妙なレベルでは何らかの妥当性をもつかも知れないが、隠れたエリート意識が関わってくる場合があることである。私はかつてあるイギリスのUFO研究者が全く大真面目に、金髪のノルディックタイプだけが――平凡で小柄なグレイではなく――大英帝国を訪れると宣言したという話を聞いたことさえある。私自身の経験では、これは明らかに間違った、馬鹿げた話である。

しかし、私たち一人一人が、実際上は意識のあらゆる可能性を自分の存在の中に潜在的にもっているということはありうる。訪問者がどういう姿で現われるかは、人生航路上の特定の時期にもつ、その人の意識の方向性と関係があるのかもしれない。カリンの場合、以前は見たことがなかった醜く、こわい、トカゲのような存在との不愉快で恐ろしい遭遇は、彼女が「爬虫類的な」エネルギーや、自分が働いているパブの客である、粗野な建設労働者たちへの感情と格闘している時期に起きた。彼らの意識レベルを、彼女は自分の体験を分かち合うことを通じて引き上げようとしていたのである（第十一章のグレッグの話も参照）。カリンの見るところでは、彼女はこうした体験を自ら引き寄せてしまった。なぜなら、彼女は自分自身の怒った、フラストレーションのたまった、批判がましい部分と取り組んでいたからである。そして彼女は、バーの客たちの〔粗野な〕エネルギーと、自分の「爬虫類的なもの」との遭遇、そして彼女が統合しようとしていた自分自身の心の中のネガティブなまたは怒り狂った感情の間に、ある種の「共鳴」が起きているのを見た。

キャロルの体験は、エイリアンは最初、その人自身の知覚的な背景や枠組みに沿った、なじみのある、理解可能な姿をとって現われるというバーナードの考えをよく例証している。彼女のヒーラー的な強い資質が看護の仕事に彼女を就かせたのだが、同時に、キャロルはつねに他の文化への強い関心をもち、大学で人類学を勉強した。「私は他の人たちがどんなふうに世界と関わるのかに興味があるんです」と、彼女はロバータ・コラサンテと私に、最初のセッションのとき言った。そして、私たちの文化の人々の通常の体験とは違う「多くのレベルの他の知覚がある」のだと言った。世界中の先住民族の人々のように、キャロルはリアリティの他の心理学的な次元に気づくようになり、それを私たちがなじんでいる物質的な世界とは区別している。彼女の十代の娘カーラは、たいへん早熟だというが、キャロル自身が姿を変える動物とコンタクトを取る体験をしたときと同じ「心像の領域」に入る能力をもっている。母親がそれについてたずねたとき、カーラはそれは「たんなる別の世界」なのだと答えた。

私に会いに来るまでに、キャロルは先住民族について読み、広く彼らの間を旅していた。そして先住民の信仰やシャーマンが行なうことについてよく知っており、それは彼女の心理的・霊的成長の上で大きな役割を果たしていた。彼女は今、公の場でこれらのテーマについて話している。そして、ネイティブの人々の物の認識の仕方について特別な理解をもっている。彼らは西洋の物質主義的な世界観の内部で訓練を受けた臨床家や科学者より、ずっと自分の直接体験や、意識の変性状態の活用に信を置いているのである。

キャロルが最初私に相談に来たのは、自分の人生にずっとつきまとってきた悩ましい体験が私が書いたものに適合するように思われ、それが先祖崇拝や、霊の訪問、シャーマン的な旅などについての自分の知識の枠組みの中にはうまくフィットしないことに気づくようになったときであった。多くのアブダクティたちと同様、キャロルにとって、フクロウはとくに自分の人格の発達で重要な役割を果たしているように思われた。それはおそらく、フクロウが日常生活の中心的な世界と、シャーマン的な宇宙のより暗い地下世界との間につながりを提供するからだろう【フクロウは周知のとおり夜行性である】。この生きものとの彼女の関係は何か不安にさせるような要素をもっていたが、キャロルはフクロウを「スピリット・アニマル」とみなすよう

になっていた。この場合、「不安にさせる」というのは、一つには、フクロウのイメージが彼

女のところにやって来るのは夢の中だからであり、その夢ではフクロウの目は真っ黒で、頭に

比してそれが不釣り合いに大きすぎたからである。[3]

キャロルは夢を三つのタイプに分けている。まず通常の夢。次は「スピリット」の夢で、そ

れは先住民の世界での彼女の体験の要素を含んでいる。そして三番目が、より悩ましい種類の

「夢」である。スピリットの夢は霊的なガイドを含み、彼女は朝、快適な気分で目覚める。そ

の夢は畏敬や、ときにショックを伴うことはあっても、そこに恐怖はないからである。三番目

の夢は異なっている。最初会ったとき彼女はそう語ったのだが、それは「ひどく強烈で、生々

しい」のである。そして彼女は恐怖と共に目覚め、体は汗まみれで「心臓が脈打って」いる。

こうした恐ろしい夢は、キャロルが言うには、実際に起きているが、「この次元では起きなかった」ことなのである。

五歳の初め頃、キャロルは自分の知覚能力が変化し始めているのに気づいた。しかし、彼女に思い出せる、その存在たちが姿を現わした最初の体験は、十歳頃に起きた。キャロルは献身的なローマカトリックとして育てられたが、十歳から十三歳の間に、カトリックの教えは彼女にとって意味を失い始めた。この頃、彼女は時々〔夜中に〕目を覚まして、白いローブを着た光り輝く存在を見た。彼女はこの人物を自分が教わった「聖なる存在の文化的イメージ」から区別するのに困難を覚えた。それで彼女はそれをイエス様だと考えた。「それはカトリックの

教会で見る長い黒髪と黒っぽい目をしたあの男の人です」。キャロルは、その存在が廊下を通って彼女の部屋に入り、ベッドのそばに立ち、それから彼女の隣に腰を下ろして、「言葉を使わずコミュニケート」したのを憶えている。もしもその存在があれほど大きな黒い目をもっていなければ、彼女は今でもあれはイエス様だったと思うかもしれない。こうした体験の後は、彼女はとても怖くなり、よく母親を起こしたものだった。

キャロルと私は、数回のセッションを、私たちが最初会う数ヶ月前に起きたとくに生々しく悩ましい恐ろしい「夢」を調べることに使った。この「夢」の中では、フクロウのイメージが大きな役割を果たしていた。彼女は草の生えた小山か丘の斜面に横になって、空に浮かんだ小さな雲を見ていたが、そのとき体を動かすことができなかった。その雲は回転しながら彼女の方に向かって降りてくるように見えた。彼女は風が吹くのを感じ、ハイピッチのブーンという音を聞いた。そして自分の周りに明るい光を見た。その物体が近づいてきたとき、それは一羽のフクロウに見えた。彼女は恐怖と畏怖心が混じったような感情をもった。頭の向きを変えると、重い皮の上着をはおった、頭に枝角（えだづの）のかぶりものをした典型的なシャーマンのような姿が見えた。キャロルはこれを、森の動物たちを治める半獣半人の古代ケルトの神、ケルヌンノスだと思った。

空からやってきたフクロウが近づいてきたとき、キャロルはそれがフクロウにしては大きすぎるのに気づいた。その黒い目は少なくとも幅が四インチ【十センチ】はあった。そして羽毛や嘴のような他のフクロウらしい特徴はなかった。次に、彼女は自分の口と胸に強い圧迫を感じたのを思い出した。まるで枕が押しつけられているみたいで、息が苦しくなった。それからその体験はネガティブなものに急に「エスカレート」した。彼女はパニック状態で目覚め、ゼエゼエ息をした。心臓がドキドキし、体中汗びっしょりだった。

キャロルと私は、彼女がもっとはっきりとそれが再体験できるよう、リラクゼーション・エクササイズで、同じ場面をもっと詳しく調べることにした。今度はその光は目が眩むほど明るく、それ自身が一つの圧力をもっているように思われた。草は茶色で枯れていた。そして地面はザラザラして「とても硬い」ように見えた。クルクル回りながら近づいてきたとき、それには明らかに翼がいて、動かないように見えた。フクロウはその灰色っぽい白い光の源になっていないことがわかった。それは幅が数フィートもある大きなものだった。黒い目をもっているように見えたのは、彼女のそばに立っている「シャーマン」だった。彼女はそれがケルヌンノスかシャーマンだと思ったのが間違っていたのに気づいて、泣き出した。「彼はニセモノだわ！」と彼女は苦々しげに叫んだ。「彼は私が見ているものじゃない。彼はそれじゃない。彼はシャーマンじゃないのよ！　彼は先史時代のもの【ケルヌンノス】じゃない。私は不愉快で、息ができない！」。

さらに激しく嗚咽するようになったとき、私はキャロルに謝り、リラックスして深呼吸するよう彼女を励ました。「私にとってとても大切で素晴らしいもの」が取り去られてしまった。「それはきれいな外観が消えてしまうようなものです」と彼女は恨めしそうに言った。この時点で彼女を最も恐れさせ悩ませたように思われるのは、〔その体験の〕非人格性とコントロールの喪失だった。「それは猫をカゴに入れて獣医の検査に連れてゆくようなものです」と彼女は言った。「動物がもっている野生の外見」〔が台無しにされる〕。彼女はさらに、自分に押しつけられていたと感じる、明白な裏切りと欺瞞についてもこぼした。「うっとりさせられる」または「畏敬心を起こさせる」光景が、実際はそうではなかったのだから。その「フクロウ」は全然動物ではなかったし、彼女はもはや外の丘の上にはいなかった。その代わり、彼女は自分を見下ろして「監視し、コントロールしている」見覚えのある存在を前にして、恐怖を感じたのである。

その場面はそれから、手術室のようなところに変わり、その中でキャロルは、自分の周りや向こうを見るのを妨げている明るい光を見ながら、吊るされるか空中に浮かばされるかしているように感じた。フクロウはこの手術室のような場所または構造物に取って代わられていた。私はキャロルに、その存在についてもっと思い出せることはあるかとたずねた。主に彼女が思い出したのはその目で、黒い「球根みたいな、丸い卵型の目だったので、たぶんそれが私にフクロウのイメージを与えたのでしょう」と彼女は言う。のちに私たちは、フクロウの目と考える原因となったその存在のイメージと、空で回転している物体、UFOの特徴をいくぶんもっているように見えるそれとを、彼女が一緒にしてしまったのだという結論に達した。

その体験は彼女にひどい動揺を残した。彼女は自分の信条体系が、彼女を操ってそうでなければトラウマ的な体験になったであろうそれを受け入れ、さらには好きにさえなるようにするために「利用」されたのだと感じた。自分の信条体系をつくり上げるのには長い時間がかかったのだと、彼女は言った。だからこの体験を統合するのは困難な作業になるだろうと。にもかかわらず、この出来事を再体験することから、「私は今でも自分の信条体系に対して妥当だと感じる〔他の〕体験をしている」が、「これは新しいもの」だということを学んだ。

それから数ヶ月の間、キャロルはこの体験をヒーラーや教師としての自分の旅と和解させようと悪戦苦闘した。この遭遇体験を調べてみるまで、彼女はある程度の確実感、習熟し、コントロールしているという感じさえもっていた。シャーマニズムや先住民族の信条の世界に、自分をかつてないほど深く浸していたからである。「以前、私が先祖やスピリットにコンタクトするために瞑想していた頃は、私はとても安定して、快適に感じ、それに自信がもてたのです。ところが今は……」。今や彼女は自分の理解の枠組みには適合しないもの、なじみのある、コンタクトを生み出す伝統的な手法によってではなく、彼ら自身のルールに従って姿を見せるように見える無作法な実体に直面させられていた。彼女は怒りと、それが何者であれ、これらの存在が魔法使いのように彼女の知覚と信条を操って、自分の実際の姿を彼女から隠すことができるということに裏切りを感じた。「彼らはあなたのものの見方を変える能力をもっているのです」と彼女は述べた。

しかし、キャロルはだんだんとこれがレッスンであるということに気づくようになった。彼女の分析的な精神は、自分のコントロールが利かない体験に対する「自然な反感」（彼女自身の言葉）や、未知のものへの恐怖とも相まって、「違った霊的事物を探求し続ける上での足枷」になっていたということである。彼女は「誰かがあなたを騙すために、あなたのスピリチュアルな信条を利用するという考え」には反対し続け、自分の理解力が「霊的な存在を装う何か他のものによって奪い取られる」のはイヤだと思った。しかし彼女はまた、自分が「他の何かとずっと自発的でない」コミュニケーションをとっているということは受け入れるようになった。「私は今では以前はあまり信じていなかったものを信じています。あなたがそういう言葉を使いたければ、地球外生命体と言ってもいいし、エイリアンと呼んでもいい。今ここには別の集団がいるのです」。

彼女はこのことや、これと関連する遭遇が神的な起源のものであるかどうかについて論じ続けた。彼女は「スピリチュアル」という言葉を、もっとポジティブで「高度な」性質の体験のためにとっておきたいようだった。「エイリアンという言葉そのものが」と彼女は言った。「それが私たちの世界の外部にあるということを伝えているのです。エイリアンは私たちの生命の霊的な部分にはフィットしません」。さらに、と彼女は論じた。「あなたは自分が虐待されて、それは神の御計画だと言うような人、虐待されてそれから学びたいと言うような人の相談を引き受けようとはしないでしょう」。「でも」と彼女は結論した。「私は通常の領域の外にあるどんな体験も目的をもっていると信じています」。これらの遭遇の目的がどんなものであれ、とキャロルは言う。ヒーラーとして成長するためには、「私は自分には愉快でないものにも出会わねばならないのです。それは私が恐れ知らずだということではありません」。彼女はある程度まで、その存在が彼女のシャーマニズムへの信頼や、霊的ガイドへの信仰を利用していることが、そうでなければより悩ましい、トラウマ的な体験になったであろうことを和らげたり「マスク」したりする助けになっていることは認めている。

「たんなる目的ではない、正しい目的を見つけることは重要」だと彼女は考え続けているが、これらの体験の「目的」は今も謎であり続けている。彼女は、少なくとも一部は、自分の信条体系の中で物質の世界と霊的領域を分けることによって、そのような悩ましい、侵略的で、トラウマ的でさえある遭遇体験が「妥当な霊的体験」になりうるかどうかという問題には決着をつけている。「彼ら(それらの存在)は異なった世界から来ているのかもしれない」と彼女は言った。「でもそれらは、私たちと同じ程度に物質からできているのです」。こうした体験の探求から一年半後、ある会議でのプレゼンテーションの中で、キャロルは次のように論じた。物質的な世界それ自体が、多くの「異なったレベルと次元」をもっているのかもしれないと。アブダクション体験は強力な物質的・霊的インパクトをもっていると同時に、「私たちの物質的な世界と重なり合う別の物質的領域」への「入口(ポータル)」を提供しているのかもしれないと彼女は示唆する。「シルキーズ」と呼ばれるアザラシのような実体とコンタクトを取ってきたスコットランドのアウターヘブリディーズ諸島の人々のように、より大きな霊的高みの達成が、別の物質次元の存在との交流を通じて可能になるかもしれないと、キャロルは考えるのである（ウィリアムソン 1992）。

## シンボルを通じての教え

アブダクティたちはよく、宇宙船の中で奇妙な書き物を見たとか、見せられたとか報告している。彼らの推測ではそれは、自分たちには理解できない何らかの種類の象徴体系を表わしている。（パザグリニ 1991, 1994）。ジム・スパークスのケースは、この点ではふつうでないように思われる。というのは、彼の「エイリアン・ブーツキャンプ」での体験は、エイリアンたちによって主にシンボルを通じて教えられる、理解可能なカリキュラムを含んでいたからである。そのシンボルの意味を、彼らは徐々に彼にわかるように教えたのだった。エイリアンたちは、とスパークスは示唆する。「コミュニケーションの共通の土台を作るためにシンボルを用いる」のだと。それぞれのアブダクションの前に、エイリアンたちは彼に一つのシンボルを見せるのだという。最もよく出てくるのがフクロウで、それは彼の視覚野か意識に、ホログラムのように映し出される。フクロウが出てきたときは、と彼は書いている。「学校の準備ができた、または学習の時間」なのだと。

宇宙船でのレッスンは、とくに彼に様々な複雑なシンボルの意味を教えるのに使われる。彼は、体の他の部分と一緒に指を動かす電気のようなエネルギーによって、それらを描くよう指導された。「シンボルは」とスパークスは示唆する。「地球外生命体と人間の間でメッセージをやり取りする際の共通の土台」なのかもしれないと。自分の経験を通じて、彼は「特定のシンボルは私たちと彼ら両方に同じ意味をもつ、違いはコミュニケーションのスピードにあるだけ」なのだということを学んだ。

あるとき、ジムは午後の中頃、居間の安楽椅子に座っていた。彼は疲れていて、頭痛がしたが、それは前夜その存在たちに「引っ張られた」せいだと思っていた。と突然、彼は自分の体が静止した電気に囲まれているかのように感じた。それから、腐った卵のような不快な硫黄(いおう)臭がした。どこからともなく、ビー玉ぐらいの大きさの燐光(りんこう)を発する緑の光の球が三つ現われ、彼の前方五フィートほどの空中に浮かんでいた。それらは三角形を形成し、彼のコーヒーテーブルの真上にまで降りてきた。三角形(それ自体、永遠の生命を意味する重要な普遍的象徴)の中心に、一羽のフクロウの像が現われた。そして彼は「恐怖で凍りついた」。「学校! 学校に行く準備をしろ! それは学校のシンボルだ」と彼はうっかり声に出して言ってしまった。するとフクロウは消えた。

別のときに、ジムはシンボルによって瞑想させられる、奇妙な体験をした。それは彼の性格についての一種のテストのように見えた。それは存在たちが彼の車から彼を「エスコート」して、牛の牧草地を通り、着陸した宇宙船に連れて行かれた時に始まった。宇宙船の内部で、巨大な赤い蟻が円形の空間の中を這い回っているのに彼はすぐ気づいた。ジムの見積もりでは、その蟻は直径が十八インチ【四十五・七センチ】ぐらいあった。「実験」「殺す」という言葉が、彼にテレパシーで伝えられた。同時に、「殺す」という言葉が殺害の意味と力を表わすシンボルと隣り合わせに、壁のスクリーンに映し出された。そのとき存在たちは彼にテレパシーで、「ソノ蟻ヲ殺スタメニ殺害ノ象徴ヲ描ケ」と伝えてきた。ジムが抵抗すると、空気圧が部屋の中に形成されたように思われた。そして彼の心臓はドキドキし始め、心臓発作が起きるのではないかと恐れたほどだった。

ジムはそのシンボルを描くことが蟻の死を招き、それによって自分の苦痛と不快が終わるだろうことはわかっていたが、妥協することを拒み、おまえたちは私を強要して何かを殺させることは決してできないんだ、と叫んだ。そのとき、彼はまだ激しい痛みと不快感を経験していたが、かなり背の高い存在が彼の前にやって来て、「私の頭の右側頂上部をじっと見つめ始めた」。その存在は強烈な何か強いものを放射しているように見えた。そしてあたかも弱点を探しているかのように、「私は彼が私の心の深みにあるものを探査しているのを感じることができた」。どうやら傷つきやすい領域が見つかったようだった。ジムの前に、病室で彼の兄が心臓をぐっとつかみ、死に瀕しているように見える姿が現われたからである（これは実際に彼の兄に起きていたことではない）。ジムはそのとき、「殺す」を表わすシンボルを描くことによって、自分がこれ以上兄を苦しめることは避けられると信じた。彼がそうしたとき、その赤い蟻はすぐに体を丸めて死に、ジムの不快感は和らぎ、兄が苦しんでいる残酷な像も消え、そのエイリアンは彼から離れた。

その体験はジムに後味の悪い動揺と混乱を残した。彼は泣きながら座って呟いた。「何で君たちは私にこんなことをするんだ?」。それに答えるように、彼はテレパシーでこう伝えられた。「ワレワレハ確カメネバナラナカッタノダ」。「確かめるって、何を?」とスパークスはたずねた。「君ハ殺シ屋デハナイトイウコトヲ。ソシテ君ハ殺シ屋デハナイ」。それから彼は意識を失った。そして再び意識を取り戻したとき、彼はまだ体が麻痺したまま車の中に戻り、運転席に座って、自分の頭がシートの上に「ガクンと垂れ」、首筋に鋭い痛みがあるのに気づいた。彼の妻は隣の席で「眠って」いた(「スイッチを切られた」みたいに)が、彼がエンジンをかけると目を覚ました。車の時計を見たとき、彼らは二時間が経過しているのに気づいた。首の痛みは、ジムが長時間、頭を妙な位置に置いたまま車の中にいた可能性を示していた。おそらく二時間そうしていたので、彼の肉体がどこかに連れて行かれたということはなかったのだろうと思われた。

ある日、ジムが宇宙船の中のティーチング・マシンの前に座っていたとき、部屋の中の光が暗くなった。左側数フィートのところに、強烈な光と、驚くほど鮮明な、切り立ったごつごつした崖の映像が見えた。その崖のてっぺんには、一羽の大きく壮麗な鳥が止まっていた。その鳥は彼にとっては不吉な、脅威的なものと見えた。その鳥は目もくらむような強い光を発しており、彼は「それが力と栄光を表わしている」のに気づいた。「それは圧倒的でした。私は畏怖でいっぱいになって見惚れてしまいました。私の心臓はドキドキして、ほとんど息もできないほどでした」。「進行中」のすべての活動は止まり、エイリアンたち自身がその偉大な鳥に目が釘付けになって立ち尽くしているようだった。するとその鳥は飛ぶ準備ができたかのように翼を広げた。そして突然、それは飛び立ち、宇宙船の中の活動は何事もなかったかのように再開された。

存在たちは彼が今見たものは何だったのか、直接説明しようとはしなかったが、ジムには何となく、その大きな鳥が不死鳥だということがわかった。それは「銀河のあらゆる場所から、または他の次元からやって来るエイリアンたちの種族」を象徴していた。不死鳥は、とジムは書いている。大いなる深みの、「とても深い、自然の中に普遍的に存在するもの」のシンボルであると。それは特定の人の中にも含まれる、「この死につつある惑星を完全な環境破壊から救うプロセスの中」に働く、組織化された構造または知性体を表わすのだと、ジムは信じるようになった。不死鳥は実際、ジムが学んだように、古代の普遍的な霊またはシンボルで、多くの文化にとって偉大な力と意味を伝えるものだった。それはとりわけ、破壊と再生を、火による死と再誕を、優しさ（それは何ものも傷つけず、どんな生きものも餌食としないがゆえに）を、月と太陽に関連する神々を、あらゆる二元性の超越を、表わしている。最後に、それは全宇宙を構成するすべての元素を内包するのである。

## 誕生、再生、死、そして変容のシンボル

第四章で私は、アブダクション体験者たちが思い出すトンネルや光のシリンダーが、彼らが宇宙船へと運ばれる際に使われるエネルギーを含んでいるように思われる多くの例を挙げた。これらの導管を通って宇宙に行く通路はまた、メタファー、誕生のプロセスの元型的表象でもあるように思われた。デイヴは、私は彼に一九九二年に初めて会ったのだが、意識的に多くのアブダクション体験を思い出すことができた。その中では管状の構造物が明らかに誕生の経路を表わしていて、それを通じてその存在たちは一つの次元またはリアリティの平面と他の次元との間を、彼と彼ら自身の両方を連れて往復するのである。いくつかの例では、これらの通路は前世での自分の死に続いて起きた再誕の経験であったことを、彼は思い出す。別の時には、存在たちは彼に次元間旅行について教えているかのようだったが、その目的は、この人生での彼の知識と知覚を深めることにあった。[4]

子供の頃毎晩、デイヴは自分が一人ではないような気がして、電灯をつけたまま寝た。時々両親に〔朝になってから〕、夜の間誰かが家にいたのかとたずねることがあり、当然ながらそれは両親を困惑させた。十一歳の時のある晩、彼は家の中に誰かがいないか、階段を下りて調べに行ったことがあったのを憶えている。ベッドに戻った後思い出す次のことは、何体かの存在に他の二人の人、小さな女の子と老人と一緒に、自分がどこかに連れて行かれたことである。

その存在たちは、当時の彼にはそれは影法師のようなものにしか見えなかったが、機械のようなものに彼を装着して、彼の「内的自己」または「内なるスピリット」を体から取り出し、彼と他の二人を大きな透明の管（彼の見積もりでは直径五フィートぐらい）を通って、「別の次元」へと連れて行った。

私たちのセッションで、デイヴはこの管を通ることを、その中に何らかの液体が入っているときはとくに、誕生〔のプロセス〕になぞらえた。次の世界には、〔空に〕雲はなく、彼らはある種の水の「濠（ほり）」に囲まれているように見えた。強い光が彼の周りを照らしていた。そして光が、彼らを超える源泉からやってくるものであるかのごとく、その存在たちの体に入り、彼らは今や光り輝く者として全身を現わした。光それ自体がこれらの存在たちの命の源泉のように見えた。デイヴは彼らを「クリスタル」の体をもつ「巨人」のようだと表現した。彼らは胸の上にシールドのようなものを付けており、彼に見えたかぎりでは、体の他の部分はかなり細かった。彼らはデイヴには「男性的」に見えたが、声は非常に女性的だった。彼らは大きな目のついた大きな頭をもっており、その目から描写しがたいほど美しい光、「この地球のどんなものよりも明るい」光が流出していた。その存在たちは、彼自身同様、その管を通り抜けるとき、別のリアリティの次元への「再誕」を経験して、クリスタルのような姿に変わったのだとデイヴは言った。

その存在たちはデイヴがそれ以上光——それは偉大な「内なる都市」からやって来ているよ

うに見えた――に近づくことを許さなかった。なぜなら、と彼らは言った。デイヴは地球の世界に戻ることになっているからだと。しかし、自分がたとえ今日死ぬことになっていたとしても、この究極の光の次元に入ることは許されないだろうと彼は信じている。というのも、そこに行けるのは「より高度な知性」の持主だけのように思えるからである。彼が連れて行かれたその中間の次元で、その存在たちは何らかの種類の「宇宙的お祝い」の中で踊っているように見えた。それはデイヴに、十八歳のときコロラド州ボールダーで見たインディアンのお祝いのことを思い出させた。デイヴは存在たちから、彼らが彼をここに連れてきたのは、「この世の生を超える生」があることを彼に見せるためだと教わった。というのも、地球はひどく「汚染されていて、長くはもたないだろう」し、「人の救済」は私たちが結局は移ることになるリアリティのこれら他の次元の存在についての理解にかかっているからである。

デイヴと他の二人は、この別の次元で温かさを感じ、そこに所属しているという感覚を覚えた。そして彼は地球に戻りたいとは思わなかった。彼は圧倒的な歓びがあって、苦しみや堕落、怒りや不信のない世界、何も誰も他を支配せず、存在それ自体が光のようなものである畏敬に満ちた領域を描写した。これはたんなるデモンストレーションであり、自分はその光を実際には完全に体験することはできないのだという気づきは、デイヴを喪失感でいっぱいにした。しかし彼は、前世で死んだ後、彼が通り抜けたのはこの別の次元であること、そしてこの人生が終わった後再びそこに戻るだろうという強い感じをもった。死んだり生まれ変わったりするとき、「私たちがあの管を通って往き来している」のは確かだと彼は感じている。そして私たちが再び地上に生まれるとき、スピリットは「全く違う体」に「移送」されるのである。[5]デイヴは存在たちが彼をその機械に装着して、魂を肉体から分離したとき、肉が焦げるようなにおいがしたことを憶えている。彼はそれを翌朝、頭のてっぺんがズキズキしたことと結びつけている。彼は自分の頭を母親に見せたが、彼女はそこの肌の部分が実際に焼けているのを見た。それで母親は、息子が自分で熱湯か酸をかけたのではないかと思った。彼女は彼を医者に連れて行ったが、その医者は首を傾げて、明らかに彼が「そこに何かした」のだと言い、「悪化した場合は」電話を寄越すように言った。デイヴは私に、まだ頭頂部に残っているその赤いマークを見せた。

この種の体験は、文字どおりの物質的見地からアプローチする場合には、ほとんど意味をもたない。たとえデイヴの頭の焼けた痕跡のような、それに対応する僅かな身体的証拠があったとしても、である。しかし同時に、そのような体験は体験者と、私たちのリアリティについての進みつつある理解にとっては、深い意味と重要性をもつかも知れない。デイヴのこの報告は、私が具象化されたメタファーと呼ぶパラドキシカルな現象のいくつかの例を含んでいる。一方でその体験は彼にとっては生きいきしていて、疑いもなくリアルなのだが、同時にそれは深くメタファー的、元型的でもあって、死、誕生、再誕、変容、悟りなどの表象を含んでいるのである。[6]

このような体験は、デイヴのような健康な精神をもつ社会の安定した一員である人たちが言うように、私たちがその下で生まれ育った文化的・哲学的な基本的支柱である、物質とスピリット、肉体と魂の厳格な区別を打ちこわすのに大いに役立つものである。

## シャーマン的な意識から部族超越的な意識へ

私が話をした北米、南米、アフリカ、オーストラリアの先住民文化のシャーマンたちの多くが、合衆国や他の西洋社会のアブダクティたちを訪れるグレイ型エイリアンと多くの共通点をもつ存在を知っているか、またはそれと遭遇した体験をもっている（第八、九、十章参照）。それぞれの文化が彼らに独自の名前を与えている。これらのシャーマンによれば、この種の存在は何千年もの間地球にいて、地球の運命に大きな関心を寄せ、その保護者、清掃動物【廃品回収業者】として機能しているように見える。これらのリーダーの間では、ヒューマノイドたちが今、より頻繁に、あるいは執拗に地球にやって来るようになっているという点で意見の一致が見られる。それはバーナード・ペイショットも言うように（第八章）、「この惑星で私たち人類が自分自身と地球上の生命の多くを破壊している」からである。彼自身の民族ですら、「本当には地球を尊重していない。私たちは地球を愛してはいるが、それほどではない」のだと彼は感じている。バーナードのケースに見られるように、これらの存在は個々のシャーマンの旅、役割、そしてアイデンティティに影響を及ぼす力をもっているように見える。

バーナードは私と一緒に研究することを求めた。彼はイクヤス（グレイ型エイリアンを表わす彼の部族の言葉）の力と、彼が統合するのに大きな困難を覚えている、それに対する自分の関係が意味するものに直接向き合いたいと思ったからである。バーナードによれば、彼らは、彼がよく知っていて、それに対してはかなり習熟していると感じている先祖霊や他の存在たちとは異なったエネルギーと、それらより高い水準の知識をもっている（ウォルシュ 1990）。彼らは彼に、自分ではコントロールできない大きな「スピリット・フォース【霊力】」をもたらした。そして彼らとのコンタクトを思い出すと、彼の体は激しい振動を起こすのである。これらの存在との彼の遭遇、とくに私たちが出会う二年ほど前に起きた圧倒的に生々しいそれは、バーナードに驚くべき新たな力を与えているように見える。彼らとの関係は、彼の以前の理解をはるかに超えるところまで彼を導いたので、彼は「私が学んできたことのすべて、シャーマンとしての苦しみのすべては役立たずになった」と信じるようになったほどだった。

この章で見てきたように、遭遇体験は体験者の意識を、精神とリアリティのより深いレベルに向かって開く。それはシャーマンにはなじみのイメージ、スピリット、シンボルの世界であり、彼らは自分がどうしようもなくその中に引き込まれるように感じるかもしれない。その存在たちが見せる姿ですら、アブダクティにとっては、今の自分の意識に対応する要素を表わす、象徴的な意味をもつかも知れない。たとえば、爬虫類型の形態は攻撃的な要素と関係し、光り輝く姿は意識のより高いレベル、またはセルフと関係する、等々。

ヒューマノイドそれ自身が、ときに体験者たちにはなじみのない普遍的なシンボルという言語を用いてコミュニケーションをとっているように見える。ジム・スパークスが「エイリアン・ブーツキャンプ」で体験したように、それは人間にも意味が理解できるようになるのだが。その存在たちと彼らのUFO関連の「小道具」は、ほとんど体験者たちに「とりついて」いるかに見え、キャロルの遭遇体験に見られるように、その体験者の知識ベースにあるなじみのあるイメージを利用して変装して現われることもあるように思われる。これはたんなる欺瞞または裏切りではないかも知れない。それはその存在たち、または彼らの背後にいる知性が、強烈なエネルギーの影響やなじみのないイメージのショックを和らげるために利用しているのだと考えることもできるからである。同時にそれは、彼らがなじんだ世界の境界をこわすことによって、未知の神秘へと、体験者の心を開かせることになる。

アブダクション体験がもたらす変性意識は、いくつかの点でシャーマンのトランス状態に似ている。そして先住民の人々のように、アブダクティたちは、あらゆる種類のスピリットが生きている自然世界に近づくよう仕向けられ、それを神聖なものとして知覚することが多くなるのである。アブダクティたちが遭遇する動物のイメージは、ネイティブの人たちに起きるように、ヒューマノイドの偽装に使われることもあるかもしれない。しかしそれはまた、意識変容の旅に彼らを向かわせる大きな力と意味の元型的シンボルを表わすものでもありうる。私たちは、イザベルやカリン、セコイアにとっての蜘蛛、ジム・スパークスやキャロルにとってのフクロウ、カリンやウィルにとってのワシ、そしてノーナの空駆ける白馬が、深い個人的で象徴的な意味をもち、それが彼らの意識変容において様々な役割を果たしたのを見てきた。

ノーナの事例に見る古代エジプトのアンク十字や、ジムの事例のより普遍的な不死鳥のような他の元型的なシンボルは、永遠の愛、生命、そして彼らの変容のプロセスに伴う超越を表わしていた。トンネルや管のような構造物は、アブダクティの体験にはよく現われるが、それは誕生と再生の次元間通路、または乗り物を表わしている。デイヴのケースの、液体が充満した管は、実際の産道に似ていて、それを通じて人間とヒューマノイドの両方が体験する誕生、死、再生の手段を表わしている。西洋ではエイリアンと呼ばれるヒューマノイドとの遭遇は、先住民族の人々の間では別の名前をもち、もしも彼らがこの体験がもつ自我を粉砕するエネルギーを統合することができるなら、バーナードの例のように、シャーマンを超部族的な、形態それ自体を超える意識のレベルまで導くかも知れない。

私にとって興味深いのは、バーナード・ペイショットやクレド・ムトワのようなシャーマンにとって、ヒューマノイドはなじみのある、霊的世界からの何らかの使節とみなされているとしても、それは他のスピリット、パワー・アニマルや祖霊のようなものからは明確に区別されているということである。私たち西洋人は、仮にこれらの実体が実際に霊の世界から来るものだとすれば、私たちの物質世界に姿を現わす、または「クロスオーバーする【二つの領域を往還する】」能力の点で〔同じように〕ユニークだと言うかも知れないが、シャーマンたちの見方は違っている。彼らにとってはこのクロスオーバー〔自体〕はさして重要ではない。なぜなら、彼らは不可視の領域から物質世界にやって来る他の実体を知覚する能力をもっているからである。問題は、これらの存在が、シャーマンがすでに習得している霊的能力を通じては扱えないという事実によって区別されているということである。ヒューマノイドが所有し、彼らから体験者に伝達される強烈な、ときに圧倒的なエネルギー、それが表わす超部族的な普遍性、そして最後に、象徴体系や形態それ自体を超えて存在する聖なる知性に対して彼らがもっていると思われる直接的なつながりによって〔それらは通常の精霊や祖霊からは区別される〕。

一九九四年に、私が助手のドミニク・カリマノプロスとアブダクション現象を調査するためにブラジルを訪れたとき、私たちは繰り返し、次のような話を聞かされた。一般にブラジル人は、アメリカ人よりもアブダクション現象にはもっとなじみがある（少なくとも当時は）が、エイリアンまたはＥＴと、他の種類のスピリットや祖霊を区別していると。ＥＴたちは他の実体よりも「優越的な地位」にあり、「進歩」と未来を表わしており、これに対して他の存在【精霊や祖霊】は「より後ろ向きな教義と過去の伝統」に結びついているというのである（カリマノプロス 1994）。私たちはまた、霊媒たちがＥＴとの遭遇によって苦しんでいる人たちの相手をする際は、他のスピリットや実体との遭遇でそうなっている人たちの場合と違って、それに関係するエネルギーの強烈さのために、ヒーリングのプロセスで彼らを助けるのに他の多くの人たちの助けを必要とするという話も聞かされた。当時、ドミニクがノートに書いたように、「カンドンブレやウンバンダのようなポピュラーなアフリカ系ブラジル人の宗教は、ある程度別次元の存在の出現には受け入れの準備ができているが、ＥＴは今でも全く別の、それ自身の非常に独特なレベルのエネルギーをもつものとみなされている」のである。

私の見解では、アブダクション体験者の話によく出てくるシンボル的・元型的な要素と、シャーマンや他の先住民族の間に見られるヒューマノイドとの遭遇体験をさらに研究することは、その現象――その源泉が何であれ――についてのより深い理解を得る上で、私たちの助けになるかもしれない。

## 先住民の人々の見方

『アブダクション』の発売後まもなく、私はアメリカの呪医や先住民族の他のリーダーたちからコンタクトを受け始めたが、それは、彼ら自身の社会では、私がエイリアン・アブダクション現象について発見したことがなじみ深いものだったからである。彼らは私がかなり孤立していることを感じ取り、その本が論争を巻き起こしているのを知っていた。私とコンタクトを取った彼らの目的は、知識を共有し、サポートを提供すること、そしてある場合には、彼ら自身の遭遇体験の悩ましい側面を理解する上での助けを得ることであった。私は彼らの温かい支援と協力のみならず、これら特別な人たちとの出会いから得られた新たな洞察や理解の点でも、彼らに深く感謝している。

彼らに、なぜ先住民族の人たちがこの問題に精しいことがUFOあるいはアカデミックなコミュニティでは知られていないのかとたずねたとき、私は次のような回答を得た。その問題は神聖視されていること、また、私たちの文化の中でのマイノリティであるインディアンの人々にとって、外宇宙からやってくる生物の訪問を信じているなどと言えば、笑いものにされずにはすまないと考えられるからだと。バーナード・ペイショットは、他の人類学者たちが彼に、アニマル・スピリットとヒューマノイドとの関係について質問したことがないのは、彼らがその問題について十分知らないからだと考えていた。

一九九六年六月初め、サウスダコタのラコタ・スー地域【スー族の保留地】で開かれた会議で、先住民の人々は白人コミュニティに、彼らの文化と現在の生活の起源における「スター・ピープル」の役割についての彼らの知識の一部を開示した。この努力は〔先住民社会内部で〕論争の的となり、彼らにとってはリスキーなものであった。というのも、その情報は誤解、または誤用されてしまう恐れがあるからである。しかし、少なくともネイティブ・アメリカンの人たちの中には、この情報が赤と白の「兄弟たち」の間の溝に橋渡しをする、危険を補って余りある潜在的なメリットをもつと考えている人たちがいるのだろう。

私の印象では、地球外または異次元の存在（先住民はこれらを祖霊や他のスピリットからは区別しているように見える）とのコンタクトは、彼らのトレーニングやイニシエーションの一部であるかのごとく、シャーマンや他の先住民のリーダーたちの間では頻繁に起きていることのようである。セコイア・トゥルーブラッドは私に、彼が話をした百人以上の男女の呪医や首長の全員が、そのような遭遇体験をもっていると言った。私はPEERに、アメリカ先住民の人々の間での「ET」コンタクトの形態と頻度、意義について、より系統だった研究に乗り出すよう勧めている。それは私たち自身の文化とアイデンティティに〔実りある新しい〕洞察をもたらすかもしれないと考えるからである。

＊　＊　＊

続く三つの章で、私は自分が知り合いになった三人のネイティブの呪医（メディスン・マン）の話をしたいと思う。それぞれが白人社会と彼ら自身の文化の両方にとって教師の役割を果たしてきた。そのうちの二人、バーナード・ペイショットとセコイア・トゥルーブラッドは先住民と白人の混血である。三人のすべてが何らかのローマカトリックの教育を受けた。セコイアとクレドは洗礼を受けている。三人の男たちのそれぞれが、彼らの意識とアイデンティティに深い影響を及ぼしたヒューマノイドとの遭遇体験をもっている。しかし、三人の間にはまた、彼らのコンタクトの性質とそれらの存在に対する感じ方、そして遭遇体験が彼らの人生に及ぼしたインパクトと意味合いにおいて、重要な違いも存在する。

# 第八章　バーナード・ペイショット

あなたがどこから来るのでもなくあらゆるところから来るのなら、空間と時間は存在しない。私たちは自分自身を新たなレベルに適合させるよう仕向けられるのです。

バーナード・ペイショット

一九九八年三月一〇日

## 背景と養育環境：二つの世界の橋渡し

バーナード【ポルトガル語の発音ではベルナルド】・ペイショットはブラジル先住民とポルトガル人の親をもつ、シャーマンであり、人類学者である。彼はワシントンのスミソニアン研究所で働き、人に教え、南アメリカの先住民族文化、とくにヒーリング・パワーをもつ植物についての授業を提供している。生徒の中にチェルシー・クリントンがいて、彼女はとくにこのテーマに関心をもっている。一九九六年に私が会ったとき、バーナードは五十歳だった。私たちが会う二年ほど前、彼はここで手短に述べる遭遇体験をしていて、それは彼自身と彼の人生の目的に対する感じ方を劇的に変えることになった。

バーナードと私は、一九九六年一一月に、ノーナとキャロルによって引き合わされた。彼女達はWhole Life Expoの会議に出席するために、ボストンに行ったことがあった。二人はバーナードが担当していたセミナーと講座に魅了された。彼の話を聞き、彼と話したとき、二人は私たちが会うべきだと考えた。ペイショットは橋渡しをする人、自民族の知識を北米の白人文化に伝える人物で、他方、故郷の破壊によって根絶やしにされかけているブラジルの先住民族社会を保護し、立て直す手助けをしようとしていた。

バーナードは北部ブラジルの、ベネズエラ国境に近いパラ州の小部族、ウルエウワウワウ(Uru-ê Wau-Wau) の中に生まれた。彼の部族はたいそう小さかったので、ずっと大きくて強力な部族であるイピキュシマの人々のところに連れてゆかれ、そこで彼らの生活様式と伝説についても同様に学んだ。ウルエウワウワウは、文字どおりには「星々から来た人々」の意味をもち、伝説では「ずっと昔（文字はなく、時間は数字では測られない）、ハスケラ、音もたてず、鳥でもない、空から来た何かがアマゾン川流域に着陸し、マクラス、空からやってきた大きな目をもつ小さな光り輝く者がウルエウワウワウの人たちに、種を植え、トウモロコシを育てる方法を教えた」と言われている。

バーナードによれば、これらの乗り物とその乗員、アトジャーズ――これもまた「空から来る実体」または「地球からは得られない膨大な知識をもつ人々」を意味する――の像は、洞窟の壁に彫り込まれている。彼の部族の人々にとって、とバーナードは言う、そのような存在は物質的な形態をとった大霊（the Great Spirit）を表わしている。なぜなら、それがそのようなことを彼らが理解するための唯一の方法だからだ。その伝説はこう続く。彼の部族を創造した後、大霊は空から来たその存在たちに、「おまえたちのミッションはここで終わった。おまえたちにはどこか他へ行ってもらわねばならない」と言った。それで彼らは立ち去った。バーナードの部族の人々は、イエスの再臨を期待するクリスチャンとかなり似ていて、星の人々が再び戻ってくるのを待っている。(1)

バーナードの母親はウルエウワウワウで、父親はポルトガル人のカトリック教徒だった。彼の母親は彼を部族の長老たちのところへ連れて行った。すると彼らは母親に、その能力ゆえに、バーナードはシャーマンにならなければならないと言った。彼らは彼に呪医が知り、理解しなければならないこと、とくにヒーリング・パワーをもつ聖なる植物や薬草について教えた。ペイショットの部族では、シャーマンは光と、ヒーリングの力だけを扱う。これに対して、魔術医(witch doctor)は人々を害する儀式を執り行なうことがある(クレド・ムトワの文化では、シャーマンや呪医と魔術医は同じか、少なくとも同じ人間の働きである)。ウルエウワウワウのシャーマンの秘儀参入儀式の中には、何千匹もの軍隊アリ【食肉性である】に覆われたハチミツを垂らしたカーペットの上に横たわるというものがある。言うまでもなく、アリたちは容赦なくバーナードに噛みつき、目からは涙が流れ、睾丸やペニスも含めて、からだ全体が腫れ上がってしまう。その目的は、秘儀参入者がいかなる苦痛にも耐えられるかどうかを見極めることにある。

バーナードの母親は二重の名誉を与えられた。彼女にとって、将来シャーマンになる息子を子宮に宿したというのは大きな祝福であった。そしてこの特権が与えられたことを大霊に感謝した。しかし、彼女にとっては、白人との間にできた子の母親であることも名誉と考えられた。いつの日か白人たちが先住民族とその伝統を尊重するようになるかもしれないと思われたからである。

ペイショットの父親は、ウルエウワウワウの部族の村から半マイルほど離れたところに店をもつポルトガル人貿易商だった。彼は村の生活に加わったが、外部の世界にも精しかった。母親は死に瀕した時、バーナードに言った。それが「おまえの兄弟姉妹を守る」ための唯一の方法なので、「おまえは白人の生き方を学ぶ必要がある」と。同胞を守るのが、彼の生涯の仕事であった。母親が亡くなった後、バーナードの父親は息子をシャーマン同様、神父にするために、カトリック教会に送った。彼は五年間、カトリックの学校に通ったが、父親に、自分は神父には向いていない、「ふつうの人」に、人類学者になりたいと言った。彼の父親はそれに同意し、バーナードはベレン・パラ大学で学び、そこで博士号を取得した。

ブラジルでは、人類学者の給料は安かった。しかし、ペイショットは幸運にも、ブラジルとペルーの二つの言語、トゥピ語とケシュア語を習得していた。他に多くのブラジルの部族方言も知っていたので、それが先住民族と政府間の通訳として働くことを可能にした。この仕事は、多くの方言が一種の主要言語であるトゥピ語の変種であるという事実によって、比較的たやすいものとなった。〔しかし〕政府のために働くことはバーナードにとっては非常に困難なことであった。なぜなら、彼は先住民の人々に政府との取り決めに同意させねばならなかったが、その約束の中には決して守られないものが含まれていたからである。

バーナードは、石油や原料を求める実業家たちの便宜のために、先住民の人々が彼らの聖なる故郷から違法に退去させられるのを見なければならなかった。木々や先祖たちの家、すべての価値あるものが破壊された。多くの人々が、彼らのものは何もなくなっている故郷に戻れるようになる前に死んだ。ペイショットの人生は、とくに先住民の人たちに権利を与えることを通じて、こうした間違ったことを正すことに捧げられている。一九九〇年に、彼は合衆国にやってきた。ブラジル人や先住民文化についての広範な知識のおかげで、彼はワシントンのスミソニアン研究所で教える仕事を得ることができ、自分のミッションを果たすのに必要とされるものを理解するのにより有利な地位に就くことになった。

## バーナード、UFO、そしてイクヤス

自分の部族の間では、と彼は私に語った、不可視のものは可視になり、霊的領域に住む存在は物質的な形姿をとることができるのだと。実際、彼らは人間に知覚されるためにはそうしなければならないのである。大霊が知覚され、理解されるのは、そのようにして現われる存在を通じてのみである。成長期の頃、バーナードは部族の長老たちから、もう一つの世界からやってくる小さな人々、キュリピラスについての話を聞いたことがある。これらの小さな人々の中に、イクヤスという、目に見えるよう人間の姿をとる精霊たちがいた。「イクヤ【イクヤスは従って複数形】」という言葉はたいへん神聖なもので、深く信頼できる人の前でなければ口にされることがないものだと、バーナードは言った。

バーナードが彼らの説明をしてくれたとき、イクヤスは西洋社会のアブダクション体験者たちが遭遇する「グレイ」と非常によく似ているように思われた。しかし、バーナードはイクヤスをグレイから区別している。クレド【第十章参照】同様、彼はグレイを、イクヤスより進化

の度合いが低いトラブルメーカーとみなしている。グレイは女性たちと交接し、ハイブリッド【エリアンとの混血児】をつくり出す存在で、彼らとの遭遇は非常にトラウマ的なものとなりうる。しかし、グレイもまた、光の存在に進化しうるのだと、バーナードは信じている。二七九～二八〇頁で見たように、イクヤスは動物の姿に変装して現われることもある。

私はバーナードを、一九九八年の三月に開かれたPEERのスター・ウィズダム会議に参加するよう誘った。そこでは西洋の科学者や先住民の呪医、アブダクションの研究者や体験者が一堂に会することになっていた。二日間の会議が始まる前の晩のディナーで、バーナードと私は数人のアメリカ人体験者たちと同席していた。彼は言葉少なだったが、私は彼がかなり動揺しているらしいのを感じ取った。後で彼は、体が震えるほどの激しい不安を感じていたのを自ら認めた。というのも、他の体験者たちと同席することが〔自分の〕遭遇の記憶と、その出来事に関連する未知のものへの恐怖を呼び覚ましたからである。私が会議でアブダクション現象についてレクチャーしているとき、バーナードには私が「光に取り囲まれて」いるように見え、「彼らがそこにいるのがわかった」のだと言った。バーナードは私の自宅にその会議の間と、その後の二日間滞在した。彼は私にしばらく一緒にいられるかとたずね、会議が終わった次の日、私たちは五時間にわたる会合をもつことになった。

バーナードがその話し合いを求めた目的は、三年ほど前にブラジルで起きたある強力な遭遇体験を共有し、その意味、とくにシャーマンとしての彼の役割にとってもつ意味について考察することだった。その会合は私のオフィスで行なわれた。最後のミーティングのとき、バーナードはその六ヶ月前、この体験を「本気でスキップ」しようとしたのだと私に語った。しかし、彼は自分に向かってこう言った。「バーニー、ここには何か見落とされているものがあるぞ」と。その後の数ヶ月間、彼は自分が私に話をしているところを想像する夢を見続けており、何でもっと早くそうしなかったのかと自分に文句を言った。「私は報告するためにここに来ているのですが」とバーナードは言った。「私はこれを自分が愛し、信頼する人たちにだけ話すのを許されているのです。そしてあなたは私があなたを愛し、信頼しているのをご存じです」。彼は長老たちに、たとえそれが、彼が苦しんできた頭痛の再発を意味するものであっても、自分の遭遇体験を「適切な人」に話すと約束していた。この決心にもかかわらず、バーナードはかなりの不安、抵抗を示した。さらには自分の体験について私たちが探求する際の、私の動機について、いくらかの疑いすら抱いた。

バーナードによれば、彼がいたブラジル北部の地域では、未確認の飛行物体を目撃したという話はありふれたものである。ときにそれらは無音であるか、ハイピッチのハミング音、またはブンブンいう音が伴うことがある。シャーマンたちは、空からやって来る実体との会話を報告し、見知らぬ女性たちが人々をある場所に連れて行き、彼らに特別な薬草のありかを教えたこともあると言われている。バーナード自身、大きな青い光球を目撃したことがあって、それはゆっくりとまたは素早く動いて、水面に近づいたり、「木々の上を飛び回って」いたりした。

それらは非常に強い光を発するので、若い娘たちは夜、自分が見られないように裸で入浴するのをためらうほどだという。彼の話では、その地域の人々はこれらの光は熱帯雨林の精霊だと信じている。バーナードが言うには、リオ・ニグロ（ブラックリバー）とアマゾン川の合流点のそばには、植物が全く育たない場所があって、そのような光の球が地下の深い真っ暗な穴から出現するのだと言われている（この場所とのノーナの関係についての議論に関しては、一九六〜一九九、二七二〜二七三頁を参照のこと）。

バーナードが彼の言う「ヒューマノイド」との彼自身の強力な遭遇体験について私に話し始めたとき、彼は非常に緊張して、短い間だが、「つながる」ために、手を伸ばして私の手を握りしめたほどであった。「あなたほど背は高くない」が、とくに長い腕をもち、まばゆい光を放つスーツを身にまとった数体の存在が、イルンドゥバ川の対岸に姿を見せたという。その存在たちはある種のオーラか純粋な光の被膜をもっていて、それが周囲の環境から彼らを浮き立たせていた。にもかかわらず、彼らはしっかりした実体をもっていて、スローモーションで動いているように見えたが、そうしたことがバーナードを動転させた。彼らの色は灰色っぽく、〔逆〕三角形の顔と尖った顎をもっていて、「コモド・ドラゴンのよう」だった。彼らは「大きな、大きな、とても大きな」黒いつりあがった目をもっていて、暗闇でも目が見えるようだった。彼は鼻と口は見分けられなかったが、少なくとも小さなものがあるようだと思った。その顔は「薄気味の悪い」ものではあったが、「攻撃的」であるようには見えなかった。

その生物の一つは「研究者」のように見え、二番目のものを彼は「エンジニア」と呼んだ。そして三番目の生きものの目的は、彼とコンタクトをとることであるように思われた。「彼はメッセージを送れる者で、彼は腕を私の方に伸ばし、私は引き寄せられるように感じました」。そのとき、バーナードは半ば眠ったような状態のままで、川を舟で漕いで渡るよう強制されていると感じた。そしてカメラを持って、彼らの後についてジャングルに分け入ったのだが、それはまるでふつうの狩りか観光に出かけているみたいだった。

バーナードは彼らに、君たちはどこから来たのかとたずねた。すると彼らはこう言った。「われわれはどこから来るのでもない」と。それは彼を非常に居心地の悪い気分にさせた。というのも、彼らがどこから来るのでもないとすれば、それは彼らが「あらゆるところに存在する」からに他ならないだろうからだ。そう考えたとき、バーナードは「私自身の中で無数の分子が崩壊する」感覚を覚えた。そのとき彼は「私たちがどこから来るのでもないことをはっきりと見ることができた」からである。この問題は相当彼を悩ませた。なぜなら、部族の神話によれば、彼の部族は他の星から来た人間型生物の子孫だということになっているからである。しかし、どこにも存在せず、いたるところに存在する実体の子孫だということになれば、話は全く違ってくる。

イクヤスは私たちの元に送られた大霊の直接のメッセンジャーで、私たちは皆大霊の子孫であるということを、バーナードは発見しつつある。なぜなら私たちは「そのような巨大なエネルギーに直接向き合う能力はもたない」からだ。彼らが私たちを人間型生物として訪れるのは、「偉大なスピリットは、私たちが物事を理解する唯一の方法は形態を通じてのものだと知っている」からである。どの文化も、と彼は言った。自分と聖なるエネルギーとの間に媒介者、メッセンジャーをもっている。バーナードは今や気づいた。星からやってきたというのは、広い意味でのメタファーかもしれないと、バーナードは今や気づいた。これが含みもつ意味は、バーナードにとっては驚異的なものだった。「私は以前よりもっと混乱しているのです」と彼は私に語った。「開けなければならないドアが多すぎる。そして私には、次にどのドアを開ければいいのかわからないのです。……どこにもいないとは、それはまるで……。私たちはどうすれば無（nothing）を説明できるのでしょう？　無を説明するすべはありません」[2]。

バーナードはその存在たちの後についてジャングルに入った後、何時間もたったと思われたが、自分が森の中で迷子になり、疲れ、雨でびしょ濡れになっているのに気づいた。いつの間にか雨が降り始めていたのだ。彼には自分がどこにいるのかも、どこに行っていたのかもわからなかった。しかし、どうにかして彼は川まで戻り、そこを漕いで渡って、夜の十一時頃、自分の丸太小屋に戻った。

この体験後、バーナードは部族の長老たちのところに行ったが、彼らは驚かなかった。「ときに私たちは彼らと話をし、そのような存在をイクヤスと呼ぶ」と彼らは言った。彼らにはイクヤスはおなじみのものだった。というのも、それは何千年も部族の人々の世話をしてきたたからである。長老たちはバーナードを聖なる洞窟に連れて行った。そこは暗かったが、彼らは木を燃やして、何千年か何百年か昔の〔洞窟の壁に〕彫りつけた絵が見えるようにした。それはイクヤスを描いたもののようだった。「彼らは異なった形姿をとってやってくる」と彼は長老たちに教えられた。「熱帯雨林の上を浮遊する、輝く青い光の球のような」。彼の妻はペルー人だったが、彼女もまた驚かなかった。そのような実体がペルーの高地にやって来るのを見たことがあったからである。私は、バーナードはまだ私には話す準備の出来ていないヒューマノイドとの別の遭遇体験もあるのではないかという感じをもった。〔それが当たっているかどうかはわからない〕けれども、彼は実際こう言った。「私には彼らが明日来るか、今晩か、あるいは二、三ヶ月後に来るのかはわからないのです。しかし、彼らが来たらすぐに、私はあなたに連絡して、それを話すでしょう」。

## 二つの世界観の間で：全体になること

バーナードは先住民のシャーマンとしての自分と、白人世界の博士号所持者としての自分を和解させることに非常に苦労してきた。「私には両者の間にいかなる相互連絡も見つけられません」と、彼は長い話し合いの間に言った。この葛藤は、彼のイクヤスとの遭遇によって強く呼び覚まされ、私との探求によって尖鋭化し、明確な焦点を結んだ。一人のシャーマンとして、バーナードはヒーリングの仕事や、彼がかって暮らし、働いていた先住民族内部の、彼にとってはなじみのある性質の具現化されたスピリットの世界では比較的安定していることができ、有能だった。これらの民族の方言と文化についての彼の広範な知識は、呪医としての彼の役割の支えとなった。人間に似た星の人々の子孫であるという創造の物語は、彼の部族にはしっかり根づいたもので、既知の形態をもつ具体的な実体を含む、なじみのある神話の一部であった。

しかし、このイクヤスとの遭遇は、バーナードの世界観を揺るがし、彼をおびやかした。そして彼を未知のものとの境界線へと導いた。私の仕事は、彼がこの遭遇が含みもつ意味を理解し、彼自身の全く異なる側面を和解させるのを手助けすることであるように思われた。ある意味で、彼の先住民族の世界は、人間型生物との彼の遭遇をより受け入れやすいものにする可能性があった。「部族の人たちとジャングルに戻るとき、私には何の苦労もありません」とバーナードは言った。というのも彼らは、少なくとも非先住民の人たちには見えない実体と日常的に接触していたからである。しかし、彼の白人世界の親戚たちは、この種の存在について何か口にすると、彼を嘲（あざけ）った。たとえば義理の姉〔妹?〕は彼を「私の義理のエイリアン兄弟」と呼んだ。「私は人々に笑われるのを好みません」とバーナードは言った。たとえそれが彼の「白人としての異なった役割」のためであろうと、彼がした体験は「異常」なのであった。「ときどき私は頭がおかしくなってしまうのではないかと思います」と彼は私に語った。

川のそばでの体験は、バーナードにとって困難で複雑な問題を提起した。具体的な場所やイメージ、形態の世界においては、星からやって来る存在の子孫と考えるのは自然なことである。しかし、彼らの部族の人たちに、どこにも存在せず、かついたるところに存在する実体という考えをどうやって説明すればいいのだろう？　実際、もしもこれらの存在がどこからもやってこず、いたるところに存在するのなら、その場合、おそらく私たち皆が彼らの子孫だということになる。さらに、バーナードが気づいたように、距離や時間をもつことのない領域に存在するように見える存在について理解したり、教えたりすることは〔誰にとっても〕難しい。その存在と力は、物理学で学んだことを「はるかに超える」ように思われるのだ。また、彼の遭遇体験（複数あるかもしれない）は彼に、彼自身を驚かせるヒーリングや直観の力を与えたように思われる。というのも、彼はそれらをシャーマンとしての訓練や経験から修得したのではなかったからである。彼がその遭遇と関係すると感じている身体内のエネルギーも、強烈で悩ましいものであった。「私は自分自身が」と彼は語った。許容量以上の「大きなエネルギーを入れられた、取るに足りない小さな容器」になったように感じるのですと。

バーナードが彼内部の分裂の感覚を言葉で表現し、イクヤスとの遭遇体験を自分の中に統合できるようにするために、私たちは彼が軽いトランス状態に入るリラクゼーションのエクササイズを行なった。その状態の中で、バーナードは故郷の熱帯雨林の中に送られ、亡くなった母親や他の部族の人々と一緒にいる自分を見出した。彼の心は、彼が生きる二つの世界の間で引き裂かれた。そして体の中にその葛藤が痛みとなって表われるのを感じた。彼が言うには、「魂が住まう」のは肉体の中だからである。そのふつうとは違う状態の中で、バーナードは自分が「純粋な本質」または魂になり、死は存在しないと感じた。イクヤスのように、彼は自分を「どこでもないあらゆる場所」に送ることができた。そのような世界は白人社会の中での日常の一部ではなかったが、彼がトランス状態の中で入ったその領域は、彼には「真のリアリティ」であると思われた。

私たちがこのワークを行なった後、バーナードは「自分に対してより快適になり、私の体にまとわりついていた多数のプレッシャーを解放できたように」感じると言った。最も重要なことは、「超常的な体験（イクヤスとの遭遇）を自分の日常生活に統合するために」、そして「自分自身を新たなリアリティに適応させる」ために、彼が先住民族としての自分と、白人としての自分との間のバランスをよりうまくとれるようになったらしいことであった。私と体験を共有して、バーナードは「私は今初めて自分の心を開いている」と感じた。しかし、「未知のものに直面する」恐怖はまだ何ほどか残っていた。彼は自分が「まだ歩き方がよくわからないよちよち歩きの幼児」であるかのように感じた。彼は「自分の理解をはるかに超える」ものが存在する世界に生きることを受け入れ始めたばかりだったからである。それには、根本的な意味では私たち皆がその子孫ではないかと彼には思える、どこから来たのでもなくあらゆるところにいる、その存在との遭遇も含まれている。

## 熱帯雨林と先住民族の保護：予言を広めること

遭遇体験によってさらに促進されたバーナードの主要な目的は、先住民族の人々と彼らの土地を守ることであった。「その民族は死に絶えつつあり、根絶されようとしています」と彼は言った。彼らは工業化、牧畜、エコツーリズムの結果として生じた、「パチャママ」または母なる地球の破壊によって、ひどい状態に追い込まれている。農民たちによって、牧畜用の土地を切り開くために放たれた火は、コントロールが及ばないほど燃え広がる。というのも、森林伐採のためにその土地はすでに乾燥しているからである。動物たちは理不尽に殺されている。バーナードは何百というアリゲーターの死体が仰向けになって川を流れているのを見たことがあるが、それは日本やアメリカ、ドイツから来た、ボートに乗った旅行者たちによって、望遠レンズ付きのライフルを使って殺されたものである。彼らは鳥も含むどんな種類の動物でも撃つ。そして殺した獲物と一緒の自分の姿を写真に撮るのだ。しかし、先住民と白人社会の間に橋を架ける人として、バーナードは自分には先住民社会を超えて活動を広げる、教育的・政治的役割があるということを認識している。私たちの大地や空との本質的な結びつきへの自覚を高めることによって、国民的・国際的に、ブラジルの熱帯雨林とそこに棲む生きものたちへの関心を結集することによって、彼は破壊を止める方法を模索している。

この目的を先に進めるため、バーナードは各部族のリーダーたちの大きな集会を組織し、それに選ばれた白人の代表も出席させようとしており、その会合は北部ブラジルで開催される予定になっている。会合の目的はネイティブのブラジル諸部族を糾合し、その地域が直面している生態学的危機に対する先住民・白人双方の自覚を高め、コースを変えるために政治的な意志と力を結集することである。その会合は、開催地にアクセスすることを困難にする洪水のために、すでに二度延期されている。この洪水それ自体が、〔森林消失によって〕土地の大きな保水能力を失わせてしまった、貧しい土地利用政策の結果なのである。

バーナードは大きなジレンマに直面している。というのも、先住民の人々に権限を与えることとは、それは彼らの生存にとって不可欠なことだが、そのこと自体が、彼らの文化を蔑む外部世界とのコンタクトをつくり出すことになるだろうからである。この葛藤は、次の話からもわかるように、先住民たちの間で知識を共有する場合にさえ当てはまる。

一九九七年に、バーナードは、辺鄙な場所に暮らす部族である、クレナクロロの相談に応じるよう要請されたことがある。これは彼自身が住んでいた地域の上流で静かに暮らしている人たちで、そこは困難な水路を使った手段でしか到達できない場所にあった。これらの人々は、バーナードの部族とは違って、星の人々や空飛ぶ円盤にはなじみがなかった。この部族の一人の女性が、三日を要する旅の末、ささやかな贈り物を持って彼の丸太小屋にやってきた。そして切迫した様子で彼にこう言った。「私たちはあなた方が星からやってきた人々であるのを知っています。明日私たちの村に来ていただけませんか?」。多くのクレナクロロの人たちが彼らを驚かせる体験をしていた。数日数晩にわたって、彼らは空からやってきたように見える、異なった色の光の球を含む物体、巨大なペネビアルパ（クレナクロロの言葉では「そこに存在するが未知のもの」を意味する）と、川のそばの草の上に浮き上がっているように見える奇妙な人々を目撃したのだ。

バーナードはどうすべきか迷った。彼は行きたいと思った。またそうしないのは非礼に当たるだろう。しかし、クレナクロロは文明にスポイルされていない地域に暮らしていて、彼らはテレビを見ず、新聞も読まず、白人とは接触していなかった。彼にコンタクトを取ってきた女性は、ポルトガル語を一語も知らなかった。しかし彼にとっては、それはアマゾンの密林に住むブラジルの部族との間に関係をつくる稀なチャンスでもあった。そしてその人々はおびえ、明らかに助けを必要としているのだ。しかし同時に、この最初の接触がメディアに、エコツーリズムに、そして結果としてクレナクロロの文化の統合性を破壊し、その搾取を生み出すかもしれない外部世界の他の諸力にさらされる端緒になるのではないかと、彼はそれを恐れた。

バーナードは行く決心をした。一人の白人が彼に同行し、写真を撮り、記事を書きたいと言った。しかしバーナードは、「彼らは白人が来るのを望まないだろう」と言って、一人で行く選択をした。その旅では、獰猛（どうもう）さで知られるヤノマミ族のテリトリーを横切る必要があった。しかし、彼は無事到着した。そしてクレナクロロの人々のところに着いたとき、彼はそこに五、六歳からかなりの年配の人まで、八十三人の人がいるのを数えた。彼らは皆、多かれ少なかれ同じ話をした。「あなた方の人々が来ている」と彼らは言った。というのも、自らをその子孫と考えているウルエウワウワウ族の伝説を、彼らは聞いたことがあったからである。彼らはその光の球をアプス、森の精霊、神々だと考えた。一人の男がカヌーでバーナードを、自分の小屋よりずっとずっと大きい輝くペネビアルパを見た、川沿いの場所に連れて行った。それは底面に驚くべき力をもつ多数のホタルを付けているように見えた。その物体は近づいてきたかと思うと遠ざかり、音もなく姿を消した。その男は驚愕して、自分の頭を木々の葉で隠した。おかげで三日間眠れなかったと、彼は言った。

一人の子供を連れた女性はバーナードに、何も言わない、「大きな、大きなフクロウ」のような途方もなく大きな目をした、彼らとは違う肌の色をした男の人を見たと語った。彼らの恐怖にもかかわらず、部族の人たちはその奇妙な存在から愛がやってくるのを感じた。バーナードが彼らに、自分自身の知識と体験から知っていることについて話すと、クレナクロロの人たちは理解したようで、不安が薄らいだようだった。「彼らは気分がとてもよくなったようでした。万事オッケーです。彼らは心安らかです。何も問題はない」。しかし、バーナードには、そのコンタクトが彼らを傷つけるようなプロセスの始まりにならなければよいがという懸念が残った。ギルバート・マクシは、バーナードの旅の話を知っているもう一人の先住民のリーダーだが、それについて頭を悩ませている。「誰か他の人が知ると、それがすぐに広まる恐れがないとは言えないんです」。

バーナードのイクヤスとの遭遇体験は、自分の責任の範囲についての感じ方と自覚の拡大に重要な役割を果たしている。イクヤスは私たちより大霊の近くにいて、「メッセンジャー」なのだと彼は言う。そして彼らのその非局所的な性質【どこにもおらず、かつ至るところにいる】は、バーナードの目的についてのより広い定義と直接関係している。旧約聖書のヤーヴェ【エホバ】のようだと、大霊からのエネルギーは「私たちが受け取るには大きすぎ」る。だから「メッセンジャー」たちは天使たちのように、私たちの理解を助けるために派遣されるのだと、彼は言う。イクヤスが今やって来ているのは、「この惑星の人間としての私たちが自分自身を破壊していることを彼らが知り、彼らが私たちを愛し、こうしたことが起きるのを見たくないから」なのである。イクヤスは私たちになじみのある形態をとって往き来する、と彼は話を続ける。そして彼らは特定の人たちに「愛着」するのだと。「しかし、彼らは私たちに押しつけることはしたくないのです」と彼は示唆する。イクヤスや他のアプスはもう一つの次元にいて、とくに私たち相互の絆と、地球に対する絆、そして「私たちは大きな、大きな全体のほんの一部にすぎない」のだという事実についての知識と理解をもたらすのです、と彼は言う。

バーナードはこう信じている。今、イクヤスがやって来ているのは、私たちが六番目のパチャクテ（南米の先住民たちが信じている、繁栄の五百年周期）の終末にいて、七番目の周期が始まろうとしているからなのだと。彼によれば、イクヤスは「この予言をこの惑星で広げるためのメッセンジャー」で、より頻繁かつ強烈なかたちで自分たちの姿を見せるようになっているのだという。私たちが今入りつつある時代は、変化への障害が脱落し、空間と時間が存在しないように見える時代である。それは「コンドルとワシが一緒に空を飛ぶ」時代である。コンドルは南部の生きもので、アンデスの山頂に見られる。それは猛禽類で、死肉を食らってきれいにし、たいへん「環境的【environmental だが、いわゆる eco-friendly の意味で使われているのだろう】」である。ワシは北部のもので、攻撃的な殺し屋であり、今まではそれ自身を南部に押しつけていた。コンドルは南部の知識を表わし、ワシは北部の権力を表わす。彼らが協力し合い、お互いから学び合う時代が到来したのだ。[3]

バーナードは、われわれ西洋人が「相手の世界」から知識を得ることに対して、よりオープンになりつつあると感じている。人々の間の障壁はこわされるだろうと、彼は言っている。「ですから先住民と、ここ、ワシントンＤＣにいる博士の間【ここは彼自身のアイデンティティの分裂を指している】に違いはなくなるのです」。異次元間遭遇を体験した人たちにとって、その体験を他の体験者たちと分かち合うことは重要だと彼は言う。というのも、一人でそれを抱え込むのは辛いことだからだ。自分の体験を理解できる人たちと話し、自分が恐怖と知識の中で孤独ではないことを発見したとき、彼はずっと気分がよくなった。「誰がこの種の問題について話したいと思うでしょう？　それはかんたんなことではないのです」。私たちが「大きな、大きな力」から遠ざかれば遠ざかるほど、ますますイクヤスが現われることが多くなるのはたしかだと、彼は感じている。

自分の全生涯は、とバーナードは私に語った、様々なブラジルの部族文化の方言を学ぶことに費やされてきたのだと。しかし、イクヤスとの遭遇体験は彼に、「私たちは一人ではなく」、分離は存在しないこと、そして「あなたがどこからも来ず、いたるところから来るのなら、そこには距離はなく、空間も時間も存在しない」のだという気づきをもたらした。「それは私たちが自分を新しいレベルに適応させようとしているようなものなのです」と彼は述べた。この「新しいレベル」は、「超部族的（著者の言葉）」と考えられるかもしれない。ヒューマノイドとの遭遇を通じて変わった、バーナード・ペイショットのようなシャーマンは、より広いリーダーシップが取れる方向に動いている。その中で、彼らは先住民族たちの伝統的な知識と、支配的な西洋的世界観が受けている挑戦との間に結びつきをつくり出すことができるようになるだろう。バーナードはかつてイクヤスに、なぜ君らはそんなに大きな目を持っているのかと訊ねた。「君たちに見えるより、もっと多くのことを見るために」と彼らの一人が答えた。「私たちはイクヤスと同じように見ることを学ぶ必要があるのです」と、今、バーナードは言っている。

# 第九章　セコイア・トゥルーブラッド

私たち（先住民族）の若者は途方もない傷を経験しつつある。彼らは捨てられ、愛されず、家族からも共同体からも見捨てられたと感じている。もはや大人たちを信頼することができず、疑問にも答えてもらえないので、苦痛を和らげ、生活に何らかの慰めを得ようとする誤った企ての中で、彼らはドラッグやアルコールに走るのである。

セコイア・トゥルーブラッド
ナヴァホ族のティーンエイジャーのために書かれた
マイケル・ヴィジル判事への手紙

## スピリットのもう一つの顔

セコイア・トゥルーブラッドは、私たちが一九九七年の五月に会ったとき、五十六歳だった。彼の長い白髪、いかつい風貌、直立姿勢、そしてシンプルで美しい、カラフルな先住民族衣装から、彼は傑出した先住民族の長老の一人のように見えた。セコイアと私は、ネイティブ・アメリカンの霊性を研究している共通の友人によって引き合わされた。彼女は私に、彼には「ET」について言うべきことがたくさんあると言った。そしてセコイアは、彼はハーバードで教え、大学院課程を履修したこともあったが、ケンブリッジ病院の中に人々がそのような問題について理解するのを手助けすることに関心を持っている人間がいると知って喜んでいた。

セコイアの使命は、人種を問わず、人々が苦痛や苦悩を乗り越え、「私たちが霊において本当は何者なのか」を発見するのを手助けすることである。苦痛や苦悩は、と彼は信じている。人間が大霊よりもうまく世界を運営することができると決め込み、創造主の本来の指導に背いたがゆえに生じたのだと。彼は教師として、そしてタートル・アイランド（北米）の諸民族、「ストレートラインの人々（西洋の白人）」と「サークルの人々（ネイティブ・アメリカン）」の間に橋渡しをする人物として、生き、働いている。彼はスピリットから、私【＝著者】を手助けするよう指示されていると言った。そして彼は、自分が書くのを計画している本の企画書の中で、「私たちの真の関係に気づいている先住民の人々は、ジョン・マックが『地球外生命体

(extra-terrestrial)』と呼ばれるスピリットのこの顔を人々に伝えていることを知って喜んでおり、私たちは彼を支持したいと思う」と書いた。[1]

セコイアはチョクトー族の登録メンバーの一人であり、またチェロキー族やチカソー族とも関係している。熊は彼の主要なトーテムだが、それは熊は大きくて強力だが、私たちに優しさについて教えることができる動物でもあるからである。彼はまた、私たち他の人間には致命的となるひどい傷から自分を癒すこともできる。セコイアのスピリット・ネームはアウ・アウ・ナウ・スイ（Awh-Awh Naw Sui）で、その意味は「光をもたらす〔者〕」である。その名前はワタリガラスと関係している。この鳥は、いくつかの先住民の伝説では、闇の中から光をタートル・アイランドにもたらすと考えられているからである。セコイアの母親はドイツ系イギリス人で、父親はネイティブ・アメリカンだったが、早い時期に彼はそれらの教えから離れ去った。バーナード・ペイショットのように、セコイアはカトリック信仰の下で育てられた。そして教会で洗礼を受け、Stephen という名前を与えられさえした。だから彼は、スティーブ・トゥルーブラッドとして成長したのだ。バーナードの部族民と同様、チェロキー族やラコタ／ダコタの人々は、自分たちが星の人々の子孫である、とくに星座のセブン・シスターズまたはプレアデス星団【この呼称はギリシャ神話のプレアデス七姉妹に由来する】からやってきたのだと信じている。「地球外生命体」の着陸と〔人間との〕関わり合いは、先住民族の間では共通して語られることだと、セコイアは私に言った。

セコイアは驚くべき、人を鼓舞するような波乱の人生を送ってきた。子供時代や若い頃、彼は身体的にも心理的にも、性的にも霊的にも、残酷な扱いを受けた。ベトナム戦争時のアメリカ軍将校だった時代には、彼はアンフェタミン中毒になり、ヘロインを用いた。そしてのちには違法薬物所持と密輸で刑務所に服役した。自分の物語を語る際、セコイアは東南アジアにおける違法薬物の取引に関連する、犯罪的な政府の活動について書くだろうと、私は期待している。

自分の生命は何度も、必要な時にはいつもそこにいてくれるように見える保護的な存在によってほとんど奇蹟的に救われてきたのだと、セコイアは信じている。のちに見るように、彼はこれらの実体を、他のリアリティへの重要な旅に関与する存在と結びつけている。「いわゆる地球外生命体は」とセコイアは言う。「私たちが〈聖なる二本足〉であるのと同じく、スピリットのもう一つの顔」に他ならないと。「私はスピリットを、母なる地球のここで働いている神の心（the mind of God）と定義する」と彼は言う。「スピリットはそれが望むどんな形態でも現わすことができる。そして星の人々は、ちょうど私たちのように可視化されたスピリットなのだ。私たちの体は地上でスピリットが選択した形態に他ならない」【原註三四一頁】。

セコイアが先住民の様式や儀式についての知識を得たのは、人生のかなり後になってからであった。先住民の儀式や儀礼は、「私たちの兄弟姉妹たちがこの母なる地球での私たちの存在の本質を理解するのを助ける」ための彼の努力の中で、重要な役割を果たしている。友人たちや同僚、私は、ヒーリング・サークルや聖なるパイプ・セレモニー【パイプにタバコの葉を詰めて火をつけ、回し飲みしながら創造主に感謝と祈りを捧げる儀式】で、彼と同席してきた。セコイアが私たちの家にいる時は、家の中に漂う馥郁(ふくいく)たる燃えるセージ【薬草名】の香りのために、いつもそれとわかる。年齢や身体的な痛み、体が突き刺されるストレスにもかかわらず、セコイアは近年、サンダンス【直訳すれば「太陽の踊り」だが、詳しくは三六五〜三六六頁】に数回参加してきた。それはすべての先住民のセレモニーの中で最も力強く重要なものだが、合衆国では一九七〇年代まで非合法だった。

## 傷だらけの子供時代

インディアンたちは、とセコイアは言う、一九三〇〜四〇年代には人間以下の存在とみなされていたと【訳註】。当時、セコイアの母親は一人の男性と結婚した。そして、オクラホマの農場で暮らす祖父母は激しくその結婚に反対した。セコイアが一九四〇年一二月一五日に、オクラホマ州ストラウド近郊の小さな農場で生まれたとき、母親は十六歳で、父親は十七歳だった。陣痛が始まったとき、母親はメンフクロウが四回鳴くのを聞いた、とセコイアは話している。彼女はひどい恐怖を覚え、猛吹雪の中をはだしで野原を歩いて友達の家まで行き、そこで彼は生まれた。

彼が生まれる前ですら、両親はひどく酔って喧嘩をしていた。そしてセコイアは、「母の子宮の中で、私は母が体験するすべてのことを体験していた」のだと信じている。彼らは全員、一時、祖父母の農場に行って暮らした。大人たちの間で突発する暴力を避けるために、農家の外側の下水溝にどんなふうにして隠れたか、そして彼のドイツ人の祖母がどんなふうに枕で彼の頭を押さえつけ、からだに馬乗りになり、彼が泣くのをやめさせたかを、彼は今でもはっきりと憶えている。彼が二歳半の時、祖母は父を農場から追い出すのに成功した。そしてセコイアは父親は自動車事故で死んだのだと言われた。

【原註】同じように、ダライ・ラマ猊下（げいか）は、一九九二年、ある小集団との会合の際、エイリアンたちもまた、彼らは地上で起きていることに悩まされているように見えるが、宇宙の「知覚力のある存在」の一つなのだと述べた（四月二五日、著者との個人的な会話で）。

【訳註】アメリカ先住民が置かれた悲惨な状況が今も大きく変わったわけでないのは、冒頭のトゥルーブラッドの判事への手紙や、二〇一七年に公開されて話題になった映画『ウインド・リバー』（脚本・監督テイラー・シェリダン）の描写からもわかる。

その子供時代の大半で、セコイアは母方の祖母やアルコール中毒の両親から肉体的・性的虐待を受けた。それはカトリックの学校でも同様であった。「私が拒絶と放棄、淋しさについて学んだのは」子供時代のことだったと、セコイアはハーバードのフェローシップの応募書類に書いた。彼の子供時代の体験は彼に恐怖と女性不信を残し、それは長い間消えなかった。今でも時々、当時日常的に耳にしていた言葉が耳に蘇ることがあり、おまえは怠惰で馬鹿なインディアンで、将来ロクなものにはならないだろうと言われた時に感じた恥辱を思い出すことがある。しかし、夏の時期には、彼は自分の弟や父方の祖母とテントで暮らし、その祖母は彼に薬草の使い方を教えてくれたのだった。

十四歳の時、彼はガソリンスタンドを経営する伯父に会い、父親がまだ生きていて、自分のインディアンネームは父と同じで、セコイアだと聞かされた。それはまたアメリカ先住民の言語のための最初の文字体系をつくった偉大なチェロキー族のリーダーの名前でもある。彼は四十代になるまでこの名前を使わなかった。その理由の一つは、女の子の名前のように聞こえると思ったからである。一九九七年現在、彼自身ヒーラーであったセコイアの父親は、引退してオクラホマ州ポナ・シティ近郊のインディアン特別保留地にいる。彼はセコイアの母親と離婚した後、数回再婚した。一九九八年一一月に、セコイアは七十代半ばで今も元気な父親を十四年ぶりに訪問した。

セコイアにとって新しい学校に適応するのは困難なことであった。それで彼はよく授業をサボって一人で森に行った。幼い頃、恐怖から逃れて安心感を得るためにそうしたときと同じように、彼は空を見上げ、安らぎを覚えた。十四歳で、高校のソフォモア【日本とは学区制が違い、アメリカでは一般に十四歳で高校に入る。ソフォモアはその第二学年】になったとき、彼は小道で感じのいい男性に会い、彼がこう言うのを聞いた。「心配しないで、スティーブ・トゥルーブラッド。君は保護を受けている」。それからその男は消えた。しかしこの体験は「生涯を通じてずっと、私の脳裏を離れることがなかった」。

まだティーンエイジャーの頃一度、セコイアは男女二人ずつで鴨狩りに行ったことがある。彼らはその夜を、凍った湖の上の、五十五バレルの樽で支えられた小さなダック・ブラインド【鴨猟の際の隠れ場所】で過ごした。日が昇るのを見たとき、その構造物はひっくり返り、彼は〔転落して〕水面下に閉じ込められた。その間、別の男子と女の子の一人が、何とかしてそれを安全に支えようとしていた。セコイアは最初自分がパニックになったのを憶えている。しかしそのとき「柔らかく優しい感情が私のところにやってきた」。そしてある声が大丈夫だ、「死と呼ばれるこれを超える」ことは可能だ、君は「どんなノーマルな考えにも対立するような、ありとあらゆる異常な体験」をすることになるだろうと、彼に言った。彼はまた、自分が結婚し、戦争に行き、残虐行為に直面し、自分の先住民の親戚と合流し、自分が認識できないかもしれない他の存在にいつも取り囲まれているのを見た。彼が水の中から「飛び出した」とき、彼はもう一人の女の子の姿を見た。泳げない彼女は五十五バレルの樽の上に座って、泣いていた。

彼女は、彼は十分間も水の中にいたのだと言った。だから彼が死んだのは確実だと思った。しかし彼は寒さすら感じず、樽とその子を、他の二人がロープで樽を岸に引っ張り上げようとしているところまで押していくことができた。

十七歳の時、セコイアはガールフレンドのパトリシアを妊娠させてしまったので、ある神父の助けを得て、駆け落ちしてテキサスに行き、結婚した。そうしたのは、殺してやると息巻く彼女の父親の怒りを避けるためだった。彼とパトリシアの間には一九五八年、一九六一年、一九六四年、一九六七年と計四人の子供ができた。一九五八年、十八歳になる前、オクラホマと拭いがたく結びついていた苦痛を避けるために、セコイアは軍に入隊した。

## グリーン・ベレー

セコイアの軍隊における二十三年間はそれ自体、一個人のライフヒストリーにとどまらない、大軍隊の政治的・心理学的重要性をもつ歴史を含んでおり、彼自身がいずれそれを詳しく語ってくれることを私は望んでいる（その一部はペリー 1986 に記録されている）。ここでは、セコイアのスピリチュアルな旅とトランスパーソナルな遭遇を理解する上で不可欠な事実だけをスケッチするにとどめたい。

軍でセコイアの高度な知性、言語能力、人に対する能力の高さは、すぐに明らかとなった。

そして大学レベルの課程での飛び抜けた成績（そのいくつかでは満点だった）のために、彼は様々なリーダーシップをとる職務に選抜されることになった。彼はエリートのグリーン・ベレーに配属され、一九六七年に大尉に昇進し、妻や四人の子供たちと共に沖縄に派遣された。そこで彼は、グリー・ベレー戦闘本部のスペシャル・アクション・フォース・アジア【アジア特殊行動部隊】の副司令官として、東南アジアの国々への「投入【軍事用語】」のための多文化偵察チームの訓練に当たった。セコイアが長時間のハードな訓練を克服するためにアンフェタミンを使い始めたのは、この時であった。軍は公式には、そのような薬物の合法的な医療目的以外への使用を否定しているが、それらは明らかに能力を高めるために、とくに兵士たちが何日もずっと眠らず起きていられるようにするために、自由に使われていたのである。ある特殊部隊の戦闘エキスパートが言ったように、「あなたは起きていなければならない。警戒し続けなければならない。〔薬物を使う以外〕他にどうしろと言うんだ?」（ペリー 1986）。当然ながら、セコイア同様、多くがすぐに中毒になったのである。

## ベトナム、中毒、そして逮捕

それからの年月、セコイアは多くの危険な秘密偵察ミッションに携わることになったが、それらは軍の最高レベルで承認されたものであった。多くの部下がそれで命を落とし、彼は敵兵とベトナム国民に対して米軍が犯した残虐行為を目撃した。

　ベトナムで数回、殺されるのがほとんど確実という状況下で、セコイアは奇蹟的に生き延びた。ときに、周囲の仲間の兵士たちが皆殺しに遭う状況の中で命拾いすることもあった。一度、彼ともう一人の将官が二十五人から三十人の北ベトナムのサパー（グリーン・ベレーに相当する精鋭兵）に、開けた場所で取り囲まれたことがあった。しかし、彼らが銃に手を伸ばそうとしたとき、相手の兵士たちはその場に凍りついた。彼らは両手を上げ、決して自分の武器に触ろうとしなかった。それで二人のアメリカ人はその空き地の中を悠々と歩いて抜け出すことができた。こうした事件が起きるたびに、人間の姿をした半透明の存在が、君は守られていると言ったのだと、セコイアは語っている。君は死となじみになりつつあると、その存在は言った。それというのも、君が生を理解できるようになるためには、経験しなければならないことがたくさんあるからなのだと。これはセコイアにとって、「私たちが今ここに一緒にいるのと同じくらい」リアルなことだった。

　ベトナムで数ヶ月がたったとき、セコイアは自分が、「私自身のものではない、そして私が同意していない見解のために生じた兄弟たち」の死を目撃するか、ひき起こすかしているのではないかと考え始め、そうなのだと気づいた。作戦会議をしていたある晩遅く、彼のグリーン・ベレーのキャンプが北ベトナム軍の兵に襲われた。兵士のうちの二人が彼の部屋になだれ込んできたとき、セコイアは彼らに向かって発砲した。彼はスローモーションでその弾丸が彼の銃から飛び出し、二人の兵士の頭の中に入り、それを破壊するのを見ることができた。彼らは彼の足元に倒れて死んだ。彼は通訳の助けを借りて彼らの財布を調べ、「私が自分の財布に入れているのと全く同じものを見つけた」。それは愛する人たちの写真と、無事を祈る彼らからの手紙だった。

セコイアにとって、この体験は圧倒的なものだった。彼ははげしく嗚咽し、自分がどこにいるのか気づくまでに何時間もかかった。彼は自分の傍に立つ光り輝く一人の存在によってトランス状態から呼び覚まされ、「『君は守られている、大丈夫だ』という言葉を聞くことができた」。この後、彼は多くの激しい戦闘に巻き込まれたが、二度と発砲せず、ときには武器ももたずに銃撃戦の中に入ることもあった。自分が死ぬことはなく、「見張られ、保護されている」ことを知っていたからである。

セコイアのベトナム体験のもう一つの側面は、彼がアメリカ政府の違法薬物の密貿易に関与させられていたことと関係する。セコイアは、とマーク・ペリーは証言している、「この国のいまだに秘密にされている軍隊の秘密のいくつかに精通している」と。彼が投獄されたカンザス・シティの、当時の彼の担当弁護士は、のちにこう述べた。「私はスティーブは、人々が考えているより多くのことを知っていると考えています」と（ペリー 1986）。こうしたすべてのストレスに加え、彼は飛行機で一度、ヘリコプターで二度、撃ち落とされたことがあった。ベトナムでの数ヶ月の間に、彼はますます政府支給の「スーパー・アンフェタミン」に、麻薬に、そしてアルコールに溺れるようになっていった。「ドラッグは生きていたいと思えば不可欠だったのです」と彼はペリーに語った。一九七〇年一月にアメリカに帰還するときまでに、セコイアはアンフェタミンと麻薬の深刻な中毒になっており、またベトナムで少なくとも三度精神異常の徴候を見せ、ソラジン（抗精神病薬）の大量投与による治療を受けていた。

セコイアはメリーランド州の家族の元に戻ったが、「爆発寸前」のように感じた。アメリカに戻ってから、コカインとマリファナの所持、密売、密輸容疑での逮捕、有罪宣告、カンザス州リーベンワースの連邦刑務所での二十二ヶ月の服役までの九年間、セコイアはうまく機能し続け、メリーランド、テキサス、ノースカロライナ、そして韓国で、ときに高度に技術的な最高機密の任務に従事した。彼は米軍と韓国政府から賞を授与されたほどであった。しかし、彼の状態は悪化しつつあり、当時自分が生き残れたのと、この期間に仕事をやり終えることができたのは、彼をつねに見守っていた光に覆われた存在のおかげだったと思っている。彼は自分が国際的な麻薬ディーラーとして告発されたのはでっち上げ（詳しくはペリー 1986,pp.11-12）によるものだと信じているが、結局セコイアは自分の投獄を彼の祈りに対する答えとして甘んじて受け入れた。何といっても、彼は「ジャンキー【薬物中毒患者】」に他ならず、投獄のおかげで「私はとうとう自分の生活からドラッグを締め出すことができた」のだから。

## 別世界への旅

セコイアが憶えている「完全な」アブダクション体験は、彼がベトナムから帰国した少し後、一九七〇年七月に起きた。彼の遭遇体験は彼の薬物中毒と関係していそうだと言われるかもしれない。しかしこの体験は、いくつかの点で「古典的」な容赦のないアブダクション事例の典型的なものではないとしても、中毒問題に苦しんでいない時期の彼のスピリットの世界との関係とは一致している。さらに、そのときはドラッグもアルコールも飲んでいなかったと、彼は言っている。セコイアのアブダクション体験は、彼のUFOについての見解や、アブダクション現象それ自体との文脈で見なければならない。多くの会話で彼が語ったことを元に、私はここでそれを要約しておきたい。彼の見解は私たちの文化の中の研究者たちのそれとはかなり異なるのである。

私が会った何人かのネイティブの人たちと違ってセコイアは、自分を宇宙船に連れて行った存在と、生涯にわたって彼を導き保護してきた守護霊とを区別していない。白人が使う「地球外生命体」という言葉は、スピリットからの私たちの分離のたんなるもう一つの表現にすぎないと、セコイアは信じている。実質的には無数の存在たちが住む、多くの他の惑星、星、宇宙が多数存在すると、彼は信じている。そのような存在はいつも私たちの中にいて、ヒューマノイドの姿をとって可視化し、私たちと交流し、私たちを源泉（Source）へと連れ戻す（第十二章参照）。それぞれの場合にスピリットが選択する形姿——たとえば人間、ヒューマノイド、動物など——は、それ自体が聖なる神秘なのである。

セコイアによれば、私たちは皆ある意味では「地球外生命体」である。というのも、星からやってきた存在がヒトという種の創造に参加し、つねに私たちの教師であり続けてきたからだ。地球の危機的状態ゆえに、彼らはますます、彼らの存在を認め、彼らの教えを広めるだろう人々の前に姿を見せることが多くなっている。一般の人々、特に西洋社会の高学歴エリートたちは、これらの存在を進んで認め、彼らのメッセージに耳を傾けようとはしない。「あなたが研究している精神医学」と（と彼は語った）アブダクション体験者たちとの共同作業は、人々が「いわゆるＵＦＯと地球外生命体」の存在や、彼らがもたらすメッセージを理解し、受け入れる準備ができるようにするのを手助けしている。宇宙船はきわめて初歩的な種類の旅を表わしている。そのような乗り物が不要になり、私たちが「スピリットとしてどこにでも旅する」ことができるようになる日がいずれやって来るだろうと、セコイアは言う。いわゆるエイリアンは百万光年の彼方から〔人間の目にその姿が見えるように〕即座に自らを物質化させる方法をすでにマスターしている、と彼は語っている。

一九七〇年七月四日、セコイアはメリーランド州ローレルにある自宅のプールのそばに腰掛けていた。彼は子供たちが泳ぐのを眺め、妻は彼の隣に座っていた。そのとき突然、なぜかはわからないまま、彼は立ち上がり、家の中に入り、小さなバッグで旅支度をして、車に乗り、ワシントン・ボルチモア空港に向かった。彼はオクラホマシティ行きの飛行機に乗り、そこで一人の友人に電話し、その友人が彼をノーマンにある別の友人の家に車で連れて行った。彼はそのとき少し妙な感じがして、休みたいのでベッドに寝かせてくれと頼んだ。その友人は彼を寝室に連れて行き、そこで彼は横になり、リラックスするために深呼吸をした。そのとき彼は「虹のような」一種のうねる光の渦巻きを見、その中に吸い込まれた。私は彼に、誰か彼がノーマンの家で予期せず行方不明になるのを見た人がいるのかと訊ねた。しかし彼は、そのことに関しては憶えていなかった。彼はそれ以後、この友人とは連絡を取っていない。

セコイアはそのとき、生垣に囲まれた美しい庭園に自分が立っているのに気づいた。彼は今やはっきりと目覚めていて、「今あなたと一緒にこうして座っているときと何の変わりもなかった」という。彼の前には銀色の皿形宇宙船があり、小さな銀色のゆらめく光を発する存在が、その乗り物の底部から出ている降り口のところに立っていた。その存在は灰色っぽく、大きなツルツルの頭部と、大きな目をもっていた。そしてセコイアは、その存在が男性でも女性でもなく、「両性具有」だと感じた。その存在はテレパシーで自分が「別の場所」から来た者であること、自分が彼をそこに連れて行くために送られたのは、「彼ら」が彼と話をしたいと思っているからなのだと言った。セコイアは「まるで以前にもこういう体験をしたことがあったかのように（今ではそうだと知っているが）、そしてそれは隣人に会いに行くことと何の違いもないかのように」落ち着いて、リラックスしていた。彼は行くことに同意し、その存在と一緒にタラップをのぼって宇宙船に入った。

いったん宇宙船の中に入ると、セコイアには何の音も聞こえなかった。しかし、小さな円形の窓から、彼は月や太陽、「無数の星々」がすばやく前を通過してゆくのを見た。それから、彼らが乗った宇宙船は、たぶん別の領域または宇宙の別の惑星にあるのだろう、美しい白い都市の上空に浮かんでいた。「北米インディアンの私たちの伝説と口伝えの歴史にはこうした出来事が豊富にある」と彼はのちに書いている。彼らは瞬時に地上に降りたが、それは「非物質化と再物質化」のように思われた。

この町の人々には男性と女性がいるように見えたが、彼らは白いローブをまとい、肌の色が明るく、「陽光のように輝く髪」をもっていた。その両性具有の存在は、セコイアを高さは三階以下の、美しい白い建物が立ち並ぶ通りを通って、公園らしき森の開けた場所へと連れて行った。そこには大勢の人がいて、一人の男性がこう言った。もし彼が「注意を払う」なら、そこの人々が戦争や病気なしに調和して暮らしているのがわかるだろうと。そのエネルギーは地球とは違っているように思われ、そこには時間の感覚はなかった。セコイアは、その存在たちが彼がそこにいて呼吸できるように彼に何かしたのだと言われた。人々は、自分たちは食べ物を必要としないのだと言った。彼らが呼吸する空気が、生命を維持するのに必要なあらゆるものに変換されるからである。

セコイアは男たちの一人、リーダーらしき人物に次のように言われた。地球上の人類の潜在能力を見せるために彼はここに連れてこられた。そして彼は自分が先住民の遺産に再び導き入れられ、「教えることに、最初は先住民の人たちに、それから他の民族の兄弟姉妹たちに、すべての創造を満たしている大きな平和と愛について教えることに関与することになるだろう。私の人生のすべての出来事はこの仕事に対する準備を私にさせるためのものだった」のだと。彼はまた、彼の人生の様々な経験は彼が恐怖に打ち勝つのを手助けするためのものであり、彼が「人間性に対するこの奉仕を成し遂げる」ことへの自覚と強さをもつ前に、多くのより困難な体験を堪え忍ばねばならないだろうとも言われた。その存在は彼に、子供の時もベトナムでも、彼らはつねに彼と共にいたこと、彼は「死の回廊をくぐり抜けて導かれてきた」のであり、彼が戦争中、自分が見守られ、保護されているとしばしば聞かされたのはそのためだったのだと言った。

セコイアは結婚式のようなもの、彼らが「参加」セレモニーと呼ぶものが行なわれているところを見た。そこでは花で囲まれたテーブルのそばに男たち、女たちがいた。地球上で結婚がうまく行かない理由は支配し、操ろうとする努力が多すぎるからなのだと、彼は教えられた。しかし、ここの人たちは、ただ一緒に時間を過ごす決心をするだけなのだ。セコイアは祝福の言葉を言うよう求められた。彼はこの祝福に満ちた場所にすっかり魅了され、リーダーに、もし望むなら、しばらくの間ここにとどまることができると言われた。[2] その瞬間、彼は自分が置き去りにしなければならないもの――家族や車、家、所有物――を思い浮かべて、パニックになった。「私はほとんど気が狂いそうになりました。この時初めて、自分が物質世界にどれほど執着しているかに気づいたからです」。彼らは「これが母なる地球の大問題の一つなのだ」と彼に言った。「君たちはここ【＝地上】に一時的にいるだけだ。君たちのこの肉体は、それを使って学ぶために与えられた道具にすぎない」のに、それに愛着することが苦しみと傷の源泉になっているのだ、と。

戻りたいと言ったとたんすぐに、セコイアは再び宇宙船の中にいて、星々や太陽、月が目の前を通りすぎるのを見た。そしてあの庭に戻って、宇宙船の外に、両性具有の存在と共にいた。彼らは後で戻ってくるだろうと、彼は言われた。それから彼は再び渦巻の中を通り抜け、「ドスン」という感じで、友達の家のベッドの上に戻った。若返ったような、爽快な気分だった。

この体験は、たとえ彼が「元の人間的な感情の状態に再び舞い戻ってしまう」ことはあったとしても、その後彼の身に起きたあらゆることの受け止め方に影響を及ぼした。とくにそれと似たことが再び起きることはなかったので、彼は起きたことの現実性を疑い始めた。この体験のすぐ後、彼はそれについて精神科医に話した。その精神科医は彼に、あなたは幻覚を見たのだ、というのも「彼の見地からすればそんなことはあるはずがない」からだと言った。セコイアは私に、自分はドラッグに関連して幻覚を見た経験はあるが、それらは異なったもので、もっと断片的であり、明らかに中毒と関係したものか禁断症状によるものだったと語った。「私には幻覚を見ていたときはそれとわかります。この体験がリアルで、幻覚や他の薬物反応とは違うものであることは私にははっきりしているのです」[3]。

## 刑務所、リハビリ、そして変容

一九七九年に投獄と共に始まったセコイアの十年は、精神的な変容の光に包まれた一種のプリズン・ノベルに似ている。彼のリハビリと変容の過程は、その刑務所体験と分離できない。彼の話の中に、私たちは人間性の中の最悪と最善——恐怖とエクスタシー、堕落と変容——を見出す。

一九七九年の一連の出来事から、一九八七年の刑務所からの最終的な解放までの概略は、次のようなものである。一九八一年六月に、リーベンワース連邦刑務所から釈放されたとき、彼はドラッグとアルコールから自由になっていた。釈放と同時に、彼は「名誉あるとは言えないようなかたちで」〔軍の〕職務を解かれた。彼はそれからの四年間をカンザス州のカンザス・シティで、大半はヒンズー教徒の共同体で過ごした。一九八五年に、ミズーリ州のカンザス・シティ【ややこしいが、二つの州に同名の町がある】で、おそらくは別件で、警察に逮捕された。彼はノースカロライナの賞金稼ぎから逃れるために、ミズーリに飛んでいたのだが、彼らはまだ残っている四十一年の刑に彼を連れ戻して服させるために、州知事によって送り込まれていたのである。セコイアはそれから、ミズーリ州カンザス・シティの刑務所の独居房で一年を過ごした（一九八六年にマーク・ペリーがインタビューを行なったのはここである）。その間、様々な機関が彼をどうするか、決めようとしていた。

セコイアはノースカロライナへの送還に同意した。それが残りの人生を刑務所で過ごすのを避ける唯一の方法だと思えたからである。彼はノースカロライナ州ローリーにある中央刑務所に再投獄された。彼はノースカロライナの刑罰システムの様々な施設で合計十八ヶ月を過ごしたが、それには無秩序な精神科病棟での四ヶ月も含まれていた。そうなったのは誰かが彼の記録に心的外傷後ストレス障害の診断を見つけたからだが、服役は最終的に、一九八七年にアッシュビルで刑務所長がチェロキー族の人たちと協力して、チェロキー族の居留地で若者の治療プログラムをスタートさせるために彼を釈放するまで続いた。釈放後もまだ、セコイアは自分には「惑星を去る【これは自殺を意味する】」準備はできているとしばしば考えた。私たちは彼を死へと差し招く、蜘蛛と天使のような存在との遭遇と、「まだだ」とそのとき彼が答えたこと（第七章）を思い出すかもしれない。

セコイアは最終的に、自分の苦難はすべて、ノースカロライナでのむかつくようなトイレ掃除の四ヶ月でさえ、感謝すべき創造主からの贈物であったと考えるに至った。その体験のおかげで彼は、他者への奉仕のために痛みや苦しみを変換するすべを学んだのだから。「毎日、見えざる者、地球外生命体、スピリット（すべては同じ）が私を教え、いかなる状況にあっても安らかで愛に満ちているすべを、自分に起こるすべてのことに感謝し、来たるべきことすべてに感謝するすべを教えてくれた」のだと彼は言う。

セコイアはリーベンワースでアメリカ先住民たちに会ったことがあった。そして自民族の教えへの彼の帰還は、彼らと共に始まった。刑務所にいる時ですら、彼はやりくりして多くの先住民のヒーリング・サークルに出席した。まだカンザスにいる時も、彼はサック・フォックスの部族民に連れられて、州の北西部の端で開かれたホワイト・クラウドの霊的集まりに出席した。ここは霊からの物質化現象が起こる場所で、宇宙船が時々降り立つところだと、彼は聞かされた。彼の先住民文化の学習は、この十年間ずっと、とくにノースカロライナのチェロキー族の中で続いた。彼はやはりベトナム戦争に従軍していたチェロキー族の収監者と隣り合わせ、友達になった。この人物の叔父はアンディ・オクマで、呪医であったが、彼を通行証で連れ出し始め、彼に「地球外生命体と他の惑星から来た存在」について話した。セコイアはほどなく、ノースカロライナ西部のチェロキー族と会い、ワークを行ない、結局は彼らと一緒に暮らすことになった。オクマともう一人の呪医、ワォーカー・カルホーンが彼の師となった。そして彼らと他の人たちがメディスン・ホイール【聖なる輪】やヒーリング・サークル、スウェット・ロッジ他の先住民のセレモニーについて、さらにもっと多くのことを彼に教えた。彼はヴィジョン・クエストに乗り出し、ワシや熊、ワタリガラスや他のアニマル・スピリットとの自分のつながりについて学んだ。

入獄中に、セコイアは西洋と東洋のセラピー、霊的な修行法の両方を知り、それに参加するようになった。これらは個人と集団両方の心理療法、催眠療法、ＡＡ（アルコール依存者の互助会）、ＮＡ（薬物依存者の互助会）、過去世療法、様々な武術、ハタヨーガ、座禅瞑想などを含んでいた。彼は一九八二年に、アメリカン・フェローシップ・チャーチの大使に任命されさえしたが、それは彼にカンザスで結婚式を執り行なう資格を与えるものであった。彼が「私は永遠に霊的な存在である」ということ、そして私たちの体は「たんに一時的に貸し与えられたものにすぎない」と悟ったのは、ヒンズー共同体の中にいる時であった。

彼は独房に収監されていたとき（一九八五―八六年）が「私の生涯の最も生産的な時期の一つ」であり、「そこで幸福になった」ことに気づいた。この刑務所に入ってまもなく、彼がベッドに横になっていると、「全く突然」一つの光の存在が彼の元にやって来て、こう言った。「ここはまさに今君がいるのにぴったりの場所だ。君はしばらくこの独房にいることになるだろう」と。セコイアはこれをチベット僧が洞窟にいることになぞらえた。そして独房に座っていると、誰かが彼に向かって話していて、彼を愛や安らぎについての、そしてどのようにして変化がやって来るかについての教えで彼を満たしているかのように思われた。彼は毎日瞑想し、ヨーガを実際に行なった。そして菜食主義者になる決心をした。刑務官が拒絶したので、彼は断食に入り、死ぬ準備をした。しかし、医者が呼ばれて、刑務官を説得して、セコイアにはベジタリアン・メニューを出すことになった。

セコイアの並外れた奉仕の人生が始まったのは、この時期であった。彼はカンザス・シティの自閉症の子供たちや障碍者のための学校発展のアシストをし、その地に心霊研究所を創設する手助けをした。そしてベテランたちによって、州の評議会と法廷の前で彼らの主張を代弁する役に選ばれた。ノースカロライナでの刑期の終わり頃、彼はパラリーガルとして、監督官と一緒に仕事をした。監督官には内緒で、彼はまた、自分に許されたタイプライターを使って、看守たちによる暴力や男色行為についての収監者たちの報告書をタイプした。彼はそれをウィンストンセーラムの知り合いの弁護士に送った。「その後、非常に多くのことが正されたのです」と彼は私に語った。

上記のチェロキー族とのワークに加え、セコイアは彼らに対する子育てプログラムと、薬物やアルコールの乱用がはびこる地域での実験的戸外介入プログラムをスタートさせた。結果として、彼らの間でのセコイアの働きのおかげで、チェロキー族は二十二の部族を束ねることになったが、それは南部のセミノール族や、北部のモホーク族を含んでいた。そして彼はこれらの部族の教えを学び始めた。彼は多くの文化伝統を学べたことを誇りに思っている。

## 奉仕の十年

一九八一年以来、とセコイアは書いている。「私は〈元の教え〉（五四一～五四二頁参照）に浸されてきた。私はこの大陸の最も尊敬されている長老たちから指導と訓練を受けてきた」と。[4]

しかし、彼が自由に奉仕の生活に身を捧げられるようになったのは、ノースカロライナの刑務所を出てからだった。私の経験では、彼のそれは他に比肩するものがないほどである。セコイアにとって、彼の守護霊とのコンタクトは、私に話してくれた別のアブダクションによる旅も含め、彼の日常生活と不可分に結びついていて、その個人的な成長における役割と、彼が話してくれたすべての他の変容的な影響は、それと切り離すことができない。彼の人生は本質的にスピリットの旅であり、ＥＴたち（彼は訪問者をそう呼んでいる）はたんなる「スピリットの顔」の一つでしかないのである。

セコイアは絶えず旅して回るジョニー・アップルシード【十八〜十九世紀のアメリカ西部開拓期の伝説的人物の一人。リンゴの種と、エマヌエル・スヴェーデンボリの著書を携え、新エルサレム教会の教えを説きながら、西部の開拓地一帯にリンゴの種を植えて回ったと言われる】のような人物となり、ヒーリングと変化の使徒として、北米全部と他の大陸を旅して回り、「共同体から共同体へと」ミッションを果たすべく回り続けている。地上の時間は尽きようとしている、と彼は信じている。「もしも私たちがもう少し早く変化をスタートさせないなら、私たちがここに住める日ももうあまり長くはないだろう」。男性的エネルギー、男性的攻撃性は、手に負えなくなっている。だから私たちは「生命をもたらす女性を尊重し、称える」ことを、「男性的攻撃性を和らげる」女性的エネルギーをうやまうすべを学ばなければならない、と彼は言う。

セコイアのネイティブと白人両方の共同体における「善行」は、彼の個人的な哲学と世界観の文脈の中で見る必要がある。それらは彼の現在進行中の人生経験から出ている。彼の宇宙はスピリットに支配されており、物質世界の形態は一時的なものにすぎない。「このような物質的なボディを永遠にもとうと考えない方がいい、それは学ぶための道具としてここにあるだけなのだ」と彼は一人の同僚に語った。[5] 彼はもう一人の長老、クロウズ・フットの言葉を引いて言う。「人生は夜のホタルの光のような束の間のもの、寒い冬の日のバッファローの白い吐息のようなものなのだ」と。[6]

セコイアは神話とシンボルの世界に生きていて、その世界はスピリットがとる形態である、多くの領域からくる可視または不可視の存在で充満している。私たちの周りの存在は私たちを助けてくれるかもしれない。しかし、彼らは「私たちの自由意志には干渉しない」のだ。責任は私たちの側にある、とセコイアは言う。私たちの考えは「何かを変えることができる方向に放たれるレーザービーム」のようなものだが、それも含めてである。[7] 集まりの際、かつて彼はこう訊かれたことがある。あなたが「地球外生命体」から来る教えについて語るとき、それは暗喩として語られているのか、それとも文字どおりの意味なのかと。彼はそれにこう答えた。「それは同じことだよ。彼らが私たちに教えていることの一つは、君らはここではやけに傲慢なんじゃないかい、ということだ。君らは宇宙にいて、創造を自分一人でやっていると考えている。この地を訪れている存在は私と一緒にいて、私がやっていることを手助けしてくれているのだ」と。

セコイアにとって、あらゆるものは創造主から、一つの源泉からやって来る。「スピリットは私よりうまく宇宙を運営するすべを心得ている」と彼は言う。「愛の炎——それは創造主が私たちのなかで燃やしているものなのだ」と。彼はたえず神に感謝をささげ、神に助けを求めている。唯一の「うまく行く保険は、創造主との純粋な関係である」。セコイアにとって、このことはコントロールを手放し、無防備と傷つきやすさの態度を取ることを意味する。私たちが自分自身を開くとき、私たちはスピリットと提携し、「死のようなものはない、あるのは変容の進行だけなのだ」ということを発見する。病気ですら、創造主との関係における調和またはバランスからの逸脱の結果なのだ。しかし、創造主もまた私たちを必要としている。私たちは共に学び、成長し、進化するのだ。

セコイアにとって、個人的・集団的いずれのものであれ、人間が行なう破壊の大部分は、未解決の痛みや苦しみの結果であり、「それらは磁石のように私たちの心を追跡し、自分がスピリットにおいて本当は何者であるのか、私たちがそれを知るのを妨害する」のである。先住民の歴史によれば、痛みと苦しみは「最初の男と女が創造主の元の教えに背を向けたとき人間の意識の中に入った」ものである。[8] 痛みや苦しみを「変容」させる方法は、それと直接向き合い、ヒーリングのサポートを受けられる状況でオープンに、怒りや他のネガティブな感情と意思疎通を図ることによってそれを「調べる」ことで、そのサポートこそ、彼がワークの大半で行なおうとしていることである。先住民の人々はこの仕事で西洋人を手助けすることができる。なぜなら、「五百年間」彼らは「痛みの専門家」になって、「痛みに関するすべてを調べてきた」からである。「私たちは自分自身を変容させ、それを乗り越えつつある」。

先住民の口伝えの歴史を通じて学んだ伝説や予言は、現代人のジレンマや自分のミッションを理解する上で、セコイアにとっては重要である。予言は、と彼は信じている、リマインダー【思い出させるもの・教訓】であり、現存するリアリティに基づいている。それらは今後起こることについての文字どおりの予言ではない。先住民の口伝えの歴史は、他の民族、他の文化がタートル・アイランドにやってくるだろうことを、「そして二つの文化が相互作用するとき、大きな混乱と不満が人々とその国に生まれるだろう」ことを予言していた。しかし、この衝突は必要なものであり、それは「双方の文化が学び、成長し、霊的に進化して意識のより高い次元に達するとき、真理の炎に火をつける」だろう[9]。

とくに私たちの現代の危機に当てはまるのは、赤と白の兄弟が同じ家族に生まれるというホピ族の伝説である。白い兄弟（ストレートラインまたは線形思考の人々）が「物質世界の操作についてのあれこれ」を学ぶために地球の反対側に行くというのは創造主の計画であった。それから彼らはタートル・アイランドに戻ってきて、赤い兄弟(サークルまたは非線形思考の人々)が白い兄弟と同じ機会がもてるようにする。そして「私たちが自分が思っていたほど強くないのを発見する」のだ。「私たちはストレートラインの人々の鏡を覗き込み、そしてストレートラインの人々はサークルの人々の鏡を覗き込むことができる」。この伝説によれば、「もしこれら二つの人種が一緒になれば、たくさんの混乱、対立、そして破壊が起こるだろう。しかし、私たちが交流するなら、それを通じて、私たちはそれを乗り越え、このより高い霊的な場所に共に到達するだろう」。

セコイア自身は架け橋――赤と白の兄弟たちの間の――である。しかしまた、バーナードやクレドと同じように、スピリットの不可視の世界と物質的な世界との架け橋でもある。「これが今の私の道である」と彼は自伝的な要約に書いている。「パイプの教えをすべての人々と分かち合うこと。そしてその一部は、人々が多くの宇宙の多くの惑星には居住者がいるということを認識する手助けをすること、また、これらの存在たちがこれまでいつもこの地球上、とくにタートル・アイランドにいて、私たちのシャーマンや土着の人々を指導して、尊重に値する生き方ができるようにしてきたこと、それを人々が理解する手助けをすることである」[10]。

セコイアにとって、彼が個人や家族、共同体と共に行なうセレモニーは、ヒーリングや霊的な発達の促進という彼のミッションの不可欠な一部である。一九七〇年代まで、それらのうちのいくつか、たとえばサンダンスのようなものは、アメリカ政府によって禁止されていた。呪医として、セコイアはどこに行く場合でも自分の「スピリチュアルな道具一式」を携えているが、その中にはセージ、タバコ、聖なるパイプ、その他の彼が必要とする物が含まれている。ヒーリング・サークル、聖なるパイプ、スウェット・ロッジのようなセレモニー、そしてサンダンスは、共同体の絆をつくり出し、維持する。それはスピリットを浄め、人々に自分の心を開いて「自分の心の深み」を分かち合う機会を与える。さらに、それらのセレモニーは、創造主に感謝をささげ、聖なる存在をサークルの中に呼び出し、参加者たちがそれと結びつくことができる機会を提供する。一九九二年から一九九六年までの間に、彼の見積もりでは、セコイアはヒーリング・セレモニーで二万人の人々と一緒の場をもった。

可能なときはいつでも、セコイアは子供たちをヒーリングや他の部族の集まりの中心に連れてきた。彼らが霊的に成長し、大人たちに信頼や無垢、心の広やかさ、無条件の愛について教えることができるようにするために。彼が先住民の共同体の外部でセレモニーを行なう機会はますます増えている。彼がカナダの最大限の安全が保障されたある刑務所で囚人たち相手にヒーリング・サークルを行なったとき、そこの所長は囚人たちがかつてないほど穏やかになったのを見て驚いた。セコイアによれば、それは彼らが通常感じたことのない愛の現前のためだったのである。

ネイティブ・アメリカンのセレモニーで最も強力なものは、サンダンスである。この神聖な古くからある儀式を通して、参加者たちは通常のリアリティや身体的状態を超え、祈りを通じて「霊的世界への出発点」を得るように思われる。最近まで、非ネイティブの人たちの参加は許されていなかった。そのセレモニーの主要な目的は、コミュニティを痛みや苦しみから解放することである。それは四日間続く烈しいダンスで頂点に達するが、その中で参加者たちは、男も女も、食べ物も水も補給せず、ときに灼熱の日差しが照りつける中で踊る。最後には、霊的に資格を与えられたと考えられる者が胸か背中を剣で刺され、聖なるサンダンスの木から吊るされたまま踊り続ける。ダンスの最後に、その木が彼らの肉を突き破ったとき、彼らは解放される。

一九九七年八月、アメリカン・インディアン・ムーブメントがミネソタ州パイプストーンでサンダンス大会を行なった。そこでは、オーヴィル・ルッキングホースが最も高貴な聖なるパイプをもっていて、それはある種の赤みがかった石――パイプストーン――から作られているが、その土地にしかないものである。伝説によれば、それは、先住民の伝統の重要な女神、ホワイト・バッファロー・カルフ・ウーマンによってその地の部族に与えられたものである。北米中のインディアンたちがこのサンダンスに参加したが、それは一週間以上続き、若者のヒーリングや他のセレモニーも同時に行なわれた。セコイアが最初にサンダンスで踊ったのは一九九三年のことだったが、このセレモニーでは刺し貫かれるダンサーの一人であった。彼は数人の友人をそこに招待し、そのダンスの絶頂で解放されるとき、どのようにして苦痛がある種の霊的エクスタシーに変容するのかを説明して聞かせた。セコイアは次のように書いている。

「サンダンスは私に祈りの力を証明してくれたのです。サンダンスは私に、自分が創造主の子供であること、私が永遠のスピリットであり、活動する神のマインドであること、私が私の前に通りすぎたすべての人々を霊的に代表する者であること、私が可視化された大霊であることを気づかせてくれたのです[11]」。

セコイアはヒーリングと変容、あらゆる背景をもつ人々への奉仕という自分のミッションを追い求めて疲れを知らないように見える。彼は文字通り世界中を旅してきた。一九九四年に、彼は先住民の長老たちのグループと共に、ニューヨークの国連本部で、七つの異なった文化の口伝えの歴史からの予言を述べる集まりに招待された。同年彼は、ホワイトハウスの持続可能な環境政策のための努力の一部としての、持続可能性に関するネイティブ評議会のコーディネーターになるよう要請を受けた。彼の仕事は国内外を問わず、とくに若者のヒーリングに焦点を合わせている。[12] 若者は「長い冬から春へと脱け出る」この取り組みで私たちをリードすることができると、彼は信じているからである。

セコイアは「国境なき国際長老会議」と、全米オリンピック委員会にも席をもつ「アメリカ先住民スポーツ評議会」の役員を務めている。彼はまた、地球上の生物保護に関連するいくつかの会議の役員になるか、アドバイザーになっている。セコイアの旅はつねに彼の創造主と、創造主の現われである可視・不可視の存在たちとの関係に支えられている。一九九七年に提案された彼の本の中で、彼はこう書いている。「一九九二年から今日まで、私は旅で多くの辺鄙な村々を訪れた。それは南西部の砂漠地帯から、ユーコンの北極圏内部、シベリアやモンゴルの先住民集落にまで及ぶもので、地球外生命体と呼ばれる存在とのより密接な関係もその旅には含まれる。彼らは私の両親や友達、私の子供たちと全く同じ、私の家族なのである」と。[13]

# 第十章

# ヴサマズル・クレド・ムトワ

沈黙は僅かしか続かなかった。それから周り一面に青い煙がたちこめて、風景はおぼろになった。私にはもはや木々も見えず、鳥の声も聞こえず、太陽の熱さえ感じなかった。私は突然、鉄でできた場所にいた。それは円いかたちで、タンク、横倒しになった水槽のようだった。

クレド・ムトワ

一九九四年一一月二四日

## 人間国宝

ヴサマズル・クレド・ムトワはおそらく、南アフリカの先住民の外部では最も有名なサンゴマまたは呪医だろう。バーナード・ペイショットやセコイア・トゥルーブラッドのように、彼もまた橋渡しをする人物、彼の土着文化の知識を西洋にもたらす人である。彼らと同様、クレドもクリスチャンとして育てられた。しかし、若い頃、彼はキリスト教を捨て、サヌーシ、「彼の民族を向上させる者」となった（ラーセン 1994）。サンゴマとしてのイニシエーションの際、彼に与えられた「ヴサマズル」という名は、「ズールー族を目覚めさせる者」を意味する。そしてクレドは、しばしば自分たちの文化伝統に忠実でなくなった黒人たちの憤慨を招いたとはいえ、実際に南アフリカのサヌーシとサンゴマたちの霊的指導者となった。彼はまた、追随者たちの間ではババ・ムトワという尊称で知られている。ムトワは「小さなブッシュマン」の意味で、クレド（「私は信じる」）は彼のクリスチャンの父親によって名付けられた名前である。スティーブ・ラーセンは適切にも彼を日本のいわゆる「人間国宝（a living treasure）」になぞらえている。

アフリカの霊性と文化についてのクレドの理解は驚くべきものである。そして彼は、その偉大な知識体系の中には、今の危機の時代に生きる人類にとっての貴重な真実が含まれていることを知っている。彼のヴィジョンは、彼自身の民族の古い文化をアフリカに生かし続けながら、同時にこれらの教えを、自然に対立する民族国家的な分離と人間の暴力を変容させるために使うことである。私がこれを書いているとき（一九九八年一〇月）、クレドは七十七歳で、健康を損ねている。彼は活動し続けているが、自分の仕事を「エベレスト山に穴を穿(うが)とうとしている蟻」になぞらえている。「蟻は小さすぎ、エベレストは大きすぎるのだ」と彼は言う。本章では彼の物語を扱うが、それは彼の「人間型生物(ヒューマノイド)」との遭遇や、それが彼の人生と仕事に対してもつ重要性との関連で捉えられたものである。(1)

第五章で見たように、マンティンダーネ（西洋で言う「グレイ」によく似た生物を表わすズールー族の言葉）についてのクレドの見解は、ペイショットやトゥルーブラッドのそれとは全く異なったものである。彼にとって、彼らは寄生的で、迷信を教え込み、不信の種をまき散らし、病気をひき起こすものですらある。しかし同時に、彼はマンティンダーネや他の地球外生命体を、人間に知識を与える者、とくに事物の「本当の意味」を教える者とみなしている。彼は自分の芸術、言語、医学、科学や工学、それに見合った努力なしに習得した諸学科についての幅広い知識は、彼らに負っていると考えている。そのような存在は、と彼は信じている、そもそもの始めから人間の文化に影響を及ぼしてきたのだと（ラーセン 1996）。そして「外部のもの」と考えてはならないと言う。「彼らのうちのいくつかは」と、彼は私に言った。「エイリアンなどでは全くないのです。彼らはこの地球の一部です。彼らはここに属している。……私たちとマンティンダーネは一つであり、同じ愚かな種族なのです。これらの生物はエイリアンどころか、私たちの未来の子孫なのです。私はこのことを確信しています」。

私たちはクレドが地球の運命と、私たちが今直面している生命に対する危機にどれほど深い懸念を抱いているかをすでに見てきた（第五章）。地球は、と彼は言う。新しい生命形態が発達することのできる「子宮世界」なのだと。「地球はユニークなのです。他の地球などありません」。クレドの切迫感は、一緒にいればじかに感知できる。彼は自分の教えが、地球外生命体や彼らが私たちにもたらす知識についてのそれも含め、無視されるのを恐れている。そして人間の近視眼に対する怒りと欲求不満をぶちまける。「私は怒り心頭なのです」と、最初に会った僅か数分後に彼は言った。「なぜなら、星から来た人々は私たちに知識を与えようとしているのに、私たちはあまりにも愚かだからです」。ＵＦＯとそれに乗っている存在についての話は、「途方もない、信じがたい話で、それは非常に深く物事を考える人々によってのみ話されるべきことなのです」と彼は言う。もしも存在するのは私たちだけではないということに気づくなら、私たちは地球を尊敬をもって扱うだろうとクレドは信じている。そして「これらの知性体とコミュニケーションを取る回路を開く」だろうと。「人類は自分だけが地球にいるのではないことを受け入れなければならない。さもないと人類は滅亡するのです」。

私は一九九四年一一月一八日にヨハネスブルグに着いたとき、クレド・ムトワについてはほとんど何も知らなかった。アフリカへの旅の主要な目的は、ドミニク・カリマノプロス（私の研究アシスタント）と私にとって、ジンバブエのアリエル・スクールの事件を調査することだった。南アフリカに立ち寄るのは後で考えたことで、せいぜい二、三日の予定だった。ところが空港に着いてすぐ、地元のＵＦＯグループのメンバーにテレビ局に連れて行かれたのだが、そこで私は『アジェンダ』という南ア・ニュース・マガジンの番組に出ることになっており、それはアリエル・スクールの事件やＵＦＯ、エイリアン、アブダクションなどを取り上げるものだった。

クレドもその番組に出ていて、ヨハネスブルグ北西の「ホーム・テリトリー」にある、マフェキングの彼の村の近くの、マバツ支局からの出演だった。彼はこれらの問題にきわめて詳しいように見え、それらの存在は何千年もの間アフリカ人には知られてきたと言い、カメラの前で自作の様々な種類の地球外生命体の彫像を見せたが、それらの中には私たち西洋人にはなじみのグレイによく似た宇宙人のものもあった【訳註】。私がヒューマノイドに遭遇したアメリカ人やヨーロッパ人についての自分の研究について話すのを聞いた後、クレドは私に会いたいと言った。

翌朝、私たちは車で四時間かけて、クレドのクラール（小さな村）に向かった。途中で「白いシャーマン」であり、クレドの親しい友人であるギャリー・シンクレアを乗せたが、彼はガイドや仲介者のような役目を果たしてくれた。クレドは私たちに、私はネイティブの人たちの

ＵＦＯアブダクション現象を調査するためにアフリカを訪れた初めての白人だと言った。そして自分に話せることすべてを話そうと熱心だった。一年後、彼はこう言った。「ドクター・マック、あなたは私たちの国に来て新たな地平を開いた。ここ南アフリカにも（ＵＦＯ）協会はあって、この問題を調べるために身を捧げていると言うが、彼らは私たち黒人とは話さない。まるで私たちは存在していないかのようです。それは厄介で、ときに苦痛ですらある。しかし、黒人のこの問題や他の重要な問題についての声は聞かれなければならないのです」。

私たちはクレドの村に午後早く着いた。庭には彼が作った様々な種類の生きものの大きな像や、彼の民族の生活や伝説を描いた大きな絵、さらにメディスン・ホイールや、聖なる石、ペトログリフ【岩面陰刻】のデザインなど、多くのものがあった。ブラッドフォード・ケニーの言葉を借りれば、彼は「自分の魂が外部世界で直接話す場所を作って」いたのである（ケニー1994）。クレドの家の内部には、彼の追随者や友人が何人かいた。周囲の簡素さにもかかわらず、クレドは高貴で、カラフルなローブとサンゴマの金属装飾（それは重そうだったが）をまとっ

【訳註】ＹｏｕＴｕｂｅに、いつのものかは不明だが、絵や彫像見せながらマンティダーネについて説明している彼の映像がある。
・Credo Mutwa Speaks – Mantindane
https://www.youtube.com/watch?v=ZXGuJDhSN2E

た姿は法官のようにさえ見えた。クレドの「骨」――貝殻や動物の骨、他のシャーマン同様、彼が占いやヒーリングに使う象牙のかけら――でさえ、私たちが会った他の呪医たちのものより大きく見えた。

アフリカ人は通常、とクレドは説明した。知らない人、とくに白人（「あなたは彼らがどういう反応を見せるかご存じない」）とはそのような親密な事柄については話したがらない。「アフリカ人はあなたと彼自身の間に信頼感が生まれるまで、回りくどい言い方でしか語らないのです」と彼は言った。その一部は「とても興味深い」ものであったにもかかわらず、私たちの最初の話し合いがどれほどせわしいものと感じられたか、彼は〔後で〕話した。「知り合いになる十分な時間ももてず、あなたのスピリットを感じる時間的余裕もない」のに、そのような「恥ずかしい、トラウマ的なこと」について話をするのは、彼には困難なことであった。【原註】

私たちが初めて会って話を始めたとき、私はクレドが置かれた立場の複雑さと曖昧さを感じ取った。ここにいるのは彼の民族の間で大きな名声を博している人で、何人もの崇拝者たちがいる面前で、彼は自分が大きな恥ずかしさを覚える悩ましい体験について、部外者と話さねばならなかったのだ。彼が三十五年以上もの長きにわたって、いまだに彼に大きな感情的負荷を与えるトラウマ的な出来事を引きずってきたのは明らかであった。私の到着は彼が自分の話をして、それが私の国で語られ、望むらくは信じられるようになるチャンスを与えたかのようだった。それはまた、一種のセラピー的な機会、彼自身から長く秘密にしてきた問題の重荷を下ろすチャンスでもあった。「自分の部族の内部ですら話してはいけないことがあるのです。あなたのような人は例外として」と彼は説明した。さらに、もしもあなたが「バッテリーで動いているみたいな、よろめきながら歩き回る奇妙な人形」のことを話すなら、「あなたの子供たちはあなたを馬鹿だと思うでしょう」と。

【原註】ギャリーを通じて、私は一九九五年に別のズールー族の呪医、クロード・インヤンガにも会ってインタビューした。彼は私にアフリカの民話やアフリカ人の経験に知られている様々な存在について語ったが、マンティンダーネについては話さなかった。〔別の機会に〕ギャリーがクロードに、私がギャリーと共に行なった退行セッションの録音テープを聴いてもらったとき、クロードは笑って、こう言った。「私たちはグレイを知っていて、彼らをつねに視野の周辺に置いています。私たちは皆、彼らを知っているのです。私は彼らが存在し、ネガティブなものであることを認識している多くのヒーラーに会ったことがあります」（一九九九年五月二〇日付の著者宛の手紙）。クロードは西洋人と接触することは〔クレドより〕ずっと少なかった。そして、彼が私とマンティンダーネについて話したがらなかったのは、それが私たちの初めての出会いであったこと、私たちが彼にそのような問題について語ってもらうには時間が十分でなかったことが関係する、というのが、ギャリーの見解だった。

最初に会って話し始めたときのクレドの私に対する態度は、話の合間にかなり多くの「サー【敬称】」や「ドクター」をさしはさんだことからもわかるように、防御と微妙な皮肉が入り混じったものだった。四年後、途中で私が何か不快なことを言ったのかとたずねると、私に制限的なことを言うのは、「知識の寺院の中で猫が小便をするようなもの」だと思ったからだと彼は答えた。

アパルトヘイト【人種隔離政策】が終わるのは、クレドにとっては親切なことではなかった。マフェキングの彼の村は公園課の管轄下に置かれた。そして彼は様々な嫌がらせの後、立ち退きを余儀なくされたが、何度かは命の危険にさらされた。「私たちはこれらの人々にとってはパリア【南インドの最下層民】みたいなものです。彼らはアフリカ文化を嫌っているのです」。彼はそう言った。彼はまた、黒魔術が彼を威嚇するために使われ、貴重な聖なる品々が盗まれたと信じている。彼の悲痛感は深まっている。自然保護活動をする人々は、人よりも観光客をひきつける動物の方に関心をもっているように彼には見える。「彼らは、動物を保護するためにはアフリカ文化を保護しなければならないことがわかっていないのです」。クレドの特別な価値観は、現代社会から利益を得ようとする黒人たちからも、白人の差別主義者たちからも評価されていない。そして彼はどちらの集団からも憎悪の対象にされていると感じている。彼らはクレドを進歩の妨害物とみなしているのだと、彼は信じている。旧悪は残り、新しい南アフリカはかつてよりより大きな危険にさらされているのではないかと彼は恐れている【訳註】。

彼と知り合ってからの年月、クレドは何度も引越しを強いられた。そしてただ生きるためだけにも、友人たちの善意の世話に頼らなければならなかった。そうした状況の中、彼は自分が生涯をかけて集めたアフリカ文化のアーカイブや工芸品を保存しようと悪戦苦闘してきた。一九九八年、彼の糖尿病の症状は悪化し、彼はぜんそくの悪化に苦しんだ。そして小さな脳卒中にも見舞われ、部分的な麻痺に陥った。けれども喜ばしい兆候もある。一九九七年の六月、六エーカーの土地が、かつて人類が進化を遂げたと言われる聖なる癒しの場、マグリースバーグ・マウンティンの彼の友人たちによってクレドのために購入された（ティンティンガー1997）。ここに、彼が夢見ていた村が建設されつつあるが、それはアフリカ文化とその工芸品保護のセンターとなる可能性がある。「神秘の家」もそこに建てられるかもしれない。たぶん世界中で始まりつつある霊的な目覚めが、私たち自身の生存にとって先住民文化が決定的な重要性をもつという西洋での高まる評価と相まって、クレドのヴィジョンの実現の可能性をより

【訳註】これがたんなる彼の杞憂でなかったことは、ナオミ・クラインの『ショック・ドクトリン～惨事便乗型資本主義の正体を暴く』（生島幸子・村上由見子訳　岩波書店　2011）のような本を見てもわかる。ある意味でアパルトヘイト時代の「旧悪」はさらに威力を増して、黒人たちを苦しめることになったのである。

高めることになるだろう。

## クレドの生涯

クレドは一九二一年七月二一日、南アフリカのナタール地方に生まれた。彼の父親はクレドが子供の頃、ローマカトリックの教理問答のインストラクターで、クレドが十四歳の時、クリスチャン・サイエンス【一八七九年、メアリー・ベーカー・エディによって創設された新宗教】に宗旨替えした。彼の母親は、ズールー族のシャーマンであり戦士であったジコ・シェジの娘だった。クレドによれば、この祖父は偉大なヒーラーで、彼が呪医になるトレーニングで重要な役割を果たした。クレドはブッシュを愛しながら成長した。「私は自分のなかば見えない目で、ただ周りの木々を感じ取りながら、ブッシュを通り抜ける神秘を愛しました。それは魔法のような体験だったのです」。そう彼は私たちに語った。セコイア同様、クレドはカトリックとして洗礼を受けた。彼はミッション・スクールで教育を受け、急速に進歩し、標準の六学年を終えた。それは合衆国の九年生に相当する。彼はこの学校で西洋文明とその様式について非常に多くのことを学んだ。

クレドの両親は結婚していなかった。彼は自分が「私生児、婚外子」としてのけ者にされたのを憶えている。しかし、子供時代、彼は独りぼっちではなかった。というのも、つねに「小さな人々」が周囲にいたからで、彼らは「学校の勉強に関係することを教えてくれる奇妙な仲間」だった。そして時には学ぶべき本をもっていないのに、自分が教師たちより物知りなのに気づくことがあった。これらの存在はフレンドリーだった（「あの怪物」、マンティンダーネらしくなく）。「その中には青色のもいた。アフリカの子供たちは皆、そういうものを見たことがあるのです」と彼は言った。第五章でも見たように、これらの存在は大量の他の知識も分け与えてくれたと彼は信じている。この知識がどんなふうにして彼の元にやってきたのかとたずねたとき、彼はこう答えた。「突然、あなたは感じるのです。……するとそれがそこにある。あなたの口は脳がそれをコントロールすることなく、話すのです」。

白人社会式の教育を受けてきたので、地球外生命体やそれに関連することを話すとき、クレドは「間でつかまったように」感じる。「一方にはキリスト教を含む西洋的思考があって、他方にはこれらのことを疑問なく受け入れるアフリカ的思考があるからです」。十五歳の時、彼はズールー族の最後の雨乞い儀式を目撃した。それは山の頂上で行なわれた壮大な見ものだった。彼はその一つ一つを詳細に記憶していて、大人になったとき、このイベントを何度も思い出した。二十二歳の時、クレドは熱を出した。その痛みとそれによる衰弱は甚だしいもので、彼はほとんど死にそうになった（ラーセン 1996）。

この病気には悪夢と、彼の「肉体と魂」〔の両方〕を「呑み込む」ようなヴィジョンが伴っていた。彼の父親が読んでいたメアリー・ベーカー・エディの著作は、そのような病気を戦うべき幻覚とみなすが、そうした知識は役に立たず、受けた医学的な治療も効き目がなかった。愛するズールー族の伯母【叔母?】は彼の病状を一種の霊的危機とみなしたが、それを治療するのに伝統的なアフリカの手法を用いた。そのとき、彼は回復し始めた。この危機はクレドのサンゴマとしてのイニシエーションと訓練の始まりであることが判明し、回復したとき、彼のヒーラーとしての驚くべき力が現われ始めた(同上)。

「あなたがふつうのサンゴマである場合」とクレドは私たちに話した。「あなたはいわゆる先祖の霊に導かれます。しかし、一定のレベルに達すると、あなたは祖霊として受け入れてはいるが、実際は先祖の霊ではない生きものたちに導かれるようになるのです」。先祖の霊を装うこれらの実体の中には、と彼は言う。「別の次元から来たパラサイト【寄生体】」がいるのだと。彼らはサンゴマを餌食にし、操り、コントロールし、さらには「暴力的な死へと導く」ことさえある。セコイアの場合と同様、パイプはネイティブの儀式行為を行なう際、クレドにとっては重要である。「パイプは地球です。そして煙が私たちをスピリットの世界に結びつけるのです」(ケニー 1994)。

クレドの人生は闘争で満たされている。そして彼は何度も暴力の犠牲になった。若い頃、自分はレイプされたことが一度ならずあったと彼は言う。そして政治暴動のときには暴徒に襲われた。一九六〇年に、南アフリカの警察が発砲した際、彼のフィアンセが殺された。興味深いことに(少なくとも精神科医にとっては)、彼は分裂の「専門家」になった。ソウェト暴動の際、クレドが刺されたとき、「私はナイフが自分の体に突き入るのを感じることができた。そのとき、いつも私を助けてくれることが起きたのです。私は二つに分裂しました。それで私は痛みを逃れることができたのです」。彼は上から下を見下ろして、「私のように見える血だらけの汚物を見ることができた」（のちに三九七～三九九頁で見るように、マンティンダーネがこのとき彼の回復にある役割を果たした）。あるときなど、と彼は言う。一人のキリスト教原理主義者が彼を毒、悪魔崇拝者、神の敵と呼んであやうく彼を刺し殺しそうになったのだと。

本当の恐怖を感じたのは一度だけで、それは暴徒が彼にガソリンをかけて、生きたまま焼き殺そうとした時だと、クレドは語った。アフリカ人は、焼け死んだ場合、魂は肉体同様破壊されてしまうのだと信じている。そして魂は「闇の中に入って」しまい、その人は二度と生まれ変わることができなくなると。クレドはブラッドフォード・ケニーに、ソウェトで暴徒に襲われた後、自分は医学的には死んだと発表されたのだと言った。彼はそのときトンネルと、今では臨死体験の説明でおなじみになった光に包まれた大いなる場所を見た。クレドにとってこれは、大霊が彼にその顔を見せてくれた瞬間であった。

## 世界観

彼の後半生に照らせば驚くべきことではないだろうが、クレドは人類とその未来について暗い見方をもつ悲観的な人間になった。彼は自ら認めるように、「あなたを憎む人々を養ったり指導したりする」のに「ウンザリして飽き飽きしている」。そしてただただ「ふつうの黒人」に戻りたいとばかり思っている。彼は偉大な知性、「いくつもの銀河を宰領する何か」が地球を作ったと信じているが、彼はこの知性体を神ではなく、物質的なあるいは「機械のような」ものとみなしている。それは「超人間的存在」を意味する。アフリカ人の伝説によれば、アフリカだけでも八種類以上の実体を「人々に何をすべきか、そして何をすべきでないかを警告するために」送ってきたのは、この知性である。しかし私たちは神について、私たちがその一部である銀河について、自分たちが住んでいる世界、さらには自分自身についてさえ、本当は何も知らないのだ、とクレドは信じている。生まれ変わりは、と彼は言う。最も重要な「私たちの宗教の支柱」なのだと。従って、マンティンダーネはこの人生だけでなく、他の多くの生でもあなたにつきまとうかも知れない。

クレドは言う。愛は素晴らしいものだが、人間の心の中にあるそれは浅く、移ろいやすく、たやすく損なわれて、永続性をもたないと。「愛は特定のことを速く動かすかもしれません。しかし、利己心はもっと速く動かすのです」。実際、彼が私に言ったように、「科学者としてのあなたは、利己心が人間存在における最大の駆動力であるのを知っている」のである。自分を救うために人々が愛する者たちを捨てることを例に挙げ、クレドは問いかける。だからこそ人々は「自分の人生のたそがれどきに疎外感を感じる」のではないかと。この点で、マンティンダーネの動機についての彼の見解は、人間の動機についての理解と同じである。「彼らは自己保存欲にとりつかれているのです」。だから「彼らは私たちを保護する。愛からではなくて」。その存在たちは、私たち同様、力への渇望に駆り立てられている。「神のようにふるまって劣った者を支配したいという願望は、私たちにも彼らにも共通しているのです。宇宙全体で悪徳は同じです」。

## アフリカにおけるUFOとスター・ピープル

アフリカの民話によれば、とクレドは言う。いわゆる「スター・ピープル」は何千年もの間、「魔法のスカイボート」に乗って天からやってきている。しかし、このことは広く知られていない。なぜなら、UFO団体は黒人とは話さないからである。黒人は、と彼はこぼす。無視され、軽蔑され、「重要な科学の領域からも排斥」されている。偉大なズールー族の戦士王シャカですら、マンティンダーネによって「誘拐」されたことがあった。ピグミーに、カラハリ砂漠のブッシュマンに、ナンビアのオバヒンバに、ザイールの部族民にたずねてみなさい、と彼は促す。彼らはみんな、西洋人言うところのエイリアンの出現が増えていると言うだろうと。

アメリカや他の西洋諸国の観察者たちと同じように、クレドはヨハネスブルグやマフェキング上空で目撃された球体や、明るい青色の帯、異様な皿型の物体について語る。一九九五年にクレドは、レソトの黒人農夫が「空から落ちてきた」皿のような形の物体に出くわし、それが「その周縁全体から小さな光の玉」を発しているのを見たという話をした。クレドはマンティンダーネをワンディンジャ、オーストラリアのアボリジニが言う「空の神」と結びつけているが、それは目立って大きな目をもつものとして洞窟画に描かれている。そして古代シュメール人にとって、彼らは髪のない頭と、異常に大きな目をもつ顔、小さな顎、痕跡のような小さな鼻をもつものとして絵に描かれた。彼はまたそれらを、他の地球のものではない生物やサスクワッチ【未確認の大きな毛深い動物で、ビッグフットや雪男も同類と見る説もある】の目撃や、西洋の文献（ハウ 1993）に出てくるものに類似した動物のバラバラ解体事件、そしてとくに英国南部に多い神秘的で手の込んだいわゆるミステリー・サークルとも関連付けている。クレド自身、様々な形状の宇宙船の絵を多く描いているが、その大半はこの問題を注意深く研究している人には誰にでもなじみがあると感じられるものである。

クレドによれば、彼の民族は星々を、「それら小さなものがいるところ」として、恐怖と畏怖の念をもって見上げている。彼らにとって、星は太陽や月よりもさらに重要なものである。というのも、彼らの先祖たちが教えているように、重要な知識、知恵、悟りはその星々からやってくるものだからである。たとえば、ボツワナの人々は、星をナレディと呼ぶが、その意味は「スピリットの光」であり、彼らは「いわゆるＵＦＯ」、「魔法の乗り物」の絵を木に彫ったり、岩に描いたり、金属板に刻みつけることさえしたが、マンティンダーネや様々な部族の星の神々はそれに乗って旅したのである。プレアデス星団（三三八頁参照）からやってくると信じるラコタ・シオックスや、シリウス星から地球にやってきた知的存在について語る中央アフリカのドゴン族（ラーセン 1996 またテンプル 1976）とは違って、南アフリカの人々はＵＦＯがどの星からやって来るのかについてはあまり明確ではない。

クレドは、地球外生命体はすべての人間文化と文明に、数千年とは言わないまでも数百年間、深い影響をそれとは知られないかたちで及ぼし、影で操ってきたのだと信じている。マサイ族のような戦士たちは股袋を着用して戦いに出かけるが、それはそうしないと彼らの精液を汚すかもしれないマンティンダーネから自分の性器を保護するためである。そして女性たちは特定の装飾品を着用するが、それはマンティンダーネから性的な辱めを受けるのを防ぐためである。様々なアフリカの部族の芸術や口承から、また彼自身の経験からも、これらの生きもの、とくにマンティンダーネは、「われわれと地球を共有」しているのだと、クレドは結論づけている。「彼らはわれわれを必要とし、われわれを利用する。彼らはわれわれから収穫を得るのだ」と。しかし、なぜそうするのかは彼にもわからない。

クレドによれば、マンティンダーネは戦争や他の恐ろしい残虐行為をひき起こし、病気を「製造」して、人間を破壊し、あるいは様々なバクテリアに対する私たちの耐性を試している。しかし、彼らはまた、ポジティブな影響を及ぼし、助けになることもしてきた。彼らはズールー族に岩に穴をあける方法を教え、エジプト人にはピラミッドに使う石を切り出す方法を教えた。

天然痘がズールー族の間に蔓延して脅威となったとき、「星の人々は私たちに身を守るにはどうすればいいかを教えた」。そして恐ろしい飢饉の際には、そのときは作物が枯れ、何百人もの人が餓死しかけていたのだが、少し背の高い、マンティンダーネと似た存在が空からやって来て、女性たちに、毒性のキャッサバの根を挽いて調理し、人間にとって食べられるおいしいものに変える方法を教えた。

クレドは、西洋の人々がこれらの存在と、彼らが人類の運命に関与していることの真実性を受け入れないことに苛立っているが、この抵抗の理由については見当がついている。「人間は潜在意識では自分たちが直面している危険に気づいているのです」と彼は私に言った。しかし、「彼らの多くはこの真実を受け入れることを拒むのです」。「あなたは多くの文化がそのようなことについてあなたに話すのを恐れていることに気づくでしょう」と最初の会見の終わり頃、彼は言った。「なぜなのか？　よろしいですか、それは壁を通り抜けることのできる生きもの、私のベッドから現われて、私に微笑みかける生きもの、私が全部のドアに鍵をかけているのに、〔どこからかやってきて〕私の性器をもてあそぶことができる生きもの、私の体に、それがそこにいたことを証明するために目に見えるひっかき傷を作ったりできる生きもの、……（言葉がかすれて聞き取れない）なのです【そんな途方もない話をすれば頭がおかしいと言われるのは必定だから、という意味なのだろう】」。

アフリカにはＵＦＯや、それに乗って星からやってくる様々な生きものに関する多くの伝説や物語がある、とクレドは言う。「アフリカの人々にとって」と彼はスティーブ・ラーセンに語った。「空は生命に満ちている。そうです、生命の起源ですら、星々にあるとされるのです」（ラーセン 1996）。彼によれば、アフリカの部族民たちは飛行機というものを知る前、UFOを「ブランコ（swings）」と呼んでいた。彼らが知っているそれに一番近いものは、木の枝にぶら下げて空を舞うことのできるブランコだったからである。人々の生活は「この世界のものではない実体たちによって変化」させられてきたのだと、クレドは言う。

クレドは私たちに、星からやってきたと考えられる八〜十種類の生きものたちの外見や習慣について語った。これらの生きものたちは、と彼は語った。好奇心をもって私たちを見守っていて、「彼ら自身にしかわからない何らかの理由のために、人類の進歩を実際に規制しているのだと。「南アフリカ中で」と彼は言う。「これら地球外からの訪問者についての話が見つかる」。その生きものたちの一つ一つに彼は名前を付けているが、その中には知識の与え手である背の高い金髪の存在、子供たちに決して化膿することはないひっかき傷をつける毛むくじゃらの存在（「プーワナ」）、非常に大きな頭と、不自然なまでに血色のいい肌、そして長い男性器をもつ実体や、この世界で身を守るためにヘルメットと鎧（よろい）をつけた生きものなどが含まれる。「昔は」とクレドは私たちに語った。彼の部族民はこれらの存在を受け入れ、彼らを「地球の奇蹟」の外部にあるものだとは見なさなかったのだと。クレドは母親が粘土製の寝室用便器に排尿し、プーワナによってつけられた子供たちの切り傷を自分の尿で洗い、この生きものの霊を追い出すのをつねとしたことを憶えている。

アフリカ人に最も恐れられ、またおそらく最も重要なのは、マンティンダーネまたは「スカイ・モンキー【空のサル】」だろう。それについてはすでに見た（第六章）が、女性を妊娠させることができると考えられている。クレドはスティーブ・ラーセンに、数世紀もの間、アフリカ中の女性が「どこかで奇妙な生きものによって懐妊」させられてきたと話した（ラーセン1996）。マンティンダーネは傷を与え、「アフリカの秘密警察のように私たちを拷問する」。そしてひどいにおいがする。最初の会見でクレドが私たちに最後に語ったのは、彼がマンティンダーネの絵を描いて母に見せたとき、彼女は叫び声を上げ、その絵に僅かな修正を加えたという話であった。というのも、一九一八年に、彼女自身がそのような生きものを見ていたからである！

にもかかわらず、と彼は皮肉な口調で付け加えた。マンティンダーネは、アフリカのある部族の間では、彼らから「物」を取り上げて「私たちが知らない場所に移す」ことによって人々に名誉を与える神々と考えられているのだと。人々がマンティンダーネにつかまえられるとき、それは彼らが何か悪いことをしたからなのだと解釈される。そして神々は非常に苦痛なやり方で、悪霊を取り払おうとするのだと。クレドによれば、彼らとの遭遇によって生じた傷は、「神の傷」と呼ばれている。「神々は」と彼は明言する。「人の体に物を突き刺したり、怪我をさせたり、トラウマを負わせるようなことはしない。神々は知らないうちに懐妊させるために罪もない女性の器官を必要としたりはしないのです」と。

## クレド自身の体験

クレド自身、多くのＵＦＯ目撃経験があり、マフェキング上空では毎月何百人もの人たちがＵＦＯを見ているという。彼はアメリカ空軍の観測気球だという話をせせら笑っている。「観測気球には強力な双眼鏡を通して見えるような丸窓などはない」と彼は私たちに言った。彼を学校の勉強で助けてくれた子供時代の仲間（三七八〜三七九頁参照）は別として、彼のそのような宇宙船の乗員との遭遇はトラウマ的ではないとしても、概して愉快なものではなかった。彼にとって地球外生命体は彼の恋愛を駄目にし、結婚をこわし、彼のペニスに損傷を与えた当事者である。同時に、私たちが見てきたように、彼らは重要な知識の源泉であり、彼に強力なスキルを与え、人類への重要な警告を提供してきた。私たちはその警告に従うべきであると彼は信じている。

ひもで作ったスカートをはいているがゆえに、彼が「ひもスカートの姉妹」と呼んでいるある生きものは、彼が赤ん坊の時から彼と共にいた。彼が育てられたカトリックの世界では、そのような生きものは天使であるか、さもなければ悪魔である。「それで私は自然に、この生きものは私の守護天使だと信じたのです」と彼は言う。この存在は赤っぽい肌をしていて、眉毛が濃く、不自然なまでに大きく見開いた目をしていて、喉の穴を通して話をした。時々、それは羽根飾りのついた魚のかたちをしたヘルメットをかぶっていた。この同じ存在は彼の叔母のミナにもとりついていて、彼女はクレドに「これは悪魔じゃないわよ」と言った。そして、ズールーの国の何百人ものサンゴマやヒーラーたちが、「この生きものに悩まされ、コントロールされている」と言った。

一般に、とクレドは言った。サンゴマが恐ろしい夢を見て、「ヒーラー特有の病気で具合が悪く」なるとき、そのひもスカートの姉妹が苦しんでいる者【ここはそのサンゴマ】を地下へと導き、そこで彼は「あらゆる種類の驚くべき、恐るべきこと」を見るのだと。彼女はまた彼に知識を与える。その大部分は彼にとっては無用のものだが、それは未来を正確に予言する能力を含んでいる。この存在が、と彼はいくぶん苦々しげに言った。彼に教師になるという夢を断念させ、自民族の文化を保存することに集中するよう仕向けたのだと。「私はアフリカの様々な地域に村を建設するなどしたくはなかった。しかし、彼女がそうするよう言ったのです」。もしも彼が彼女に従わなかった場合、とクレドは言った。「彼女は毎晩毎夜、泣き叫ぶのです」と。この存在は「私よりもっと私なのです」と彼は言う。

『星の歌』で、クレドは彼が三十歳ぐらいの時に起きたある重要なＵＦＯ遭遇体験を述べている（ラーセン 1996）。彼は「流れ星」が目撃されていたボツワナの大きな村に呼ばれた。まるで火事でもあったかのように、木々やブッシュは焼け焦げていた。そしてクレドと彼に同行した者たちは、大きなトラックぐらいの大きさの円型の物体が空中に浮かんでいるのを見た。それは周りの木々を照らしていたが、その木々は火で焼け焦げたものだった。子供のように跳ね、走り回っていた、黒っぽい服装の二体の生きものがその宇宙船の中に入り、そして「いきなり離陸して、消えた」。（この描写はアリエル・スクールの子供たちが私たちにしてくれた話と似ている。）その生きものたちは、「骨を砕いて粉にしたような白いゴミ」を後に残していった。アフリカの伝統によれば、とクレドは言った。そのような物質は、手にやけどや水ぶくれを作り、髪が脱け、ときには死に至ることもあるので、触れてはならないとされているのだと。

クレドが体験したヒューマノイドとの最も重要な遭遇は一九五八年に起きた。当時、彼はまだサンゴマになる修行中だった。彼はこの出来事を『星の歌』で要約している。彼は事件について私に詳しく語ってくれた。それには強い感情が伴っていて、恥ずかしさと怒り、ある種の畏怖を含んでいた。彼はまた、私がそのようなことについて自国に戻って語ることを強く望んでいた。しかし、彼はその話を再び語ったとき、汚らわしいことのように感じてそれを恥じもした。その事件はローデシア（現ジンバブエ）の聖なるインヤガニ山で起きた。そこで彼は一人の伝統的なヒーラー、ザモヤ夫人と一緒にワークをしていて、背中の痛みを治療するのに用いる特別な薬草を掘っていた。

クレドの説明は次のようにして始まった。

それはごくふつうの一日でした。私はブッシュに一人でいるのが好きでした。私は動物たちの匂い、木々の匂い、鳥たちのさえずりを愛していました。そして私は一心に掘っていました。すると突然、周囲に落ちたこの奇妙な沈黙に気づいたのです。その沈黙は僅かな時間しか続きませんでした。それから周り一面に青い煙がたちこめて、風景はおぼろになりました。私にはもはや木々も見えず、鳥の声も聞こえず、太陽の熱さえ感じませんでした。私はしばし、馬鹿のようにそこに立ち尽くしました。そして自分が突然ある場所、鉄でできた場所にいるのに気づいたときは、なおさら愚かになったように感じました。それはタンクのような、丸っこい形でした。横倒しになった水槽のようなものです。

クレドは自分が何も着ていないのに気づいた。そして彼の体はその輪郭にフィットしているように見えるテーブルの上に載せられていた。何度も彼はひどいにおいについて私たちに語ったが、その表現は「何かの化学物質が混じったような電気っぽい」「銅臭い」「腐った魚」など、様々だった。彼は恐れおののき、「猛烈な勢いで排尿」していた。そしてテーブルから降りようともがいた。しかし、目が僅かに動かせるだけで、彼は完全に麻痺していた。持病の喘息のために、息をするのはとくに困難だった。

彼の周りには六体かそれ以上の三フィート【九十一センチ】ぐらいの背丈の、大きな黒い目(「地上にはたとえるものがない」)をもつ、小さな人形のような存在がいた。(その存在の目については、第十三章のクレドの詳しい描写を参照のこと。）彼らのあごはとても小さく、顔は薄いピンク色を帯びた白粘土のようだった。彼らの体表面はオイルでも塗っているかのように輝いていた。あるいは「小型爬虫類のそれのような感じ」だった。鼻に相当するものとしては小さな孔があるだけだった。そして口は唇のないただの切れ込みだけだった。彼らには髪も耳もなかった。そして二本、三本、あるいは四本の長い、とても細い指には、人間の指より関節が一つ多くあるようにクレドには見えた。彼らは皆、継ぎ目のない「灰色がかった銀色の、光る、パチパチ音がするユニホーム」を着用していた。そして円い帽子をかぶった彼らは、とクレドは言った。第二次世界大戦中の日本兵のような姿に見えたと。その存在たちは「まるでバッテリーで動いているか、足の折れたニワトリみたいによろよろ歩き回って」いた。その場所は、クレドには電灯とは思えないような奇妙な光で照らされていた。

それより少し大きな生きものはしわくちゃの顔をしていて、作業服のようなものを着ていた。クレドにはそれは女性で、責任者のように見え、彼の頭のすぐそばに立っていた。彼女には胸はなく、尻のあたりが僅かにふくらんでいた。そして他の者たちは彼女を恐れているように見えた。彼の周りにはブルーのカーテンがあった。しかし、その生きものたちは現われるとき、それを透り抜けるように見えた。クレドは叫ぼうとしたが、その「茶色のレディ」が手を彼の口に押し当ててそれを叩いた。彼女の思いは「どこか他のところにあって、まるで私は存在しないかのよう」だった。存在たちの誰も、彼に何も言わなかった。彼らのうちの一人が彼の太腿に管のようなものを突き刺し、鼻にも何かが突っ込まれたが、それは頭の中にある種の爆発をひき起こすもののように思われた。クレドはその苦痛と恐怖を自分が経験したレイプ体験と較べたが、こちらの方がずっとひどかった。通常、と彼は言う。ひどい恐怖を感じたときは自分を分裂させ、体から意識を分離することができる。「しかしそのテーブルの上ではそういうことは起きなかった。何か大きな魔法が、恐ろしい魔法がかけられていたかのようだ」。

クレドが苦痛の中でテーブルに横たわっていたとき、何も服を着ていない、人間の白人女性によく似た存在が彼の方にやってきた。しかし、彼女の手足は胴体に比して短すぎた。彼女の肌はツルツルしていて、「これらの存在が人形に見える以上に人形じみて見えた」。この生きものは彼には「全く不自然に」見え、感じられた。彼女は彼の顔に触れ、手で彼を起こした。それから彼女は「クレイジーなズールー娘」みたいに彼の上にまたがった。しかしそれは、とクレドは言った、生きた女性と性行為をするのとは全く違っていたと。というのも、その場合は、「あなたは彼女の体の脈動を感じるからだ。あなたは彼女の温かさを感じる。あなたは熱と匂いを感じる。しかし、この生きものにはそんなものは何もなかった。それは死体相手に行為をしているかのように冷たく、そう、機械を相手にしているのと同じくらい冷たかったのです」。彼女の大きな目はまばたきしなかった。そして彼女には骨がないかのように感じられた。中でも最も恐ろしかったのは、その生きものは「過度に」射精するように彼のペニスに何かを着けたように思われたことである。

その後、この女性と思われる存在は立ち去り、クレドは彼女を二度と見なかった。彼が激しい痛みの中にいるのをよそに、「これらの生きものたちは私を押してテーブルから降ろした」。「それは山羊（やぎ）を引っ張るみたいでした」と彼は言う。彼のペニスは「熱湯につけているみたいにビリビリして」いた。それから存在の一人が彼に何か奇妙なものを見せたが、それは「今でさえ、ドクター、私の夢に出てくるほどなのです」。そして「死ぬまで、私はそれを思い出し続けるでしょう」。首のない、ピンク色の液体で満たされた大きな丸いボトルが、どういうふうにしてか壁から吊り下げられており、その内部には一つの生きものがいて、カエルのように泳ぎ回っていた。それはクレドにはまだ生まれていない人間の赤ん坊だと思われた。彼はまた、「私と全く同じように、他のマンティンダーネたちに拷問」されている他の人を見たことも憶えている。

次の瞬間、彼は再び自分がブッシュの中にいるのに気づいた。そして「脳のひどいだるさを経験しながら」彼はだんだんとおかしなことになっているのを理解し始めた。彼のズボンとシャツは切り裂かれ、マイニング・ブーツ（「クロコダイルに襲われたとき蹴飛ばすのにいいように」大きな釘が付いている）は消えていた。体は灰色の埃で覆われ、「くさい場所にいたみたいなひどいにおい」がした。ある村へと続く小道を辿り、やっとコンタクトが取れたとき、彼はザモヤ夫人を呼んでくれと頼んだ。三日間行方不明になっていたのだと言われたとき、彼はショックを受けた。彼は太腿と鼻、そして「男のモノ」に痛みを感じ続けていて、強さを失い、倒れ込んでしまった。彼はそれから〔助けにやってきた〕ザモヤ夫人のところに運ばれ、頭からつま先まで洗ってもらった。彼は「山の神につかまって」いたのだと、彼女は言った。肌の毛穴から血が僅かに染み出していたとクレドは言ったが、それは痒(かゆ)みを伴うものだった。彼は自分の太腿にある半インチほどの大きさのその跡を私たちに見せてくれたが、それを彼はこの体験に帰している(類似の傷跡については、ホプキンズ 1987, p.170と171の写真7-9を参照)。

クレドはその村に回復のため数日間滞在し、毎日入浴した。村人たちが彼のブーツをブッシュの中で見つけたが、奇妙だったのは、「あたかも誰かまたは何かが紐を解かないまま私からそれを脱がしたみたいに」紐が結ばれたままだったことである。彼はひどく具合が悪く、彼言うところの「気が狂いそうな」状態にあった。彼はザモヤ夫人に連れられて、西ローデシアの彼女の「ソラス・ミッション」に行った。そこで彼が回復するのには数ヶ月を要した。すべての中で彼に最も恐ろしかったのは、彼のペニスの皮がむけ始めたことであった。それはヒリヒリする痛みを伴ったが、「醜いピンク色」になった。この痕跡は残り、クレドの話では、それが彼の最初の妻が去った理由であった。

ザモヤ夫人はクレドを連れて、同じような体験をし、負傷を負ったことのある他の幾人かの人たちと話をしに行った。フランシスタウンで、ある老人は彼に、彼が体験したことはその地域では全くありふれたことだが、同じ「神の怪我」をした人相手にしかそれについては話すべきではないと言った。クレドは彼の不運の説明となるような何か間違ったこと、またはタブーを破るようなことをしたのかと訊かれた。しかし、彼は誰からも物を盗んだことはないし、母親にも嘘はつかなかったし、思い出せるかぎりでは神々を怒らせるようなことは何もした覚えがなかった。彼の病気に対して提供されたもう一つの説明は、彼はスカイ・モンキーの聖なる肉を食べたことがあるのではないかというものだった。それは暴力的な症状をひき起こすと言われていたのである。しかし、とクレドは言った。彼は「マンティンダーネの肉」を食べたことが一度もないにもかかわらず、彼自身のそれより「もっと恐ろしい体験」をした人々を知っているのだと。結局彼は、自分のマンティンダーネとの遭遇に対する説得力ある説明は何も得られないまま去ることになった。

クレドは、彼がしたもう一つのマンティンダーネとの重要な遭遇についても語った。それは一九六七年のソウェト暴動の後に起きた。暴徒の一人が彼を襲った（この時の彼の自己分離によって難を逃れる方法については三八〇〜三八一頁参照）。それは学校の子供たちを殺すために軍隊が導入されるべきだと彼が言ったという、新聞記事の誤った決めつけのせいであった。彼は何度も刺されて重傷を負っていた。彼は友人たちによって治療のためナタール地方の農場に連れて行かれたが、それはまたプロの殺し屋たちを避けるためでもあった。彼が言うには、「私の息の根を止めるために」差し向けられた刺客が、自宅や病院で彼を探し回っていたのである。

クレドがそのひどい負傷から回復し始めていたある晩、彼は一九五八年のあの事件の時と同じようなひどいにおいを嗅いだ。彼の小屋のドアには鍵がかかっていたにもかかわらず、彼は一人のマンティンダーネが自分のベッドのそばに立っているのを見た。それは「茶色の着衣に身を包んだ、同じあの忌々しいチビのクソ野郎（但し女性）」だった。その生きものの目——乾いて、動かない、「まとわりつくような空虚さ」をもった目——の中の何かのせいで、彼女はひどく年老いて見えた。そして彼女は「数百年の」においがした。彼女は「水の上を漂っているみたいに」または「バレリーナのように、非常にゆっくりと」動いた。彼女は何も言わずに彼を見下ろした。すると「私は魔法によって再び眠らされ、またもや動けなくなった」。

そのときその存在はクレドの手のギプスに触れ、彼の体から毛布をはねのけ、「そしてまたもや私の一物を見始めた」。彼は怒って叫びたかった。「このチビのクソ女め、おまえは時間を浪費しているのだ」と。しかし、彼の唇は動かなかった。それから突然、クレドには残酷で野蛮に見えるやり方で、その生きものは彼のひどく痛んだ右手から包帯をはぎ取り、そこから血が流れ出した。彼女は血に直接触れるのを恐れているかのようで、これにはひどく驚いた様子だった。それから彼女は小屋の土壁を通り抜けてどこか小屋から離れたところに行ったが、そのときその包帯を、クレドが言うにはそれは血まみれで薬がついていたのだが、一緒に持っていった。

彼を襲撃した男たちは、彼の指を二本切り落とし、画家として二度と絵筆をもてないようにしようとしたのだと、クレドは私たちに語った。彼はソウェトで、ゴールドバーク医師による救急手当を受けていたが、彼はクレドに、ほとんど手を失うところで、その傷が元で「敗血症」になり、彼が死ぬことを懸念していると言った。しかし、マンティンダーネが包帯をはがした後、その手は二日で治った。そして彼は二度と包帯を巻く必要がなかった。クレドと彼の妻は、これを非常に奇妙に思った。というのも、「私たちはこんなことになるとは予想しておらず、私は全く驚いた」からである。

## クレドの体験の解釈

要約すると、怒りや恥ずかしさを感じ続け、マンティンダーネによるトラウマの後遺症に苦しんでいたとはいえ、彼の彼らに対する態度はアンビヴァレント【両面価値的】で、矛盾をはらんでいる。「二度マンティンダーネに関わり合うと」と彼は言った。「あなたは女性との営みを恐れるようになるのです。射精した瞬間、あなたはあの恐ろしい日のことを思い出し、意気阻喪してしまうのです。これらの存在はあなたの残りの人生を傷ものにしてしまうのです。彼らに何かされた後、あなたはふつうの人間と適切な関係をもてなくなるのです」。けれども、幾分かの同情をまじえて、「これらの生きものたちは必死の思いに動かされているのです」と彼は言う。南アフリカの白人たちはこれらの生きものを「エイリアン」と呼びますが、と彼は言った。「私たちはそうは呼びません。彼らは私たちの一部、私たちの生活の一部なのです」。「これらの生きものは冷血ではありません」と彼は私たちの最初の会見で結論づけた。「彼らは私たちには想像できない種類の感情をもっているのです」。

クレドのマンティンダーネについての暗い解釈は、たとえそれがどんなに妥当なものであったとしても、彼の世界観と関係しているように思われる。それは私たちが知り合ってからの短い間ですら、よりネガティブなものになっている。彼の体調と、黒人支配の下での彼への迫害は悪化しているからである。「これらの生きものたちは、私のような病気でインポテンツの、衰弱した、喘息もちで糖尿病を抱えた者に、人間の歴史のコースを変えさせたいと思っているのです」と、彼は苦々しげに言っている。

さらに、すでに見たように、クレドは自分がもっている重要な知識やスキル、致命的な傷からの回復、そして環境破壊から生じた地球への脅威についての警告を、ヒューマノイドに由来するものだとしている。マンティンダーネは、「どんな忌まわしい世界に連中が住んでいようとも」、「大問題の解決者」だと、彼は渋々ながら認める。彼らのテクノロジーは「数百万年私たちより進んでいる」かもしれない。彼はアメリカ人たちに、これらの現象がリアルであるかどうか議論するのをやめるよう促している。そして私たち皆が「怒りの潮流と無知の波に抗って泳ぐ」ようにすべきだと言う。そしてアフリカの知識を西洋の白人たちに教えなければならない。「なぜ科学者たちはこれらの問題を検証しないんですか?」と彼は訊ねる。「それは全部ナンセンスだと言う代わりに、それはきちがいじみているなどと言う代わりに〔なぜ真剣に調べようとしないのか〕」。

クレドは、私が共にこれらの問題を議論してきた他の先住民族の人たちと同様、物質的な文字どおりの現実と神秘的な真理を明確には区別しない。このことは彼が実際に体験したことと、アフリカの伝説の一部であるものとを区別するのを困難にさせる。たとえば、彼の一九五八年のアブダクション体験は、アメリカの研究から私たちになじみとなった多くの要素をもっている。しかし、彼がマンティンダーネの肉を食べることによってアフリカ人が毒されることについて語ったり、人々を地下に連れてゆく「ひもスカートの姉妹」について語るとき、私たちはなじみのない世界に引き入れられる。彼の特定の考え、たとえばマンティンダーネや他の地球外生命体の人類の文化史における支配的な役割などは、部族の神話や伝説に関係していると思われる。

個人的なレベルでは、クレドは素晴らしいストーリーテラーだが、〔だからこそ〕彼の説明は誇張表現の類を含むものであるかも知れない。さらに、クレドが西洋文化を知り、ＵＦＯ学に詳しいこと、そして私に気に入りそうな情報を提供したいという彼の意識的・無意識的な願望が、彼の説明にこの知識【＝西洋文化やＵＦＯ学】から得た要素を入れるよう仕向けるということがあったのかも知れない。彼が実際に憶えている体験と、こうした考えうる脚色や歪曲を区別しようと努める中で、私は恥や困惑、怒りなどの強い感情を信頼する方向に傾いた。それらは真正で、彼が私に語っていることにふさわしく、西洋社会の体験者たちが示すものとも似ているからである。

私がクレドに、西洋ではなぜこれらの生きものの存在を認識するのにそれほど強い抵抗があると思うか訊いたとき、彼はこう答えた。「ドクター・マック、私はこの質問に答えようとすると乱暴にならないではいられないのです。全西洋文明は甚だしい虚偽に基づいています。私たち人間はこの世界の親分であるという嘘、私たち人間はこの世界で最も進化した生命形態であるという嘘、私たちは単独で、私たちを超えるものは何も存在しないのだという嘘です」。彼はまた、聖書の唯一絶対神以外に神のようなものは何も存在しないという独裁的な宗教【一神教】の虚偽についても語った。セコイアのように、彼も「多くの、多くの偉大なもの、その中には私たちには想像もつかないようなものが存在する」宇宙を体験している。クレドはこう考えていた。もし私たちが世界に向かって「エイリアンはここにいる」と声明を発するなら、人々は政府の権力の正門の裏側を見て、「その腐敗、統治者の嘘」、そして「腐った産業システム」に挑戦するようになるだろうと。

マンティンダーネの危険な性質と意図についてのネガティブな見方にもかかわらず、自分は「私たちに対するマンティンダーネの支配【統治】を歓迎する」とクレドは言う。「実際、私は人類にとってそれが起こりうる最善のことだと個人的には信じているのです」。そのような統治は「真に私たちに正気を取り戻させる」だろう。その統治は私たちに、何が真の圧政であるかを示すだろう。というのも、と彼は続ける。人類は「恥ずべき分裂に陥っていて私たちが直面している深刻な問題に共同して対処する能力をもたない」からである。もしも私たちが「共通の敵、共通の恐怖の源泉」をもてば、と彼は示唆する。そのときは連帯するだろう。私たちを分割するものすべては、「共通の危険の〔認識の〕下、はがれ落ちる」だろうと。

## バーナード、セコイア、クレド、その相違点と共通点

私のバーナード、セコイア、クレド、そして他の先住民との共同研究は、アブダクション現象がたんにアメリカや西洋世界だけにかぎった話ではないということを理解する上で、とくに私には有益だった。明確な違い、とくに文化によって解釈が様々に分かれるということはあるが、これらのシャーマンたちの遭遇体験のいくつかは西洋のアブダクション研究者にとってなじみのものである。とくにクレドのアブダクションはなじみのある、あるいは「典型的な」トラウマ的、侵害的、性的な要素の多くを含んでいる。

これら三人のシャーマンの体験には明確な違いがある。たとえば、クレドの最も詳細に報告されたアブダクションは、不快な、苦痛に満ちたものであるが、セコイアのそれは、つねに彼と共にあった霊的なガイドに導かれた、大部分が啓発的で、心を鼓舞するようなものである。こうした違いは二人の人物の対照的な世界観とも一致している——セコイアはすべての体験を創造主による歓迎すべき教えとして受け入れ、クレドの方は自分の運命、その存在の目的、神

の働きについて悲観的である。

しかし、三人の体験に共通している重要な特徴もある。彼らはそれぞれ、アメリカや他の西洋の国々で私たちにグレイ型エイリアンとして知られているものに多かれ少なかれ似た存在と遭遇している。彼らのうちの誰も、その遭遇体験に関して基本的な存在論的疑問をもった者はいなかった。それらは彼ら各自の〔先住民文化に根差す〕世界観と矛盾するものではなかったからである。彼らの文化では、宇宙は不可視の力によって統治されており、たいていの場合不可視の、しかし、マンティンダーネやイクヤスの場合のように、ときに物質的な姿をとって表われることもある存在で充満している。セコイアが言ったように、「地球外生命体」は「スピリットのもう一つの顔」にすぎないのである。

彼らは三人とも、先住民族としての養育を受けると同時に、キリスト教も知っていた。それは先住民族文化と白人文化をつなぐ橋渡しで重要な役割を果たしている。そして遭遇体験は彼らの教育と変容の上で一定の役割を果たした。彼らめいめいが両世界における教師である。

その遭遇体験は、違ったかたちでとはいえ、彼らのそれぞれに深い影響を及ぼした。バーナードは彼の部族の創始と関係するかもしれない、空間的・時間的にその起源の場所は特定できない存在について学ぶようになった。セコイアにとっては、その遭遇体験は宇宙における楽園的な人間の生命の可能性を教えてくれるもので、体験した当時は、それに対して自分はまだ準備ができていないと感じた。クレドは遭遇によって身体的にも感情的にも傷を負ったが、知識やヒーリングの力をマンティンダーネのおかげだとしている。

私にとっての、また私たちの社会にとっての最も重要な教訓は、思うに、彼らがアブダクション現象の現実性を裏付けしているという事実にある。彼らはそれがたんなる西洋人の想像や、宇宙航行テクノロジーへの関心の産物にすぎないものではないことを確証している。そしてその現象に含まれる要素が普遍的なものであるかもしれないこと、つまり、全面的に文化に依存したものではないことを明らかにしてくれる。バーナード、セコイア、そしてクレドは、熱心に私に彼らが体験したことを語ってくれたが、それは彼らが自分自身の体験を理解し、統合したいと思ったからだけではなく、私がこの知識を私の文化に、物質的なレベルで証明できないものは何でも疑ってかかる西洋文化に持ち帰ることを期待していたためでもあった。クレドはとくに、地球の危機的状態についてのマンティンダーネの警告を私の社会に伝えるよう、熱心に迫った。彼はその問題が研究され、科学者や他の人たちがこの現象――それはアフリカでは非常によく知られたものだと彼は言う――が実在するか否かについて議論するのをやめるよう促している。〔無駄な議論に費やす〕時間はもう残されていないのだと、彼は信じている。

これらのシャーマンたちは、自分の危機やイニシエーション、その他の人生経験に伴う苦痛や苦悩を学習と成長に不可欠な局面とみなしている。西洋社会は、しかし、痛みや苦しみを、幸福に至る途上での除去すべき障害物とみなす傾向がある。私は自分の文化の中でアブダクティと共同作業をする際、シャーマン的なものの見方が助けになることに気づいた。アーティストで、シャーマニズムの研究者でもあるアンドレア・プリチャードが私への手紙に書いてくれたように、「この相違は、なぜアブダクティたちがたいていのセラピストといる時よりもシャーマンと一緒にいる時の方が快適に感じるかという一つの理由です。シャーマニズムでは、あらゆる人の道が独自なのです」(一九九四年一月一四日付の私信)。

# 第四部

Part Four

# 第十一章　トラウマと変容

ここであなたが恐れるとき、アドレナリンが上がるのです。あなたはとてもシャープに、明晰になります。あなたの耳はとてもよく聞こえる。……あなたはその時点で、わずか数分でスーパーマンになったみたいです。……それは霊的な戦慄です。それはあなたを完全に開きます。あなたの全存在が変わるのです。あなたは受容的になる。あなたは通路になったみたいで、それは開かれるのです。

イザベル
一九九七年三月

## 身体的外傷と存在論的ショック

エイリアン・アブダクション現象の研究者たちは、尤もなことだが、そのトラウマ的側面を非常に重視する。侵略的または侵入的な〔エイリアンたちの〕やり方は、鼻血、耳からの出血を伴う目覚め、膣やペニスの痛み、切り傷やあざ、小さなインプラントのようなものといった身体的症状や徴とも相まって、レイプや他のなじみのある身体的外傷と似た一つの症候群を形成しているように見える（ハーマン 1997）。これらの要素はアブダクションの事例ではしばしば発見されるが、それらを体験者の反応や、その性質や意味についての彼らの解釈と切り離して論じることはできないと思われる。さらに、九年以上にわたって集中的に体験者たちを研究してきた後、私に明らかになったのは、物質的な次元と関係する恐怖や苦痛は、それがどれほどリアルなものであっても、その現象の中心的な側面、あるいはトラウマの最も重要な部分ではないということである。むしろ、世界〔観〕や精神を粉砕するようなその体験のインパクトが、私が「存在論的ショック」と呼ぶような状態をもたらすことが、その力の核心部分に近いように思われる。

本章では、アブダクション体験のその特徴的な側面を調べてみたいと思う。これが、よりなじみのある他の身体的・心理的トラウマとは違う点と見えるのである。私はどのようにして、なぜ、こうした悩ましい要素が深い人格的変容と霊的成長の可能性を伴うのか、明らかにしたいと思っている。

私はアブダクティが奇妙な存在によって無力化され、麻痺させられて、自分の意志に反して（「許可なく」）見知らぬ場所に連れて行かれ、彼らの感情を顧慮することなく様々な侵害的操作に従わせられたり、行為を行なったりさせられたときのことを思い出す際に体験する、恐怖の強烈さを決して軽んじるわけではない。奇妙な器具や、ときに生殖器に対する苦痛に満ちた操作によって行なわれる身体的な検査は言うまでもなく、彼らがその支配下に置かれる振動的エネルギーの強さ（第四章参照）は、それ自体がほとんど圧倒的なものかもしれない。こうした冒瀆行為とコントロールの喪失に関連する恐怖と怒りは、それを体験した人たちと一緒に深く研究した人には多かれ少なかれおなじみのものである。

エイリアンによる欺瞞と見えるもの、そしてアブダクティには、存在たちがよりたやすく自分たちの計画を達成できるよう彼らの心を操っていると見えるものが、体験者たちがしばしば表現する恐怖と嫌悪感を増幅させる。これにアブダクティが感じる孤立感、少なくとも最近までは、嘲りや社会的な疎外、さらには拘禁【妄想患者として精神病棟に入れられることなどを指しているのかと思われる】なしには自分の体験したことを話せなかったがゆえに感じる孤立感や、いつその体験が再び起こるかわからないという不安、愛する人をアブダクションから守れないという無力感が加わるとき、多くの点で他のどんな種類のトラウマとも違う高いレベルの苦悩を彼らが体験したとしても、驚くべきことではない。

にもかかわらず、自分の遭遇体験のこうした側面をうまく言い表わす言葉を見つけるのに苦労したとしても、アブダクティは次のことには同意しているように思われる。つまり、身体的な外傷を超えて、最も彼らを悩ませるものは、その体験が彼らの心や世界観に及ぼしたインパクトだということである。自分が体験したことを探求するとき、彼らはその出来事が彼らの心や信念を打ち砕くものであったことを語る。そのせいで彼らは自分自身や、リアリティそれ自体について、それまで彼らが教えられ、受け入れてきたすべてを疑わざるを得ない状況に陥るのである。アビーがある長いセッション（そのとき想起した遭遇体験で、彼女は避けがたいと感じる事実に直面させられることになったのだが）の後で言ったように、それは全く「人生を木っ端みじんにする（この「木っ端みじんにする」とか「粉々にされた」といった言葉はその体験が現実感覚に及ぼすインパクトを言い表わすのに最もよく使われる言葉である）」ようなものなのである。グレッグの体験は、彼の自我的な信念——たとえば「人間は宇宙で最も進化した存在である」といった——の「囚（とら）われ、限定された」構造を破壊した。

アブダクティは、彼らの体験の神秘的で全体的な性質を表現するのに、魂とスピリットの言語を使うのを余儀なくされるようである。ホイットリー・ストリーバーは私に、彼の最初の遭遇は「絶対的な恐怖」で、「スピリットの完全な破局」だったと言った。彼は「それらの目と関係して生じる魂のこの途方もない危機」について語った。「あなたが〔エイリアンの目と〕つながるとき、それは〔既存の自己観念を〕跡形もなく消し去るように思える」のだと。グレッグにとって、遭遇は「意識と魂のレイプ」であり、「許可なくやって来る」侵害だった。キャロルは「侵略的、侵害的側面、身体的側面――それはスピリチュアルな側面ほどには私を悩ませませんでした」と言った。二八九～二九七頁で見たように、彼女はとくに自分自身の個人的な信条を彼らがしていることを覆い隠すのに利用されることに反発した。そして彼女はこれを「心のレイプ」に等しいとした。

アブダクティの中には、ある種の存在たちは魂を奪おうとしているのだと感じる人もいる。グレッグは私に、爬虫類型存在と遭遇することの恐怖はあまりに強烈なので、自分の魂から切り離されてしまうのではないかと恐れたほどだったと言った。「もし私が自分の魂から分離させられるなら、私は自分が存在するという感覚をもたなくなってしまうでしょう。自分の意識すべてがなくなってしまうと私は思います。私は存在するのをやめてしまうのです。それは何かが私に対してなしうる最悪のことです」。同様にカリンも、最初のミーティングで、自分の肉体から切り離されてしまう恐怖について語った。「私の経験でこれまで最もトラウマになったことは」と彼女は言った。「現実から切り離されてしまう」ことだったと。彼女は「私の胸【心】から切り離されてしまう」「自分自身から引きはがされてしまう」感覚について語った。「私はその叫びをあなたに説明できません。私の体から引きはがされてしまうときの私自身の叫びを」。

イザベルも類似の体験をした。彼女は一度真夜中に目覚めて「その生きものの一つが私のベッドのすぐそばにいて、もう一つが私の上にかがみ込んで私にできるだけ多くの恐怖をひき起こそうとしていた」ときのことをありありと思い出す。「私は本能的に、私の隣にいるのがどんなものであれ、それが私の中に入りたがっているのを知りました。それは私の中に入ろうとしていたのです」。彼女ははっきりと、これらの存在が追い求めているのは「人間の魂」だということを感じ取った。たぶん、と彼女は考えた。これは「彼らが魂をもっていない」からなのだろうと。しかし、「彼らは私たちの魂を奪うことはできないのです」と彼女は言った。「なぜなら彼らはこの世界に物質的に入り込むことができないからです。でも、彼らはあなたを騙してそれを手渡させることはできるのです」。

イザベルがさらに、その存在たちが彼女の魂を奪うかもしれないという恐怖について話したとき、彼女の心の中では魂は密接に体と結びついているということが明らかになった。「本当の私、私のスピリットまたは魂は、私の体の内部にあって、私にとって価値のあるものすべてを、私が愛する人たち、すべてのものを保持しています。でも、私が肉体の中にとどまっているかぎり、彼らはその中に入り込むことはできないのです。だから彼らは私を怯えさせて私を私の体の外に出させようとしたのです」。「かつては、これらの存在たちは私たちのように物質的（フィジカル）でした」と彼女は言った。だから彼らの究極の欲望は再び肉体を所有することなのだと。魂は肉体への一種の入口のようなものだと彼女は考える。というのも、「もしあなたが魂を渡してしまえば、あなたの体は完全に空っぽになって」、その容器（肉体）を通して、存在たちはこの世界に入れるからである。

多くの体験者にとって、彼らが体験する恐怖は、究極的にはリアリティの性質についての彼らの信念の粉砕につながっている。グレッグはまだ子供のとき、自分が何を信じようと、どんなに自分が善良だろうと、それらの信念は自分を「打ち砕く」エネルギーからの保護は提供してくれないだろうということに気づくようになった。こうした体験の結果、と彼は言った。「世界、宇宙、自己はより大きくなった」と。キャロルもまた、存在たちは「意図的にあなたの信念のパターンを再設計」するのだと感じている。バーナードにとっては、ある劇的な遭遇がシャーマンとしての彼の信念のいくつかを粉砕し、彼の意識を無限の体験へと開くことになった(第八章参照)。

しかし、私にとって、最も明確に体験者たちの恐怖が世界観の粉砕と結びつくそのありようを示してくれたのは、ジム・スパークスだった。「私は［経験について自覚し始めた］最初の五、六年はカルチャー・ショックだったことを認めます。それは少なくとも私が知覚していた世界または宇宙にとってはトラウマ的なショックで、私がイメージしていたものとは全く違っていたのです」。「そのトラウマを克服」した後、「課題は、宇宙の中で私は何者であるか、同時に他のすべてのものが何であるのかに関する混乱を乗り越えること」になった。それは「絶対的なショック」でした、と彼は言った。そしてついに、「神が創造したもの・しなかったものに対して、神がこの惑星の外ですることに対して制限を設けるのは人間である」ということに気づいた。「だから、神があそこで何をしているかは誰にもわからないのです。それは神と対立することを意味するのではありません。神はあなたが今まで知っていたこと以上のことをしてきた。それだけの話なのです」。

結局、のちにもっと詳しく見るように、アブダクティたちは自分の体験によってもたらされた存在論的ショックを受け入れるようになる。グレッグは心の粉砕を、全く未知のものを「理解し」意味づける努力のプロセスの一部とみなすようになった。心理的な「レイプ」は、と彼は言う。受け入れてきたリアリティと対立する体験の一種の「翻訳」か「誤解」である可能性があると。「苦痛や心の粉砕は」と彼は続ける。「ヌミノース【知的な合理化を拒む神性】的なものの接近」ゆえに生じるのかも知れない。イザベルはそれをシンプルにこう表現する。「これらのエイリアンに対処することは、それらすべての偽りの信念を破壊することを意味し、そこにはより以上のものがあることをあなたに教えてくれるのです」。

キャロルでさえ、それを私たちが動物を扱うときのやり方になぞらえたり、何らかの点で自分が生命に貢献していると考えることに慰めを見出すことによって、少なくとも部分的には、自分のコンタクトから生じたトラウマを受け入れるようになった（第六章参照）。「私は彼らがやっていることが好きではありません」と彼女は言った。しかし、「何らかの点で、私はそれから恩恵を受けているのだろうと思います。私は彼らが本質的に悪だとは思っていません。人々はたずねます。『なぜ神は彼らにこんなことをさせておくのでしょう？』と。なぜ私たちはサルを使って実験するのを許すのでしょう？……私は小さな子供を、彼らが自分に何が起きているか理解しないとき、注射を打ってもらわねばならないとき、検査が必要なとき、医者に連れて行きます。私が彼らを引きずって医者に連れて行くとき、子供たちが感じる恐怖ゆえに医者は悪だということになるでしょうか？」。

## 恐怖に向き合う

アブダクション体験は少なくとも最初は強烈にトラウマ的ではあるが、多くのアブダクティたちは恐怖に向き合う機会を与えられ、自分の身に起きたと感じることの力と意味を受け入れるようになると、自分自身を犠牲者だとは考えなくなる傾向がある。ホイットリー・ストリーバーが私に言ったように、「その恐怖を認めることがあなたに自由を与える」のである。さらに、アブダクティたちが自分の体験により深いレベルで対処し、恐怖や痛み、それらが呼び起こすに謎を相手にできるようになると、大きな感情的・霊的力をもつ変容のプロセスが始まる。【原註】

【原註】哲学者のマイケル・ウォッシュバーンが似たことを言っている。自我がより深いリアリティ、彼が「根底の力」と呼ぶものへの気づきに対する抵抗を手放すとき、エイリアンの力による「傷害的侵入」として体験されたものが、「霊的な力の賦活的な注入」として体験され始めるのだと（ウォッシュバーン 1995）。

その体験の一つで、スーは存在たちの一人に、こちらを向いて彼女の顔を見るように要求した。彼がそれに従った後、彼女は「私はおまえの顔を見た。もうおまえはこわくない」と自分の中で言えるようになった。カリンは「深い、私の表現能力をはるかに超えるものに戦慄」させられたが、「この体験と向き合い、それから学ぶ」ことを選択した。私たちと二年にわたって問題に取り組んだ後で、彼女は「私は恐怖を避けずに通り抜け、知らないという瞬間を体験して、究極的な知とは何かを見つけ出すつもりです」と言った。「私にできることは、私自身の自己感覚、私自身について知ることにも当てはまります。そして人生の最後に私が三十パーセント正しい情報を得て、残りの七十パーセントが間違っていても、それでかまわないんです」。

イザベルの体験は「私を聖なる戦慄へと追い込む」ものだった。「エイリアンたちは」と彼女は言った。「あなたをまっすぐその限界に連れて行き、それを乗り越えさせるのです」。彼女にとって、自分を最大の恐怖に直面させたのは、彼らだった。その後、「その恐怖は分解されて、その後はあまりそれを恐れなくなるのです」。「極端な感情が私たちに霊的な入口を開いてくれるのです」と彼女は言う。強い恐怖なしに「あなたが自分の歌が実際に変わろうとしている地点」にまで辿り着けるようになるとは、彼女は信じない。イザベルは自分の遭遇に随伴した強い恐怖を、他の人間によってもたらされる恐怖から区別している。人は、たとえば、「誰か人間があなたを所有している」とか「誰かがあなたを誘拐した」という場合、「全く違ったレベルの恐怖」を覚えるだろう。「あなたはこういうことはよく知っています。その強烈さは同じではないのです。……それはあなたを変えます。あなたがここ［エイリアンとの遭遇体験］で恐れているとき、あなたのアドレナリンは上がります。あなたはとても鋭く、明晰になるのです。あなたはとても耳がよく聞こえるようになります。……あなたはその時点で、たった数分間で、スーパーマンになったみたいです。……それは霊的な戦慄です。それはあなたを完全にオープンにするのです」。自分の恐怖に向き合うようになって数年後、ジュリーは「彼らは私を、主要な恐怖を克服する方向に追いやったのです」と言った。「そしていったんそれを乗り越えれば、それは何でもないものに思えるのです」。「私たちを苦しめるのは」とノーナは言った。「抵抗です。私たちは抵抗する必要はありません。それを許可し、自分を開く必要があるので、それは私たちが世界で安心していられるために築き上げたものを打ちこわすという問題なのです」。

グレッグの恐怖との戦い、それを生み出したと見える存在との戦いは、壮大なかたちをとって、闇と光の戦いの様相を呈した。「私には暗黒に魅かれるところがありました」と彼は言った。「でもそれは、闇の中に光を見るという性質のものです」。彼が存在たちとの戦いについて語るとき、それはときに、聖書のヤコブのように、自分自身の中のデーモンと、人間性の存続を賭けて戦っているかのようだった。十代の初めに、彼は自分にとっては全くリアルに見える「小さな人たち」が、壁を通り抜けて彼の部屋に出入りしているのを見たことを憶えている。恐怖で叫んだことを憶えているが、それは父親を驚かすだけに終わり、静かにしないとぶつぞと脅されただけだった。

大人になって、長い間、グレッグは宇宙船の中に入っていった爬虫類のような外見の存在と戦った。これらの存在は彼を怯えさせたが、にもかかわらずそれに惹きつけられた。おそらくそれは、彼らが「私自身の最も暗く醜い部分」を表わしていたからだろう。「私はそれを抱擁し、最後には癒したいと思いました。それを遠ざけようとは思わなかった。なぜなら、そうすれば、私は私自身の一部をはねのけてしまい、全体になることができなくなるからです。私はこう言いたかったのです。『待て。おまえはこういうことを私に対してすることはできない。それは自分を尊重しないことだ』と。私は恐怖のないところまで行きたかったのです」。この闘争はグレッグにとって、一種の「並行人生」となっていた。

グレッグには、その爬虫類型の存在が彼を破壊するために、復讐を意図してやってきたのは確かだと感じられた。彼らはこれを彼の魂を侵略し、「私から、私の魂から生命エネルギーを吸い取る」ことによって行なうだろう。それは「信じられないような恐怖」だった。しかし、彼はこれらの存在に必死に抵抗した。というのも、自分の人生には目的があり、自分は「この暗黒と対処」しなければならず、「それを犠牲にして苦しむ」べきでないのは確かだと思われたからである。しかし、この闘争を通じて、グレッグは「光はずっと強い」こと、そしてその戦いは実際には彼に力を与え、「啓発的」ですらあることを発見した。彼は「彼らの苦痛への共感」を覚え、「それらとの全的なつながりを失い」たくなかった。「私はどうにかして彼らの苦しみを癒すために、彼らの魂と触れることに参加したいと思いました」。これらの存在に「君らはこんなことを私にしてはならない」と言うことによって、グレッグは自分自身が、傷つきやすくはあるが、「パワフルで、愛に満ち、非常に強力」になることに気づいた。結局、と彼は言った。自分が最も愛しているのは意識それ自体で、その中に「暗闇の下に隠れた光輝」を見たのだと。爬虫類型存在について、「私は彼らが私に対してすることは愛さないが、私は彼らを気にかける」のだと、彼は言った。

## 心を開く：愛の力

アブダクティが自分の恐怖に向き合うことができるようになると、彼らは自分の体験の特性がしばしば変化するのを発見し、深い人格的な成長を体験することがある。その変容的プロセスの中核には、彼らの愛の力の拡大があり、それは逆説的にも体験者とそれらの存在それ自体との深い感情的つながりの出現を含んでいる。たとえそれがグレッグのケースで見たような、最も暗い性質のものであっても。

恐怖を克服したとき、ホイットリー・ストリーバーは、「非常に深い心の開示」と「信じがたい、人々への強力な愛」が現われるのを感じた。人々の集団と一緒にいたとき、彼は直接、

「彼ら全員が関与しているこの探求の豊かさと深い統合性」を体験したものだった。同様に、グレッグは自分が「真の愛と理解を通じて成長する、別のパラダイム」に移行するのを感じた。しかし、爬虫類型エイリアンとの彼の全面的な関与にもかかわらず、彼はそのような苦痛が成長に不可欠なものであるかどうかを疑った。

しかし、爬虫類型を含むエイリアンの暗い、または恐るべき側面と対峙する上での愛の力を最も明確に表現したのは、イザベルである。その存在が彼女を脅かすように見えたとき、彼女は彼らに、「できるだけ多くの愛、愛の波」を送った。一度、彼女は、ある爬虫類型エイリアンが彼女の次男がめった切りにされ、生きたまま埋められるイメージを送っていると感じた(彼女の長男はその前年、交通事故で死んでいた)。彼女はこれに、その子の周りに保護的な光を送ることを想像することによって応えた。爬虫類型存在は、彼女自身や彼女の家族が殺される他の恐ろしいイメージで迫ってきた。彼女がこれらの怒れる存在に向かってポジティブな愛のエネルギーを送ったとき、彼女は彼らが金切り声を上げるのを聞き、壁を通り抜けて逃走するのを見た。そのとき彼女は、グレイや爬虫類型の存在が、彼女が「青い禿頭」と呼ぶものの一つを従えているのを見た。彼女は「最後の愛の炎を送り、イエス様の名を呼び」、この存在に対して「内部でよい感じ」をもった。それは「不気味な音」を発したように見え、「化けの皮がはがれたオズの魔法使いみたい」に、痛みを感じたかのように倒れたのだった。

この遭遇の後、イザベルはもはやその存在たちを恐れることはなくなった。彼らの存在を感じるときはいつでも、彼女はこう言ったものだった。「ほうら、とれるだけの愛が全部ほしいと思うのなら、いらっしゃい」。それは「私に強力な力を取り戻させた」のだった。愛は、と彼女は結論づけた。真の力、「全宇宙で最も強力なもの」であると。「私が思うに、すべてはそれから作られているのです。それがすべての始まりなのです」。私たちが愛から遠ざかれば遠ざかるほど、と彼女は示唆した。「より大きなコントロール」をそれらは私たちに及ぼすようになり、「よりエイリアン」であり続けるのだと。「私は愛を」と彼女は言う。「私の魂を、すべての愛がそこからやって来る愛の源泉につないでくれるものとみなしています」。その源泉は「私の主、親のようなものです。私はそこからやってきたのです。……魂は結局そこに還る。なぜなら、魂は愛からやってきたものだからです」。

## トラウマと成長

アブダクション体験が、少なくとも最初はどれほどトラウマ的なものであっても、私が共に研究した体験者たちの全員が実質的に、その中に霊的な力、または人格的な変容をもたらす潜在的な力を見出している。私は自分が会った人たちを誘導したり、影響を及ぼそうとしたりはしていないと信じるが、このグループが自分で選び出した人たちで、彼らが意識のあるレベルで霊的なものの見方に対してオープンになることによって、私を助けてくれたことは否定できない。さらに、この霊的な要素が、それは他の研究者たちも気づいていることだが（リーウェルズ 1997：ダウニング 1993）、あらゆる種類のトラウマとそれからの回復に随伴して起こる、またはこの現象のより特別な側面であるところの一種の心的筋肉の伸長に由来するものであるかどうかは、この分野においてより議論が沸騰する問題の一つだろう。明白と思えるのは、体験者たちに利用できる人間的サポート、彼らに近しい人たちによる受容の度合い、そしてその現象に関係する強力なエネルギーを「保持」してくれるファシリテーターと出会えるかどうかが、どれほど体験者たちが統合されるか――つまり、彼らが人格的成長に向かえるか、「犠牲者」の地位に縛りつけられることになるか、それとも情緒的な混乱に陥るか――を決定する上で何より重要だということである。

ときに、問題はエイリアン自身が霊的な存在であるかどうかということをめぐって紛糾する。[1]彼らはそうであるかもしれないし、そうでないかもしれない。誰が霊的存在で、誰がそうでないかは、より厄介な問題の一つで、おそらくは的外れな問いだろう。なぜなら、何を「霊的」と呼ぶかを決めるのは私たちだからである。より重要なのは、アブダクションのプロセスが本物の成長をもたらすかどうか、あるいはそれがその原因となっている知性体――その正体が何であれ――によって「意図」または「設定」されたものかどうか、ということである。グレッグは、たとえば、トラウマそれ自体と、自分の体験から引き出される霊的な成長とを区別している。彼はこう言ったことがある。「多くのエイリアン事件はあなたの意識のレイプであり、私は神がそのような操作をするとか、私たちをそんなふうにレイプするだろうとは考えない」。より高度な知性なら、と彼は主張する。「そうするのに他の方法を見つけるだろう。……それは霊的な体験ではない。霊的体験というのは人を高揚させるようなものです。……けれどもそれは、人によっては霊的な体験ともなりうるのです」。しかし、次に述べるような例のいくつかでは、これらは実際、他のトラウマとは性質が異なる——むしろ変容的な要素はその現象に本来備わったもので、回復のプロセスの一部としての二次的な反応ではない——ように私には思われる。

たとえば、イザベルは、「私はいつも自分が対応していることは霊的なレベルにあることを知っていました」と言う。この社会での日常体験は、自分の遭遇体験よりもっとトラウマ的である、と彼女は述べた。「私はエイリアンとの遭遇が自分の助けになっているように感じています」と彼女は言った。「奇妙なやり方でですが、彼らは私が生き延びるのを助けてくれたのです」。「どんなふうに?」と私はたずねた。「彼らは私に多くの教訓を与えてくれたからです」と彼女は答えた。「まず第一に、これは生命ほど大切なものは他にないということです。それは物事のスキームは取るに足りないということです。それは私が自分の小さな問題にこだわるのを防いでくれます。……恐ろしい体験をする以前は、私は不活発と呼べるような存在でした。私はガラクタでした。私には靄がかかっていました。ここは霊的にという意味で、です」。生命は「物理的・物質的なこと」にだけ限定されているという考えは、「ずっとトラウマ的」なのだと彼女は言った。それが「感情的、精神的に人々に大打撃を与えている」。だから「彼らは精神病院に行き着くか、あらゆる種類のドラッグに溺れるかする羽目になるのです」。グレッグとは対照的に、イザベルは、自分の恐怖体験が自分を成長させる上で「促進的」で、自分は「美しいもの」や優しいやり方には抵抗していただろうと言う。

カリンは、「現実からの剥奪」と「自我からの剥奪」は自分を全く違う人間にして、前にいたところからの成長ではなく、新たな場所からの成長を可能にしてくれたと確信している。それは、自己防衛の場所からではない、利他主義と愛の場からの成長である。「気づきが深まり」、その「新しい場所」での「目覚め」のおかげで、カリンは自分の体験を懐疑的な人々も含むより広い範囲の人たちと共有できるようになり、アブダクション体験の変容的な力に対する強力な広報官となった。「この体験は私をすっかり柔軟にしてくれたのです」と彼女は言う。

同様に、キャロル、ノーナ、アビーも、彼らは皆、多かれ少なかれその体験との関係で痛みや苦悩を味わっているが、その変容的な力を証言している。キャロルにとって、その体験は「精神を変化させる」もので、彼女によりよい知覚能力、よりよい受容能力」を与えてくれた。「それは贈り物で、一個の達成です」。ノーナにとっては、自分の体験は「あなたのスピリット、あなたの魂を、……宇宙にまでおしひろげてくれる」ものだった。「あなたは自分が地上の存在には限定されていないことに気づくのです」。

ある長いセッションが終わった朝、その中で彼女は六年前のある生き生きとした遭遇体験に関連する強烈なエネルギーを体内に感じたのだが（一五七～一六一頁参照）、アビーは「宗教体験をしたように感じる」と言った。「私は朝中ずっと震えていました」と彼女は言ったが、それは空気中の「エネルギー」に対して極度に敏感になったことから来たものであった。「私は今朝、空気を味わっていました」。彼女はそのセッションによって「理解の異なったレベルに連れて行かれた」と感じた。そして、人間はどのようにして自分を「シャットダウン」し、「私たちが知覚していたどんなものよりも大きな潜在力から自分自身をブロックしていたか」についての「気づきをこのレベルに働きかけて広げたいと思った」。多くの体験者と同じく、アビーは、「古代の文化」や「アボリジニの人たち、ネイティブの人たち」の間では、「これは異常なことではない」のだと述べた。「超越的というのがそれを表わす言葉です」と彼女は結論づけた。それは「あなたが成長して自分の存在として知るようになったものを超越すること、自分の存在が百倍［本人の言葉のママ］で、これ［＝通常のリアリティ］はその底、最下段にあるものであることに気づくことなのです」。

本章の初めで、私たちは恐怖に直面してそれを乗り越え、愛の深いエネルギーに触れることが、体験者が遭遇のトラウマ的な側面を克服する重要な方法であるということを見た。「どうやって私たちは知るのでしょう？」とイザベルは問いかけた。「これらは……彼らが何者であったとしても、私たちが成長するのを助けるために極端な感情を利用しているのではないのだと」。キャロルは「エイリアンとの遭遇」をキリスト教神秘主義になぞらえた。恐怖や苦痛は、と彼女は言う。両方に共通するもので、それは時に修道士によって、「異なった変容状態への超越」を可能にするために用いられたことがあると。「彼らはかつて自分を鞭打っていました。ケルトのドルイド教徒たちは、官能的なものの脱落が起きるまで、四十八時間人々を洞窟に閉じ込めたのです」。たぶん、とキャロルは示唆する。「私たちが遭遇する恐怖は、そのとき私たちが超越するのに文字どおり心理学的に必要なものなのかもしれません」。

## 異なった種類のトラウマ：次元の境界を粉砕すること

しかし、それを説明するものではないとしても、アブダクション体験による意識の変容、それはアビーの言葉ではリアリティの物質的なレベルを超越する機会ということになるのだが、そういうものをもたらす一貫した力に貢献するかもしれない、もう一つの要素が存在する。その体験に固有の変容状態と強烈な感情は、この世界と、エイリアンたちが存在しているように見えるリアリティの次元との境界を粉砕するように思われるのである。彼らがいる次元は、彼らが何者であるにせよ、これまで見てきたように、もっと高い振動レベルにあるように思われ、そして彼らは私たちの現実と彼らのそれとを分ける障壁を突破する能力をもっているように見える。彼らは私たちの世界に入り込むことができ、同時に、体験者たちのエネルギーの振動数を上げて、その存在たちが「住む」（ここで私が引用符をつけたのは、バーナード・ペイショットや他の体験者たちは、彼らが非局所的に存在する、ペイショットの言葉では「どこにも存在せず、いたるところに存在する」ことを学んでいるからである）リアリティの意識または次元のレベルに入れるようにする。

カリンはこの障壁の粉砕、存在たちの次元（彼女はそれを「四次元」と呼んでいる）と私たちの次元との障壁の粉砕を生々しいかたちで体験した。「振動が違っていると感じられるのです」と彼女は言う。「それは誰かがここにある層を取り除いたかのようです。だから私はこの三次元の世界で安心してはいられないのです。誰かがスイッチを押して、壁が消えてしまった感じです」（私たちはラスティがこの現象を舞台俳優が劇場の幕を通して劇の別の場面に移動することにたとえたのを思い出すかもしれない。一一六頁参照）。カリンは、寝る前に「家の中に存在を感じ」始め、それが数時間続くこともあったと言っている。この時点で、「四次元がすでに家の中に入っていた」のであり、「バリアはすでに打ち壊されていた」のである。「彼らは私を見ることができる」。なぜなら「彼らは三次元をすでに自分の中に取り込んでいる」からで、しかし、「私はあの意識の変容状態に入るまで、彼らを見ることはできないのです。その変容状態に入る最もかんたんな方法は、ただ眠ることです」。

ひとたびこの次元透過が起きると、存在たちは両方の次元に「同時に存在する」ように見える、とカリンは言う。これはかつては彼女を激しく動揺させた。たとえば、その存在たちが自分のベッドの上にいるのを見ると、彼女は戦ったが、「彼らはあなたが思うより強くて、その中にはたんなる振動として存在しているらしいのもいる」のを見て驚いたものだった。こういうときの苦悩は、自分を捉えているエネルギーの磁場を打ち破ることができないことだった。しかし、恐怖から解放されたとき、カリンは次元間の障壁の崩壊のおかげで、「自分の魂によく気づく」ことができるようになったのを知った。「あなたは自分のより高い意識、あなたの中のあなた【自己の本質】をとてもよく自覚するようになるのです」。

グレッグにとって、別の次元またはリアリティに対する開放は、自分の子供時代の自然な状態へと再び結びつける効果を生み出した。彼は小さな子供の頃、自然や「他の世界」に対して「信じられないほど開放的だった」のを思い出した。「私にとって、夜寝ることは最もエキサイティングなことでした。私は自由だったからです。私は農場で暮らしていました。そしてそこには本当に豊かなものがあった。動物たちがいて、何もかもが私にとって活き活きしていたのです。すべてが生きていました。私はそれらの次元を往き来していました。ベッドに入ると、私は他の〔次元の〕人々に会い、色々なことが起き、それらは私には全くリアルでした。実際、その中には私の他の生活よりずっと活き活きした感じを与えてくれるものもあったのです」。時がたつにつれて、生活の窮屈さが増し、「多くの苦痛があって、私は内部に引きこもり、私たち皆が自分の生活の中でつくり上げる構造物を作って、神聖なそれらのものを奥深くに隠すようになってしまったのです」。

その遭遇に付随する強い苦悩にもかかわらず、アブダクティたちは自分がこのプロセスに何らかのかたちで〔積極的に〕参加するのを選択したのだとしばしば言う。「私たちは実際に自分のリアリティをつくり出しているのです」とグレッグは言う。「私たちは苦痛を受け入れることができれば、物事を癒し、変化させることができる。そして違ったリアリティがもてるようになるのです」。「あなたがある体験を与えられたとき」とイザベルは言う。「その時点で自分がそれに気づくかどうか、何らかの意味でそれがあなたを破壊するか、それとも向上させるか、選択することができるのです。……たとえ私たちがそれを認めることができなくても、私の身に起きる本当に恐ろしい体験のすべては、自分の中に取り込むことができるのだと私は思います」。カリンも同意するだろうが、「それが魂の前からの約束なのか、それともこの人生での約束なのか」はわからない。私たちはノーナ、ジュリー、アンドレア、その他の体験者たちがどのようにして自分がハイブリッド「プロジェクト」に参加するのを選んだと感じているのかを見てきた。「これをしなければならないのだ、という感じが私にはありますす」とノーナは言う。「たとえ私がもう一度それを体験したいとは思わなくても、それは重要なのです」。

私にとって理解が難しかったのは、アブダクティたちがこうした悩ましい体験を選択したとか、それを引き受けたとか言うとき、彼らは何を言おうとしているのかということであった。実際には完全に無力なのに自分が支配力をもっていると信じたいがために、またはハイジャックの際に見られる、自分が脅かされていると感じないように、自分を人質にした犯人に自己同一化する「ストックホルム・シンドローム」に見られるような、何らかの合理化を行なっている可能性もあると、私は考えた。ひょっとしたらエイリアンたちは、彼らの計画にアブダクティを欺いて応じさせるために、彼らの心を操ったのではないかと。しかし、その後私は違った見方をするようになった。私の受けた印象では、アブダクティたちは何らかのレベルで、彼ら自身の変容や成長をもたらすだけでなく、人類全体の意識を目覚めさせるような、まだ理解不能のプロセスに自分が参加していると気づくがゆえに、その苦痛とトラウマを受け入れるのである。それは彼ら個人の心が、本能的にそれとの何らかの調和や一致を感じている、進化する宇宙意識と交差しているかのようである。

どんなトラウマも、個人的な変容と成長の可能性をもっているかもしれない。しかし、エイリアン・アブダクション体験は、心の境界線を粉砕して、意識を宇宙におけるより広い存在とそれとのつながりに向かって開かせる特異な性質をもっているという点で、異なっているように私には思われる。ノーナは自分の体験による気づきに随伴する、アイデンティティの破壊をもたらす変容的な力をうまく表現し、それをシャーマンのイニシエーションになぞらえた（第七章参照）。「指で持ち上げられ、窓から連れ出されることは、あなたを瀬戸際まで連れてゆくのです。それはほとんど死と出会うようなものです。……それは逝かせるのです。それが起きると境界は消えてしまうようです」。そして、「同じことが何度も何度も起きるのです」。結果として、彼女は死への恐怖を手放し、強い自由感を覚えた。

アブダクティによっては、この境界の粉砕または自我の死は、彼らに魂を吹き込み、肉体の死後も存在する永遠の存在になったという感覚さえ残すことがある。[2]「私はそれをあるレベルで感じました」とイザベルは言う。「そこにはこの巨大な、私のより大きな部分があって、私が生きることを選んだすべてのこれら小さな存在を眺めているのです」。彼女はこの「パート」を、一種のゲーム・マスター、殺すことができず、しかし、生それ自体が「たんなるゲーム」であることを知っている真のあるいは永遠の自己にたとえる。「私は死なない、私は死なない」とノーナは主張する。彼女の「全体」の感覚は「永遠で、肉体とは別のもの」である。「私たちの肉体は今ここでの乗り物であり、それは素晴らしいもので、私たちはそれを自分が今しているいることをするために使うのです」。

その体験と日常生活の諸要素を通じて、カリンは「私たちが知っているものすべての喪失」を体験した。彼女にとって、その遭遇がもつ変容的な力の多くは、彼女が別の（「四番目の」）次元で体験する変性意識に由来する。その領域では、すべてのものは一種の「球状」のものとして存在するかのようである。その世界に彼女は、三次元的な「デボラ」としての存在とは対照的な、より真正な「カリン」のセルフを見出す。「私は今、三次元的な経験をしています」。しかし、この「より高い意識」では、「カリン、エイリアンの魂は、いかなる境界も知らないのです」。その意識の中では、彼女の魂は「時間や空間には縛られず、生き生きとして良好」なのである。

## 暗黒を超えて

ひとたび、アブダクティたちが自分の体験を再体験することを自らに許したとき起こる境界を粉砕するトラウマを乗り越えると、彼らは一種の再生を経験する。それは光輝の驚異的な感覚へと彼らを結びつけるものである。アビーは、物質を通り抜けて移動したように思われる体験の際、体に感じた変化を思い出したときの畏怖の感情を表現した。それは彼女には、病気を取り除いたり、「細胞や分子の純粋さを取り戻す」力（パワー）をもつ力（フォース）に直接触れることのように感じられた。グレッグは、自分の性質の暗黒面との戦いの間ずっと、愛によって保護されているように感じた。「暗い影と明るい影があります」と彼は言った。というのも、影もまた「魂の一つの顔」だからである。「輝く部分を手に入れる」ために「私たちは自分自身の暗い影を体験する」。「あなたは聖性の中に足を踏み入れて、それにあなたを保持させるようにできると考えるのです」と彼は言う。しかし、彼にとって、「私たちの信じられないほどの光輝」の中にすら「多くの恐怖がある」。私たちはこの現象についてては次章でもっと詳しく吟味することになるだろう。

一九九七年の四月、カリンは大勢の聴衆の前で、自分の体験が彼女に「私自身の最も深い、暗い部分を見る」ことを可能にしてくれたことを、そしてそうすることが、「私が自分の内部にある『すべては一つ』という無限の愛を見出す上で私を助けてくれた」ことを語った。「私は二度と昔の私に戻ることはないでしょう。けれども、私がどういうものになったかを語る言葉はないのです。たしかに、それは出産に似ているに違いありません。その美が途方もないものであるがゆえに、痛みもまた大きいのです[3]」。

# 第十二章　源泉への帰還

詳しい記憶を取り戻しているとき、私は自分が知っている意識的な現実の彼方に旅しました。その旅の間、私は全体が融合するこの上なく素晴らしい瞬間を体験しました。不可能なはずのことを体験する感覚を他にどう表現すればいいのでしょう。それは私／私たちの潜在的可能性への一瞥を与えられたかのようです。

アビー

一九九七年一一月一〇日

源泉との絆の中にいるとき、それはたとえようがないものです。理解されていないと感じられるようなものは一つもない。できないことは何一つない。それは汚染されない愛であり、だからこそぼくはここに戻らなければならないことにあれほど腹を立てたのです。

ウィル
一九九七年八月一五日

## 源泉からのメッセンジャー

どの国、どの時代を問わず、すべての宗教と霊的伝統は、実質的に至高者、究極の創造原理または知性についての認識を共通してもっている。それは聖なるもの、源泉、一者、故郷（ホーム）（アブダクション体験者にはとくに好まれる表現）、大霊、存在の根底、神などと色々な呼び方がされる。それぞれの社会の成員は、この原理との様々な関係を経験する。それは離反や恐怖の悩ましい感覚から、霊的な存在を前にしているという強い感情、それとの親密な一体感、調和の感覚にいたるまで、多岐にわたる。私が育ち、暮らしてきた西洋文化は、その成員が、聖なる存在や高次の力が現実に存在するという感覚から分離している度合いにおいて独特である(スミス 1992)。中にはそのようないかなる原理も拒絶して、人間を宇宙の知性階層(ヒエラルキー)の頂点に置く人さえいる。

私は、自然に内在する聖なる存在に関して肯定・否定の議論を効果的に行なうのに必要な、この分野の知識に習熟していない。私にわかるのは、人々がそのような問題に適していると考える証拠は、客観的で実証的なものより、むしろ主観的で経験的なものだろうという程度のことである。しかし、この十年近く、私がエイリアン・アブダクション現象の謎と格闘してきて明確になったのは、その遭遇のより深い力と意味は、それがもつ変容の力と霊的な重要性を考えることなしには、理解できないということである。「たんに大きな目をもつチビのグレイ野郎がいるというだけの話ではないのです」とカリンは言う。「究極的には、それは神を知ることにつながるのです」。

私たちは今、合衆国、そして多かれ少なかれ西洋文化全体で、一種の霊的ルネッサンスを経験しているのではないかと思われる。それは多くの人々の生活の中で失われているものへの深い渇望、それがどれほど漠然としたものであろうと、自分たちが切り離されてしまった別の世界があるという感覚、今終わろうとしている二十世紀【原著初版は一九九九年】の破局的な出来事の多くが根底的な世俗主義と霊的な空虚さから生じたものであるという自覚の増大――そうしたものを反映している。西洋の人々が高次な力とのより直接的なコンタクトを模索することが多くなっているのは明らかだと思われる。その力は、この世界に愛着する人間中心主義的な態度や他の根深い思い込みがなければ、通常は神と呼ばれるだろう。

本章で述べられる現象の多くは、宗教史を学んでいる人たちにはなじみ深いものかもしれない。源泉または存在の根底とのつながりへの渇望、聖なるものから分離した苦悩、源泉との絆または再結合を求めて障壁を破るプロセス、魂の受肉または生まれ変わりのサイクル――これらはすべて霊的な伝統にはよく知られた側面だからである。これら様々なトピックに関しては広範な文献があり、それを研究することに興味がある人たちは本章の註の中で示唆した原典に当たってもらうのがよいだろう[1]。アブダクション現象に関してユニークと思われるのは、本書全体で述べてきたように、その現実を揺さぶる内容、エネルギー的な強烈さ、それが潜在的にもつ急激な変容をもたらす力である。一般にスピリチュアルな実践の道を取っていない人たちが、その体験によってしばしばひき起こされる、心を打ち砕かれるような恐怖と直面し、それを乗り越えるとき、劇的かつ急速に源泉とつながる、または再結合できるようになるのは、この力のおかげかもしれない。

高次の力へのアプローチは、その人自身によって始められることもある。これらは祈りや、瞑想、勤行（ごんぎょう）のような伝統的な宗教的礼拝の形態を含む。中毒治療のための十二段階のプログラム、ヨガ、ホロトロピック・ブレスワーク、そしてコントロールされた体外離脱体験（ブールマン 1996；モンロー 1971,1976)、サイケデリック薬物の注意深い利用、ネイティブの人々や東洋の霊的修行や儀式と関連する、ヴィジョン・クエストや他の活動などである。しかし、変容を促すものが外部から来ることもあって、それは本人はほとんど予想していなかったか、望んでいなかったものである。これらには臨死体験や自然発生的な体外離脱体験、トラウマ的な喪失、霊的な成長を結果としてもたらす深刻な病気その他の個人的な悲劇、宗教的な〔聖母マリアや仏などの〕顕現、「生まれ変わり【この場合は「回心」の意味】」体験、そしてもちろん、奇妙なヒューマノイドとの遭遇が含まれる。

本章では、エイリアン・アブダクション現象がなぜ霊的成長、個人的な変容の最も強力な媒体の一つとなりうるのか、そしてそれが、今この地上の世界の人々に影響を及ぼしつつある意識の拡大とどう関係するのか、それを示したいと思う。[2] カリンが言ったように、アブダクション体験は個人的な変化の「早道」である。「あなたは源泉の中にいるとはどういうことなのか、知りたいと思います」と彼女はかつて言った。「宇宙とつながっているのはどんな感じなのか、知りたいと思うのです。あなたは他のすべての人の中にもある、自分の五次元（この言葉で彼女は一種の微細な振動共鳴を指している）の部分について理解したいと思います。そしてそれと話をし、それとコミュニケーションを取り合い、それと交わるのはどんな感じがするものなのか、知りたいと思うのです。それはここにあります。行きましょう。そしてそれがこの二年半、私がやってきたことなのです。私はその空間の中にいて、そこに何があるかを調べ、私たちが地上で言葉を使ってやっているのとは違うやり方で意思疎通する方法を学んでいるのです」。

本書の前の方で、私たちはアブダクション体験の光やエネルギー、振動的な強烈さ、アブダクティの世界観のトラウマ的な崩壊、彼らが見せられる地球の生命に対する脅威についてのショッキングなヴィジョンが、どのように組み合わさってリアリティについての拡大した視界を彼らに開かせるのかを見てきた。ここではもっと踏み込んで、急速かつ根底的に変化しつつある世界の中で、その遭遇がもたらす意識の拡大や、霊的な力と意味の感得が、アブダクティたちの人生と彼ら自身の自己の見方にどのような影響を及ぼすのかを考えてみたい。

現象のこの側面を理解するには、アブダクション体験に関連する恐怖、苦痛、そしてほとんど圧倒的な振動的エネルギーに体験者と共に耐えることが、そして伝統的な世界観や存在論的な先入観は可能なかぎり脇にどけておくことが必要になるだろう。もしもファシリテーターにそれができないなら、体験者は怒りや被害感情に固着して個人的な成長が困難か不可能になってしまう恐れがある。

スーはこの試練を明快に表現している。「私はこの現象が行なっていること、アブダクションのシナリオは、本当に嫌なボタンを押すことだと思っています。あなたは被害者意識をもつのです。そのとき、あなたはコントロールできなくなります。あなたは何もできない。するとどうなるのでしょう？　仰向けになって、じっとそれに耐えますか？　引きこもるか、それとも戦いますか？　教えましょう。あなたが立ち上がって戦い、被害感情を乗り越えるなら、変化が起きるのです。何が起きるかは信じられないほどです。私にとってはそうでした。そしてそれは他の人誰にとってもそうなりうるのです。でも、多くの人がやろうとしないのは、自分が犠牲者だという感情を乗り越えることです」。

エイリアンたちは通常、体験者たちにはスピリットや神のような存在ではなく、創造原理からのメッセンジャーとして受け止められるが、その創造原理を彼らはしばしば「源泉（Source）」と呼ぶ。カリンにとって、その存在たちは「仲介者、翻訳者、通訳」として機能し、人間と「一者」の間に広がった溝を橋渡ししてくれるものである。「私たちが聖なる源泉からメッセージを受け取るには、既にできているつながりを突破しなければなりません」と彼女は示唆する。他の体験者たちは、私たちがもたない、または失ってしまったスピリットや源泉とのつながりを、存在たちはもっているようだと述べている。

ときにアブダクティは、彼ら（存在たち）の真の性質は一種のエネルギーだが、人間と源泉の仲介を果たすには、かたちをもった存在にならなければならないのだと感じたり、彼らからそう言われたりする。「これらの存在には、私が思うに、有利な点があるのです」とキャロルは言う。というのも「彼らは宇宙やそこに住むあらゆる存在との関係について〔人間より〕よく知っている」からである。「これらの存在とコミュニケートすることから私が得られる慰めは信じられないほどのものです」。それというのも、「彼らは私に見えない、触れられない、においをかげない、あじわえないものを感じ取る手助けをしてくれるからです。彼らは私が宇宙の源泉に近づくのを手助けしてくれるのです」。グレッグは辛辣な口調で次のように述べる。「私はテクノロジー的に進歩したエイリアンたちがあなたのお尻を調べるためにはるばる宇宙を旅してくるとは思いません。おもうに、この現象全体が人間のヌミノース的なものへの願望、それに近づきたいという願望と関係しているのです」。

カリンによれば、「究極の源泉からのメッセンジャーがグレイで、彼らは私たちよりずっとその源泉と結びついていて、仲介的な役割をもち」、だから「私たちの地球での変化を手助けしてくれている」のである。「金髪タイプの存在、背の高いブロンドのエイリアンは、いっそう源泉に近い」のだと、多くの体験者同様、彼女は語っている。彼らは「霊的なスーパーバイザー」または「受肉した源泉」で、「どのようにして源泉はその真の形態、エネルギーの形態の中に存在しているか、私たちに教えてくれる」ものなのである。別の時に、彼女はこうも言った。「私にとってこれらブロンド型のエイリアンは、私が交流しているグレイたちをいわば監視している霊的な指導者なのです」。「創造主は」と彼女は言う。「私たちが進化し続けるように呼びかける、あらゆる種類のメッセンジャーをもっているのです」。

## 「私たちはここの者ではない」：分離の苦痛

彼らの遭遇体験、とくに源泉の体験をより深く調べた際、アブダクティたちは、地球は自分の本当の故郷ではなく、本来の故郷は空間と時間の外側にある別の世界だという確信を表明することがある。宇宙船ですら故郷または故郷の一部と感じられることがある。「宇宙船は私のホームです」とカリンは言う。「私はホームが懐かしい。湾曲した壁や灯り(あか)など、なじみのあるすべてのものが懐かしいんです」。彼女には宇宙船に知り合いの霊的なガイドまたはエイリアンの隊長がいて、彼女はそれをフレスカと呼んでいる。彼女がそこに連れてゆかれたとき、「彼はすぐにそこにやってきた。それはERか何かみたいなところです。そこにはこのチームがいて、最初に起きたことは、テレパシーによるやりとりでした。『おかえり、君はここにいる、君は愛されていて、一者と一緒だ』。彼らは自分たちをそう呼びました。一者（the One）だと」。

体験者たちはかなり明確な故郷の観念、または源泉または神と共にいるのがどういうことなのかについての観念をもっている。それは完全になじみのある場所という感じである。「源泉には」とキャサリンは言う。「私たちが知っているどんな特定の次元、宇宙、場所の境界もありません。それはすべてのものを取り囲むエネルギーです。……それは物をどんな姿にでも変えるエネルギーで、物に生命を与えるもの、エネルギーにエネルギーを与えるもの、それを知るものなのです」。ギャリーは旧約聖書のヤーヴェへの恐怖を反響させる言い回しで言う。それとの遭遇は「太古の源泉を目覚めさせる」のであり、「宇宙船の中には全知がある」のだと。その知はたいそう強力なので、私たちは「自分の潜在的能力についての完全な自覚」を得、「真の自分」に直面したかのように感じる。そしてそのトラウマは途方もないものなので、体が「バラバラに」なってしまうほどである。カリンの場合は、ハイブリッドの赤ん坊との関係でその源泉のエネルギーの力と美しさを体験した（第六章参照）。「それは純粋なエネルギーです」と彼女は言う。「そしてそれらの小さなものを見ることと、彼らとの体験から来る愛はとても素晴らしいのです」。

ウィルはホームまたは「聖性」について語って、「そこにある愛は信じられないものです。ここには存在しない深みがそこにはあるのです。地上のたいていの人はその準備ができていません」と言う。私がもっと詳しく「その深みについて」説明してほしいと言ったとき、彼は泣き始め、こう言った。「もしできるものなら、今まで見たことのある最も深いもの、最も美しい色を想像すればいいんです。それは人生の残りを目が見えないまま過ごすことになったと知った次の瞬間のようなものです。そこには絆の深さ、自然の感情があるのです。それはあるレベルで、ぼくらが一つになり、けれどもまだ存在している、この世界での個別性は残っているような感覚です」。一九九七年の夏、ウィルはこの体験を主にセラピストたちで構成されている聴衆に語った。「源泉との絆の中にいるとき、それはたとえようもないものです」と彼は言った。「理解されていないと感じられるようなものは一つもない。できないことは一つもない。

それは汚染されない愛であり、あなた方はそのとき、ここに戻らねばならないことにどうしてぼくが腹を立てたかがわかるのです」。

ウィルの言葉で示唆されているホームまたは源泉からの分離または絆の消失は、多くの体験者が感じるものである。私はセッションでウィルが涙を流すのを幾度となく見てきた。そのとき彼は、神と再びつながることへの憧憬と、しかしこの地上での生活への自分の関与という事実に向き合わねばならない苦悩を語っていた。人生で何度か、とくに十五歳のとき彼に左腕を失わせた深刻なやけどを負ったときは、彼はそれを「処刑」と呼ぶことがあったが、ウィルは多かれ少なかれ意識的に、「ホーム」への帰還、または神との再結合のために、自殺の考えをもてあそぶほどだった。

ウィルの苦悩は激しいものだったが、たいていのアブダクティも、自分が他の人たちとは違うという感覚や、地上的な存在と関係の点で、この世界には所属していないという感覚に折り合いをつけるのに苦労している。イザベルはときに耐えがたい寂しさを感じ、「自分はヘンな生きもの」だと思う。「私は他の誰かと同じだとは感じたことがありません」と、彼女は最初のミーティングの一つで私に言った。「彼らと一緒にいるとき、私は故郷にいると感じるのです。私は彼らの一部だと感じています。私はこの地上よりも彼らに親和感を感じる。たとえ彼らが私をひどい目に遭わせたとしても……。それはとても混乱しているのです」。

カリンはあの別の世界との苦痛に満ちた分離について何度も繰り返し語っている。

あの子供たちに、そこにいるすべての人に、あれほど多くの愛、こんなに強いつながりを感じ、そしてそのすべてから離れてこの地上にいること、〔今と〕これほど違っているのは本当につらいことです。私は埠頭に打ち上げられて跳ね回っている、息のできない魚みたいに感じます。……私の中には宇宙を、創造主を知っている自分が一部にあって、私はいつかそれとまたつながりたいと思うのに、それができない。……今、私たち（体験者）はその二つを統合できないのです。……この新しい種族〔これはハイブリッド・ベビーとの強烈な出会いの後の言葉である〕はそれができるようになるのでしょうが。……私は宇宙船から切り離されていることに怒っています。あの意識から切り離されていることに怒っています。私の大部分は、地上のものとは関わりがないのです。

神との再結合はエヴァの人生の目標だった。そして彼女の体験はこのプロセスの一部だった。「私は名づけることができない渇きを癒そうとしてきました」と彼女は学術論文に書いた。「私は表現の仕方がわからない憧憬を体験し、傷心のために泣いたのです」[3]。自分のカバラ文献の研究と関連する宗教的なエクスタシーの用語を用いて、エヴァは「あなた（神）の御業を行なうことに、闇の中に光を顕わすことに、孤児となった私たちの真の自己の部分を全体と一性の中に再び連れ戻すことに、天と地の架け橋となることに、霊と物質の交わりに――私の残りの生涯を捧げる」ことについて書いた。

アブダクティの中には、彼らが探し求めている性的なものと霊的なものとの結合の関係について語る人もいる。むろん、彼らだけがこのつながりを感じるわけではないが、そこにはそれにとどまらない理解がある。「身体的・魂的交わり」は二人の人がセックスをするときにも起きることがある、とカリンは述べた。多くの人にとって「それは私たちが神を感じるのに最も近いこと」なのだと。「でも、それは肉と肉との交わりではないんです」と彼女は示唆する。それは分離したエネルギーが「一つのエネルギーになること」であり、「他のエネルギーと交わるとき、私たちは一人であると感じることをやめる。私たちは何かにつながっていることを認識するのです」。そして「短時間」、人は「自分の体の中に源泉が反響するのはどういう感じか」を知るかも知れない。しかし、これは、と彼女は言う。「私たちの中の魂の部分」を満足させることはない。「私は自分がこの宇宙的な時間も空間もない空間と一つになっていると感じるために誰かとセックスする必要はないのです。私は自分が源泉の一部であることを知っています。私はそのつながりに気づいています。でも、他の人たちは自分のそうしたつながりを感じていません。あったとしても短い時間だけです。私たちがそれとつながる方法の一つが性的な体験なのです」。

## 神の視点からの分離：宇宙的ゲーム

時々、体験者たちは、あたかも神の視点から見ているかのように、二元性のジレンマと分離の痛みを感じることがある。カリンは、神が感じるかもしれない分離の苦悩がわかるかのように語り、「私たちの世界のすべての人々の苦痛、故郷から離れていることの苦痛、子供をもたない、あるいは一者から離れてしまったという考えから生まれる分離の苦痛、そしてそうした私たちの体験のために宇宙が感じている苦痛」に自己同一化する。自分が宇宙の中の別の場所、別のリアリティの中にいて、自分の内部にある源泉によって目覚めさせられるとき、とくにブロンド型存在の、「それを得ようとしない迷える魂への」彼らの心の痛みを感じるとき、彼女はそうなるのである。「それはほんとに恐ろしいことです」と彼女は続ける。「それは起きていることに対する神の悲しみです。子宮の、地球のすすり泣きが聞えるみたいな感じです。……私はこの痛みを感じなければならないのです」。源泉からの彼らの分離の苦悩から、この二元性によってひき起こされる苦痛は私たちの具象性、私たちの身体の濃密さと関係しているのではないかという思いが、体験者たちに生じることがある。ジュリーは肉体をもつことを鉛の裏地を施された部屋にたとえる【肉体を「魂の牢獄」として捉え、その鈍重さ、不活性、霊的なものからの分離を象徴するものとして鉛を用いることは錬金術の昔からあった】。

カリンや他の体験者たちは、知覚されるリアリティのすべてを、人間もそれに与る神性意識の表現として見るようになるかもしれない。カリン、イザベル、ウィル、グレッグ、その他の体験者たちは、自分のアブダクション体験を、孤独な創造主が意識の分離――グレッグはそれを「無数の自己への分裂」と呼ぶ――にもかかわらず、それ自らを学ぶ、一種の宇宙ゲームと結びつけている。原初のポテンシャルの中から、神は自らと分離した存在を産みだし、その後再び結びつくことを選択した【これは古代ウパニシャッドの世界創造神話とほとんど同じである。アブダクティたちにそういう知識はなかったと考えられるので、なおさら興味深い】。しかし、人間の場合、その実験は失敗し、私たちの多くが創造的な原理とのつながりを見失ってしまった。エイリアンたちは体験者たちを創造主または源泉に再び結びつける上で何らかの役割を果たしているように思われる。精神科医のスタニスラフ・グロフは、意識の非日常的な状態の研究から、宇宙進化のプロセスについての類似の見解に到達した（グロフ 1998）。

キャサリンの場合は、アブダクション体験によって、肉体をもつ人間と、源泉からの分離の関係についての精緻な理解へと導かれた。一九九三年の一月、意識の変容状態へと入ったリラクゼーション・セッションで、彼女は人間／エイリアン／源泉の受肉または生まれ変わりについての一種のたとえ話を持ち出した。かつて、「昔々、ずっと昔」、「私たちが今もっているような場所じゃないところ」に、一種の「トレーニング・センター」があって、そこでプロジェクトのようなものが進められ、何らかの存在（潜在的な人間）が、会議か報告会の後、地球に来ることを選択し、肉体（その根源的な領域にも形態のようなものはあるが、それは地上の肉体のような濃密なものではない、とキャサリンは主張する）をもつことになった。一方、他の存在（エイリアンたち）は「その肉体をもった存在たちを検査し、彼らがやっていることや問題を、経過を追って記録し、必要な変更を加える」。このプロジェクトまたは実験の目的は、源泉についての私たちの自覚や、それとの絆、ある意味では源泉のそれ自らについての理解を高めることにある。

その「報告会」の後、人間になる存在たちは「別の場所――領域間を移動するのはかんたんなことではありません――に行きますが、そこには領域間の移動のための一時的な穴またはトンネルを作るための機械や装置があるのです」。それら二つの領域とは、つまり、「この物質次元」と、そこからそのような差異が生み出されるところの、一種の原初的な、根源的な次元のことである。「他の物質的な次元もあります」と彼女は言った。「でも、私たちが行った〔＝来た〕のはこの地球です」。トンネルの中の僅か数フィートと思える距離を通り抜けた後、キャサリンと受肉を目指した他の存在たち【人間になる者】は、「この（地球という）領域」に姿を現わした。トンネルそれ自体を詳しく説明してほしいと言うと、キャサリンはこう答えた。「少し物理学法則は違っている」けれども、「私たちはそこにもたしかに何らかの物質はもっているんです」。その「トンネルはたぶん三フィートぐらいの長さですが、実際の物質的なトンネルです。そしてその端には、星と暗闇と地球が見えます」。しかし、地球を目指す存在が行なう移行は、一種の「意識の投影」である。というのも、「私たちは物理的に地球に降りていく必要はない」からである【読者はジェームズ・キャメロン監督の映画『アバター』のコンセプトとの類似を思い浮かべられるだろうが、映画よりこの話の方が前なのだから、それに影響を受けて考えられたものではない】。

「どこに生まれるか」ということに関する決定は、進化途上にあるそれぞれの魂が何に「働きかける」必要があるかに基づいているように見える。あるいは、キャサリンの場合には、「何が私にとってのエネルギーの結びつきの確立をより容易にしてくれるか」による。人間の姿を取る決定は、彼女の話では「前もって行なわれる」のだが、「どんな環境の中に生まれたいかは私が選択できる」のだという。今回、キャサリンは「自分に他の答を探すよう強いる」ような「とても困難な人生」を選んだ。彼女の記憶には何千年も前のインドと思われるところに生まれた際の、妊娠の瞬間に女性の中に入った記憶がある。その家族は極度に貧しかったために、「物質的なことで気を散らされることが少な」く、「他の意味を探す」よう強いられたのかもしれない、だから源泉との「エネルギーのつながり」がもてたのではないかと彼女は考えた。

キャサリンはそれから、おなかの中にいるときの体験(「この暖かさ、この液体」)、そして誕生時の圧迫され、押し出されるときの感覚をありありと思い出したように見えた。この時は男の子だった。「体が産まれ出るときは一種の地獄です」と彼女は言った。それから、子宮から出た後の「とても寒い感じ」が、体を叩かれて泣き声を上げ、黒髪の、オリーブ色の肌をした母親に手渡されるときの記憶が、やはり生き生きと蘇った。その後、曲がったカミソリの刃のようなものでへその緒が切られた。そのとき彼女に最もショックだったのは、「何とすべてが物質的か、すべてが濃密か」ということだった。その生では男の子だったキャサリンは、「すべてを感じ、音を聞き、物の匂いをかぐ」ことができた。食べ物を味わい、母親との「何らかのつながり」をもつことができた。しかし、以前にキャサリンを取り囲んでいたエネルギーはもうそこにはなかった。そして恐ろしい孤立感を感じた。「私が人生を全うできるのかどうかはわかりません」と彼女は不安げに言った。しかし「もう遅すぎる。私はほんとにそこから出られないのです」。

そのインド人の赤ん坊が「本当の自分についての、源泉についての理解」を失うのには、たぶん数ヶ月もかからなかった。しかしこれはすべて「計画された」ことなのだと彼女は言う。というのも、このプロセスを記録し続けているエイリアンたちは、「あなたが源泉の知識を失うだろうことを知っている」からである。そのプロジェクトの目的は、「私たちに孤立を強いて、その根源的エネルギーとの異なった絆を作らせる」ことであり、「物質的なものから再び離脱させる」ことである。「もしもあなたがその源泉についての認識をもち続けていれば、それは実験の目的を台無しにするのと同じです。それは多くの人生の間続きます[4]。宇宙船とエイリアンたちは何千年もそこにいたのです」。しかし〔この世界ではそれが〕「違ったふうに解釈されている」。人間が彼らを見るときの具象化された〔エイリアンとしての〕姿は、「彼らがここに来て、私たちを調べるのに取らなければならない形態」でしかない。リラクゼーション・セッションが終わった後、キャサリンと私はこのセッションをおさらいした。彼女は細部の鮮明さと一貫性に打たれ、「その具体性に圧倒された」（このセッションの他の部分については第三章と第六章で触れられた）。

## 再びつながることと想起

遭遇の歴史を調べていくうちに、体験者たちは何らかの種類の存在または源泉それ自体と、人生の初めから親密な関係をもっていたことを発見するかもしれない。子供の頃、アンドレアは自分の兄弟姉妹と、あるいは一人で、自然の中で遊んでいたが、「その周りにあるすべてと深くつながっている」のを感じた。成長するにつれ、体験者たちはこのつながりへの気づきを失うようになる。二年間一緒に調べた後、ウィルは存在たちとの関係が将来にわたるものだということに気づいた。先の「処刑」について詳しく触れたセッションで、存在たちは彼の彼らとのつながりの全容を説明した。「それはぼくが見ないようにしているもの」だった。子供の頃、彼は「一人の小さな赤い悪魔を想像したが、それはぼくが知覚した一番最初のものだった」。それがもつメッセージは「われわれはそもそもの最初からおまえといるのだ」または「君が苦難に遭うときはいつでもオッケーだ」だった。

「魂は肉体または殻の中に置かれる」のだと、カリンは私たちとの最初のミーティングで言った。そして、「イエスと決めたら、私はこの一部となる」が、「誕生のプロセスで起きることは、魂がそれ自身の意識を失うということ」なのだと。翌年にかけて、自分の遭遇体験を調べていったとき、彼女は、自分が「子供の頃からずっと神を知ろうとしていた」のだということ、八歳の時から「自分は霊的な存在である」ことを自覚していたのだということに気づいた。エイリアンたち――そのうちの一つを彼女は、分節化された腕と細い首、棒のような脚をもつ、そして「こんな大きな頭と、こんな大きな目をもつ」「昆虫のような」存在と説明していた――の役割は、彼女が「私たちは一人ではない」ことに気づき、もう一度源泉の「意識を見つけ出すこと」を可能にすることであるように思われた。

私たちが行なったある退行セッションの前に、ギャリーは、母親の腕に抱かれていた二歳の頃に起きたあるヴィジョンの話をした。子供らしい好奇心で周りを見回したとき、彼の視線は高い教会の尖塔に引き寄せられたが、それは「尖塔の上まで高く高く昇る」金色の物体による照明を受けていた【原註】。神のような声が彼に語りかけた。「おまえにはなすべきことがある」。

【原註】原稿の自分に関する段落を読んだ後、ギャリーは私にこう書いてきた。「私はその光の中には何の恐怖もなかったことを強調したいと思います。同僚に伴われている完全な安らぎの感情。私は平等で、つながっていると感じたのです」（一九九九年三月二〇日付の著者宛の手紙）。

ギャリーは生涯ずっと「創造主、すべての根源」が自分に向かって語りかけてきたのだと確信している。そして十五歳になるまでに「そうするように言われたことをする決心をしていた」。

そのリラックスした状態では、ギャリーが表現しているエネルギーは辻褄が合った話をするのに苦労するほど強烈だった。彼はすぐに五歳ぐらいの頃の、髪の毛のない、体に比べて頭が大きすぎるヒューマノイドの記憶を思い出した。私は母親と一緒にいた二歳まで遡るよう、彼を励ました。今や、彼はかつての自分に第二人称として言及しながら、「金色のディスク」のことを思い出して、こう言った。「君はゆりかごの中に存在と一緒に座っている。その背後にはたぶん誰か【複数】がいる」。セッションが続くにつれ、彼は深い信頼感と「プレゼンス」の感覚を体験した。彼はより深い意識状態に移行したようだった。それは「ただ知がある」という畏怖の状態で、そこにいる私たち、彼自身と存在たち、すべてが「一つの意図、一つの完全な合意」と「完全な信頼」で一緒になった「同僚の輪」だった。「人間の精神は分離し、制限されている」と彼は言った。しかしこの場所には、時間も死も、分離も恐怖もなく、相互の理解だけがあった。

ギャリーはそれから、「その少年と、宇宙船の中で私の存在【自分】がいる場所」とを結びつけようと悪戦苦闘した。その宇宙船は私たちの精神が通常理解しているような宇宙船ではなく、光で出来ているということに彼は気づいた。「その小さな男の子が私たちの乗物を見ている。私たちはその乗り物の中にいて、彼はつながっている。私たちは一つになったようだ。私たちは一緒にいることに合意している」。ギャリーは「他の人たちの中の古代の源泉を目覚めさせる」ヒーラーとしてのミッションを、「宇宙船の中での全知」と「宇宙船と子供のつながり」の初期の体験のためだとした。この不思議な恍惚状態の中で、彼は、幼い子供の頃から神への自分のつながりを忘れたことは一度もなく、つねに守られていると感じてきたことに気づいた。彼は運命の自覚について、セッションの間自分の中に流れ込んできた強力なエネルギーについて、そして彼が目標を達成するのを手助けしてくれる仲間の必要性について語った。「源泉は」と彼はセッション中に言った。「人が神々として立てたものをはるかに超えています」。人間の体は「その全振動を受け取ることができない」。「人々の意識を上げる」ためには「もっと多くのシャーマン」が一緒になる必要がある、と彼は述べた。

昔の神秘主義者たちにとってそうだったように、アブダクティたちは自分の遭遇体験を探求するとき、源泉と再びつながり、「一者へと帰還」する方法を見つけることがこの人生の中心的な目的だということを発見するかもしれない。「ぼくはただ故郷に帰りたい。そしてぼくには、自分の人生のあらゆる機会、あらゆる環境がまさにそれだということを認識すれば、すぐに彼らはぼくをそこに連れて行ってくれるだろうということがわかるんです」と、ウィルは一九九七年に聴衆に語った。私たちは彼が十五歳のとき、変容のプロセスを早めようという彼の決意がどのようにして彼に命の代価を支払わせかねないことになったのかをすでに見た【例の感電事故は一種の自殺の企てだったことになる】。一九九八年四月に、彼は痛切な口調で私たちに、その日自分が「〔故郷を〕訪ねようとしたが、それはぼくの場所ではなかった」ことを話した。十五歳のとき彼がもっていた理解は十分なものではなく、「ぼくは少しばかり先走りしすぎていた。ぼくはかなり傲慢になっていた」のである。

私たちはここで、至高の原理とのこの再結合をもたらす上での、アブダクション体験の役割について考えてみよう。私の見解では、このプロセスはアブダクション体験の核心にあるものである。それは選択と想起から始まる。エヴァは論文に書いた。「超越は私たちの二元性を超えた統一を選択するときに起きる」。カリンは私たちに、「それぞれの魂、それぞれの意識は、それ自らが自発的に目覚めることを、そうするのだという心の準備ができていることを必要とします。あなたが犠牲を払い、愛し、恐れ、それらの場所すべての中に、轟音の中に入っていくという意識的な決断をするとき、何かが起き始めるのです」と語った。「自分自身を開いている」人は「自分にやりやすいペースでそれをする」が、彼女は「信じられないようなスピードでそれをしている。それは私がまるで貪(むさぼ)り食っているみたい」だという。それは「私にはこの一度の人生しかなく、やらなければならないことが山のようにある」と感じているからである。

前章で見たように、多くのアブダクティがそれについて語る源泉との再結合は、心のバリアまたは層を突破して、苦痛と恐怖、無化、死に直面し、とりわけ宇宙のエネルギーまたはスピリットにコントロールを明け渡すことにかかっているように思われる。「そのプロセスなしには」とエヴァは言う。「それが具現化され、人間がもっている心と一緒になる」のでなければ、「私が今いるところに至るのは可能」とはならないだろうと。「エイリアン」の究極の「目的」または「意図」が何であったとしても、アブダクション遭遇は非常に多くのアブダクティが探し求めている超越をもたらす、そしてその過程で死への恐怖を失わせる、実質的に他に比肩するもののない機会を提供しているように思われる。

「それは誰かが私の頭蓋骨の中に手を突っ込んで、私がオープンになるのを妨げているすべてのガラクタを出してしまうみたいなものです」とカリンはかつて言った。「彼らは幾重もの層をめくっていって、そのときレッスンは始まるのです」。「私は自分自身の苦痛によってすっかり破壊されてしまうことはありません」と彼女は二週間後に言った。「ひょっとしたら私は信じられないほどナイーブになっているのかも知れません。でも、私はすっかり宇宙を信頼しているのです」。そしてそのさらに二週間後には、こう宣言した。「苦痛はレッスンとほとんど同義語です」。エヴァは「それは意味をなすかどうかという問題ではありません」と言う。「私は純粋な存在のレベル、バリアのないところから話しているのです」。もう一人のアブダクティは自分の恐怖に直面したとき、「障害物は夏の太陽に当たった雪のように溶け去った」と言った（この女性の事例は本書の他のどこでも取り上げていない）。

セコイア・トゥルーブラッドは一九九七年に、私の同僚たちの集まりでこう語った。

私たち〔先住民〕は、ここにいる兄弟であるジョンが研究しているようなあらゆる種類のアブダクション体験をしています。これらの人々の中には地球外生命体によって連れ去られる人たちがいて、そのとき彼らは「何だ、われわれはコントロールできないぞ……ここにはこの恐怖がある」という状態になるのです。……だから、私たちが実際にこのアブダクション体験をするとき、それは私たちを恐怖を覚えざるを得ないような状況に追い込むのです。それで私たちはそれを変えるチャンスをもつことになる。そのとき恐怖を手放すのです。それは、しかし、祈りと、私たちがそこから来たその源泉に自分自身を送り返すことによってしか可能ではありません。まずその源泉を認識して。……だから、人々が戻ってきて、「あそこではどんなコントロールも利かなかった」と報告するとき、それは本当なのです。私たちにはコントロールはできない。そしてそのとき私たちが教わるのは、この宇宙のあらゆるものが無条件の愛を示しているということなのです。

イザベルは自分のアブダクション体験を、「あなたがすでに知っていることを思い出すのを手助けしてくれる学校」と見なしている。そのすでに知っていることとは、「私たちは皆神の一部」だということである。「けれども、〔社会の〕この後ろ向きの構造の中で暮らし、そして何世紀も何世紀もこの愚かしい後ろ向きのやり方でやってきたので、私たちは本来のやり方を、創造がどのようにしてなされるのかを、忘れてしまったのです。私にはどうしてこれらの存在が私たちが思い出すのを助けてくれているのか、わかりません。でも私はそれに感謝しているのです」。「大切なのは」と彼女は続ける。「生を創造すること、あなたが誰であるかを思い出すことです。霊的な部分、これを思い出すこと」が、アブダクション体験の「主要な目的」である。「私はあらゆる恐怖をくぐり抜けなければなりません。私はあらゆること、私の人生のあらゆることが粉砕されるのを経験しなければなりません。そのすべてが私がすべてを思い出し始めるための霊的な備えになるのです。……もしも私が恐怖の段階にとどまるなら、十年もその状態にいることになりかねません」。

こうしたことすべてには「意図がある」とイザベルは信じている。「彼らは私をとらえ始め、その結果として、私たちは自分の力を思い出すのです。……想起のプログラム、目覚めのプログラムは、それがどんなものであれ、段階を踏んだものだと思います。おわかりでしょう、それはランダムなものではないのです」。死ぬことですら、彼女には自由を意味する。自分自身の別の「面」を発見すること、それを彼女はダイヤモンドの多くの面にたとえる。それは「他の人生を生きている他のイザベル、他の次元での他の体験」なのだと。

## 愛の現前

一九九七年の初秋、カリンは直接源泉の存在の前に連れて行かれる、ある体験をした。それは青い光が彼女の部屋に差し込んできたときに始まった。そして彼女が思い出す次のことは、宇宙船の底部にオレンジの光を見て、その中に急速に吸い込まれたことだった。いったん宇宙船の中に入ると、彼女は頭の周りを回っている金属片と共に、自分が小さな金属の球のようなものの中にいるのに気づいた。彼女の隣には、奇妙な修道士のようなローブを着た背の高いブロンド型の存在がいた。彼女はこの存在を自分のチューター、メンター、教師、ガイド――すべて、彼女が使った言葉――だと思った。そして彼女をその球の中に入れたのは彼だった。「光への輸送のためだ」と彼は説明した。カリンには濃いブラウンレッドの光が見えたが、その存在は彼女に、立ち上がって「その色を見る」よう言った。

「その光が遠くから飛んできて」、巨大な球体になるのを見たとき、カリンは叫び始めた。この光の急な接近を再体験しているとき、彼女は大声を出したが、それは恐怖と解放と畏怖が混じったような奇妙なものだった。「私はこの光の中で洗礼を受けていて」、それは「私を襲おうとしている」と彼女は叫んだ。「光の飛沫。それはすべての知識、ホーム。それはエッセンスなんだわ」。この時点で、一種の恍惚とした霊的顕現を伝えようとして、彼女の言葉はメタファーでいっぱいの、かなり支離滅裂なものとなった。次のものはその一例である（省略箇所は、感じや意味をとらえる上ではあまり必要でない呟きに似たものを省いたためである）。

風の中の息吹のような瞬間がある。その瞬間のそれぞれが生命。……それに挨拶しに来る魂がいる。その魂は形をもたない、でも手はあるんだわ。……これは交わり。これは身ごもり。私が会おうとしているのは私自身（Myself）［再び叫ぶ］……これは私の魂の鏡。……私はこのホワイトイエローの光の中に立っている。そして存在（Presence）が私の前にいる。このホワイトイエローの存在に触れていると、その光の中から手のようなものが伸びてくる。……私は一者、私自身の前に立っている。……これは私のミッションと一緒に和らいでいること。……コミュニケーションは言葉を使わずに行なわれているので、話すのはとても難しい……。

ローブをまとった存在は、「私の周りにいる他のどの存在とも全然違ったエネルギーのレベル」にいた。カリンは説明した。「彼はとても深く、とても賢く共鳴しました。私は彼の顔を見ることはできませんでした」。彼は彼女を別の場所に連れて行ったが、そこで彼女は一種の奇妙な具合に広がった場所に立っていたのを思い出した。光と振動の強力な力は爆発して、「ダムから流れ出す水のように」彼女を突き抜けるように思われた。「水では言い表せない」。この力が彼女を通り抜けるとき、彼女は後ろ向きに倒されるように感じた。そして彼女は自分がどんどん小さくなっていくのを感じた。［それから］彼女はトンネルを通って連れて行かれ、「存在の前に」自分がいるのに気づいた。そこには壁もなく部屋もなかった。「ただ光があって、核の中にいるよう」だった。この瞬間、「これ以上のものは何もない」と彼女は感じた。

切り裂くような感覚はトンネルの中でも続いていたと、カリンは説明した。そして自分を肉体に縛りつける接着剤のようなものが、体験しているエネルギーか共振によってはぎ取られていると感じた。これをとくに困難なもの――それは不愉快を超えていると彼女は感じた――にしたのは、彼女は肉体から出てその「場所」にとどまる機会を与えられており、かつ彼女の地上でのミッションはまだ終わっていなかったことである。それは残酷な選択のように感じられた。しかし、彼女は戻る方を選んだ。「私の体に戻るのはヘンな感じでした」と彼女は言った。「彼らは宇宙船の中にこのための、寺院のような部屋をもっています。私は広大な、かたちをもたない存在から、小さな点のようなものに変わったのです。そのとき私はそこに、自分の体の中に立っていました。そして私の体は位置を変えていませんでした」。この体験の後、彼女は他の人たちに対する自分の直観的な共感の能力が増大したのを感じた。この体験を思い返して、彼女は不思議に思った。「どうやって私は自分自身に会うなんてことができたのかしら？　でもそれは私だった。……あなたはこう感じるのです。そこには一があって、同時に無数のものがあるのだと」。

カリンが自分のメンター／ガイドと一緒にいるとき、「彼は、私たち皆にも、彼らにも共通する、私の中の一者に向かって話しかける」。そして「私の魂の振動と共振する」。彼はこう言った。彼の存在の次元では、彼らは「君が感じる愛のエクスタシー」は体験していない、「しかし、われわれは故郷と安心の反響であるものは体験するのだ」と。「君たちの愛はとても不安定だ」

と彼は言う。どうしてかといえば、「それは持続性をもたない情熱の瞬間にやりとりされ、だからそれは一時の爆発に行き着いて、枯渇の苦痛の中に打ち捨てられる」からである（シャロンも同じようなことを言っている。エイリアンたちは「私たちがもっているようなあらゆる執着をもたない愛を知っている」と）。そのコミュニケーションはカリンにとっては特別な意味をもっていた。それは彼女が最近駄目になった愛情関係の苦痛を経験しているときに起きたからである。彼女は「私の体内部に共振するもの」として、根源からやってくる愛を体験した。それは条件づけられていない、殺すことのできないものである。「私はいつもこの愛の中にいます」と彼女は言う。そしてどれほど大きな苦痛の中にあろうとも、「それが私に、自分は自殺することはできないのだと教えてくれるのです」【これは通常の意味を超えて、自己の本質は不壊で、殺すことはできないということを指すのだろう】。

## 成長と拡大：誕生のメタファー

アブダクティたちはつねに、自分の人間としての個別性、源泉からの分離と、測り知れないリアリティの中での全体性、一性（ワンネス）の体験の間で、パラドックスを生きているように思われる。「私がその存在たち――彼らを天使、ガイド、スピリット、どんなふうに呼んでもかまいません――を体験するとき」とエヴァは言う。そこには「彼らから分離した存在としての視点、主客の別、自分と外部のものとの関係が存在」するのだと。しかし、同時に、「非常に密接なつながり」と「全体性の感覚」、完全性が存在する。「私と空間の間に分離は存在しません。私は空間の一部になります。私は空間の中に溶け入るのです」。

アブダクティたちが自分の努力を通じて、あるいは創造的な源泉と結合または再結合する過程に伴う激しい感情や強烈なエネルギーを共にするファシリテーターの手助けを得て有能になるとき、彼らは自分の存在のあらゆるレベルで目覚めを体験する。彼らは、深い変容を経験したと感じるかもしれない。こうした変化はときに親族や友人たちによって強められることもある。

ノーナは、自分の体験が開放の大きな感覚、「全的な目覚め」をもたらし、そのおかげで、「エネルギー―感情―身体―霊的レベルで」他の人たちとコミュニケーションができるようになり、それが「皆との関係全体を即座に変える」ことにつながったと感じている。スーの体験は、それは確かなものと彼女は感じているが、「私の考え方を変えて、おかげでより寛容になれたのです。私はもう、以前のように人々を批判しなくなりました」。アンドレアはこの目覚めを、「細胞レベル」で体験したように感じている。細胞が「私に語りかけてくるんです。それらは小さな宇宙のようです。それは眠っていました。私は今、それを起こしたのです。私たちは自分が知っているよりずっと多くの能力を自分の体にもっているのです」。そう彼女は信じている。「それぞれの細胞が記憶をもっていて、それぞれの記憶がどうエネルギーを動かすか、お互いにどうすればもっとつながるかを私たちに教えてくれるのです」。

　アブダクティたちはよく、自分が拡大し、成長し、進化し、全体になりつつあると言う。カリンは自分の体験を、「生命を保護するだけでなく、生命を成長させる」ものとして語る。「あなたが手にするものすべてが、前進、前進、前進、拡大、拡大、拡大です。あなたはオープンに、どんどんオープンになるのです。これは目覚めであり、開花、展開です。これはたえまない生成です」。同時に、体験者たちは、自分の愛、同情、気遣い、そして他者への奉仕の能力が成長したことを知る。アンドレアは、自分の意識が開けると共に、「無条件の愛、受容」が、そして「あらゆるもの、とくに子供たちの世話をすることへの責任感」がやってきたと言う。

　イザベルによれば、存在たち、少なくともそのある者は、私たちの進化のための苦闘をかなり滑稽なものと見なしているようである。「これらの生きものたちは、信じられないようなユーモアのセンスをもっているんです」と彼女は言う。「私たちはこれを大真面目に考えます。これは彼らにとってはシリアスなことではありません。彼らはそれについてこんなふうにジョークを言うでしょう。『さて、もうそろそろ〔起きる〕時間だね。僕らは君が二度と目を覚まさないんじゃないかと思ってたよ』なんて」。奇妙な惑星のようなところに連れて行かれた体験の一つで、彼女は最初気づかなかったある存在に出会った。彼は笑った。「その瞬間、私は彼が誰だかわかったんです。私がずっといた彼に気づかなかったのは滑稽だと彼は思ったようです。私にとっては全然笑いごとではありませんでした。それは私たちにとっては大事(おおごと)です。なぜといって、私たちは自分をだまして、これ【日常の現実】がそれ【真のリアリティ】だと思い込んでいるんですから」。

第七章ですでに見たように、生成または意識拡大のプロセスはしばしば誕生にたとえられている。ジュリーの次元間「受け渡し」しかり、キャサリンの前世の始まりの生き生きとした想起しかり、デイヴのリアリティのあるレベルからもう一つのレベルへの「産道」通過体験、管やシリンダー、トンネルなどの、ある次元から別の次元への通路のシンボルしかりである。

カリンは意識それ自体が、それが分離したものではないということの理解をどのようにして「産み出す」ように見えるのかについて語っている。彼女は源泉への帰還のプロセスを「もう一度生まれる」ことにたとえている。「あなたが体験するもう一つの誕生があって、『これが私の存在だ』ということへの気づきと目覚めがそれなんです。……創造主、創造、宇宙は、私たちが前に進むことを望んでいるのです。こうしたすべてが誕生の体験です」。むろん、彼女はマーシャル・アップルゲート【訳註】の信奉者たちによる自殺による死の選択は否定する。カリンは、自分の再誕をさなぎの状態から出ることにたとえている。カリンやイザベル、他の体験者たちは、私たちを、神と共に成長し、探求し、癒すものとみなす。病気と健康のイメージを用いて、カリンは私たちは「感染した」神の一部だと示唆する。アブダクション現象は「外科手術」であり、「それ以外の何ものでもない。これは破壊ではなく、誕生と成長、治癒に関係するものなのです」。

## 意識の目覚め：個人的、集合的

多くのアブダクティたちが、その体験は自分の中の強力な霊的能力、ふつうでない直観能力や、ヒーリング能力、千里眼を目覚めさせたと報告している。たとえば、キャロルは、「極端な知覚能力」の発達について語っている。イザベルは、これらの能力はすでに私たちの中にあるが、とくに私たちの文化では、それらを封じ込め、それとの接触を失ってしまっているのだと信じている。「これは長い間ふつうの人々が経験してきたものです」と彼女は私に言った。「でも、トップにいるあなた方のような人はそれについて学び始めたばかりなのです」。彼女には「ある意味で教育を受ければ受けるほど、霊性は閉ざされてしまう」かのように見える。「私の父は」と彼女は穏やかな口調で言った。「そのような人たちを学識のある愚か者と呼んでいました」。

イザベルの知覚能力は非常に敏感になったので、水が流れる音や風が吹く音を聞いたとき、

【訳註】これは元音楽教師、マーシャル・アップルホワイトによって創設されたカルト、ヘヴンズ・ゲートのことを指しているのだろうと思われる。その教義はＵＦＯによる救済、神智学やグノーシス主義など雑多なオカルト学説がごちゃ混ぜになったものとされるが、一九九七年に集団自殺を企てて消滅した。

それが「同時に無数の声が歌っているような、本当に美しい音楽」のように聞こえることがある。彼女は実際に他の人の考えが「聞こえる」ように感じる。しかし、それに「波長を合わせる」ことはしない。なぜなら、「そんなふうにして他の人〔のプライバシー〕を侵害することはすべきではない」からである。彼女はまた、透視能力があり、それは後で正確だったと判明したのだが、彼女の娘の友達がなくしてしまったIDカードがどこにあるかを突き止めることができた。こうした能力をもつことによって、彼女は「私たちが皆つながっている」ことを、思考のエネルギー的な力を確信するようになった。私はついでの言及は除き、本書ではあまりこういう問題については書いてこなかった。これは客観的な研究と明確化が今後必要な分野の一つだろうが、そうした研究はまだ着手されていないのである。

アブダクティはよく、彼ら個人にとって強力で直接的な変容のプロセスは、人間の意識や行動における集合的な変化の一部、または前触れだと感じる。キャロルは、アブダクション現象は「私たち皆の意識の進化」と関係があると感じている。私は彼女に、それはそういう体験をした人たちのことを言っているのかとたずねた。「いいえ、みんなです」と彼女は答えた。彼女はアブダクティは他の人たちのためにも、その遭遇を体験し、受け入れる責任があるのだとさえ言いたげだった。「それを体験する人は皆、それを乗り換えて認識し、受け入れなければならないんです。なぜなら、それは地上の人皆に影響を与え、今後も影響するだろうからです」。ジム・スパークスですら、アブダクティの体験は人々が「この銀河世界で成長し、その一部であることにもっと自覚的になる」何らかの手助けになるだろうという希望を表明している。キャロル同様、アンドレアは「来たるべき意識の大変化」を予見している。「皆がセルフ・アウェアネスに引き寄せられるのです」と彼女は言う。「でも、あなたが自分自身を助けるには、深いつながりを見出すためには、〔偽りの自己による〕自分の否定から出なければなりません」。

地上の他の人々とつながっているという感覚は、非常に強いものなので、混乱をもたらすこともある。イザベルは一度だけ瞑想しようとしたことがある。しかし、彼女の意識は浸透力が強いので、「世界中の異なったすべての人々とつながってしまった」のだと言う。彼女はオーストラリア、南アメリカ、アラスカ、その他の国々の人々の声が聞こえるか、つながるかするのを感じた。男性女性、すべての声が、同時に語り、彼女に「私たちは皆きょうだいだ」と言っているように思えた。「何てこと！　一体どうなっているのかしら?」。彼女はそうひとりごちて、すっかり動転してしまったので、二度と瞑想しなかった。さらに、他の文化の神話を読んでいるとき、彼女はそれらすべてになじみがあるのに気づいた。「こういう話は神話として受け止められていますが」と彼女は抵抗するように言った。でも「それは神話なんかじゃないんです。それはじっさいに起きていることなんです」。この開放性は自然全般にも拡大する。「私は動物や木々、水や空気とまで波長が合ってしまうように思えるのです」。

一般的な意識の変化という観念を超えて、これまで見てきたように、アブダクティたちは未来のことをとくに心配するようになり、しばしば将来起こることのヴィジョンを見る体験もする（第五章参照）。「私はなぜ自分が多くの人生をこれに捧げてきたのか、知りたいと思うことがあるんです」とイザベルは言う。驚くにはあたらないが、未来がどうなるかについて体験者の間で考えが一致することはめったにない。そして同じ人の中にも矛盾が見られることがある。たとえば、イザベルは、夢の中で現在の地球が数年でなくなってしまうのを見て、これは今から起きることなのだと主張した。しかし、二、三週間後、彼女は自分の未来の見方が変化したと言った。そして彼女はそれがすでに決まっているとか、そう「設定」されているとは信じなくなった。その代わり、彼女はそれが「かなり柔軟に変化する」もので、「あなたはそれをどんなものにでもかたちづくることができる」のだと考えるようになった。重要なのは、彼女のような、未来に旅するすべを学んだ人々は、それを変える能力をもっているのかもしれず、「かなり重い責任がある」〔と彼らが感じる〕ということである。アブダクション体験は、「霊性について」そして「他のリアリティについて」人々に一種の教育を施すもので、それによって彼らを未来に対して備えさせるのだと、彼女は感じている。

来たるべき大きな変化〔の予知〕に加え、アンドレアは神に対する信頼をもつようになった。しかし、その場合、神がその変化をつくり出すのか、「私たちがそれをつくり出す」のかは定かではない。結局、「それが驚くべき冒険」であることに違いはない、そして「神と宇宙も必ずしもそれは知らない」ということで彼女はよしとした。しかし、その場合でも、どのようにして「私たちは限られた脳の力で種族としてもちこたえるのか」は疑わしく思っている。グレッグはもっと楽観的で、「私たちは曲がり角を回っているところだ」と考えている。「私たちはもっといい肉体やもっと多くの脳があれば進化するだろうという話ではありません。私たちは身体的にも心理的にも、霊的にも、進化するでしょう。それはここで起きるのだと私は思っています」。彼はそのポジティブな見方を「この惑星で信じられないほど愛するようになるだろう」という彼の確信に帰している。全体として見れば、とジュリーは言う。アブダクション現象は「人が階段を上るのを少し容易にする」「霊的な顕現」の一部なのだと。

## 自分が何者であるかの発見

アブダクション体験は、体験者たちの、自分が宇宙の中で何者または何であるのかという感じ方に深い影響を及ぼす。彼らの変容は——それを彼らは無限のもの、または創造的源泉との遭遇から直接生まれたものだと考えているが——通常は神秘主義や変容体験と関係する、恍惚感に満ちた言葉で表現される。私たちのセンターの委員会で話したとき、カリンは一座の人々に、自分の霊的な変容は「じかに無限のものと向き合った」ことから生じたもので、それ以前には自分自身を卑（いや）しめていたのだと語った。遭遇体験は彼女を「地球全体と一つに」したのだと。彼女は、自分もまた無限の一部であり、「存在するものすべてとつながっている」と感じるようになった。たいていの場合、何度も繰り返される遭遇がこうした劇的な意識とアイデンティティの変化をもたらすのだが、ときにはアブダクティの霊的な悟りはたった一度の体験から生じることもある。こうした体験から、彼らはしばしば、その美しさと痛みすべてを含んだ自然との強い一体感を感じるようになるのである。

一九九八年五月のＰＥＥＲのスター・ウィズダム・カンファレンスで、そのときは体験者やアブダクション研究者とネイティブのシャーマンや西洋の科学者たちが一堂に会したのだが、セコイアは「ネイティブの長老たちといわゆる地球外生命体との両方によって私たちに提供された」聖なるパイプ・セレモニーを執り行ない、聴衆相手に、「私たちは永遠のスピリットである」と述べて、「この世界にいて、しかし、この世界のものではない」ように生きることを勧めた。この考え方は、先住民の間ではよく知られたものだが、西洋社会ではそうではない。それはアブダクティたちがよくもつようになる世界観の一つなのである。

ある日、喫茶店に座っていたとき、自分自身が「光の永遠のボディ」なのであり、見えないものに比べればこの生は重要性に乏しいもので、空間も時間も存在せず、「この形態をとってではないが、私は永遠にここに存在する」という考えが、ジュリーの頭に浮かんだ。その遭遇体験の一つで、ノーナは体外離脱体験をしたが、彼女はそれが、人は霊の存在であり、「輝く光」と「光の力」の存在であることを自分にわからせるという特定の目的をもって仕組まれたものであるように感じた。

アブダクティたちは、西洋の宗教伝統では一般的になっている、霊と肉体の切り離しを行なわないことを学ぶ。エヴァは自分の「受胎」体験（二五七〜二六一頁で述べた）を「物質の霊化体験」と呼ぶ。彼女によれば、それは「肉体の中に完全に入り、そこに完全に根差し、完全に現在にいて、肉体に気づき、エクスタシーを感じ、霊を感じること」なのである。肉体と霊の一体化のこの感覚はエヴァを、物質の霊化に関連する秘教的なユダヤ教カバラの著作群へと導いた。

肉体の強い恍惚的な振動的感覚を体験した劇的なセッション（一五七〜一六一頁参照）の五ヶ月後、アビーは、その退行セッション中の、「高められ、オープンになった感じ」を思い出した。「私は記憶の詳細を取り戻している間、自分が知っている意識の彼方を旅したのです」と彼女は書いている。「その旅の間に、私は全的な融合の、口では言い表わせないような瞬間を体験しました。あり得ない体験の感覚を言い表わすのに、他にどんな説明があるでしょう。私は自分の／私たちの潜在能力に対する一瞥を与えられたかのようでした」。

彼らがもはや自分の体験を否定せず、誠実にそれに向き合うようになったとき、アブダクティは死への恐怖を失う傾向がある。「死は存在しません」と、一年前に自動車事故で亡くなった息子とコンタクトをとったと感じたある体験の後で、イザベルは言った。肉体的な死は「たんなる変遷にすぎません。あなたは一つのものから別のものに、一つの形態から別の形態に変わるのです。しかし、そこには終わりも始まりもありません。それはただ在るのです」。同様に、カリンも「死は肉体の死以外の何ものでもない。それは殻（から）の死」であると信じるようになった。

「私にとって、死というのは見当外れな言葉です。なぜなら、死は存在しないからです。それはたんなる肉体それ自身の終わりにすぎません」。

## 異なった領域との調和：分かち合いと教え

自分の遭遇体験に気づき、そのとき開かれた異なった意識に対してオープンになると、体験者たちはだんだんと自分の「エイリアン的」あり方と地上の生活を統合するのに困難を覚えるようになる。彼らは存在たちと強く自己同一化するため、他の領域に「感応」しているとき、自分たちがエイリアンであり、人間／エイリアンの二重アイデンティティをもつと感じるほどになることがある。「私は魂においてはグレイです」とカリンは言う。彼らは、自分は地上の者ではないと漠然と感じることはあったかもしれないが、今では自分の時間の大半を存在たちや神または源泉と離れて過ごさなければならないことに苦痛や苦悩を覚えるようになる。彼らは二つの状態の自分に違う名前を付けることさえある。カリンの元々のファーストネームはデボラだが、それは彼女の三次元的なまたは地上に縛られた存在を表わすものになり、カリンが自分のより真実の、魂の名前となった。同様にして、ウィルは地上の肉体の自分を指すとき、それをビリーと呼んだ。

実際的なレベルでも、体験者たちはこの文化の日常生活、あるいはこの「振動レベル」（彼らはそう呼ぶことがある）の荒々しさに適応するのに困難を覚えることがある。彼らは商業的な市場のありきたりの仕事にとどまることが困難になり、ヒーリングや人的サービスの部門に引き寄せられる傾向がある。結婚生活が緊張をはらんだものになることもあって、とくに伴侶がアブダクティでない場合や、意識の変化を共有しない場合はそうである。エヴァは、自分がその体験の「スペース」の中に完全に入っているとき、「私の結婚がどうなろうと問題ではなくなる」が、物質的なレベル、または人間的なものの見方の中に落ち込むと、「ああぁ！［叫ぶ］ということになって、どうやって生きていけばいいのか、どうやって生活の帳尻を合わせればいいのか。私の子供たちはどうなるのか、心配になる。より高いレベルに行くことは一種の逃避なので、私はあらゆるスペースの中にいなければならないのです」（このような葛藤については、次章でさらに詳しく論じる）。

体験者たちは頻繁に、自分が旅の間に学んだことを他の人たちに教えたり、一緒に分かち合いたいという衝動を覚える。そして、存在たちに直接、そうするよう言われていると感じることさえある。「彼らは私に教師になれと言うんです」とアンドレアは言う。しかし、この努力は彼らにとって葛藤に満ちた、危険なものとなりうる。彼らは、少なくとも最近まで、こうした現象全体がメディアと世間の人々の多くから侮蔑と疑い、嘲笑の入り混じった反応を招いてきたことを知っている。稀にテレビやラジオ、または新聞記事でその問題が正確に、または啓蒙的に報じられることはあっても、番組は通常、煽情的で、奇怪、不可解な側面を強調するもので、バランスを取るという名目で、ロクな知識もない暴露屋や、「懐疑家」の名に値しない人々を登場させ、彼らはイデオロギー的な偏見から、科学的な見方と称する見解を開陳するのである。

体験者たちは、自分自身が人前に出るのは平気だと感じるかもしれない。しかし、自分の伴侶や子供たち、愛する人がとばっちりを受けて様々な目に遭うことを心配する。メディアに出るアブダクティは、クビにはならないまでも、仕事でマイナスの影響をこうむるとか、他の点で職業上の妥協を強いられてきた。にもかかわらず、彼らは通常、自分の体験や知識を分かち合わなければならないという責任を感じる。そのため、会議で話をしたり、メディアに出る人の数は増えており、それは問題の社会的認知や、人々をアブダクション現象の意義に目覚めさせる上で一定の効果を出しているように思われる。

たとえば、カリンは、自分の体験と、それから学んだこと、「源泉への全的忠誠」について語ることを自分の責任と見なしている。公的な場で効果的かつ感動的に話すことに加え、体験者たちは時に自分の体験を、興味を持ってくれそうな友人や親族、職場の同僚に話すこともある。カリンはレストランパブで働いているが、彼女の体験とそれが意味することについて、彼女と話をしたがる客がますます増えていると感じている。「人々はこれを望んでいるのです」と彼女は言った。「彼らはほんとにスポンジみたいなんです。こういう情報をとても求めている。ほんとにそうなんです」。

カリンは職場で非常に厚い信頼と強い関心を獲得するのに成功したので、オーナーたちは「Thirsty Scholar【直訳すれば「喉が渇いた学者」だが、バーまたはパブの名前】でのエイリアンの夕べ」に出席するよう私たちを招いたほどだった。その場所は囲われていたので、私たちは酒場のひどい喧噪の中でも、百五十人の客と話をすることができた。カリンの観察では、彼女が自分の話をし、「自分自身でいる」ことができるとき、人々は「あなたの中に自分自身を発見する」ことができるのだという。イザベルは、自分の体験を分かち合うのをさほど居心地のいいこととは感じないが、似たようなことを言った。「私が誰かとつながって自分の話を彼らにするとき、彼らは私がどこから来たものなのか理解します。それで結局、彼らは私が話したことを共有してくれるのです。……しばらくすると、彼らもまた変わり始めるのです」。

私は、聖なるものの感覚を再体験し、古代の伝統に新しい息吹を吹き込む方法を見つけた二人のユダヤ教徒と一緒に作業したことがある。エヴァはカバラの神秘主義的な文献を研究し、カバラ的なヒーリングを実践しているが、それは、論文での彼女の説明によれば、祈りや歌、瞑想と一緒に教えの聖なるエネルギーを使って、クライエントを真の自己（Self）についてのより深い理解へと「神聖に導く」ものである。本書では取り上げなかったもう一人の女性は、一人のラビに弟子入りしてユダヤ教の伝統を研究しているが、彼女もカバラを現代のユダヤ教を発展させるための手段として用いている。最初、彼女はラビに自分の体験については話さなかったが、その体験は彼女にその宗教の重要な核心についての深い理解をもたらしていた。そのラビは、今や私があなたから学んでいるのだと言い、あなたは正統ユダヤ教の元の容器に新たな光をもたらしつつあるのだと述べた。一緒になって、彼らはその聖なる宗教の源泉がもつ本来の力へと回帰している。おそらく、アブダクション体験がもつ霊的な力をよりよく理解すれば、それは他の宗教伝統にも同様に新たな生命力をもたらすことになるだろう。

この数年私は、アブダクティが究極の源泉との再結合を体験するとき、体験者とその存在たち自身の関係に深遠な何かが起きるという印象をますます強くもつようになっている。ある意味で、人間／エイリアン関係のこの変容、またはそれらの体験の仕方の変化は、自然な成り行きであり、体験者たちが経験する霊的な開放（オープニング）の最も本質的な表現であるとさえ言えるかもしれない。より深い、あるいはより超越的な関係（エイリアンとのそれにとどまらず、あらゆるレベルでの関係）を形成する能力は、この現象が究極的に指示する方向なのかもしれない。おそらく、私たちが源泉との自分のつながりを体験するのは関係を通じてであり、最終的に私たちが自分の人生を生き、その目的、意味、そして最大の満足を発見するのは、自分と他のものとの関係の中でなのだろう。

# 第十三章

# 関係：目を通じてのコンタクト

私たちが最も困難な危険を乗り越えられるなら、驚くべきことが起こるだろう。しかし、明るく純然たる天与の達成の中でのみ、私たちはその驚異に気づけるのだ。

説明し難い関係の中にある事物を研究することは、私たちに難しすぎるというわけではない。そのパターンはますます錯綜した微妙なものになるので、ざっと眺めてみるだけでは足りないというだけだ。

あなたの鍛えられた力を用い、それを伸ばして二つの対立するものの間の裂け目に架橋せよ。……神はあなたの中に神を見出すことを望み給うからだ。

ライナー・マリア・リルケ

## 恐怖を克服する

人の生活は関係の中で営まれる。その関係は他者や他の生物との関係、地球や神、またはより高い力との関係、私たちが自然や宇宙の中に存在するものとして体験する、創造的知性との関係など、様々である。アブダクティによって説明される人間／エイリアン関係は他の関係とは異なる特殊な性質をもっているが、いくつかの点では、あらゆる関係を支配するように見える性質に従う。これには親密さや距離の、快適さや恐怖の変動が含まれる。

本章で私はそれを示したいと思うのだが、彼らがこの奇妙なつながりと関連する恐怖に直面し、それを乗り越えると、人間と「他者」との関係は、私が人間関係で知っている他のどんなものをも凌ぐ、感情的、感性的、霊的な強烈さと深みに達する。その関係がもつパワーの多くは、存在たちの途方もない目とのコンタクトを通じて起こるが、それは本章の最後で詳しく論じたい。人間／エイリアン関係の性質と力をより深く理解することによって、この現象の謎と源泉を理解することにより近づけるのではないかと私は思う。実体たちがほとんど乗り越え難いと思われるエネルギー的、次元的隔たりを超えることができるように見えるという事実は、私にはかなりの程度、創造の奇蹟のように思えるのである。

私はだんだんと、アブダクション体験が恐怖をもたらすのは、他の何にもまして、これら「奇妙な存在」がもつ根本的な異質性に、彼らが何者なのか、人間としての私たちにはほとんど理解できないという点にあるのではないかと考えるようになった。この現象を理解しようと努めるうちに私は、人間として私たちは自分の周りのすべてを自分自身の価値観や考え方の見地から見ることがどれほど多いかを痛感させられるようになった。「私たちは何でもいいか悪いかで見ます」とイザベルは言う。「私たちは何かを見てこう言うのです。『まあ、何てこと。ひどすぎるわ！』でも、そうなるのは私たちがこういう目でそれを見ているからです。私たちはその全体像は見ていないのです」。同様に、アブダクティはしばしばその存在たちをたんに冷たいとか無関心だとか感じるが、クレド・ムトワが示唆しているように、「これらの存在は別に冷酷ではない。彼らは私たちには想像もできない感情をもっているだけ」なのかもしれない。

ときには、こう思えることもある。アブダクティにはたいそう悩ましいものと感じられる、体の麻痺や、彼らが私たちの暴力をコントロールするための他の手段を用いたりするのは、存在たちが私たち人間を恐れているからなのではないかと。アンドレアが気づくようになったように、「私たちにまつわる問題は、私たちが攻撃的であること」である。「私たちは怒りをもっていますが、それをどうやって変化させるかは学んでいません。私たちは低級な自己の中にいることがあまりに多いのです」。前章で見たように、エイリアンたちは私たちの情熱的で思いがけない愛情表現を、「安全でない」あるいは「粘着性の〔手に負えない〕」ものと感じる。これに対して、彼らの愛情は、カリンの言葉によれば、「ホームと安全に満ちている」のである。

第十一章で私たちは、侵略的な医学的／外科的な「手順」がどのようにして体験者に恐ろしい違反として体験されるかを見た。グレッグは「配慮の欠如」と、自分の体験のレイプじみた性質について語った。ウィルにとって、それは「いつ彼らがコンタクトを取ってくるかわからない」ことで、それが彼を怒らせ、やり方が乱暴だと感じさせたのだった。私が一九九四年にインタビューしたジンバブエの子供たちの場合、その劇的な遭遇に対する反応は、出来事の不可解な性質に対して彼らがどの程度の不安を感じたかによって異なり、こわごわとした興味や魅惑から、大きな恐怖にまでわたっていた。ある子供はその存在たちを「邪悪（イーブル）」と呼んだが、それは何も不都合なことは起きなかったにもかかわらず、たんにそれが全く異質なものと感じられたからである。

少なくとも最初、人間／エイリアン関係にそのような敵対的、トラウマ的な要素を与えるものは、実際に生じた害や身体的苦痛以上に、その奇異さや、私たちの無力さ、コントロールの欠如であるように思われる。人類の歴史ではよく起きたことだが、私たちを外部から脅かすと見えるものや、世界観への挑戦と感じられるものは、悪魔的なものと受け止められる傾向がある（それはもちろん、テレビや映画の業界には、ほとんど無限の商業的チャンスを提供するものであるが）。スーの場合、その宗教的な背景からして、たぶん最初の恐怖は「魔物の憑依」についてのものだっただろう。彼女はある朝目覚めて、ある声が自分に次のように言うのを聞いたとき、この考えを拒否できるようになった。「君は宇宙の子供のようなものだ。そして恐怖は人を操るために用いられるのだ」。この体験や、他の多くの「些細なこと」が、彼女に「考え方を変える」よう仕向けたのだった。

アブダクティがアブダクション体験の恐怖や未知の性質に直接向き合うとき、その混乱をもたらす性質は全く異なったものに変わる傾向がある。そして存在たちとの関係も、ときに劇的に変化する。彼らはいくつかの方法で恐怖を克服する。彼らはたんに恐怖を直接認識して、自分に起きていることを受け入れるだけかもしれない（ときにファシリテーターの助けを借りて）。また、すでに（第六章で）見たように、自分が生命創造や変容のプロセスの一部になっているのだと信じるようになる場合もある。ジュリーは少なくとも最初は、大したサポートもなしに、自分の恐怖と不安に直接向き合った。彼女は、私たちが一緒に研究するようになってから六年後に、自分は「先駆者」の一人だと感じるようになっていたと言った。「私は最高です」と彼女は言った。「そして私はこれを先に進めているんです。二歩進んで、一歩退くというふうに」。他の体験者たちは、キャサリンの場合のように、ときに怒りながら要求し、その後より相互的な関係へと変化する。

第十一章で見たように、イザベルは存在たちが与える脅威に、「ポジティブなエネルギーを投げる」こと、あるいは「愛の波を彼らに送る」ことによって対応した。これは怒れる爬虫類型存在に対してさえ威力を発揮したようで、それは爬虫類の姿を典型的なツルツル頭の青っぽい「通常のグレイ」に変化させ、さらに人間のような姿に変わったのだった。カリンは宇宙船での遭遇体験が、自分が働いているパブレストランの苦しみを抱えている人々に劇的で効果的な愛のエネルギーを送ることを可能にしたことに気づいた。

## 古代的な関係：教師、ヒーラー、そして守護者

少なくともある程度まで恐怖を克服すると、アブダクティは存在たちとの関係が古くからの関係であることに気づくようになることがある。なじみの存在の顔と体をよく見るゆとりが生まれたとき、カリンは呟いた。「私はこれをずっと昔から知っていたんだわ」。マンティンダーネは、とクレドは私たちに語った。この人生だけでなく、「すべての生涯、あなたにつきまとう」

のだと。同様に、イザベルも「私はここにいる前に彼らと一緒だった。……私はいつも彼らと一緒に働いていて、そして今やっとそれに気づき始めたところ」だと感じている。「私は何千年も彼らと関係をもってきた。何千年じゃやなくて、何千回もだわ。私が眠っているとき得る情報の多くは、私があの他のレベルですでに知っていた情報でしかないのです」。

アブダクティたちは、この人生での存在たちとの関係は、子供から思春期、大人になるにつれて変わると報告している。子供のとき、彼らは子供の娯楽文化から採った名前、たとえばマペットのフィギュア、ピエロ、スペースマン、こびとなど様々な名前を付けるかもしれない。大人になると、子供時代のその関係を楽しく愉快なものとして、存在たちを友好的な遊び仲間として受け入れていたことを思い出すことが多い（多くの子供たちは両親からは夜その存在を恐れているように見えても）。後になると、すでに見たように、その関係はよりシリアスなものになり、ときには悩ましい、生殖的、情報的、変容的な方向を取るようになる。アンドレアは子供の頃、「彼らが私にこれらのエネルギー・ゲームを教えてくれ、それらがとても素晴らしいものだった」ことを憶えている。「それから何かが起き、私たちの関係は変わった」のである。同様に、キャロルの場合は、「それが何であれ、子供の頃私の元を訪れていたものとの関係は、最高に素晴らしいものだった」という。ジョセフの例に見られるように、ときに体験者は子供時代の事と一緒に、後で仲間やパートナーとなって現われるエイリアンやハイブリッドを思い出すこともある。

存在たちとの子供時代の関係の実際の性質を知ることの難しさは、どんなことが起きているにせよ、それへの信頼感を維持したいという子供特有の欲求がそこに混じり合ってくることである。ウィルはリラクゼーション・セッションで、六歳のときしたある悩ましい体験を思い出した。彼は背の高い、「乳白色」のリーダーを盲目的に信頼していた。彼はそれを「全知者」と呼んでいて、彼にとっては神のような存在だった。にもかかわらず、この存在はあるとき彼を、彼が「ワーカー」または「ドローン」と呼んでいる小さな存在たちの手に委ねたのだった(「ぼくは連中を踏み潰してやりたかった。今でも腹が立つんです」)。そして彼らは「自分の中に何のレセプターももっていなかった」ので、コミュニケーションは不可能に思われた。ウィルは体が麻痺した状態でテーブルに載せられ、ペニスに彼が「インプラント」と呼ぶ「くねくねした」フィラメントを刺されたとき、動転し、捨てられたと感じた。「彼らはぼくの中に何かを残した。だから二度と一人ではいられなくなったのです」。

恐怖を克服すると、体験者たちは、この人生でも、他の人生でも、存在たちが教え、助言し、指導する役割、守護者の役割を果たしてきたことに気づくようになるかもしれない。私たちはかつて彼らを神々と呼ぶことさえした、とイザベルは信じている。しかし、彼らと疎遠になった結果、私たちは彼らを「エイリアン」と呼ぶようになった。時代によっては、と彼女は言う。「彼らの中には私たちのリーダーのような存在になって、私たちにどうやってお互いに愛し合うか、どうやって平和に生きるかを教えようとした者もいたのです」。彼女はあたかも自分が「彼らと連帯している」かのように感じている。「彼らは私に力強さの感覚を教えてくれました。彼らは私に物事を霊的に〔理解する方法を〕教えてくれた。彼らは私に自分自身を保護する方法を教えてくれたんです」。

体験者たちはしばしば、彼らが経験した試験のような手順は、エイリアンの側からする何らかの種類のヘルスモニター的なまたは健康維持的なプログラムを表わしていると報告する。これが私たちの利益のためなのか、それとも私たちの器官を健康に保って、のちに彼ら自身の目的に役立てようとする意図から出たものなのかは、わからない。体験者の一部が示唆する（第六章参照）ように、それは現象を私たちがどう解釈するかによっても変わってくる。それはともかく、イザベルは、自分の人生と「私の子供たちとの関係」で、中心となっているエイリアンのリーダーは信頼しているのだと言う。ときには彼と一緒に女性のエイリアンがいることもある。「彼女は私に歌を歌って聞かせます。ときには私の顔に触れることもある。そして私は彼らがいつもいるのを感じるんです」。

イザベルは自分のよい健康状態と風邪や他の病気への免疫力はエイリアンのヘルスモニタリングのプログラムのおかげだとしている。「愛情深い親が子供に語って聞かせるように」、存在たちは彼女に喫煙や健康に対する他の危険について警告する。彼らは彼女に何を食べ、何を食べるべきでないか、どこに行くべきか、誰と会い、誰を避けるべきか、自分がなくしたものをどこで見つけられるかといったことについてまで指示する。彼らはまた、人々を「スキャン」

する方法や、「私からエネルギーを流出させようとする人たちのネガティブなエネルギーに対して身を守るための自分の周囲のエネルギー場の使い方」についても教えてくれる。

## より深い絆

自分の生活の中に存在たちを十分受け入れられるようになると、体験者たちは彼らに対する強い親しみを覚え、彼らに同一化するようになる。カリンはこれを「共生」と呼ぶ。アブダクティたちは人間と存在たちは同じルーツをもつことを発見するが、前章で見たように、私たちは源泉とのコンタクトを失ってしまっている。「私たちは皆、同じ場所から来たのだと私はほんとに信じています」とイザベルは言う。「そしていっときは、兄弟姉妹のように、私たちは皆つながっていたのです」。存在たちの仕事の一つは、私たちがどこから来たのか、私たちは何者かを、思い出させること、「源泉の記憶」を私たちに取り戻させて、「私たち自身のスピリットの声が聞えるように」する手助けをすることであるように思われる。「私たちのスピリットは私たちが知る必要のあるすべてを教えてくれます。でも、私たちはもはや自分の声が聞きとれなくなっているのです。私たちはもう源泉の声が聞き取れないのです」。

アブダクティが自分の恐怖と自己防衛的な態度を乗り越えると、存在たちへの不断の大きな共感が生まれる。これは彼らに欠けているものへの理解として始まり、大きな愛情の絆にまで発展することがある。スーは、存在たちへの自分の恐怖を克服したとき、彼らに手を伸ばして接触しようという意識的な決断を行なった。「この現象がどんなものであれ」と彼女は言った。「あなたはその一部になる必要があるのです。あなたがそれ【彼らとの関係】の進展を許すのでなければ、進歩はあり得ません」。存在たちは「途方もない心的エネルギー、途方もないヒーリング能力」をもっているけれども、と言ってアンドレアは沈黙した後、話を続けた。「彼らは彼ら自身の内部のホームを失ってしまったのです。……彼らは進化して、あまり適切でないものに、何か欠落したものになってしまったのです。彼らのハートの中心は、本来そうあるべきであるほどオープンではありません。彼らは自分が生み出してしまった感情レベルをもっています」。彼らは「実際的すぎる」存在になってしまったのだと。

同じような文脈で、イザベルは存在たちが愛を剥奪されて、「私たちの愛と体験を求めている」ように見えるのに気づいた。「彼らは私たちが羨ましいのです」。とくに身体的な親密さをもてるところが。彼女は、彼らは「半々の赤ちゃん」を作り出すことによって、「十分な人間的資質」がもてるようになるのかもしれないと示唆する。ともかくもハイブリッドは代理的ではあっても、少なくとも人間の母親から十分な養育を受けることができる。「彼らは他の子供たち、授乳してもらっている他の子供たちの中に割り込もうとしているおなかをすかせた子供のようなものなのです」。イザベルは、存在たちは「これがどんなものか、憶えている」のかも知れないと思う。逆説的だが、身体的な愛情や感性的な体験となると、彼らは人間以上に創造的な中心から遠ざかってしまっているように見える。それで「源泉とコンタクトを取るには私たちを通さねばならない」のだ。ジンバブエの十一歳のリゼルは、自分が見た存在は愛を必要としている（後述）という強い印象を受けた。

カリンもまた、存在たちに対する強い同情をもつようになり、「彼らにある大きな絶望感」があるのを感じ取った。彼らは「時間がなくなり、十分早く手に入れられない何かをほしがっている」ように感じられる。彼らと一緒にいるとき、彼女は「私たちがもっていて、彼らがもっていないものに対する憧れ」のようなものを感じる。「彼らはむやみとほしがっています。……必死に手を伸ばすのです」。カリンは自分が手を伸ばし、相手もまた手を伸ばしている、バチカンのシスティナ礼拝堂にあるミケランジェロの絵の図柄のようなヴィジョンを思い出した。「私の手が伸びると、そこにつながりが生まれます。彼らも私たちと同様、そのつながりを求めているのです」。存在たちは、親の愛や性愛に好奇心をもっているように見える。「彼らは体の中で愛がどうやってそれ自らを処理しているかを知りたいのです」とカリンは言った。数年前、私は次のような事例を扱ったことがある。宇宙船で人間の性行為を存在たちが眺め、熱心にそれを見るので、参加したカップルが当惑したほどだったというのである。ここ数年で、人間／エイリアン関係は、少なくとも私が研究した中では、何かしら異なった方向に動いているように思われる。

こうしたありとあらゆる騒動、混乱、誤解の中から、力強い、ときに超越的な関係が人間とエイリアンとの間に形成され、それは相互の必要から生まれたものであるように見える。アブダクティにとって、その関係は自己理解や、肉体を超えて創造的な源泉と共にあるワンネスの感覚へと導く、より自己中心的でない種類の宇宙的な愛への願望に応えるものであるように見える。のちに見るように、存在たちの大きな目に反映されている知と理解の深さは、このつながりの重要な側面である。存在たちにとっては、そのコンタクトは養育や性愛への渇きを満たすもので、肉体そのものの体験としては、彼らには失われてしまったか、以前には知られていなかったものである。

場合によっては、その関係は感動的で、ときにはマンガ的な性質をもつことさえある。カリンは私たちに、ある晩ベッドに入って、「部屋に誰かが入ってきそうな」落ち着かない感じがした体験について語った。彼女は自分が肉体から「転げ落ち」、そのとき自分が「彼の自然な体外離脱状態にいたチビのグレイの上に」落ちたときのことを思い出す【訳註】。その存在はスーツを着ていなかったようで、すっかり動転しているように見えた。カリンは「逃げないでちょうだい」というメッセージを送った。すると、「ソフトなしぐさ」でその存在は頭を上げて彼

【訳註】状況が理解しにくいが、これはいわゆる「霊体」同士の関係で起きたことなのだろう。

女の方に向け、「私の首にすりつけてきた」。それは「小さなハムスターが私の首の周りを走り回った、子供時代の暖かな絆」を想起させるものと感じられた。彼女はこのしぐさを愛すべき、好ましいものと感じた。「存在が与え、私が受け取る。私はなぜとはたずねませんでした」と彼女は言った。

キャロルは苦労して私に、存在との遭遇を〔セッションで〕再体験したとき感じたものを説明しようとした。彼女はその存在に、ずっと親密感を抱いていたのである。彼女にはその関係は完全で、この実体には二度と会えないだろうと感じた。なぜなら、それはもはや「その領域、または私の世界には」存在しないと信じたからである。「説明のしようがありません」と彼女は言った。しかし、そのコンタクトは彼女の「知覚能力」にある変化を残した。それは「あなたが保持できる、あなたの一部となるであろう私の一部を、私があなたにあげることができた」かのようであった。「それは友達の思い出です」と彼女は続けた。「とてもよい感情、慰めとなる相互関係です。仮にあなたが死にかけている人を看取る(み)として、あなたはその人を腕に抱き、慰めます。泣いている子供なら、腕に抱いてあやします。その関係です。それは生涯ずっと失われないものなのです」。自分が子供のときにも死を恐れなかったのは、一部にはこのつながりのためだったとキャロルは信じている。

体験者が存在との間の強烈にエロティックな体験を語ったことも何度かあった。それはまた、説明を聞いているといくらかコミカルな印象を受けるものでもある。ある晩、イザベルはベッドに入ったとき殊更に性的な欲求不満を感じ、眠るのに苦労した。「真夜中に私は目を覚ました。神に誓って言いますが、誰かが私とセックスしていたわけではありません。私はそれは（ボーイフレンドの）ベンだったのかと思いました」。「これはすごい。ベンが今私とセックスしている。これはいいことだ。でもそのとき、私の隣には誰も寝ていないのに気づいたのです」。彼女が見ると、ベンは眠っていた。「じゃあ、私と今セックスしているのは誰なのかしら？」彼女は首を傾げた。「その最初のショック」の後、彼女は「ほんとにいい」と感じた。

男性とのセックスと較べて、とイザベルは言った。貫通の感覚があったのだと。「私はセックスを感じました」。しかし、「私の全身にこの強烈な感覚があって、かつ安らぎがあるのです。そして私は愛されていると感じました。それは人間とのセックス、肉体的なセックスとは異なっていて、それ以上のものでした。こう言うと馬鹿げていると思われるのはわかっていますが、それはスピリチュアルなセックスのようなものです。それは外側だけのものじゃないんです。もっと内的なもので、私はこれをしているのが誰であれ、彼らは私がどんな状態にいるかを、私が不満を感じているのを感じ取って、私に十分配慮してくれていると感じたのを覚えています。私は『まあ、何てことなの、私の許可なくこんなことをするなんて！』とは感じませんでした。私はただ感じた。サンキューです」。

「人間とのセックスにはたくさんのエゴが絡んでいます」とイザベルは続けた。「あなたは事の最中にも色々なことを考えているのです」。たとえば「もしこれがうまく終わらなければ、私たちはどちらも後で滑稽に感じるだろうとか、何とか」。「とにかく多くのことが絡んでいるのです。それはテクニカルすぎるし。ところが、これらの存在といるときは、こういうものが何もないのです。『これだけの前戯をして、次にこれをやってあれをして』みたいなものが。それはたんなるつながり、スピリチュアルなつながりです。この人は私が何か具合が悪いそうだなと見て、自分が相手から何を得られるかというのではなく、愛からその絆を与えてくれるのです。……それは純粋な温かさです。それはただの愛で、私のスピリットと肉体を解放してくれたと感じられる。……彼らは私のスピリットが目覚めるのを、彼らからの愛を感じるのを許してくれている、そんな感じです」。イザベルはこの存在を知り、信頼していた。そして大きな贈り物をもらった。後で彼女は、起こりうる他のどんなことよりも大きなものを、「知ることだけから生じる平安」を感じた。

## エイリアン伴侶：別世界での子育て

存在たちとの絆により深く気づくようになるにつれて、体験者の中には「別の世界」にエイリアンの伴侶がいることに気づくようになる者もいる。この関係は何らかの種類のハイブリッドの子供の出産や子育てと関係する場合も、関係しない場合もあるが、それは不可避的に既婚者の場合には葛藤をひき起こす。その奇妙さのために、こうした説明はときに、とくにこうしてあらためて話すときには、馬鹿げた話に聞こえるだろう。

ホイットリー・ストリーバーは、イザベルの話と似た体験を私に語った。「私の〔存在たちとの〕関係の性的な部分はときに非常に込み入っていて、豊かで、そして困難なものです。なぜなら私は既婚者だからです。私は結婚の誓いを立て、そしてそれを信じています。ある程度まで、この側面は私に押しつけられたもので、私にコントロールできるようなものではありません。もしそれがコントロールできるものなら、私は強い罪悪感を覚えたことでしょう」。彼には伴侶だと感じる特別なエイリアン女性がいる。「それは私が秘密の関係をもっている第二の妻がいるようなものです」。「決して誘惑はありませんでした」と彼は言った。「私は性交の最中に、性的な興奮の状態で目覚めたことがあります。……身体的な動力（ダイナミック）は性交の感覚が全身にわたるという意味で異なっています。そしてあなたは通常の性交のときより長くそれに没入するのです」。通常の性交の場合、と彼は言う。オーガズムは「非常に様々な局面をもちます。しかし、このときは、その瞬間の力が全体に拡大する。そして最後に私は意識を失うのです」。それは彼にとっては「私が通常体験しないレベルの性のようで、並外れて強力」と感じられるものである。

ストリーバーは自分の妻にこうした話をすべて告白した。そして彼らは次のような結論に達した。「私たちがもっているもの、人間的な愛は、私たちにとっては素晴らしい、だから私たちは自分たちの愛に満足している。この別の体験は、私がアン【妻】との関係でもっている快適さとは度合いの点で違う。もしそれが毎晩起きるのなら、私はブチ切れてしまうだろうが」。彼は「医者のような小柄なエイリアン」に精子を採取された経験は思い出すことがないが、宇宙船の中で、その外見からエイリアン伴侶との間に生まれた子供ではないかと思うハイブリッドの子供は見たことがある。

ハイブリッド・プロジェクトの背後にある創造的な知性または原理がどんなものであれ、子作りの生体力学的モードはうまく行っていないことが「発見」された（第六章参照）。繰り返し報告されるこれらの子供たちの元気のなさに加え、彼らはときに奇形を示しているように見える。ジョセフはその遭遇体験の一つで、奇形の子供たちでいっぱいの宇宙船の一室を見たとき、ショックを受け、悲しみを感じた。たとえば、あるハイブリッドは、片方の腕はほとんど人間のそれに見えたが、もう一方の腕は「エイリアン」だった。別の子供は顔の半分がエイリアンの顔で、残り半分は人間だった。

同時に、エイリアンたちは次のような懸念をジョセフに伝えた。彼らは核爆発や放射能、公害その他の原因から生じている、私たちの惑星の遺伝子的な変異と人類の不妊率の増加を心配しているのだと。だから生殖的「交換プログラム」は、少なくともエイリアンの見地からすれば、一定の緊急性をもっているのである。「彼らは心配しています」とジョセフは言う。「私たちの種族がどんなに急速に消えようとしているかを」。それというのも、地球の変化は、私たちが完全に生殖不能になる結果をもたらしつつあるからである。この惑星での私たちの暮らし方のために、私たちは「ここで始まった聖なる創造的プロセスを変えて」しまったのだと、彼は教えられた。「彼らは自分自身のことをそれほど心配しているとは感じられません」とジョセフは言う。これはジム・スパークスその他の、エイリアンたちは自己中心的なアジェンダに駆り立てられているという見方とは対立する。

存在たちが発見しているように見える、〔人間の間で〕失われつつあるものとは、ハイブリッドの子供たちが必要とする人間的次元の子育ての要素である。「精子と卵子だけでは十分ではないようです」とジョセフは言う。「何らかの種類の願望、私はこう言いたいのですが、赤ん坊を『産み出し』たいという感情が必要なのです」。この欠乏を正すために、人間は情緒的、性愛的、そして霊的なつながりを形成するよう促してくれるエイリアン伴侶とペアを組まされている。「次のことは明白です」と彼は言う。「この絆が幼児か子供時代からつくり出されれば、ハイブリッドの子供たちの成功率はずっと上がるのです」。すでに見たように、この絆は非常に強力なものとなりうる。それは文字どおりの生殖計画を超えた目的と意味をもっているように思われる。

かなりの葛藤と抵抗を示しながらも、ジョセフは自分が「別の世界」にエイリアン伴侶をもっているということを受け入れるようになった。ストリーバー同様、彼は自分の妻との関係で生じた放棄、裏切り、信頼という「核心的問題」と苦闘してきた。私たちが行なった最後の退行セッションで、彼は宇宙船で子供たちのところに、一緒に遊ぶように連れて行かれたときのことを思い出した。そこには彼が初めからペアを組まされていた子供がいた。「私はいつも一人の小さな子と親しくしていたんです」と彼は思い出しながら言う。「それはずっと私が彼女の面倒を見ることを意味していたのです」。そして時々宇宙船で起きるように、ジョセフは自分とパートナーとの、時間がたつ中での関係の発展のイメージを見せられた。自分が子供時代から、思春期と青年期を通って、今の大人時代に変化するのを見たとき、この女性の存在も幼い子から成熟した存在に、糸のような髪の房をもつ小さな女性エイリアンから、ジョセフが深いつながりをもつ背の高い、肉付きのいい、性的魅力のある成熟した存在になったように見えた。この存在はいくつかの点ではかなり人間的に見えたが、それでも大きすぎる目（純然たるエイリアンの目ほどは大きくなかったが）と、平たい鼻、唇がないに等しい口をもっていた。

内面のかなりの抵抗はあったが、ジョセフはそのハイブリッド・パートナーとの性的な交渉の一つについての詳しい話を私と共有することができた。自分が「エイリアンと愛を交わし、それを楽しんだ」という「考え」は、彼にとっては受け入れるのが極度に困難だった。彼が最初思い出したことを口にするとき、それは彼自身がエイリアンになり、外部から起きていることを眺めているかのようだった。エピソードが進展するにつれて、その存在はますます「人間的」になり、エイリアンの度合いが減ってゆくように思われたが、ハイブリッドの性質は残っていた。彼は彼女を柔らかで優しい、広い額と白っぽい明るい髪の持ち主として描写した。その目は、と彼は言った。「ほとんど東洋的で、エイリアンの目ほど大きくなく」、「囁くような眉」をもっていた。彼は彼女と一緒に廊下を歩いたのを思い出した。そして小さな傾斜路を通って、くすんだ黒いガラス壁がある四角いエリアに入ったが、そこを彼は彼女の「寝室」または「スイート」あるいは「聖域」と呼んだ。

愛の行為は、互いに抱擁し合って、ジョセフが脚でパートナーを締めつけ、ある種の椅子の上で始まった。それからベッドとして用いられているかなり使い心地の悪い固い平台の上で彼らは交わった。ジョセフとその存在はどちらも裸だった。そして彼女は彼の胸の上に自分の体を載せた。彼女はやせて、骨っぽかった。そして彼女の肌は彼の肌より冷たく感じられた。「私は冷たく湿っぽいとは言いたくありません」。そして彼は彼女に乳首があったかどうかは言えなかった。彼女は彼を刺激するようなことは何もしなかったように見える。しかし、彼は彼らが体を回転させて、自分が上になったことは憶えている。勃起のような感覚はなかったが、生殖器の接触の感覚はあった。「それはとてもよかったのです。彼女の肌は白く、天使のように白かった。彼女は私にとても優しかったんです」と彼は言った。

奇妙にも「目には生気が欠けていた」が、にもかかわらず、ジョセフは強くこの存在と愛の交わりをしたいと思ったので、彼は「私はこの地上での自分の人生を愛する以上にもっと何かを愛してしまうのではないかと恐れた」ほどだった。「私は別の世界で他の女性と結ばれています。そして彼女は私にとってはエイリアンではありません。それはセックスのような感じではないのです。それは素晴らしい絆、愛の行為です。彼女はどこでも、私が望むところで応じてくれます。問題は私が結婚していること、ここに住んでいることとです。私は人間で、妻を愛していますと」。その体験が終わろうとしているとき、ジョセフは反感を覚えた。そしてそのとき、相手は反応するのをやめた。彼は自分が意識を取り戻すイメージを見た。それから「目覚めて、うたた寝した」。

次のセッションでは、ジョセフは女性パートナーとのペアリングについてもっと容易に語ることができた。彼女はエイリアンのハイブリッドであることには変わりはなかったが、もっと成長し、肉付きがよくなり、色が濃くなって、明らかに彼にとっては魅力的になったようだった。彼は今や、この特別な部屋で繰り返し性的関係をもったこと、彼女に深い絆を感じていることに気づいた。彼は自分が望ましい女性とペアリングされ、愛するよう教えられたことに気づいた。そして宇宙船で彼が観察した他の多くの他のカップル同様、自分もハイブリッドの子供たちの親の役をするよう一緒に連れて行かれたのだった。

今やジョセフには、「この絆が幼児や子供の時代につくり出されると、ハイブリッドの子供たちがずっとうまく成長する」のが明らかとなった。存在たちは、と彼は言う。この目的のために多くの家族を「つくり出し」、自分の役割は精子を提供することから、エイリアン女性と性行為を行ない、ハイブリッドの子供たちの親役をするまでに進んだのだと。彼は、このプロセスに進んで参加したのだと主張した。それを彼は自分の人生の目的だと考え、その思いがあまりに強かったので、地上では子供を作らない選択をしたほどだった。「それは私が向こうに妻と家族、子供たちをもっているようなものなので、だから時が来れば、そこが私の家族がいる場所になるのです」。

見たところ進化的な彼の子育ての奉仕を超えて、ジョセフのそのハイブリッド女性との関係は、もう一つの変容的な目的をもっているように思われた。「それは知識の伝達、エネルギーの伝達、力の伝達と関係する。彼がエイリアンのパートナーと一緒にいるとき、彼ら双方が相手に本質的な生のエレメントを与えているかのように感じられた。愛の行為の間、彼にはそれが「ほとんど私が彼女に生命を与えているかのように」感じられた。彼は自分が「年上の男で、彼女が若い女性で、私が彼女に教えている」みたいに感じた。そして今度は、彼が地球に「地球外生命体のエネルギーと感情、何であれ彼らが具現化しているもの」を持ち帰るよう仕組まれている。「それは相互交通になっている。私が彼らに教え、彼らが私に教えるのです」。その関係はジョセフに、「私は何か大きなものとつながっている」という確信をもたらした。「それは国という考えから、国連という考えに変化するようなもの」なのだという。

ジョセフとのこのミーティングの四年後に、私は初めてアンドレアと会った。私たちは彼女がキランと呼ぶ、別の次元での男性との交合の結果生まれた美しい男の子の親だと彼女が信じているということを思い出すかもしれない（二四八頁参照）。この人間／エイリアンの結合は、ジョセフの場合と同様、性的、感情的に非常に強力なものだった。それはアンドレアが「自分が何者か」を知る上で決定的な役割を果たしている。その関係は、少年とその父親がどちらもアンドレアには完全に統合されている、つまり、完全に人間で、完全にエイリアンであるように見えるという点では、ジョセフとその相方の女性のものとは異なっている。さらに、彼女はこの存在が宇宙船だけではなく、地上にも居住していると言われた。そしてエイリアンたちはこの世界でもキランを養育できるように、ここで彼【宇宙船の愛人】を見つけるよう彼女を促したのだと言った。アンドレアは、ジョセフや他のアブダクティ同様、人間としてのアイデンティティの他に、エイリアンとしてのアイデンティティももっていると感じている。とくに宇宙船の中にいるときはそう感じる。この話のいくつかの要素は私たちの空間／時間のリアリティの見地からは非常に奇怪に思えるので、それが彼らにとってどれほど強力で意味深いものであったとしても、彼らはこうした体験の現実性に疑いをもつようになる。

彼女は子供の頃、自分の「地球外生命体」の愛人と遊んだことは憶えているが、私たちが研究を始める前は、別の時代の彼との記憶の意識的な記憶はほとんどなかった。私たちがミーティングを始めて数ヶ月後、彼女は自分の人間／エイリアン男性との親密な出会いの一つについて、詳しく話せるようになった。それは一年以上前、宇宙船で起きた。そして彼女は「すっかり」女性エイリアンの姿になっていた。「元気のない」、たぶん人間の肌よりもゆるい「べとついた」肌をして、「それを通じて呼吸していた」。彼女は自分の体を「痩せこけた」と描写した。手足は骨ばっているように見えたが、アンドレアは自分に骨があったとは信じていない。「それがもし骨だとしても」と彼女は言う。「軟骨か何かみたいな感じです」。

エイリアンの姿だったとき、自分には指やつま先があったのは確かだと彼女は感じている。しかしその指は四本で、人間のものより長く見えた。頭は大きく、髪はなかった。そして「ほんとに小さな」耳と、切れ込みのような口、平らな鼻があった。目は大きかった。そして彼女は目と目の間が私たちのものよりもほんの少し広いのに気づいた。「私には胸があると思います」と彼女は言った。しかし、そこに乳首があるかどうかははっきりしなかった。彼女の胸は「ほんの少し出っ張っていて、ここには力があります」。生殖器はあるのかと私がたずねたとき、彼女は答えた。「ええ。小さいですけど……。何もかもが小さいんです。私には卵巣みたいなものもある。そう思います。だんだん混乱してきました」。

リーダーのエイリアン（「大きな目をした男」）が去った後、アンドレアは自分の相方とセックスをする「準備」ができたと感じた。その相手は、何回もの人生で自分のパートナーだったと彼女は信じていた。最初、彼女は彼の顔を見ることができなかった。この時は、彼は裸で、人間の姿をしており、「とても素敵な茶色の体」と彼女のものよりも濃い肌の色をしていた。最初彼が近づいたとき、彼は「不快」な様子で、恐れていた。そして彼女は、なぜ自分が人間の姿に変わらず、彼がエイリアンの姿に変わらないのか、理解できなかった。「私は彼の考えを読むことができました。『彼らはぼくが彼女とセックスするのを見たがっているのでは？

何てこった！　ここから出なきゃ』。そしてそれから、『ぼくは君を知っている。でも今は君とセックスしたくない』」。にもかかわらず、彼女が彼に近づくと、彼もまた近づいた。

彼がリラックスした後、彼らは立ったまま抱き合った。そのとき彼は勃起し、「それから何らかの種類の「とても精妙な」振動が彼らの体全体に始まった。そのとき彼は勃起し、「それから彼の体が私の中に入ってきた」とアンドレアは言った。しかし、それは通常の性交のようではなかった。「それはもっとよかったのです。そして私たちがどれほど相手を気遣っていたか、思い出します」。そしてそれは「ずっと長く続いた」。快感は性器で始まったが、それは彼女の体全体に広がった。通常の性交のような、前後の運動はなかった。振動が合一感をもたらしたのである。それはアンドレアには、「すべてを広げている。それは宇宙にまで広がり、悟りのようなもの」と感じられた。「彼のハートが私のハートの中に入り、私はそれを愛しました」と彼女は言った。その体験全体が「私の心を大きく開いてくれたのです」。

アンドレアは私に、この二年間、自分の体は毎晩振動すると話した。そして時にはその強烈なエネルギーを自分の夫との営みに持ち込み、「二人とも吹き飛ばされる」のだという。彼女が思うに、それは通常のセックスやオーガズムではない。「ドッカーン、爆発みたいなものです」。彼女はそうした体験の振動的側面が彼女の体をより健康にする効果があったのはたしかだと感じた。

夫とのセックスのこの劇的な変化にもかかわらず、彼女は夫を本当に愛しているが、アンドレアは大きな不安を残している。ジョセフのケースのように、別の世界での関係が、彼女の結婚生活に大きな問題をつくり出したのである。「あの大きな目の大きな奴が、私の目をまっすぐ見て、私は自由に選択できると言いました」。けれども彼女は憔悴(しょうすい)した。「私は二人の自分がいるような気がするのです。一人はこのミッション（それが何であれ）に深く、深く関与している自分、もう一人は今ここに座って、『私は何をしているんだろう？　一体何をしているのかしら？』と悩み、『もしそれが現実なら、それは私の生活を台無しにしてしまう』と心配する自分です」。アンドレアが夫に、自分の〔アブダクション〕体験との関連で、性的なことがあったと話したとき、彼はそれについてジョークを言った。彼女は夫がそれを脅威に感じているらしいのを察した。彼はそれについて、あるいは彼女の体験の他の側面についても、それ以上話を聞きたくないようだった。そして彼女がそうしたことについて話そうとすると、話題を変えてしまうのだった。それで彼女はこの「別の世界」のことは自分の胸の中にとどめて、たとえば、「別の世界」の息子がいるというような話もしなかった。しかし、同時に、自分の遭遇体験についてもっと詳しいことを発見することは続ける決心をした。なぜなら、「それは真の私の大きな部分」であり、「ここにはより大きな計画がある」と感じたからである。

次のセッションで、アンドレアは黒っぽい髪のもう一人の女性（のちにそれが看護師だったことを思い出した）と宇宙船から飛び出したときの大きな恐怖を再体験した。何らかの種類のコードが彼女を、宇宙船から下りてくる青い光とつないでいるように思われた。「あなたが青い光の中にいるとき」と彼女は説明した。「あなたは外部の気候から守られています。暖かくて、ほんとに快適です」。宇宙船では自分はエイリアンの姿だったが、宇宙船から飛び降りているときは人間の姿になっていることに気づいて彼女は驚いた。事の全体が彼女を仰天させ、こう叫んだ。「神様、こんなことが起こるなんて信じられません。頭がおかしくなりそう。私は宇宙船を出て飛んでいる。何てことなの！」。宇宙船からのこの旅の目的は、地上で一緒にキランが育てられるよう、彼女に宇宙船での相方を見つけさせることだ、と彼女は言われた。「私は二重の生活をもっているんです」と彼女は言った。「彼らは私にそれを統合させたいと思っているんでしょう」。

青い光の中にいるとき、アンドレアは地球を見ることができた。そしてそれから、道路がだんだん近づいてきた。彼女は〔着地したときの〕衝撃は思い出せなかったが、ハワイ諸島の一つだろうと思う浜辺に自分がいるのに気づいた。それは彼女が爆発するのをヴィジョンで見た（一八九頁参照）のと同じ島である。それから彼女はもう一人の女性と、自分の愛人、美しいハイブリッドの子供の父親を見つけに出発した。彼に会って、あなたには息子がいて、「ここでしなければならないことがある」と告げるのが目的である。これは、ロバータ・コラサンテが言うように、地球外生命体の「のらくら父【子供の養育費を払わない父親】」探しの最初の事例であるように思われた。これについて語ったとき、アンドレアは何度か、いくらか憤慨気味に、自分は何かの「実験」の一部にされているように感じると言った。

アンドレアは、自分の愛人を見つけるのはかなり難しいことに気づいた。彼女は彼の顔をはっきり見たことは一度もなかったからである。それでもどうにかして、彼女は彼が住んでいると思われる家を探し出した。しかし、彼女はそのときも、私たちのセッションでそれを想起したときも、恐怖に打ち勝つことができなかった。彼女は自分がその家のポーチに足を踏み入れたことは憶えている。そして、看護師が一緒にいて励ましてくれたにもかかわらず、恐怖は強烈だった。それから彼女はドアをノックした。玄関に誰かが立っていたが、彼女の恐怖はあまりに強かったため、見た相手を思い出すことができなかった。彼女はこの人に、ハワイ島に起きるだろう危険について警告している自分に気づいた。しかし、彼の方を見ることはせず、大きな目のリーダーが彼の子育てについて彼女が話すよう望んでいたにもかかわらず、息子については話すのを避けた。「私はこれ以上耐えられない。これは見たくありません」とアンドレアは抵抗した。そして自分がためらったのは、その男性にノーと言われたり、地上での彼との遭遇が、現実であれ、想像であれ、自分の結婚のさらなる脅威となることを恐れたためだと説明した。アンドレアは自分が傷つきやすくなっていて、「皆〔の生活〕に波風を立てるようなことはしたくなかった」のだと言った。

## 別の世界と別の愛人

三ヶ月後、あるリラクゼーション・セッションで、アンドレアは自分が宇宙船によって、時代を超えて、彼女がメソポタミアかエジプトかもしれないと思う、古代の砂漠地帯にある文明のある町に連れて行かれたことを思い出した。説明は困難だった。というのも、この古い文明では、彼女は「古代人」であったが、その出来事は「今起きている」からである。アンドレアは再び例の愛人と一緒にいた。しかし、彼女はもっと濃い肌の色をもつ別の人の中にいて、その愛人の肌も前よりさらに濃くなっていた。「彼は私を知っています。私は彼をとても深いレベルで知っています。彼は美しい黒っぽい目をしていて、私たちは一緒に働いているのです」。彼女は思い出しながら言った。この地への到着は「帰郷」のようなものだった。そこにいるのは「私の民族」だったからである。この社会では、人々は自分の体を愛していた。そして彼女は「自分の体とずっと親密で、完全に肉体化している」と感じた。この社会における生活は、「素晴らしく、自由」だった。人々は多くの親しい友人をもち、私たちの文化より深いつながりをもっていた。アンドレアは階(きざはし)に腰掛けて、五人の他の人たちと談笑しているところを思い出した。

アンドレアは言った。「その当時」、どのようにして地球が「今ある」ようなものになるかを、そしてその時代から何を現代に持ってくるかを自分は知っていたのだと。とくに、彼女は手を使ってヒーリングを行なう能力を持ち帰るだろう。というのも、その拡大した意識状態では、タッチによる高度なヴァイブレーションを通じて人々を癒す方法を知っていたからである。ここでも再び、アンドレアは別の世界または時代での愛人との強烈な関係が自分の地上的生活を「こわす」のではないかというおそれを抱いているのに気づいた。「私は二人の人へのこの関わりをもっています。私はそれにどう対処すればいいのかわかりません。私はその葛藤がいやです」。アンドレアはそうこぼした。

アンドレアはそのとき、どのようにして存在たちが（そのうちの一人が彼女に顔を近づけるように見えたが）、古代メソポタミアと、今ここにある私たちの地上世界の橋渡しになっているのかについて語った。「彼らは長い、長い時間を橋渡ししてきたのです」と彼女は言った。「彼らは私たちの種の一部なのです」、そして「私たちが自分が何者なのかを思い出して、私たちと地球の間の絆をただ感じ、体験する手助けをしてくれているのです。その当時は、彼らは私たちと一緒で、私たちの一部であり、私たちと暮らし、私たちと連携し、その後、彼らは立ち去ったのです。彼らは実際には私たち、私たちの一部でした。でも、振動の点ではもっと高度に進化していました。だからあなたがしていること、私がしていることは」と彼女は続けた。「糸をつなぐこと、私たちすべてが一つであることを思い出す」ことなのだと。「そして彼らは二つの遺伝的素材、私たちのものと彼らのものを織り合わせることによって、その糸のつながりをもっと深くしたいのです。だから私は息子をもったのであり、そのようにして素材を織り合わせることができるのです」。クレド・ムトワは、エイリアンに対して慈愛に満ちたどころではない、辛辣な見方をしている（第七章及び第十章参照）が、彼らとの私たちの同一性については似たような見方をしている。彼は言う。だからこそ彼らには私たちと性的適合性があるのであり、地上の女性を妊娠させることができるのだと。

人間とエイリアンの性的結合の話が私に報告されるとき、それはたいていが「グレイ」とのハイブリッドか、アンドレアのケースのような、人間に見える統合された人間／エイリアンのケースだった。ノーナは私に、優しいエジプト人のような外見の存在との自分の寝室での親密な遭遇体験のことを話した。どうやらそれは彼女にアンク十字と宇宙船の中の美しい庭園を見せたのと同一の存在のようだった。彼女はその一週間ほど前に、二、三回ペルー人の友人から聖なるマントラを習っていたが、ある晩目覚めて黒っぽい髪のエジプト人のような存在がベッドのそばにいるのに気づいた（夫の方は眠り続けていた）。そのとき彼女は仰向けの姿勢で寝ていて、彼は「ほとんどヒーリングのように」手を軽く体の上にかざした。その存在はかなりはっきりした体をもっていて、腰の下まで来る体にぴったりしたチュニックを着ていた。その人物はノーナにはなじみ深い存在だった。というのも、彼は以前にも彼女のところにやって来て、「ノーナ、私たちには君が必要だ」と言い、宇宙船の中の庭園を見せてくれたことがあったからである。彼女は自分が人生で体験したことのないような純粋な愛を感じた。そして、彼を驚かせて、彼が行ってしまわないように、息をしたり、動いたりするのも憚（はばか）られるほどだった。

その体験は、とノーナは言った。「私の存在内部で完全な愛として知っているものから想像するほどには」エロティックではなかった。彼女の見積もりによれば、そのコンタクトはさらに五分間続いた。この非常に強力な体験は、彼女には理解の次のステップに進ませるものであり、意識的にこの存在を自分の方に引き寄せることが可能であるように思われた。「私は、自分自身の理解に必要なものという点で、さらに多くのことを学んだのです」。それは全的な愛を感じるすべを学ぶことだった。アンドレアが過去の知識を現代に運んでいると感じたのと同じく、ノーナは、このような遭遇は別の時代からのコミットメントを表わしていると感じた。エジプト人の姿で示された初期の時代にノーナがした体験は、それを持ち帰って「それが必要になるこの時」に活かせるような性質のものだったのである。

## 目

エイリアンとのつながりがもつ力は、彼らの目を覗き込むことを通じて生まれることが最も多いように思われる。このコンタクトは全く圧倒的な体験で、強烈な感情を呼び起こすので、アブダクティたちはしばしばそれとの接触を避けたり、記憶を抑圧してしまうほどである。存在たちの大きな目は、これまで、彼らの顔の最も顕著な特徴であり、つながりの最重要なポイントとしてたえず報告されてきた。その目は無限に向かって開かれているかのように見える。彼らが実際にコンタクトを取る際、目と目のコンタクトは人間／エイリアンの絆の最も圧倒的な側面になるのかも知れない。このセクションでは、存在たちの目がどのように描写されているか、アブダクティがそれを覗き込むときどんな体験をするか、そして、現象のこの側面はどういうことにつながるか、それを見てみたいと思う。

グレイ型エイリアンの目のイメージはこの文化の一種の商業的アイコンのようになってしまった。この目は通常――メディアが広める前も、広めた後も――そのようなものとして体験者たちによって語られる。つまり、大きな黒い、横長の、あるいはアーモンド型の目で、細長く、「包み込まれる」ような、瞳のない目である。しかし、アブダクティたちが時々気づく、他のあまり知られていない特徴も存在する。その目は知的で、少なくとも最初は人をたじろがせる、恐ろしいものとして知覚されるのである。しばしば体験者は、目の部分を覆う膜のようなものに気づく。つねにではないがたいてい、体験者たちはその目が閉じたり、まばたきするのは見ていない。私は何度か、見えているものは目それ自体ではなく、一種のゴーグル、レンズか、実際の目の表面を覆うマスクのようなものだという話を聞いた。それは特定の光から目を守っているのではないかというのだ。

ノーナは自分の目から僅か六インチ【約十五センチ】しか離れていない位置で見た存在の二つの目を描写している。それはとても大きく、長さが約五インチ【約十二・七センチ】、幅が三インチ【約七・六センチ】ぐらいに見え、非常に暗くて光沢があったので、そこに映る自分の姿が見えるほどだったが、透明感があった。彼女は、存在たちは紫外線に敏感で、光沢があって黒く見えるのは、実際はその下にある目を保護するためのレンズだからなのではないかと考えた。

セレステは私たちに、ある晩目覚めて存在たちが自分のベッドの近くに立っているのを見たときのことを書いてきた。彼女は助けを求めて叫んだ。というのも、彼女はその目が「黒いオパールのように輝き、凸面に虹色を反射させている」のを見たからである。クレド・ムトワの描写も同じように劇的である。「その目のようなものはこの世界にはありません」と彼は言った。それらは「プラスチックボトル、黒いプラスチック」のように見え、それはまばたきせず、閉じることもなかった。彼はそれを「しばらく前までアフリカで車用に使われていたフロントガラス」にたとえた。「窓は全部ジェットブラックで、車の中の人は見えないようになっているのです」。ジンバブエの子供たちも存在の目に強い印象を受けていた。「私はこの人を見ましたとエマは言った。「それはとても大きな目をしていたんです。私が見たのはそれだけ――大きな目と黒い体です。……彼はただ私を見ていました。その目には瞳や色はありませんでした」。

彼らが知覚する存在が典型的な小型のグレイでないときでさえ、体験者たちはそれが目立つこと、サイズの大きさ、あるいはその目の奇妙な特徴を強調する傾向がある。ブロンドのノルディックタイプの存在はスリットの入った猫の目をもつものとして描写され、人間型の実体の場合は、昆虫のような目とされることもある。グレッグは私たちに、「信じられない目、しかし小柄な〔グレイ〕タイプのものとは違う目」をもつ背の高い爬虫類型の存在について語った。「これらの目は精密で、猫の目にあるすべての美しさをもっています。瞳は楕円形で、上下に動く長い軸があって、人間のように円(まる)くありません」。

存在たちの大きな目とのコンタクトが及ぼす感情的なインパクトは、彼らの異様な性質についての他のいかなる描写が呼び起こすものよりずっと大きい。体験者たちはしばしば、見つめられているという感じをもち、ときには相手の顔が近づいてくることもある。これはそれ自体、非常に悩ましいもので、その存在に引き寄せられるとか、その存在が彼らに目を見るよう求めていると感じられるときはことにそうである。アンドレアは、三つの存在が彼女を見下ろすように立っていて、「そのうちの一人が自分の目を私の目の中に押しつけてきた」ときのことを語った。「それは彼の目が私の目の中に入ったみたいな感じだったんです」。グレッグは、「驚きをもって私を見ている」ように見える爬虫類型の存在の一つについて語っている。

そのとき覚える恐怖にもかかわらず、体験者たちは容赦なくそれに惹きつけられ、存在たちの目とコンタクトをとるよう仕向けられると感じることがある。アリエル・スクールの十一歳の少女、リゼルは、存在たちの一人が彼女や他の子供たちをじっと見ているように感じたとき、恐怖を覚えた。「私はそれまで、そんな人は見たことがありませんでした」。同じく十一歳のエマは、彼女の見積もりでは三、四ヤード【三メートル前後】離れたところにいる存在を見た。彼女は恐怖と興奮が入り混じった感情をもった。「彼の目は私を見て、『君が必要だ』とか『私と一緒に来てほしい』とか、言ってるみたいでした」。「彼と一緒に行ったの？」と私はたずねた。「私の目だけが彼と一緒に行きました――それと私の感情です」と彼女は答えた。その存在が引き寄せる力は強かったが、そこには「私は行くべきでない」という感情が伴っていた。

アンドレアは私たちに、存在の目それ自体が――これはめったに報告されることがないと私は信じるが――彼女を宇宙船に運んだエネルギーに貢献しているようだ、という話をしたことがある。あるとき、彼女はポーチの上に三体の存在がいるのを見て、彼らがそわそわしているようだと思った。「行こう、みたいな感じです。彼らは私の目を見て、私は麻痺したようになりました。すると彼らは言うんです。『もう準備はできた？』それで私は言いました。『ええ、準備オッケーよ』」。別のときには、存在の一人が「自分の目を見てほしい、馬鹿げたこと（つまり、避けること）はやめてもらいたいと思っている」ようだと感じた。彼女はそのとおりにして、すると「彼はそれを受け取った（アイコンタクトで彼女をロックした）」。そして「彼は私をベッドから浮き上がらせた」。アンドレアはベッドから「浮き上がった」とき、めまいを感じた（アリエル・スクールの九歳の少女、オリビアも、存在の目を見たとき、頭がくらくらしたと語った）。私はアンドレアに、何が彼女を浮き上がらせたのかとたずねた。「彼の目……そうだと思います。何でそうなったのかはわかりません。それは目の光だと思います。彼が私とのアイコンタクトを失うまいとしていたことは確かだと思います」。

エイリアンの目が惹起する恐怖の多くは、それらが明らかに異質な、見慣れないものだという事実に由来する。エマは大きな黒い目をもつその存在を「とてもヘンだからこわい」と思った。私がアリエル・スクールの別の子供、九歳のケイ・リーに、何がそんなにこわかったのかとたずねたとき、彼女は「目が邪悪に見えた」と答えた。「邪悪」というのはどういう意味かと重ねてきくと、「私の目をじっと見ていたから邪悪に感じた」と言った。これらの目は、少なくともアンドレアが報告するある体験では、非常に鋭く、それは人間の目には見えないものを見ることができるように思われる。「中には私の体をほんとに細かく見ていたのもいます。……彼の視線はまっすぐ私の肌に当たり、彼は、君には何か生きものがついているようだと言ったのです」。それは「バクテリア」だろうと、彼女は推測した。

存在たちの目とのコンタクトは、その遭遇によって体験者が完全に乗っ取られてしまったと感じるほど強烈なものになることもありうる。スーは、最初に思い出した体験の一つで、存在の目を見ないではいられなくなったことに気づいた。「彼の目を見れば見るほど、見えるのは彼の目だけになってしまうんです。突然、私は途方もない恐怖を感じて、そこから出なければならないと思いました。私は自分が落ちていると感じたのです。落ちて、落ちて、彼の目の中に入ってしまう……」。アンドレアも似たような感情を語っている。あるセッションで、「大きな、黒い、東方的な目」をもつ存在が、少し離れたところに立って彼女を見つめていた。彼は「まっすぐ私の目を見て」いた。「私は見ませんでした。視線を逸らしていました。私は見たくなかった。私を吸い取って彼らの体か何かに吸収されてしまいそうだったからです。彼らは私を吸い取るつもりのようでした。それで、私が見た途端、私の体は振動し始めたんです」。別のときには、「その目はとてもとても深くて、あなたはそれにすっかりその中に吸い込まれてしまうみたいなんです」と言った。この半年後、彼女はこの呑み込まれるような感情を、「安定性を少し失って、〔後で〕再調整しなければならなくなる感じ」と言った。

存在たちの目とのコンタクトの圧倒的な性質を言い表わす際、日常的な言語では間に合わなくなることがある。ホイットリー・ストリーバーは、この最初の体験を「絶対的な恐怖、スピリットの壊滅的破局」と呼んだ。「あなたがつながるとき、それに消滅させられるように思えるのです」。「これらの目は」とクレド・ムトワは言った。「それを覗き込んでも、人間の美しい目がもっているようなものは何も見えないのです。あなたはただこの永遠、この空虚、その思考が全く想像し難い、何の表現もない生きものの、この真空を見るのです」。セレステにとっては、「これらの目は放射的で、輝く、抱擁に満ちたもの」である。「ちょうどあなたが記憶と体験の層を外科的な正確さで、心の中に編み込まれた言葉を使ってはがしていくように、その目はあなたをはがしていって、裸の魂を丸出しにするのです」（一九九九年二月一〇日付の著者宛の手紙）。

すでに見たように（第五章参照）、エイリアンの目は、直接体験者たちに伝達される膨大な情報を含んでいるか、それとつながっているように見える。「そのものが私を見ている間」、とエマは言った。彼女の「良心」が彼女に、私たちは地球に害を与えていると告げた（一八二〜一八三頁参照）。それらはまた、人の心の深みを見通し、その最も親密なセルフをじかに知ることができるように見える。同時に、その目は体験者にとっての真実を映し出す鏡のような働きもするようである。

イザベルは時々、「ミッドナイトブルー」のエイリアンの目を見て、捕食者の目に魅入られているかのように感じることがある。さらに深くその目を見ると、彼女は当惑と馬鹿馬鹿しさを感じる。「彼らはあなたの感情を知っているんです。あなたが考えていることを知っている。彼らはあなたが自分について知っているよりずっと多くのことを知っている、そう感じられるのです」。存在たちは彼女には受容的であるように見える。ときに彼らは毎回私たちに思い出させる必要があって、「おいおい、君はぼくらを知ってるだろ。何でこんなふうにふるまうんだ」と言いたげで、少し苛立っているように見えることはあるとしても。

その目は「あなたが見逃しているとても多くの真実」を映し出しているのだと、アンドレアは言う。「それはあなたが心の奥深くに隠していて恐れていること、とくに自分自身を愛することへの恐れ、見られることへの恐れ、彼らに見させることへの恐れ、彼らを見ることへの恐れ、受け入れることへの恐れをあなたが見ることなのです。それは最も深いものの地殻変動です」（先のストリーバーの「スピリットの壊滅的破局」という言葉と比較されたい）。「だからそこには瞳がないんです」とアンドレアは示唆する。というのも「それは反射を止め」、その目への「あらゆる種類の投影」を不可能にするからだ。

体験者たちが恐怖を超えて進み、エイリアンの存在の現実性と、彼らに対する自分の関係を受け入れるとき、目を通じてのつながりは好ましい、感動的でさえある性質を帯びるようになることがある。ウィルはその目がとても宥和的なものであることに気づくようになり、多くの体験者たちと同様、その中に憧れを感じ取るようになった。「この目は私を怯えさせるために私を見ているのではないのです」とノーナは、その遭遇体験の一つを思い出した後で言った。その体験では、彼女は最初、その目の片方しかはっきり見ることはできなかった。そこには悲しみの感情があった。「それは私を泣きたい気分にさせました。そしてなじみがある、知っている動物や鳥のように、あなたを見ているという感じがあるのです。優しくその頭を叩くときのような」。そのアイコンタクトは直接的で、消え去ることのない印象を残す。「あなたが赤ちゃんを抱くとき、そしてその子がまだ話せないとき、それでも目を合わせることによって意思疎通ができるような……。それは私に対する個人的なコミュニケーションのようなものです。そこには認知が、感情の伝達があるのです。……だから私はこわくないのです。私が傷つくことがあるのはわかっています。……それはただあなたが発するものです。……彼らがそれを得て、それからあなたがそれを得る、認知、愛の送信、感情の、光の、幸福の送信……。目は偉大な意思伝達者です。そして彼らはその目を通じて情報を送ることができるのです」。

リゼルも、かなりの恐怖を覚えたが、存在の目に悲しみを感じ取った。「それはただ恐ろしくて、悲しげに見えました」と彼女は言った。恐怖にもかかわらず、彼女は「彼を気の毒に思った。なぜなら、彼らには愛も気遣いもないと感じたからです」。たぶん「宇宙には愛はなくて、ここにはそれがある」のだろうと彼女は示唆した。それで「彼らは愛を必要とし、私たちをコピーしようとしているのです」。

アブダクティの中には、エイリアンの目の見地から見えるという感情をもつ人もいる（『アブダクション』第十四章）。この体験は、分離感を克服できるだけでなく、アブダクティと存在たちの間のアイデンティティの区別を消し去ることがある。「時々、目を閉じるとき、私はそれら黒い目の内側を見ます」とカリンは言った。「それら大きな黒い目の内側から外を見るのはどんなものか、私にはわかります」。そういうとき、彼女はとくに故郷からの分離を感じ、大きな憧れと共に夜空を見上げるのである。アンドレアは、自分の目の中で「脈打つ」存在たちの目について語った。彼らはあたかも彼らの目を通じて見るかのように、彼女に地球を見せた。それは地球が「私の目の中に」あるかのような感じだった。

この目とのつながりから、アンドレアは「どんな存在の本質にも違いはない」と感じるようになった。「たった今、彼は自分の目で私を見ています。私たちの中核には全く何の違いもありません」。彼女はそう主張する。そして、私たちがこのリアリティを体験する選択をするかどうかは、「その憧れがどれほど深いか」、そして「それに火を灯す炎」がどれほど強いかにかかっている。アンドレアが存在たちと一緒にいるとき感じるワンネスの感覚は、地球それ自体にまで拡大する。「私たちが地球とこんなにも離れていると感じるなんて滑稽じゃありませんか？　それは大きな、同じ一つの鼓動なのです」。

結局、この章の初めで見たように、あらゆるトラウマと恐怖を超えたとき、途方もない力と深みをもつ深い愛が、体験者と存在たちの間で発展するのかもしれない。アンドレアは、「彼らは深く私たちを愛している」とはっきり感じている。体験者たちが最も強く反応するのは、とりわけ、存在たちの目を通じて伝達される感情の力に対してである。

一九九一年の六月、私たちが一緒に研究を始めて約一年後、ジュリーは私に、彼女が十八歳のときに起きた親しい「医者」との遭遇について語った。リラクゼーション・セッションでの彼女の説明は、目とのつながりの抗し難い性質をとらえていた。彼女は自分がテーブルの上に横たわり、その医者が彼女を見下ろすように立っているのを思い出した。ジュリーは彼の額を、突き出てこぶのようになっているものとして、そして頭を、髪や耳のないものとして描写した。彼女にはその小さな口が微笑んでいるように感じられた。「彼は、奇妙な具合にですが、本当にハンサムだったんです」と彼女は言った。「彼は大きな目をしていて、微笑んでいました」。瞳のない、全体が黒の「大きなアーモンドのような目、そしてそこに光が輝いていて、それはほんとに可愛いんです」。ジュリーはその絆がどんな感じだったかを思い出した。

「それは呑み込まれて、大切に、保護されているかのようです。もしもあなたが彼を見れば、あなたは彼が神のようだと思うでしょう」とジュリーは私たちに言った。私は彼の魅力のどれくらいがその目から来ているのかとたずねた。「ほとんどすべてです」と彼女は答えた。「私はその目を見ています」と彼女は続けた。「それは私を吸い込んでしまうようです。それは大きな快感です。それを得るためには何でもしたくなるみたいな。それは——それはコミュニケーションです。それはすべてです」。私は「大きな快感」がどういうものなのか、もっと詳しく話してくれないかと頼んだ。彼女は答えた。「それはただ愛されていると感じさせてくれるのです。とても大切なものだと。そしてすべてが価値あるものだと感じさせてくれます。あなたは役に立ち、あなたはよいもので、そしてそれはすべてなのです。それにとても温かい。温かい場所にいるみたいです」。

この体験は私の体全体に影響を与えました、とジュリーは言った。「それは私がこれまで体験したどんなことより強力でした」。私は彼女に、このコンタクトを地上的な愛や性的体験と較べた場合はどうかとたずねた。それはもっと強力なものなのかと。「ええ。楽に五十倍もです」と彼女は答えた。「それはとても重要です。一度あなたがそのようなものを得れば、手放せなくなるでしょう。それは全能のものに出会ったみたいなものなのです。私は知的には、彼は神ではないと知っていますが。……それはほとんど父親みたいな感じです。あなたの面倒を見てくれる人」。【文脈が不明確になるだけの意味に乏しい脱線と見て省略したが、この後に、著者がフロイト的解釈を念頭に、彼女の実の父親との関係についてたずね、「医者」に対してもつ彼女のイメージとの関連についても質問する段落が続く。結局、この話はそういうこととはとくに関係がないという結

論になっている。】

ジュリーとのこのミーティングから七年後、セレステは自力で、海外での丸一日の失われた記憶を回復したが、それはジュリーのものと似ていて、但し、彼女はそれをもっとダイナミックな言葉で表現した。これらの言葉は、彼女が後に私たちに語ったところでは、何の努力もなしに、即座に彼女の心から流れ出たものだった。それを読み返すとき、彼女はその体験に強く引き戻された。

凸面の大きな目をあなたが見ていると想像して下さい。オパール色の黒い外面に、光が反射して明るく輝いています。その光はあなたの目をとらえ、釘付けにし、あなたの存在の中に突き入ってくるような、熱のこもった魔術的なやり方で流動し、あなたの存在に貫入するのです。それが深く、あなたの存在の核にまで達するとき、その目は感情と情緒を喚起し、強力で魅惑的な鎮静剤のように、至高の強烈な愛の観念を伝達するのです。あなたの心はその体験がもつ力にすっかりオープンになっているので、あなたは引きこもることはできません。そのエネルギーはあなたを溢れる愛で酔わせ、あなたの魂の中に入って、万華鏡的な色彩を乱舞させ、あなたは魅せられて麻酔にかかったようになるのです。

要約すると、私は人間／エイリアン関係が単純に私たちの物質世界で起きているということには疑いをもっている。その話のいくつか――たとえば、アンドレアのハワイ島への飛行のような――は、この物質的現実の見地からすればあまりにも馬鹿げている。にもかかわらず、こうした関係の非常に多くは、私がよく知っているどんな地上の関係にも劣らないほどの心理的・感情的な、複雑で強力な性質をもっている。実際、ときにそれらは真に宇宙的な性質を帯びるのである。次元の障壁を超えたこうしたつながりの実現には大きなエネルギーのハードルを乗り越えることが必要で、そうして実現されたものは、この物質次元での、すべてとは言わないまでもほとんどの関係で起きるものよりも大きな深みと強烈さをもっているように思われる。

こうしたすべてを意識の一種の神聖劇と考えることは、もちろん、誤解を招きやすいものではあるだろう。ここで私が言いたいのは、それは創造的な知性による見事な一つの表現だということで、それは一種の宇宙的な人形使い、または形態の形成者として機能している。それが関係の新たな可能性を生み出すのである。これらの関係は、それがなじみのない、奇妙なものには当然つきまとう恐怖や抵抗を乗り越えて進むとき、人間を源泉――神、故郷、それを何と呼ぶにせよ、無限の創造原理または場所――へと近づけるほどの感情的、性愛的、または霊的な力をもつように思われる。人間精神が作った、少なくともユダヤ－キリスト教的世界の中にはあるエロスとスピリットの間の分離は、こうした関係の中では劇的に変化させられる。ジュリーが示唆するように、体験者たちは本当に、私たちの代表なのかもしれない。そのとき彼らは、私たちが物質と霊、自分自身と神性または存在の基盤（ハクスレー 1970）の間にきっちり立てている障壁を破壊して、より真実に近い、超越的なアイデンティティへの目覚めを体験しているのだから。

存在たちの畏怖に満ちた目は、知と愛の巨大な財宝を含んでおり、アブダクティたちを無限の深みへと引き込むように思われる。目が魂の窓なら、エイリアン・アブダクション現象において、この古びた格言は一種の究極のメタファーになるかも知れない。というのも、その目を覗き込むとき、体験者たちは自分の最も深く真実な自己自身を発見することがあるからである。彼らはまたその深淵の中に、自分が存在たちと一つであり、すべての生命と一つであることを発見するかもしれない。存在の一人がアンドレアを見たとき、彼女はその瞬間、「彼らは私たちで、どんな存在も本質に違いはない」と感じたのだった。

本章で見てきたように、人間／エイリアン関係は、体験者とエイリアン双方にとって、途方もない創造的な力をもっているように思われる。アンドレアの言葉では、「それはとても深く神秘的で、創造そのもの」なのである。他のアブダクティたちは、恐怖を乗り越えたとき、侵略的要素と自分のリアリティの粉砕を伴う、同じ体験をする。体験者ではない私たちにとっても、自分の文化の中にある体験がもつ重要性を軽視する傾向がなければ、その関係がもつ意味は彼らにとってと同じほど重要なものになるかもしれない。この場合、その関係とは人間／エイリアン関係だが、それは私たちのリアリティの観念とは適合しない、あるいは、その現実性は物質的には明確化できないものである。けれども、興味深いことに、こうした体験は結局、その存在論的位置づけがどのようなものになるにせよ、大きな変容をもたらす可能性をもっているように思われる。実際、そのような変容の力を前にすると、存在論的区別それ自体の重要性が薄れてしまうように見えるのである。

# 結論
# 立ち現われる全体像

私たちは皆、自分に知ることを許すこと以上の知識を本当はもっています。それが得られないのは、説明不能のものに直面したときのある種の臆病さと、それが自分に及ぼす影響を恐れて、リアリティの本質へと導いてくれるものを受け入れられなくなるためです。

ローレンス・ヴァン・デル・ポスト
A Mantis Carol（『かまきりの讃歌』）

記憶は、私にとって聖なる力である。

詩人ジェフリー・ヒル
一九九八年一一月一八日

## これはどういう種類の現実なのか？

これまでのＵＦＯをめぐる議論は主に、それが厳密に物質的な意味でリアルなのかどうか、そしてその存在が伝統的な科学の手法で証明できるのかどうか、という問題に焦点を当てたものだった。同様に、アブダクションに関しても、関心は、人々がエイリアンによって身体的に空中の宇宙船に連れて行かれたのかどうかという点に向けられていた。これらは込み入った問題である。しかし、アブダクティたちと十年近く一緒に研究してきた後、私は、これらはアブダクション現象が提起する最重要の問題ではないという見解に達した。私たちの文化にとって最も重要な真実は、アブダクティたちの体験の途方もない性質とその力、これらの体験が開く他のより深いリアリティの次元への端緒、そしてそれらが私たちの文化と人類の未来にとってどんな意味をもつか、というところにあるのではなかろうか。

ＵＦＯの存在と、アブダクションの物質的な側面を明らかにする証拠を特定しようとする努力は、それが現象の現実性を裏付けるのに役立つという理由がある以上、今後も続くだろうし、また続けるべきだろう。しかし、アブダクション現象の微妙で捉えどころのない性質は、純然たる実証的アプローチを用いる人たち、観察者と観察されるもの、主観と客観を完全に分けようとする人たちには、その秘密を明かすのを拒むだろうと、私はますます強く思うようになっている。私はまた、物質的な側面の研究だけに過度に注意が向けられるようなら、この問題が潜在的にもつ深い意味は理解されなくなってしまうのではないかと懸念している。

エイリアン・アブダクション現象は、臨死体験や、ミステリー・サークル、多くの種類の幽霊現象、ヒーリングの説明しがたい力、そして超心理学など、私たちの地上的現実を支配している三次元宇宙を超えた宇宙的リアリティが存在することを私たちに認めるよう強いる、多くの現象の一つである。これらの領域には、それにアプローチする方法が様々であるのと同じく多くの名前があるようである。「内在秩序【暗在系】」「不可視の世界」「他次元」「トランスパーソナル」または「ダイモン的現実」などはその例である。マイケル・ジンマーマンのような哲学者は、純粋に内的でも外的でもない、それを超える、内界と外界という二元論を内に含む存在の「第三のゾーン」という考え方を提唱している。この領域を言い表わすのにどんな言葉を用いるにしても、私たちは多次元宇宙の中にいると言えそうである。その内部において、空間と時間は、私たちがその中に浸（ひた）されているエネルギーや振動のカオスを秩序づけたり、簡素化するための精神の構築物でしかないだろう。

この多次元宇宙を十分理解するには、仮説を立てたり、実験したり、繰り返しを行なう、物質科学の基礎をなす方法に加えて、直観、観照、あるいは体験者の一人が言った「心の精神（the heart's mind)」を含む、人間意識がもつ力の全部が必要とされるように思われる。この意識の開示によって明かされる宇宙は、死せる物質とエネルギーの空虚な場であるどころか、各種の存在、生きもの、スピリット、知性、神々——それを何と呼ぶかは観察者の世界観や、その実体の機能やふるまいによっても変わる——で充満しているように見える。それらは何千年も、人間存在と密接に関わってきたのである。いくつかの事例では、これらの実体【UFOやエイリアン】は、私たちが物質的な世界と不可視のリアリティや神秘を分けておくために作り出した、その分離を乗り越えるように思われる。

私たちが、私たちよりは物質的濃度が乏しいか、あるいはまったく具象化していない存在や生命が暮らす多次元宇宙に生きているという考えは、東洋の宗教伝統や世界の多くの先住民族にとっては、何ら目新しいものではない。しかし、それは西洋社会の科学文化になじみのある、あるいは存在を認められている宇宙ではない。西洋科学は、おそらくはそれなりの必要性があって特有の宇宙観を形成してきたわけだが、その中では物質的なものと心理的なものが、可視の領域と不可視の領域が明確に分けられ、物質世界は固有のやり方で理解され、マスターされてきたのである。困難は、この物質世界へのほとんど排他的な集中が（その極端な現われが節度のない商業主義だが）、これら他の領域の優美で畏怖に満ちた美しさ、壮麗さ、その超越的な力を知覚または体験する能力を実際に退化させる結果を招いたことである。私は、これが聖なるものへの感受性や、より高度な価値をもつ空間や場所との絆の喪失、神的なものからの分離に表われていると考える。

ジークムント・フロイトが、何であれ人間が抑圧したり否認したりするものは、別のかたちをとって、ときには復讐のかたちで戻ってくる、という考えを打ち出したとき、彼は衝動や感情、記憶を念頭に置いていた。自身、十九世紀後半ヨーロッパの極端な知的世俗主義の担い手だったので、彼は明らかに、彼や今の私たちの文化では否定されている不可視のあるいは聖なる領域が、再び認知を要求する事態になるだろうとは考えていなかった。しかし、彼はおそらく、自然の中のより大きな支配原理のある側面、つまり、バランスや調和の方向に向かおうとする傾向、極端な不均衡が生じたときに現われる一種のホメオスタティックな修正原理は、認識していただろう。

今姿を現わしつつあるこのコスモロジー【宇宙論】を背景に、私たちは次のように問いかけるかもしれない。一体このエイリアン・アブダクション現象というのは何なのか？　まずもってそれは、私たちが宇宙の不可視の領域と私たち自身との間に立てた認識論的、存在論的な障壁を尊重してくれない現象の範疇に属する。エイリアンたちは、彼らが何者であるとしても、やすやすとその障壁を乗り越え、見たところそんなことには無頓着である。アブダクション現象だけがそういう例なのではない。先にも述べたように、ミステリー・サークル、臨死体験、何らかの形態の遠隔治療、テレパシー的伝達、そして超心理学における心が物質に影響を及ぼす実験のようなものは、この障壁を尊重しないように見える自然の活動の別の例である。しかし、アブダクションのストーリーは、その〔相手を選ばない〕民主的な普遍性、それに伴うエネルギー的な強烈さ、そしてその包摂力と、その活き活きとした航空宇宙学的・生化学的要素が「私たちの言語を話す」つまり、科学とテクノロジーの時代にマッチしているという理由で、とくにこの壁を破るのに適しているように思われる。

このような現象を研究する私たちは、その力と重要性を認めることに対して一種の抵抗として作用する、奇妙な堂々めぐりに直面する。一方で、可視と不可視、主観と客観を峻別する世界観に固執する人は、アブダクション現象が純然たる主観には還元できないリアルさをもつ可能性が見えないか、認められないかだろう。他方、その現象それ自体が、この分離を破るための「計画」（私がこの言葉に引用符をつけるのは、目的をその創造原理に帰する、人間精神の特徴である一種の直線的思考に警告を発するためである）された、抑圧されたものの一種の帰還を表わすものであるということが、私にはいよいよはっきりしてきている。しかし、パラダイムの転換はゆっくりと起こるのかもしれず、エイリアン・アブダクション現象がなじみのあるカテゴリーに入るように、あるいはそれが失敗した場合には、それをすっかり消してしまう方向に、〔理解のための〕エネルギーが使われ続ける可能性はかなり高い。

私たちは、世界観に根本的な変化をもたらすために働く力については、いまだにほとんど知らない。しかし、特定の個人にとって、そのような変化が起きるのは、それ以前にもっていた信念では全く太刀打ちできない何らかの新しい情報または体験が知的レベルを超えて届き、それがあまりに強力なために今まで現実を説明したり、それに対応するのに使われていた世界観の不十分さがはっきりして、知的に逃れるすべがなくなってしまった場合だけである。これが、自分の体験を振り返るアブダクティたちに起きたことである。それは彼らの話を聞き、研究する過程で私に起きたことでもある。それはこの現象を見聞きするようになった、多くの人々にも起きているだろう。とくに彼らがアブダクション体験者に会ったり、自分に起きたことは確かだと感じている彼らの話を聞くときはそうである。

## 人間の物語におけるアブダクション現象

私はアブダクション現象の物質的現実性の証拠は提供できない。その代わり、人間の歴史におけるその主要なエレメントと位置を、たとえそれが私たちの文化の世界観には一致しないとしても、筋道立った物語としてまとめることは十分可能だと考えている。物語や寓話の構造内では、私は文字の世界とシンボルの世界、メタファー的現実と物質的現実、確実性と不確実性、可視の世界と不可視の世界の間を、より快適に旅することができるのである。

こう言ったからといって、私はアブダクション体験が物質世界における実際の出来事として語られるかどうかはどうでもいいと言おうとしているのではない。その体験は物質的な意味において文字どおりには真実でないかもしれない微妙な問題として表現される、あるいは（彼らがそれを意識しているかどうかはともかく）暗喩的に語っていることさえあるかも知れないということである。こうした区別が重要である場合には、私は実際に区別をつけようと努力する。しかし、私は十年にわたってこの現象を研究してきたが、深く調べれば調べるほど、どんなときにアブダクティが文字どおりこの物質的現実の中で彼らに起きたこととしてそれを語っているのか、いつ暗喩的な言語で、彼らにとっては物質的な意味で全くリアルではあっても、精妙な、アストラル体またはエネルギー体（第四章で述べたように、それが自己というものの本質かも知れない）に起きたこととして語っているのか、わからなくなってきたということを告白しなければならない。こうした区別は哲学や科学にとって理論的には重要であるかもしれないが、アブダクティにとっては、そうした問題について知的な議論を仕掛けられた場合は別として、あまり重要ではないように思われる。

アブダクションの物語は、確実性や確信の方向よりも、神秘や不可知のものの領域の方により多く進んでいる。その素材のいくつかは幾度となく現われ、アブダクティにとってその物語は明確で感情的な力をもっているので、他の研究者たちも、この情報に彼ら自身をさらせば、同じものを発見するだろうと思われる。最後に、不可視の領域から私たちの物質的なリアリティの中に入り込んでくる、これとそれに関連する現象を通じて作用する、宇宙における究極的な、または包括的な創造原理または知性を措定することなしには、こうした現象を理解することはできないということも認めざるを得ない。そのような知性――私の子供時代や青年期の教育では否定されていた――の存在をひとたび認めるなら、エイリアン・アブダクション現象の要素の多くが腑に落ちるものとなるのである。それなしでは、現象全体が最悪の場合、邪悪なものとなり、よくても馬鹿げたものでしかなくなってしまう。

その物語は次のようなものである。それは究極的な創造原理から始まる。その原理をアブダクティたちは、神、源泉、故郷、あるいは一者などと様々に呼ぶ（グレッグはそれを「すべてである神-女神」と呼んだ）。ある始原――それは、別の宇宙論によると、神的な力の働きであり、無からの神秘的な創造、小さな全能の種からすべての物質／エネルギーが現われたところの宇宙的な爆発（ビッグバン）である――から、私たちが今宇宙として知っているあらゆるものがほとんど即座に出現した。ひょっとしたら、物理学者のアラン・グースが示唆するように、そのような宇宙が無数に存在するのかもしれない。いずれにせよ、その後、惑星地球の創造や生物とヒトの出現を含む、一連の進化的な出来事が起きたのである。

元々は神の力によって形成された人間は、それとの関係の体験を内部にとどめていた。しかし、それから、何か他のことが起こった。私たちは意識、自意識を発達させ、自らの死すべき運命を知るようになり、この地上での時間は限られたものであり、この肉体は死を免れないということを知る点で、他の種とは異なったものになった。地上の大部分の人にとって、この避けられない事実と関連する悲しみは、少なくともある程度までは、その究極の源泉との絆が存続しているという感覚、その関係が潜在的にもつエクスタシーと成就、永遠で、肉体の死後も存続し、死後は神の元に帰還する何か——霊、魂、プシュケ、あるいは意識——が存在するという確信によって、和らげられていた。

キリスト誕生後の第二ミレニアム【西暦一〇〇〇〜一九九九年】のどこかで、西洋（世界の他の場所でも似たようなことが起きたのだろうと思われるが）の人間は、肉体の存続という問題を解決し、霊的な意味というより物質的な意味で、不死を達成しようと骨折るようになったが、それは多くの人々にとって確実な、または満足なものとは見えなかった。観察と推論の力の開発を通じて、私たちは現代科学、医学、テクノロジーを発展させた。そしてそれらを通じて、私たちは死すべき運命という問題と取り組み、苦しみを減らしたり、寿命を延ばすなど、かなりの成功を収めた。フロイトによって最初に「エゴ」と呼ばれた【訳註】、この生き残りプロジェクトに捧げられた私たち自身のその部分は、力と重要性を増し、人の努力の大部分はそのエゴの保存に捧げられるようになったのである。

たぶん十八世紀の中頃までは、西洋の人々は、創造主との絆を決して失わなかった先住民の人々と同様、「神が内在する霊化された宇宙」という文脈で物質世界を理解し、体験していただろう。しかし、その世紀のどこかで――一部にはそれは実証的な科学の手法が創造原理それ

【訳註】厳密にはフロイト自身はエゴという言葉は使わなかったとされる。彼の全集が英訳される際、原語の das Ich（「わたし」に定冠詞を付けたもの）がラテン語の ego に変えられた。そして本来『「わたし」と「それ」』と訳されるべき Das Ich und das Es という論文のタイトルは、『自我（ego）とイド（id）』に変えられ、「このため個人的な連想を生むことはまずありえない、よそよそしい技術用語になってしまった」ので、フロイト自身は「この『わたし』〔自我〕の他にも、魂には別の領域があって、それは『わたし』に比べてより広大でより重要、より暗い部分なのですが、この領域をわれわれは『それ』〔エス〕と呼んでいるのです」と述べていた、その豊かな含みが失われてしまった、という批判がある（ブルーノ・ベテルハイム『フロイトと人間の魂』藤瀬恭子訳　法政大学出版局　1989　p．70～90参照）。言葉が実感の伴わない専門用語、抽象観念に移し替えられることで、現代西洋文明特有の機械論的思考になおさら拍車がかかってしまったと見ることもできるだろう。

自体の研究にも適用され、それによっては存在が証明できなかったという理由にもよるのだろうが――西洋社会の多くの人々は概して「世俗化」した。彼らは神的なもの、究極の創造原理（すでに見たようにそれには様々な呼び名がある）とのつながりの感覚を失った。宇宙は生命のない物質、エネルギー、空間で構成されたものとなり、私たちの喜びは大部分、地上の感情的絆、物質的な満足に限定されたものとなった。

私たちの死すべき運命の性質へのこのアプローチは、ある大きな問題を生み出した。科学が大きな成功を収めた領域の一つは、肉体的な寿命の引き延ばしだが、それは驚くべき人口の増大を結果としてもたらし、地球上における、最大ではないとしても、巨大な生物量（バイオマス）の一つとなった。同時に、私たちは地球から貴重な、再生不可能な資源を取り出すますます効率的な方法をつくり出した。結果として、私たちはエネルギー資源を浪費し始め、私たちが安全にそれを取り除くすべを知らない有毒な消費の副産物を大気、土地、水にまき散らすことによって、地球上の生命の多くを殺すことになった。

その間、物質的な領域での私たちの成功は、生活水準を向上させ、地上の多くの民族の間で、よりよい生活への期待をふくらませた。そしてそれは、一人あたりの物の消費量を増大させ、地球の傷つきやすい環境にさらに大きな負荷をかける結果を生んだ。ますます大きくなる食糧や他の貴重な資源の供給不足は、人間集団間の緊張を高め、経済的、政治的問題の解決のための単純化しすぎたイデオロギー（共産主義、資本主義、ファシズム等々）を生み出すことになった。そして、大量破壊兵器の使用によって生命の絶滅が危惧されるような事態を生み出したのである。

人類は今、悪循環の中にはまり込んでいる。自然と創造主に対する私たちの関係の喪失は、その原因がどこにあるのかわからない、大きな渇望を私たちに植えつけることになった（ハクスレー 1972；ターナス 1991；アルマス 1987,89）。それで私たちは、霊的な破産によってもたらされた内面の空虚を埋めるために、各種の惑溺を募らせ、物質的なモノの消費をエスカレートさせる羽目になった。消費者との連携のもと、政府と企業は協力し、マーケティング戦略を通じて、こうした人工的にひき起こされたニーズを満たすための経済成長政策を推し進めながら、物質的な飢餓感をさらに刺激している。洞察力の鋭い環境や経済の分析家たちが、根本的な変化が起きなければ、人間の生活を支える地球のキャパシティはまもなく崩壊するだろうと予言しているのは、驚くべきことではない（メドウズ 1993；ホウキン 1994；ダリー 1997；ヘンダーソン 1997）。

## 創造主の元の教えを忘れること

本書で述べてきたように、バーナード・ペイショットや、セコイア・トゥルーブラッド、クレド・ムトワのようなシャーマンたちによって導かれている多くの先住民族たちは、この破壊のサイクルには従ってこなかった。そして創造的な源泉との絆をまだ維持している。私は何度も、ネイティブの呪医や霊的な指導者たちが、私たちは「創造主の元の教えを見失って」いると語るのを聞いた。ディヤニ・ヤフーは、チェロキー族の伝統とのつながりを保持している女性呪医だが、それを私に向かってこんなふうに表現した。「私たちの元の教えは、異なった集団、異なった民族が、そのマインドフルネスを通じて、その霊的な活動を通じて、そして環境の中でお互いに配慮し合うことを通じて、全器官（それは地球ですが）のバランスを実際に維持することです。そして、そのより深い自覚をもつ人たちは、太陽系や宇宙との関係を認識します。ですから私たちが『元の教え』と言うとき、それは血の中に暗号化されたすべてのことを指しているのです」（ヤフー 一九九四年八月の著者との個人的会話）。セコイアによれば、「他惑星から来た人々」、私たちより前にここに住んでいた「不可視の存在たち」は今、私たちが地球を癒す手伝いをしようとしている。というのも、男性的エネルギーが、女性的または女神のエネルギーとのバランスを失して肥大化してしまい、私たちは「創造主の元の教え」に背を向けてしまっているからである。

トマス・ベリーのような現代の神学者の中には、キリスト教の教えの中に多く見られる物質と霊の分離によって、際限のない害悪がつくり出されてしまったことを理解するようになった人もいる。この地球は、とベリーは述べている。私たちが気づいている神の最も高度で素晴らしい創造物である。同様に、クレド・ムトワは、アフリカの民話によれば、地球は「子宮世界」

であり、生命を創り出し育てることのできる宇宙全体でもごく稀な惑星の一つであると、私たちに語った。それは実際、宇宙という王冠に付いた一つの宝石であり、その生命を私たちが破壊し続けることは、宇宙に対する犯罪であると言えるだろう。

## 宇宙的見地から見た人間／地球問題

このあたりまで来ると、私たちにはかなりなじみのある領域になる。しかし、そこで物語は私が——読者の多くも同じではないかと思うが——教えられてきた世界観とは大きく対立する方向へと動く。十年近く一緒に研究してきた体験者たちが私に一貫した明白なものとして提供した材料がなければ、私はそのような話は考慮することすらしなかっただろう。それは、私たちが地球に対して行なってきたことはより高度な、宇宙的なレベル〔の知的存在〕に「気づかれない」ままでは済まなかったということである。ある種の奇妙な介入がここ（地球）で起きているように見える。私たちはどうやら、ある種の「フィードバック」（シュリマー 1993）なしには、自分たちの破壊的なやり方を続けることは許されていないようである。[1]

どんな種類のフィードバックが起きているのか？　まず、統一的な惑星的環境均衡化チームのようなものが私たちの元に派遣されているわけではないということである。私たちに多くの選択肢を残しておくのが神のやり方のようだからだ。最高度の知性は、私たちの自由意思を尊重しているように見える。そして直接私たちをブロックすることはしないのである。しかし、このことは、いかなる介入も起きないことを意味しているのではない。私はアブダクティたちの話を調べて、自分を創造主の側に置いて考えてみようとした。そうするとどう見えるか？出現した二種類の実体——人間とエイリアン——は困難な立場に置かれているように見える。それぞれが互いに交差するとき、そのアジェンダはいくつかの点でかなり異なっているとしても、相手が実現できることを互いに必要としているのである。

エイリアンについて言えば、異なった特徴をもついくつかのタイプがいる。大きな目をもつ小柄なグレイ型エイリアンは、ここで必要とされることに関しては信用できる。彼らのやり方はときに無思慮で乱暴に見えるとしても。彼らはとくに姿を変えることを得意としており、そうするのが役立つときには動物に変装する。グレイは人間と交流し、通常はそれと知られることなしに、数千年にわたって人類の文化やアイデンティティに影響を及ぼしてきた。彼らは今とくに「役立って」いる。他の存在たちはより啓発的または超越的である。爬虫類型の存在は、荒いふるまいをする。これらは、このプロジェクトに選ばれた、または志願した特定の人間の意識のレベルに応じて、より限定された役割を果たす。

エイリアンたちは肉体を失ってしまった、あるいは少なくとも、人間より物質的な濃度の低いものになっているように見える。アブダクティの中には、私たちが今この惑星で陥ってしまったような種類の行き過ぎ、または技術的傲慢さの結果として、エイリアンたちには何か生物学的に具合の悪いことが起きてしまったのだと、教えられた人もいる。だから天使たちのように、彼らは肉体をもつことに憧れている。私たちは、エイリアンたちが私たちのもつ濃密な物質性、感性、性、親の愛情などに魅せられ、私たちと連合を形成して、彼ら自身の目的のために、たとえば濃密な肉体の快楽を享受したいとか、混血の人間／エイリアン種族をつくりたいという願望を示しているという、数え切れないほどの事例をもっている。エイリアンたち自身は神々ではない——彼らのふるまいはときに神とはほど遠い——が、アブダクティたちはたえず、彼らは私たちより神に近く、メッセンジャーや、守護霊または天使、あるいは私たちと神的な源泉との仲立ちをしてくれる存在だと報告している。

他方、人間の方は、深く濃密な気配り、養育、そして物質的・情緒的愛への能力をもってはいるが、根源とのつながりを見失ってしまった。そして神の最も素晴らしい創造物である地球（ベリー 1990）を、自分たちだけに属する私的所有物として扱っている。こういうことを続けるのは許されない。人間／エイリアンの結合によって、万が一人類が自らと地上の生物の多くを破壊してしまったとしても、生物学的な同一性と両方の種の継続を維持する混血種を作ることができる（どんな領域になのか、私たちは知らないが）。エネルギー的な観点からして、これは調整の困難なプロジェクトであった。エイリアンたちは人間よりもかなり高いレベルの振動をもっているからである。最近、人間／ハイブリッドの統合は以前よりうまく行くようになったらしい（第六章参照）。エイリアンのすぐれたコミュニケーション・テクノロジーはまた、この強情な人々に、彼らが自分の美しい惑星に対して何をしているかをわからせ、これを変えられるかどうかを考えさせるのにも利用される。また、エイリアンたちは、人間が意識を向上させ、創造原理との絆を取り戻すことも手助けできる。

## 世界観の粉砕：目覚め

環境教育には、もっと多くのことが必要である。多くのハイブリッドを生み出すだけでは十分ではない。もしも人間が自己中心的な目標に憂き身をやつすだけで、その心が変わらなければ、地球生命の保護は大して進まないだろう。これは非常に大きなチャレンジである。物質主義者の止められない圧倒的な力は解放され、勢いを得ている。そしてそれを止められるのは、意識における根底的な変化だけである。人間の自我は、特に西洋文化においては、知的な合理化と否定の大きな力によって支えられ、変化への大きな抵抗となっている。

このことは、私たちをアブダクション現象のおそらくは最も重要で論争の的となる側面へと導く。体験者の多く、おそらく大多数が、少なくともその力と意味に直面し、それと折り合いがつけられるようになるまでは、自分の体験が非常にトラウマ的なものだと考える。しかし、この種のトラウマは、ふつうでないいくつかの特徴をもっている。あらゆるトラウマ的な出来事が共通してもっているよく知られた恐怖と無力感の他に、アブダクション体験には他の二つの重要な要素が含まれているのである。

まず、その体験はあたかも仕組まれたものであるかのように、それ以前にもっていた現実についての考え（そのような実体【エイリアン】にとって通常それは意味をなさない）を粉砕（実質的に、すべてのアブダクティがこの言葉を使う）し、体験者たちの、自分は存在の大いなる連鎖の頂点に立つ他に類のない知的生命体の一員であるという感覚を倒壊させるべく設計されている。自分のコントロールが及ばない力を前に、アブダクティたちは無力感と、私たち自身のものよりずっと進んだテクノロジーや他の力をもつ知的生物の存在に直面させられる。

次に、その体験を想起したり、再体験するとき、アブダクティたちはしばしば、自分が強烈な振動的エネルギーに遭遇し、それがまだ体内に残っていて、自分の意識に深い影響を及ぼしていることに気づく。これを言葉にすることは彼らにとっては困難なことがあるが、それを彼らは「目覚め」として語ったり、振動それ自体の結果として、より高いレベルへ移動したなどと言うことがある。たとえば、アンドレアは、遭遇の結果として、自分の体の全細胞が異なった振動の仕方をするようになっているように思えると説明した。それは彼女にとって、変化が自分の「核（コア）」の奥深くで起きたかのように、目覚めへの妨害となるものを超越するように感じられたということである。「それは選択と意図にじかに関わるもので、本当に意識化されたものになるのです」とグレッグは私に書いてきた（一九九九年三月二〇日付の著者宛の手紙）。

今や私たちは問題の核心に近づいたように思われる。というのも、この目覚め、遭遇体験がもつ、自我を粉砕するインパクトから生じる高められた意識は、ほとんどつねに、それと内的に関連するある心理学的変化を伴っているからである。とくに体験者が自分の身に確かに起こったと感じる出来事のトラウマ的な側面を乗り越えたときはそうである。

まず彼らは、西洋社会で言うところの、意識の変性状態にアクセスする。それは先住民文化のシャーマンたちのシンボルの世界と似通ったものである。彼らは集合的無意識の偉大な元型、誕生や死、再生のそれに気づくようになる。そしてそれによって、彼らは他の存在たちや創造主、または究極の源泉とのつながりが体験できるようになる。

第二に、この心理学的、霊的な力の深まりと拡大（アブダクティたちはしばしば特定の心霊能力について語り、それを自ら表わすこともある）の結果、身体的な振動の変化を体験すると共に、宇宙の創造原理との深い絆や、それとの再結合を体験することがある。カリンが言ったように、彼らは「聖なる源泉の使徒」となるのである。

三番目に、彼らは心の開放、あらゆる生きものや創造それ自身との愛の絆を体験する。それはときに神秘的な色彩を帯びることもある。アブダクティたちはその体験にはっきものの光の知覚の中に、神や愛を見出し、それをあらゆる創造の源泉と見なす。カリンは「小文字の光(light)」と「大文字の光（Light)」について語った。後者は「文字どおり万物に内在する神の表われ」である。シャロンは、自分の寝室で「光から放たれた愛」を見るか感じるかしたことを話した。「その愛は圧倒的なものでした」と彼女は言った。これはノーマン・ドンとギルダ・

モーラの発見とも一致している。彼らは、その脳波を上級瞑想者やヨギの恍惚または三昧状態のそれと比較することによって、ブラジルの体験者たちが自発的に過覚醒状態に入れることを明らかにしたのである（ドンとモーラ 1997）。

第四として、アブダクティたちは聖なるものへの更新された感覚と、自然への深い畏敬を体験する。カルロス・ディアスのような人たちは、それぞれの生物を取り囲んでいるオーラのような、神聖な光を見る。彼らは生命の相互につながった網の目に気づき、地球の生命の破壊に内臓感覚的に反応し、ときには耐えがたいほどの痛みを覚え、その保護に自ら関与するようになることもある。「私は自然の事物の流れに戻ることを学びました」とイザベルは言う。「すべてはあるべきようなやり方で、お互いにつながっているのです」。

しかし、その旅の途中で、さらに多くのことがアブダクティたちの身に起こる。特定のエイリアンとの深い永続的な関係を発達させる人もいる。それは通例、どんな地上的な関係より強いものだとされ、彼らは確信をもって、エイリアンの伴侶や、別の世界での子育てについて語ることがある。グレイ型エイリアンの大きな黒い目との接触は、アブダクティを見たところ無限の深みへと引き込むことがあるが、そこで生まれる知と関係は魂レベルのものである。

アブダクティが自分の体験がもつ力と意味を理解するようになったとき、彼らの生活に起きる根本的な変化は、その存在論的な位置づけはどうあれ、私に彼らの話の真実性と意義を確信させる上で、重要な働きをした。多くの人がふつうの仕事を放棄し、ヒーリングや他の人間的なサービスなどの給料が前より低い仕事に就いたり、地球を保護する活動を積極的に行なうようになったりするのである。彼らの世界観や、核となる信念に生じる変化は、持続的であり、進化し続ける。彼らは通常、自分の体験から学んだことを分かち合うよう強いられていると感じる。しかし、自分や自分の家族を批判や攻撃にさらすことにはためらいを覚える。少なくとも最近まで、自分の話を公にすると、それは避けられなかったのである。体験者が私と一緒に会議やシンポジウムで演台に立ったとき、聴衆の中のこれまで懐疑的だった人たちは、しばしば呆然となった。他の研究者たちも同じ経験をしている。

しかし、アブダクション体験者が経る霊的な目覚めには、苦痛に満ちた側面がある。彼らは教師や地球の世話係として、特別な責任やミッションを負っていると感じるかもしれないが、源泉や故郷との深まる絆は、それに伴って、自分はこの世界には属していないという感情をもたらすからである。自分はエイリアンのアイデンティティまたは魂をもっていて、宇宙船は故郷の一部だとさえ感じることもある。彼らが自分の環境の中で体験する〔今の文明の〕物質的・霊的両面の否定性または有毒性、とくに都会におけるそれは、文字どおり耐えがたいものになってしまう。かなりの頻度で、体験者たちは親しい家族と、彼らが一緒に成長できない場合、疎遠になってしまうことがある。故郷または神へ「帰還」したいという自分の願望に直面すると き、彼らは分離の苦痛と悲しみで本当にすすり泣くのである。

アブダクション現象は、西洋文化に起きている段階的（少なくともこれまでのところは）な霊的再生に貢献しつつある、他世界からの私たちの現実への侵入現象の一つである。それは人類の未来と何か関係がありそうに思われる。その現象の主要なエレメントのそれぞれ――トラウマ的な侵入、現実粉砕的な遭遇、エネルギー的な強烈さ、終末論的な生態学的見通し、究極的源泉との再結合――は、禅の大死、エゴの大いなる死に貢献するものであり、それは世界の生命とは両立できなくなった物質主義者の旧態依然としたパラダイムの終わりを告知するものである。

## 想起

何がそのパラダイムの代わりとなるかは定かではない。アメリカ先住民のように、アブダクティたちは、想起の必要性を強調する。私たちがどこから来たのかを思い出すこと（カリン）、この惑星の元の教えを思い出すこと（ウィル）、私たちは皆、神の一部であることを思い出すこと（イザベル）、自分が何者なのかを思い出すこと（アンドレア）、創造主の元の教えを思い出すこと（セコイア）など。新たな認識、新たな習熟、別の方法は、かつてプラトンが教えたように、私たちが誕生時には知っていたが忘れてしまったことを想起することなしには生まれない。前に進むには、私たちの霊的な起源と目標を思い出すことが不可欠なのである。西洋文化にとって、これは私たちの初期の歴史の叡知の伝統と再び結びつくことを意味する（メッツナー

1994；スミス 1992)[2]。

アブダクティと、私のように彼らと一緒に研究してきた者は、しばしばアメリカ先住民の霊的指導者たちに引き寄せられる。というのも、彼らは私たちがエイリアンと呼ぶ実体たちと深く持続的な関わりをもち、創造主との結びつきを維持することを可能にする役割を果たしてきたように見えるからである。エイリアンとの遭遇は、アブダクティたちを聖なる源泉または神へとさらに近づける。しかし、セコイアのようなネイティブのリーダーたちにとって、創造主はどんなときにも最初に考慮されるものであった。私たちは、子供のように、傷つきやすくなることを再び自分に許さなければならない、と彼は教えている。そして「何でも自分でできる」という思い上がった考えを洗い流さねばならないのである。

結局、アブダクション現象は私には、二元性を崩壊させ、地球を超えて宇宙レベルで私たちがつながっていることの認識を可能にする、意識における変化の一部だと思われる。[3] どんな共通の敵も私たちを団結させることはないだろう。しかし、共通の源泉の認識はそれを可能にする。私たちの聖なるものについての観念は、他のすべてと同様、私たちの意識の進化と手を携えて成長するものであるように思われる。私たちはもはや海を分断し、私たちを行くべきところに導いた旧約聖書の裁きの神は期待しない。同様に、メシア／救世主が私たちを聖なる光へと導いてくれる見込みもない。というのも、その光は、私たちは本書の事例のような現象や、臨死体験その他の体外離脱体験からそれを学んでいるのだが、私たち自身の永遠の一部であり、すべての創造の本質だからである。その創造原理は私たちの内部にあって、外部にあるものではない。従って、それは私たちに〔外から〕降りかかってくるものではない。バーナード・ペイショットがその体験で気づいたように、それはどこにもなく、あらゆるところにあるのだから。

私たちは懐古的になって、時計の針を産業化以前、物質主義、大量破壊兵器の製造以前、商業主義、インターネット以前に戻すことはできない。十一歳のエマが賢くも言ったように、「私たちは過度にテクノロジー化してはいけない」けれども、それらは敵ではない。この時代にとっての神【ここはエイリアンを指すのだろう】は、私たちはアブダクティや他の人たちからそれを学んでいるように見えるが、私たちと一緒に働いてくれるパートナーである。何よりこわいのは、私たちの内部にその選択権があることである。この見地からすると、エイリアン・アブダクション現象は、チャンスまたは贈り物、私たち自身と地球の未来に対する責任感をもつ方向に意識を進化させてくれる、一種の触媒である。

一九九七年の四月、ニューヨーク市の大勢の聴衆に向かっての訴えの中で、カリンは彼女がこの選択の中に見ている可能性について、情熱的にこう語った。

たぶん、私たちは自分自身が岐路に立たされていることに気づいたことがあるでしょう。そして私たちは再び、行なうべき選択に直面しているのです。今度は、正しい選択ができないでしょうか？　私たちは素直に手を伸ばして、この体験と、疑問や真実、美しさと同様恐怖も含む、それに伴うすべてを抱擁することはできないのでしょうか？　そうすることによって、私たちはついに自分が誰で、何であるかを学ぶのだとは思われませんか？　そして、宇宙同様創造主とつながるとは正確にはどういうことなのか、私たちがただ学ぶことはできないのでしょうか？　私たちをついに自由にする道を選ぶことは、私たちにはできないのでしょうか？　自由に愛し、笑い、泣けるように、私たちはなれるのではありませんか？　なぜなら、結局のところ、生きて在る歓びの中に生きることが、私たちの運命なのですから。

（ノエティック・サイエンス友の会の会合にて　一九九七年四月二九日）

# 謝辞

本書に関してお世話になった人たちにお礼を申し上げる時がやってきたとき、私はどれほど多くの人々に助けられたかに気づいた。

多くの人たちが原稿の一部または全部を読んでかけがえのないフィードバックを私に与えて下さった。私は一人一人の方に心からの感謝を捧げたい。これらの中にはマイケル・ボールドウィン、ポール・バーンシュタイン、ジョアン・バード、デニス・ブリーファー、ロン・ブライアン、パット・カー、アン・カーター、ローレル・チャイスン、ロバータ・コラサンテ、リンダ・ガーバー、スタニスラフ・グロフ、マイケル・ハーナー、パム・ケイシー、ジョナサン・カッツ、スティーブ・ラーセン、アミー・ロレンス、ジョー・ルウェルズ、セルジオ・ラス、リッチモンド・メイヨー・スミス、そして「心理学と社会変化のためのセンター」役員会のメンバーたち、カロリン・マクロード、ラルフ・メッツナー、エドカー・ミッチェル、ギルダ・モーラ、ブライアン・オーレリィ、トリシュ・ファイファー、アンディ・プリチャード、デヴィッド・プリチャード、ジェフ・レディガー、テッド・ロスザク、ルドルフ・シルト、エレイン・

セイラー、ラリー・シャインバーグ、リチャード・ターナス、アンジェラ・トンプソン－スミス、ロジャー・ウォルシュ、カレン・ウェソロウスキー、そしてマイケル・ジンマーマンが含まれる。

有用なサポート、アイディア、論文、リファランス、そしてアドバイスを提供して下さった他の人たちの中には、ロバート・ビゲローとNIDSの彼のアドバイザーたち、ロン・ブライアン、ジョン・グトフロインド、チャールズ・ラフリン、ハワード・レヴィン、クリストファー・リドン、ルース・マック、バーバラとチャールズ・オーバービー、ライフブリッジ財団、ロレンス・ロックフェラー、そしてアーサー・ザイエンスが含まれる。

私は、プロジェクト全体を通じての彼女のインスピレーションと、とくに文化横断的なパースペクティブの中心的な重要性を悟らせてくれた点で、ドミニク・カリマノプロスに特別な謝意を表したい。何年もの間、彼女は研究上の私のアソシエートで、本書の洞察の多くは私たちの共同作業から生まれたものである。ロバータ・コラサンテは、このプロジェクトの全期間、私のクリニカル・パートナーで、私たちがこの研究から学んでいることについて彼女と話し合う機会は初めから不可欠なものだった。関連文献を調べ、本書の参考文献をまとめてくれたポール・バーンシュタインのたいへんな努力は、並外れて重要なものであった。カレン・スピールストラは、その持ち前の寛大さで、重要な時期に原稿の徹底的な編集を行なってくれた。

レスリー・ハンセンは原稿の様々なヴァージョンに目を通し、それが完成するのに献身的な働きをしてくれた。私のアシスタントのパット・カーは、その作成作業で私にずっと付き合ってくれた。彼女は多くのプロジェクトに関与する経験をしていたので、それを完成に導くのを助けてくれたのである。

カレン・ウェソロウスキーとPEERのスタッフは、初めからアイディアを共有し、有用な批判を提供してくれた。さらに、彼らはそれなしでは本書が日の目を見ることがなかったであろう、着実なサポートを提供してくれた。

私の担当編集者クリスティン・カイザー、そして私の不屈のエージェント、ティモシー・セルデスには特別な感謝を捧げたい。原稿を書いてゆく上でのクリスティンの力強い励ましとそれを助ける思慮深いやり方は私にとって大きな意味をもつものだった。また、ティモシーの私に対する援助は、私たちのいずれかが口にするよりも長い年月にわたる大きなものだった。

私はムー・ソンとキャサリン・ディエール、マサチューセッツ州バレの仏教研究センターのスタッフにお礼を申し上げたい。彼らは休息と安らぎの場所、そして本書の多くがどこで書かれたかの理解を提供してくれた。

最後に、私が最も多くを負うのは未知の領域のパイオニアである、体験者たち自身である。その中には本書に登場する人もいれば、しない人もいるが、本書は彼らに捧げられるものである。

# 訳者あとがき

本書はJohn. E. Mack, *Passport to the Cosmos : Human Transformation and Alien Encounters*, Commemorative Edition, 2008, White Crow Booksの翻訳です。タイトルは直訳すれば『宇宙へのパスポート』ですが、それでは意味がわからない（サブの「人間の変容とエイリアンとの遭遇」はいいとしても）ので、この邦訳書のタイトルは内容を反映したものに改めました。また、Commemorative Edition（追悼版）となっているのは、その四年前の、二〇〇四年九月二七日、著者が英国T・E・ロレンス協会の招きでロンドンに来ていたとき、友人たちとのディナーを楽しんだ後、一人で帰宅途中、酔っ払い運転の車にはねられて、不帰の人となったからです。七十五歳の誕生日を目前にしての出来事でした。

本書の初版は一九九九年ですが、この追悼版では、著者と親交のあった弁護士マイケル・H・コーエンによる追悼文（著者とその研究に関する特別重要な情報が含まれているわけではないので、日本の読者には不要と見てこの訳書では省きました）が冒頭に載せられ、初版刊行後著者自身が追加したものか、編集者によるものかはわかりませんが、二〇〇〇年以後に出た本も文献として追加されています。単著としては、これは結果的に著者最後の作品となったものです（2007年刊行の *Mind Before Matter* という多分野の学者たちの論集の Introduction を彼は担当していたようですが、それは僅か二頁で未完に終わっているので、これが著者の遺稿と言えるかもしれません。その文章は袋小路に入った旧来の物質的世界観に代わる新たな生命的世界観の重要性を訴えるもので、本書の内容とも直接つながっています）。

著者、ジョン・エドワード・マックは一九二九年一〇月四日、ニューヨークのドイツ系ユダヤ人の血を引く家庭（父親はニューヨーク市立大学英語学教授）に生まれましたが、医学の道に進んで精神医学を専攻し、のちにMDの学位を得たハーバード大学メディカル・スクール（日本式に言えば医学部または医科大学院）に戻って、一九七二年に教授となりました。大学附属のケンブリッジ病院に精神科を創設してその科長も兼務（一九六九〜七七年）。研究領域は専門の児童・思春期心理から夢の研究、異文化間葛藤、冷戦下の核軍拡競争が及ぼす青少年への心理学的影響まで多岐にわたり、「アラビアのロレンス」として有名なT・E・ロレンスについての伝記的著作 *A Prince of Our Disorder*（『われらが無秩序の貴公子』未邦訳）で、一九七七年ピューリッツァー賞（伝記部門）を受賞（ロレンス協会の招きで渡英していたのも、その関係でしょう）。一九八〇年代には、カール・セーガンらと共に、学者団体を組織して核兵器廃絶運動に取り組むなど、活動・交友範囲共に広い人でした。

しかし、彼のエイリアン・アブダクション現象の研究は、正統な精神医学者にはあるまじき逸脱とされ、とくに大学当局から強い不興を買いました。これに先立つ一九九四年、彼はその最初の研究成果として*Abduction*（邦訳『アブダクション—宇宙に連れ去られた13人』南山宏訳ココロ 2000）を出版し、一大センセーションを巻き起こしたのですが、それは伝統的・保守的な学界には喜ばれず、本書の第一章でもそれについては軽く触れられていますが、ハーバード大学は著者を査問委員会にかけるにいたったのです。現代アメリカ版異端審問のようなもので、一部同僚たちの「告発」に始まったと見られるそれは、正規の懲罰委員会ではなく、それゆえ手続きも恣意的なものであったため、著者は窮地に追い込まれました。幸い、途中でそれが明るみに出ると、良心的な学者たちによる公正さや学問の自由をめぐる批判が内外（ハーバード内部にも反対者はいた）から湧き起こり、十四ヶ月に及ぶ「審問（inquiry）」の末、学部長は、マック教授が地位を追われることも、研究に制限が付されることもないとする「再確認(reaffirmation)」声明を出したのです。

これはそれ自体が異常なことですが、この問題に関する著者の研究が文字どおり「キャリアを危うくする」性質のものだったことがわかるのです。ともかくその結果、学者サークル内での孤立は否めなかったものの、著者は教授の地位を失うことなく研究を継続することが可能になり、前著*Abduction*から五年後、本書が生まれました。著者七十歳時点でのこの問題についての到達点を示したもので、出来栄えから見て、「自分の使命は果たした」という満足感のもてるものだったのではないかと思われます（本書にはフランス語、イタリア語、中国語の各訳があります。中国語訳はタイトルが『宇宙通行證：外星人綁架事件對人類轉變的重大意義』となっていて、字体からも察せられるように台湾の出版社から出たものです）。

なぜこの研究がハーバード大学当局、そして学界（他分野も含め）の正統派からそれほど疎まれたかは理解に難くありません。ＵＦＯや宇宙人それ自体が公式には「存在しないもの」とされているのに、それに誘拐されて様々な体験をしたなどとは狂気の沙汰で、控えめに見てもそんなことを言う人たちは精神病の類に違いないと（世間の人たちは概してもっと柔軟な見方をしていますが）、正統派の科学的合理主義者たちは考えた、あるいは「考えたかった」からなのでしょう。なのに、ピューリッツァー賞受賞の令名ある名門大学教授が「病気説」を否定して、そんなものを真に受けたとなると、世間への悪影響（と彼らは考える）は大きい。だから許しがたかったので、何とかして著者の信用を毀損しようという企ては著者の死後にまで及び、ハーバード大学は、若手の研究者に彼の信用を害するような低レベルの中傷本（のちに触れますが、本書は翻訳されなかったのに、それには日本語訳がある）まで書かせて、大学の出版局から出し、そのインパクトを最小化しようと目論んだのです。

アブダクション研究以後の著者が置かれた立場は、ある意味で生まれ変わり研究に後半生を捧げたイアン・スティーヴンソン教授のそれと似ています。上に見たような事情から、それよりもっと厳しかったと言ってもよいが、二人とも一流の研究者で、それ以前に彼らに学者としての地位と名声をもたらしていた高い知性と人間としての誠実さ、著作を書く際の学問的な厳密さはそのまま新たな研究にも持ち込まれていたにもかかわらず、研究対象の「異常さ」ゆえに学界からは疎んじられる羽目になったのです。

そこにあるのは多くの場合、頭ごなしの否定か蔑笑で、少数の良心的な研究者以外、虚心にその研究に目を通してそれが何を意味するかを再考するという努力はしない。超常現象でも、UFOの目撃談でも、生まれ変わり記憶の話でも、「オカルト」に分類される分野の研究はどれも似たようなものですが、いわゆる懐疑派の人たちの多くは、懐疑派というよりはたんなる否定派で、目の錯覚や思い込み、無意識的願望の投影や精神病的な妄想の類もそうした事例には含まれているのをこれ幸いと、そういうものばかり取り上げて、「すべてはこの類」だと断じて、自身のそうした態度の「非科学性」は反省しないのです。

今は「科学の時代」なので、迷信的な中世の神学者たちとはレベルが違うのだと彼らは自惚れていますが、自身の世界観、学問観、無意識の思考様式、そして既存の「知のパラダイム」に基づく社会エリートとしての自分たちの権力を揺るがされるのを何より恐れているのは、昔も今も同じなのです。彼らは新たな神官階級であり、愚かな民衆を邪念にはまり込まないよう導く義務と権利が自分にはあると思っている。そして多くの人々がそれに追随するのです。自分の目で見、自分の頭で考えようとする人は昔も今もそう多くはない。

著者は十分それを意識していたので、第一、二章ではどうして自分がこのような研究に導かれたのか、どうしてその研究は重要なのか、そして自分の研究がどれほど厳密なチェックを通し、各種の方法論も考慮して行なわれたものであるか、軽信に陥らないようどれほど注意深い自制的態度がとられたものであるか、くどいほど説明されています。じっさい、いくらかくどすぎて冗長に流れていると感じた部分もあったので、それ以後の章で詳しく説明されているもののたんなる反復にすぎない箇所は削除（全体の分量からすれば僅かなものにすぎませんが）したのですが、もしも通常の研究対象なら、著者もこれほど長い前置きは書かなかったでしょう。

ですから、理論的なことに神経質ではない一般読者は、序文と第一章の「アブダクション現象の基本要素」の項、第二章末尾の「登場人物一覧」に目を通した後、直接第三章以下のトピックに入られてもよいかと思います。それぞれの章は独立しているので、テーマとして関心のある章からお読みになっても差し支えない。たとえば、環境問題に大きな関心を寄せる読者は第五章を、シャーマニズムに関心のある読者は、三人のシャーマンの宇宙人との関わりを述べた

八、九、十章を先に読まれるなどです（この三つの章は伝記的叙述になっているので、とくに読みやすい）。最終章「結論」は本書で述べられたことの思想的要約になっているので、まずそれを知りたいという読者は先にそこをお読みになってもいい。そうしてからあらためて全体に目を通すというやり方をなさっても、何ら差し支えないと思います。訳者自身、翻訳の際、順序にとらわれず、重要と思われる章から先に訳して、最後に全体を見直して、訳語の統一をはかり、訳註を付ける、というやり方を取りました（尚、最初の二章は先に述べたとおり、かなり理論的で難解な箇所はあるものの、他分野の研究者、とくに異文化問題や心理療法を学ぶ人たちにとって、この問題とは別個の一般的な心得としても非常に有用なことが含まれているのではないかと思います。著者は理論家としてだけではなく、患者に寄り添う臨床家としても非常に優れていたという証言があるので、それが反映されているのです）。

ついでに、訳文の体裁について一言させていただくと、原文のイタリックによる強調は傍点で示し、（　）は原語の表示で使った場合以外は、原文でもそうなっていたもの、［　］も同様、引用符はセリフの場合は「　」で、用語の場合は〈　〉で表記しています。訳文の補いと訳註はポイントを小さくして、それぞれ〔　〕と【　】で示し、訳註のそれほど長くないものはそのまま本文に組込みました。原註にはページの下部についているものと、巻末註（独立したものとして読んでも、非常に興味深いものが含まれている）があり、それは原文の体裁に合わせて表記しました。巻末の参考文献一覧もそのまま載せましたが、邦訳のあるものや、それはないが同じ著者の別の本の訳書があるものについては原語の後に表記しています（できるかぎり調べたつもりですが、一部脱落があるかもしれないので、その点はご容赦ください）。索引は、実用性に乏しいと見て、この訳書では省きました。

＊　＊　＊

以上で、本書それ自体の紹介は済んだとして、後はこの「宇宙人アブダクション」問題について、訳者の考えをいくらか書かせていただきます（著者の議論よりもっとくだけた調子で）。そんなものは不要だという読者は、お読みになる必要はありませんが、問題が問題であるだけに、一般読者向けに多少の説明は必要であるように思われるからです。

日本ではあまり（というか、ほとんど）聞きませんが、アメリカなどにはエイリアン（グレイが一番有名）にアブダクト（誘拐）されたと主張する人がかなりの数いて、テレビなどでも面白おかしく取り上げられることが多いようです。それには「ハイブリッド・プロジェクト」なるものまで含まれていて、それは本書でも詳しく述べられていますが、宇宙人による「人間との混血児を作る計画」のことです。宇宙船で精子や卵子を採取されたというにとどまらず、エイリアンまたはエイリアンのハイブリッドとセックスして、子供を作り、「あちらに」何人ものハイブリッドの子供がいる、と主張する人までいるのです。

宇宙人、ＥＴたちは、しかし、何のためにそんな妙なことをしているのか？　それは「種族保存」のためであり、地球が加速化する環境破壊や核戦争で破壊・汚染され、遠くない将来、人類が絶滅した場合、再繁殖させるための一種の「保険」のようなものだとされ、いかなる理由によるのかは諸説あって不明ですが、エイリアンたちは何らかの理由で人類を必要としており、これはそうした事態に備えてのものだというのです。

ＵＦＯは信じるという人でも、「そこまで行くとちょっと……」と引いてしまう人が多いでしょう。こうした話はそれ自体が荒唐無稽で、精神病的な「妄想」の産物としか思えない。それは「科学とテクノロジーの時代」に相応しい新種のパラノイアで、人間の無意識は驚くべきイメージ創造能力をもっていることからして、それは隠れた絶望感や恐怖、日常的不満や孤立感の裏返しの願望が心理的に「投影」されて生まれたものだと解釈されるのです。その証拠に、と批判者たちは言います。何ら科学的・物質的に明確な、説得力ある証拠は発見されていないではないか。彼らの話は詳細をきわめているが、話が詳しいとか、そこに一貫性が認められるとかいったことは、それが事実であるという証拠にはならない。狂人の話というのはえてしてそういうもので、いくら話が細かくても、全体が嘘だということは珍しくないのである。こう言ったからといって、彼らが嘘つきだと非難しているのではない。それは彼らの「主観」からすれば真実なのかもしれない。そういう妄想を生み出し、それが事実だと信じたくなるような心理的必然性が哀れな彼らにはあるのだということは認めてやらねばならない。ご本人にはその自覚がなく、妄想や空想が事実に取って代わってしまっているだけなのだ。理性的・合理的に考えて「あるはずがない」ことが事実として主張される場合は、つねにそういうことが起きているのである。従って、われわれは非難ではなく、同情をもって、そういう人の話は聞いてやらねばならない。自分も一緒になって、そんなトンデモ話を真に受け、信じ込んでしまうのではなく……云々。

甚だしく「上から目線」であることを除けば、これはかなり説得力のある議論のように思えるかもしれません。しかし、この議論は「そういうことはあるはずがないから、嘘か妄想に違いない」という前提から出たものです。これは生まれ変わり研究などに対しても使われる陳腐な批判手法の一つで、今はどうか知りませんが、西洋の精神病院には、自分はナポレオンやパットン将軍の生まれ変わりだと自称する人がいくらもいたそうで、だからそれは妄想だとするのです（たんなる商売でしかない「前世占い」の類も多い）。しかし、イアン・スティーヴンソンの一連の研究や、訳者がこの前紹介したジム・B・タッカーの『リターン・トゥ・ライフ』（ナチュラルスピリット）に出てくる子供たちは、同じく「自分は前は違う人間だった」と主張しているものの、別に精神病に罹っているわけでも、妄想にとりつかれているわけでも、奇妙な幻想にすがらなければならない内的動機もなかったわけで、虚偽の「前世」主張をする人たちがいるからといって、そういう子供たちも異常で病気だということにはならないはずです。そこは裏取りの努力をしながら、丁寧に見てゆく必要がある。

同じことがこの現象についても言えるので、頭ごなし「ありえない」と決めつけてかかる人は別として、本書に出てくるアブダクション体験者たちの詳しい話を読んで「これは頭のイカれた人たちだ」と感じる人たちがどれくらいいるでしょう? 訳者自身、話があまりに途方もないので驚いた箇所は少なからずあったものの、この人たちが精神病の類や、妄想にとりつかれた人たちだとはどうしても思えませんでした。訳者は臨床心理学やカウンセリングをかじったことがあります(一応その方面の修士号はもっています)が、登場人物たちはそれぞれに個性的で、特異な感受性の持主も含まれ(潜在的な霊能者が多いという印象を受ける)、一部情緒不安定と感じさせる人もいるとはいえ、大部分は健康な懐疑心の持主で、心理検査でも異常を示す結果は出ていないわけです。著者も言うように、それが通常の物理的次元で起きたものなのかどうかは不明であるとしても、この人たちは何か尋常でない体験をしたことは確かだと思われるのです。そして感動的な、荘厳と言ってもいい第十二章「源泉への帰還」などお読みになればわかるように、彼らは驚くほど深い自己と世界の洞察へと導かれている。通常の妄想から、このようなものが生まれることはまずありません。たいていその種のものは人格の崩壊と精神的荒廃へと行き着くのです。彼らには、しかし、それは感じられない。むしろ反対の高度な自己理解、世界理解に達しているのです。

ここで本書を主たる標的として書かれた中傷本（出たのは彼の死後）を見てみることにしましょう。それは頭ごなしの否定論者たちが、保守的な学界や「ありそうもない話」という世間の思い込みの支持を当て込んで、どれほどアンフェアな自称「批判」を得々としてやっているか、よくわかるものだからです。出版時、著者が存命なら反論していたはずが、それができなかったので、訳者がその代理を務めさせていただきたいのです。

これは、先ほどもちょっと触れたもので、*Abducted : How People Come to Believe They Were Kidnapped by Aliens*（2005）という本です。邦訳は『なぜ人はエイリアンに誘拐されたと思うのか』（早川書房）で、今は絶版になっていますが、文庫化もされているから、ある程度は日本でも売れたのでしょう。注目すべきは、これがハーバード大学出版局から出されていることです。著者は若手（当時）の女性研究者 Susan. A. Clancy。訳者は作業の途中、古本で日本語訳の文庫本を取り寄せ、一読しましたが、何より驚いたのはその内容の浅薄さと、初めから結論ありきで、「科学的記述」を装いつつ、非科学的な決めつけを平然と行なって、そうした話がすべて虚偽であることを印象づけようと骨折っていることでした。通常、学問的水準を気にする名門大学がこのレベルの本を自分の出版局から出すことはまずないと思われますが、それをあえて出したということからして、表向きそういうことは認めないでしょうが、本書の著者マックに対する反感がいかに根強いものであったかが窺えるのです。

この本の著者、スーザン・A・クランシーの論法は単純そのものです。まず、そんなことはありえないから妄想にすぎないというところから出発する。未知のものに対してはいったん判断を保留して取りかかるのが礼儀であり、真に科学的な態度でもあるはずですが、彼女にはそうした謙虚さは見られない。それで「偽りの記憶」とか、「睡眠麻痺」、「アブダクションを信じている人の人格特性」といったものを持ち出して、それがたんなる「思い込み」にすぎないことを、「論証」はできないので、ひたすら読者に印象づけようとするのです。そこに「アブダクティとのインタビュー」として紹介されているものも、すべてそれが根拠のない馬鹿げた妄想であることを印象づけるために、面白おかしく語られる。これだけ読めば、誰しもそれは馬鹿げた思い込みにすぎないと思わざるを得ない仕掛けになっている。ＵＦＯやアブダクション関係のことは表面的なこと以外ほとんど知らないという人は、「やっぱりそうなのか」と思うでしょう。その杜撰な論理と研究者としての良心の欠落ぶりは驚くほどですが、ある程度の思考訓練や知識がなければ、気づくのは難しいかもしれません。

まずこの「偽りの記憶」というのは、彼女の専門分野のようですが、彼女はかつてこれで痛い目に遭ったことがあった。それは子供時代の性的虐待の記憶が、実は「偽りの記憶」であることがあるという研究をして、それは「すでに確立された実験方法を使って比較的簡単にできそうだったし」、「手っ取り早く博士号を手に入れられそうなだけでなく、心理学会の大物といっしょに働けるうえに、記憶を回復した人の記憶機能について研究した最初の科学者になれそうだった」からやっただけなのだそうですが、『あなたは偽りの記憶を創りやすい』というわたしの言葉は、『わたしは、あなたが虐待されたとは信じない』と言っているように聞えていた（ふつうにはそう解釈されて当然ですが）らしくて、非難轟々になってしまったというのです。しかし、エイリアンに誘拐されたという話の場合には、その心配はない。どうしてかというと、「性的虐待の被害者といわれている人たちを対象とした偽りの記憶の研究では、実際に虐待されたのかを判断するのはほとんど不可能であることが大きな問題だった」が、アブダクティたちの記憶は「偽りの記憶にちがいなさそう」だからなのです。

本書を読めばおわかりになるとおり、彼らの体験は多くの場合、少なくとも最初は深刻なトラウマ体験になりますが、それは「実際に起きたことではなさそう」だから、「あなたのそれはたんなる思い込みで、偽りの記憶ですよ」と言って片づけて何の問題もない、とのたまうのです（これがどんなに無神経な態度かという自覚は全くない。「なさそう」と言うが、初めから嘘だと断定してかかっているのです）。前の性的虐待のときみたいに非難されるおそれはない。性的虐待と違って、いかにもありそうもない話だから、世間も自分の味方をしてくれるはずだからです。それで今度は「もっと安全に研究する方法が見つかった」（ご本人の言葉）と小躍りしたのです。それで、安直そのものに思われますが、何と新聞に「エイリアンに誘拐されたことがありますか?」という被験者募集の広告を出したのです。

そしたら、実際にその記憶はないが、「たんに誘拐されたと信じているだけの人」がたくさん応募してきた。それが「ほとんど」だったというのだから呆れるのですが、彼女の本ではそういう人たちも皆「アブダクティ」として扱われ、「だからこれは彼らの愚かな思い込み」なのだ、ということで議論は進行してゆくのです。ニセモノの事例をまず取り上げて、その「思い込み」に合理的な説明を与え、「他も全部同じ」として全体を否定することにつなげるのは先ほども述べたように低級な論理のペテンの一つですが、その「合理的な説明」にしてからがいい加減きわまりないのです。たとえば次のようなものです。まず、夜中に目が覚めて、体が麻痺したような状態でベッドの周りに見慣れぬ生物が立っていたというような話は、お得意の「睡眠麻痺」で説明される。これはいわゆる「金縛り」のことでしょうが、訳者は金縛り体験の話は何度も聞いたことがあるにもかかわらず、そのときエイリアンか未知の生物らしきものがそこにいたというような話は一度も聞いたことはありませんが、彼女の説明ではそうにちがいないということになるのです。それは「科学的に考えるのが苦手な」信じやすい人たちの場合、エイリアンの話を聞いたことがあって、エイリアンのしわざだと考えれば説明がつくように思えるからなのだと(他にありふれたものとして「入眠時幻覚」というのがあって、訳者もそれは経験したことがありますが、本人にも幻覚とはっきりわかるので、現実と混同してしまうようなことはまずありません)。

記憶回復の補助として使われることが多い軽い催眠誘導にも、強い「偽りの記憶」嫌疑がかけられる(ちなみにマックの本書の事例では「約八十パーセントが意識的な記憶としてすでにあったもの」です)。彼女は「催眠のメカニズムの特性にはあまり関心がない」が、「大切なのは、メカニズムがどうであれ、偽りの記憶をつくりだすために催眠がうまく使われてきたことで、「被験者は、催眠術師からあたえられた暗示に反応しているだけなのだ(従って、それは「偽りの記憶」に違いない)」と断定される。それで、彼女は自分が一度友達から催眠をかけてもらって、事実と全く違う記憶を作り出したことや、ふつうの意識状態での過去の記憶が実際の出来事と全く違っていたことをやはり友達に指摘されたことがあった話などを語るのです。見なさい、こんなに記憶というのはいい加減なものなんですよ!

こういう論理の問題点は、「偽りの記憶」というものはたしかにあるとして(この研究のパイオニアはアメリカの認知心理学者エリザベス・ロフタスです)、だからといって記憶が全く信用できないものであることにはならず、実際大部分はそう大きな間違いはないものだという日常の経験則は無視されている(この著者の記憶はあまり信用できそうもありませんが)こと、催眠に関するポジティブな評価は全く紹介されていないという点です。心理学的な「抑圧」理論もきれいさっぱり否定される。こうした話を彼女は学問的または科学的に確立されたことのように語るのですが、事はそう単純ではなく、大部分は彼女の「思い込み」または「自分が信奉する学派の見解」にすぎません。抑圧または抑制されていた記憶が何らかのきっかけで突然蘇るということは実際にあるものだからで、たとえば子供時代に見た「親の不都合な真実」にまつわる記憶を突然思い出したという場合、それはその人が成熟して、親の「あるがままの姿」を受容できるようになったから（それまでは抑圧が作用していたので出てこなかった）と解釈できるでしょう。アメリカの虐待裁判で問題視された「セラピストの意図的な誘導による虚偽記憶の創造」も、一部の事例でそれが顕著だったというにすぎないのです。

細かく書いていくと、彼女の議論は欠陥だらけで、それだけで一冊の本が書けそうなぐらいですが、とにかくこれほど「論理の詐術」というものが多い本も珍しい。冒頭の謝辞に、編集者に対する「わたしの言葉をいかしながら、構文や文法の誤りを直してくれました」という言葉がありますが、それがなければもっとひどいものになっていたのだろうと苦笑させられるのです。引用の仕方自体が無茶苦茶で、「マックはこう明言している。誘拐された人になにかが起きたという証拠は、本人の証言以外何もない……わたしが調査している人たちは真実を語っている」（……も原文のママ）なんて、これではジョン・マックが「私はアホです」と公言しているようなものです。彼も、他の研究者たちもそうですが、「本人の証言以外、証拠は何もない」などとは言っていない。伝統的な実証主義的科学の要請に十分応えられるような、異論の余地のない外部的・物的証拠はないと言っているだけの話なのです。稀にこういう人がいるものですが、何でも自分の議論に好都合なように細工して利用する（だから、アブダクティの集め方もテキトーで、質が吟味されていないのはもとより、そこで語られたという話も、著者の「創作」が混じっていない保証は何もないのです）。
笑えるのは「確証バイアス」について、こう述べていることです。

「確証バイアス――すでに信じていることに都合のいい証拠を探したり解釈したりして、都合の悪い証拠は黙殺したり解釈しなおしたりする傾向――は、だれもが持っているものである。科学者さえもだ。いちど前提（「わたしはエイリアンに誘拐されたと思う」）を受け入れてしまうと、それが事実でないと納得するのは非常にむずかしい。打たれ強くなり、まわりの議論に左右されなくなる」（ハヤカワ文庫 p.80）

ご説ご尤もですが、このカッコの中を「わたしはエイリアンなんて絶対に信じない」というふうに変えれば、それはそのまま彼女の議論に当てはまるのです。こういうのを「ブーメラン効果」と言いますが、頭脳の緻密さに欠ける、感情的な（「わたしは彼らが好きだ」などという人ぶって見せながら、随所に侮蔑が出てしまう）著者は、そのことに全く気づかない。ロズウェル事件をめぐる騒動の話もこの本には出てきますが、それは「のちに米軍は、気象観測気球だったと発表した」のだから、異論のすべては妄想や虚偽証言の類だとして片づけられるのです。そして、エイリアン・アブダクションのみならず、UFOそのものについても、彼女は次のように書いて力強く否定する。

「一九六九年、米国科学アカデミーは、入手できるすべてのUFO関連の証拠を調査するプロジェクトに協力し、つぎのような結論をくだした。『現在わかっていることから考えると、未確認飛行物体の説明としてもっともありえそうにないのは、地球外から知的生命体がやってきているという仮説である』それ以来、なにも変わってはいない。これまでのところ、エイリアンの宇宙船が地球にきたという客観的証拠も、人間が誘拐されたという客観的証拠もない」（同上 p.198）。

別にビリーバー（その種の現象を信じる人）ではなくとも、世間を知っている大人はその手の「発表」は眉唾であることの方が多いのだということをよく知っていますが、彼女は「権威筋」の言うことは何でも正しいと思ってしまうのです（科学的な懐疑精神はどうなったのだ?-）。そもそも、文中の「入手できるすべてのUFO関連の証拠を調査するプロジェクト」というのは何なのか? これはウィキペディアにも、「コンドン委員会は最終報告書を公開する前に、全米科学アカデミー（NAS）に報告書の審査を依頼した」とあるように、「コンドン委員会」

のことなのです。いわくつきの報告としてその筋では有名なもので、調査過程で二人のメンバーから「不正」を告発されていたのみならず、一九六九年の発表当時も、激しい批判にさらされた。おかげで責任者の哀れなコンドン氏（原子核物理学者）は諷刺漫画の恰好のネタにされ、彼が緑の小人（宇宙人）にさらわれているところに、横から仲間が「言ってやれよ。オレはおまえなんかぜったい信じないからなって」と声をかけている絵とか、散々な目に遭い、今では「初めに結論ありき」の杜撰な（従って「非科学的」な）ものだったという評価がむしろふつうです。しかし、同類のクランシー女史は読者に決してそんな情報は与えない。「それ以来、なにも変わってはいない」という断定もすごい。本書にも出てくる、一九九七年のＵＦＯ現象についてのスタンフォード大のピーター・Ａ・スタロックを議長として開かれた四日間にわたる科学パネルの概要報告（第二章）など、同じ科学者団体によるものでもポジティブなものは無視することにしたようだし、二〇〇一年五月には、スティーブン・Ｍ・グリア（元救急医）がワシントンＤＣの全米記者クラブで、軍や政府関係の要職にあった多くの証言者を集めて、画期的とも言える記者会見を開きました。クランシーのこの本が出版される四年前のことで、その証言集は『ディスクロージャー──軍と政府の証人たちにより暴露された現代史における最大の秘密』（邦訳　廣瀬保雄訳　ナチュラルスピリット　2017）としてその後本にもなったのですが、こういうのも「ないのと同じ」扱いなのです（グリアのこの長期にわたるＵＦＯ問題の調査についてはUnacknowledgedという見応えのある──議会の承認を経ない膨大な「闇の予算」をもつ組織が存在し、大統領ですら関係情報にアクセスできない仕組みになっているという話は深刻――ドキュメンタリーもあります。『非認可』というタイトルでNetflixで視聴可能）。*日本にもＵＦＯを見たという人はたくさんいるから、そういう人たちは一度彼女のところに行って「心理学検査」を受けた方がいいでしょう。そうするとアブダクティたちと似た「統合失調症型の精神構造」をもっていることが判明し、暗示にかかりやすく、幻覚を見る「潜在的傾向」が認められるから、注意するようにという貴重なアドバイスがもらえるかもしれません。一九九四年のアリエル・スクールの六十二人の子供たちのケースでは、ほとんど奇蹟的に、そうした「傾向」をもつ子供たちばかりが集まっていたのです。だから実在しないＵＦＯや宇宙人が見えた。＊本訳書出版時点ではすでに外されている。

長くなったのでこれくらいにしますが、ほとんど全部がこの伝なのです。どうにもタチが悪いと感じられる。原著の米国アマゾンのレビューには「なんでハーバード大学はこんな無価値なクズ本に名前を貸したのか?」というタイトルで、「クランシーのこの滑稽な本は、いくらかでもこの現象を調査したことのある人ほとんど皆から、無価値なジャンクとみなされている」と酷評したものがありますが、それは言い過ぎではないのです（この本に対する好意的なレビューは、この方面に対する知識がほとんどなく、アブダクティもこの本に描かれたような人たちばかりだと思ってしまった読者によって書かれたものでしょう。その点、「誘導」を非難してやまない著者の「誘導」は成功したのです)。

話を戻して、だからエイリアン・アブダクション現象は議論の余地のない明確な現実として存在すると訳者は言いたいのではありません。本書の著者もそれを信じるよう読者に強要しているわけではない。しかし、一見すると奇怪きわまりないこの種の報告をする人たちがかなりの数いて、それに対応する奇妙な物理現象も多数報告されている。そして彼らのほとんどには心理学的検査による異常は発見されていない。もう一つ、彼らがエイリアンたちから受け取ったというメッセージや、遭遇体験から生じた精神的な成長、世界観・自己観の変容には特筆すべきものがある。これらは一体何で、どういう意味合いをもつのか、それは真面目な研究と考察に値するという著者の主張は、オープンな心をもつ人には十分理解されるのではないかと思うのです(それは「自分もエイリアンに誘拐されたことがあるのではないか?」と思い込むこととは何の関係もない。訳者自身、そんな経験はないし、今後もグレイとご対面する光栄に浴することはなさそうに思いますが、そういうこととは別に、本書は興味深い、啓発的で真摯な「人生体験の書」として読めたのです)。

前世記憶でも、このエイリアン・アブダクション現象でも、訳者が最も興味深く思うのは、それが唯物論的科学主義に対する強烈な異議申し立てになっていることです。前者の場合、それらがニセの記憶でも、妄想の類でもないとすれば（残念ながらたんなる思い込みにすぎないものは少なからずあるようですが）、それは肉体の死後も存続する何か（一般的な用語では魂や霊）があり、この人生での体験は何らかのかたちで次の生に引き継がれるということになって、それは過度に現世執着的になった自閉的な人生観に大きな影響を及ぼすだろうし、後者の場合、高度な知識とテクノロジーをもつエイリアンとの遭遇と彼らからの警告は、人間の「万物の霊長」的な思い上がりを粉砕し、深刻な環境破壊や核戦争の危機を作り出した人類は、自滅への道を驀進（ばくしん）しているのみならず、「宇宙の迷惑」にもなっているらしいことを示唆しているからです。

エイリアン・アブダクション現象はまた、それが物理的現実の中で起きているのか、内的現実の中で起きているのかわからず、しばしば心的世界と物質世界の両方にまたがっているかのように思われるところから、近代西洋的な物心二元論的なものの見方を突き崩すものでもあります。それは先住民族的な感性や、シャーマニズム的な世界理解にきわめて近しいところがあって、量子物理学は従来の主客二元論的な世界理解をすでに揺るがせていますが、それと踵（きびす）を接するかのようにこうした現象の報告が相次ぎ、古代の叡知の見直しを迫っているように見えるのは興味深いことです。

当然ながら、こうした現象に遭遇し、それに悩まされた人たちは、自我中心的な世界観を放棄するよう迫られる。自分というものがまずあって、その周囲——外部——に世界が、他の人々や自然が配置されているという通常の世界理解は、不十分であるだけではなく、全くの虚偽ではないかという疑惑に彼らは襲われるのです。心的現実と物質的現実の境目が融解し、時間と空間、自他分離的な意識が不確かなものと感じられ、ときにはエイリアンとの自己同一化が生じ、そしてそのエイリアンが根源的なものからのメッセンジャーとして受け取られるようになると、その「根源」こそが自己の故郷であり、「自分そのもの」ではないかと感じられるようになるのです。それはスピリチュアリズムで言う「ワンネス」の体験で、それは道教的な万物斉同の感覚をもたらし、だからアブダクティの中には自然の痛みをわが痛みとして痛切に感じる人たちも出てくるのです。

これは文明による意識の条件づけが脱落するプロセスと見ることもできますが、その結果、皮肉なことに、彼らはこの物質主義的、自我中心的な文明世界でのエイリアン（異邦人）に実際なってしまうということが生じる。彼らが価値ありとするものがこの世界では価値を認められず、反対に、彼らにとってはどうでもいいと思われることがここでは重視されるのです。彼らは疎外感を感じ、孤立していると感じる。エイリアンと接触した結果、自身がエイリアンとなってしまうのです。

しかし、こうしたエイリアン的な自己理解、世界理解と感性こそが、今の文明転換の原動力になるのではないかと、訳者は思います。既存の世界観、科学それ自身によって疑義を呈されるようになった科学的合理主義による心と物質世界の峻別と主客二元論、自我との同一化から生まれる現世利益的刹那主義（後は野となれ山となれ）、物欲と自己権力の飽くなき追求こそが、内的にも外的にも荒廃したこの文明世界を生んだのです。温暖化や生物大量絶滅をひき起こしている環境破壊の問題の解決が困難になっているのも、かつてはあった自然との内的な深いつながりの感覚を失った結果、それを人がわが痛みとして感じることがなくなり、知的・観念的次元で了解される「危険」でしかなくなっているからです（感情レベルでの切実さがなければ、人は行動しない）。そうした現代文明の総本山とも言えるアメリカで最もこうした報告が多いというのは意味深長で、それはある種の「宇宙的摂理」のようにも感じられるのですが、いかがなものでしょう？

ともかくそういう意味でも、このエイリアン・アブダクション現象は、たんなる好奇の対象としては片づけられない深い意味をもつように思われるのです（スピリチュアリズムや宗教哲学の研究者は、一見奇異に見えるこの現象を仲立ちにして、元々は「ふつうの市民」にすぎなかった体験者たちが古代の賢者や神秘主義者さながらの非凡な洞察に達しているのを見て驚かれるでしょう)。読者の皆さんも、著者同様、本書に登場するアブダクティたちと体験をシェアすることによって、別の自己理解、世界の見方を経験されるかもしれません。そうであればいいなあと思いながら、この本を訳しました。

最後に、本書の価値を認め、冒険を承知で邦訳書出版を決断され、版権取得等あれこれお骨折り下さったナチュラルスピリットの今井博揮社長に厚くお礼申し上げます。また、笠井理恵さんは今回も編集作業に丁寧に取り組んで下さいました。

地球温暖化による環境危機が尖鋭化し、新型コロナウイルスが全世界を揺るがして、現代文明のあり方を根底から問い直す様相を呈しているときにこのような本の訳が出る運びになったことには、いくらか因縁めいたものがあるように感じられます。

二〇二〇年六月二九日

訳者

# 原註

## 第一章

1. 区別を設けているシャーマンもいる。アルバート・ヴィロルドは「リアリティ」の四つのレベルを定義している。
   1. 物質的な、通常のリアリティ
   2. 心理学的、象徴的リアリティ
   3. 魔術的、神秘的リアリティ
   4. エネルギー的、または「霊的」リアリティ（一九九六年一二月一八日、ウェルズリー大学数学教授、パトリック・モートンによってリッチモンド・メイヨー・スミスのために用意されたもの）

しかし、リアリティのレベルが理論的には妥当だったとしても、人間の知のありようが本来経験主義的なものなら、これら四つの領域を区別することは〔実際には〕困難だろう。

2．エドガー・ミッチェルは第四章の原稿を読んで、アブダクション現象の諸側面は、物理学者がモデル化できるものとそう大きくは違わないかもしれないと書き送ってくれた。以下は彼のｅメールからの抜粋。

体験者のエネルギーや光、振動その他についての描写は暗喩的なものではなく、リアルで正確な表現である可能性がある。たいていの物理学者は、内的知覚のモデル化については全く何も知らない。こうした異常な出来事にまつわる問題の大部分は、私たちの知覚の仕組みが制限を受けすぎていて、それらの多くを捉えるだけの能力をもたないということだと、私は確信している。私たちの知覚の仕組みは、自分がふだん住んでいる環境と自分の経験の両方によってかたちづくられる。あなた方の被験者【＝アブダクティ】たちが語る体験の大部分は、原理上は、現代科学の用語でモデル化しうる。つまり、光線によって引き上げられるとか、壁を通り抜けるとかいった現象である。

エドガー・ミッチェルからこのｅメールを受け取ったとき、ＰＥＥＲの私たちのウェブマスターであるウィル・ブェッチは、ホイットリー・ストリーバーに、インターネット経由で、アブダクション体験にはどうして知覚上の不一致がこれほど多く発生するように見えるのかと質問したことがあったのを思い出した。ストリーバーは、上記のミッチェルのコメントとよく似た言い方で、次のように答えていた。「知覚上の問題は重要だが難しい。私はすべての知覚がもつ根本的な不確定性（量子論的な知覚の問題）のために、脳がそれに対するいかなる基準点ももたないような事物を正しく観察することは極端に難しくなっているのではないかと考えている。仮に別の世界にいる人々がこれを理解し、その結果を利用することができるとするなら、それが彼らの意のままに姿を現わしたり消したりする見せかけ上の能力の説明になるかもしれない。つまり、これは何らかの魔術的なプロセスというより、ごく平凡なところに原因があるものなのかもしれない、ということである」。

## 第二章

1．一九九八年の秋、ハーバードの物理学教授、ポール・ホロヴィッツは、マサチューセッツ州ハーバードのオーク・リッジ天文台に、天体をスキャンしてレーザー光信号を探知するための装置を設置することによってそのプログラムを拡大した（Caballero and Langer 1998, pp, 1, 10）。

2．マクロードの研究は次のような定評ある心理測定装置を用いた。ＢＯＲＲＴＩ（Bell Object Relations and Reality Testing Inventory）、ＳＮＡＰ（Schedule for Nonadaptive and Adaptive Personality）、ＴＡＳ（Tellegen Absorption Scale）、ＤＥＳ（Dissociative Experiences Scale）、ＭＳＣ－ＰＴＳＤ（Mississipi Scale for Civilian Post-Traumatic Stress Disorder）、ＩＣＭＩ（Inventory of Childhood Memories and Imaginings）、ＣＩＳ（Creative Imagination Scale）、ＧＳＳ（Goodjjonsson Suggestibility Scale）、そしてとりわけ、ＳＣＬ－90－Ｒ（Symptom Check List 90-Revised）である。これらの発見の詳細を分析したいくつかの論文の発表が予定されている。

3．同僚たちは、重度の精神疾患をふるいにかけて排除することによって、私たちがサンプルを歪めているのではないかと論じた。私はこれが妥当な批判だとは思わない。この場合、私たちの〔選別の〕目的は精神疾患を診断し、治療するという意味での精神医学的なものとは異なるからである。私たちが関心を寄せているのは、精神医学的障害では説明できない事例が実際にどれくらいあるかを決定することである。そういう例がかなりあると判明すれば、アブダクション現象を精神病理学的基盤に基づいて説明できる可能性は乏しくなるだろう。

4．Roberta Colasanti and John E. Mack, *Comparative Narratives of Reports of Multiply Witnesses Anomalous Experiences Commonly Called "Alien Abuduction": A Pilot Study*.（Cambridge, MA：Program for Extraordinary Experience Research, 1996）.

5．アブダクション現象について言われる、偽りの記憶の問題（催眠を用いた場合もそうでない場合も）については、『アブダクション』のペーパーバック版の補遺Aで論じた〔邦訳書p.601～617〕。

6．私は「全的自己（total self）」を、知の道具と考えることを好む。というのも、ホワイトヘッドも言ったように、知覚の「非感覚的」器官またはモードというものがあるように思われるからである。

7．ヒーラーで千里眼のロザリン・ブリュイエールは、カレン・ウェソロウスキーに次のように語った。「宗教的なエクスタシーを体験した人の中で、世界が終わろうとしていると考えなかった人はいません。彼らの世界は終わろうとしているのです。世界がではなく、彼らの世界が、です。彼らが知っているようなものとしての世界は崩壊する。古い世界はもはやここには存在せず、あなたが真実だと思っていた世界は真実ではないことが判明するのです」(一九九八年八月一七日のインタビューで)。

## 第三章

1．一九九八年六月のウェルズリー大学の講義で、数学者のパトリック・モートンは「時間の外側に生きること」は創造的なプロセスの不可欠の側面だとして、次のように語った。

実際的な必要に迫られて私たちが創造的になろうとするとき、私たちは神の手によって助けられますが、それ【=神の手】は同時に自分自身のより大きな部分でもあるのです。別の言い方をすれば、私たち一人一人は時間の内部と共にその外部にも生きているということです。そして創造の際、時間の外に生きている私たちの部分が、時間の内側に生きている私たちの部分に流れ込んでくる。プラトンはこのより大きな存在をダイモンと呼びました。それは私たちの生の案内者であり、私たちの生に先立って存在しているように見えるのです。

2. ワームホールやタイムトラベル、ブラックホールについての理論的な考察に関しては、加来の *Visions* も参照のこと。ワームホール経由での旅に必要とされる膨大なエネルギーは計算可能だが、私たちがこの惑星で知っているいかなるものをも超えている（加来 1997, pp.339-45）。

3. 物理学者のワームホールの概念または次元間架橋と、アブダクティたちが語る体外離脱体験またはアストラル旅行との関係は、さらなる研究を必要とする（ブールマン 1996）。

4. これを書いた後私は、哲学者のマイケル・ジンマーマンがアブダクション現象について研究しているうちに、三番目の「魂の領域」、「霊と物質の世界の間にある、両者を仲立ちする次元」の仮説に導かれたことを知った(トラビス 1998, p. 21)。

## 第四章

1. ウィルの妻、マージョリーは、自分も思いがけず霧の中に現われた船の三つの光を見たと、私たちに語った。そしてそれは彼らの霧笛には応答しなかった。彼女はこれが説明不能の神秘的なものだという考えは弄(もてあそ)びたくなかったので、その光の形態はそうした船のものだとは思えなかったものの、クルーズ船だったのかもしれないと示唆した。私たちがウィルにそれがクルーズ船だった可能性はないかとたずねたとき、彼はこの考えを否定した。その船には船首から船尾へと流れる赤と緑の光はなく、オーシャン・ライナーの船窓らしき灯りも見えなかったからである。霧笛や、無線で連絡を取ろうとする努力に対する反応は何もなかった。さらに、その船は横向きのまま彼らの方に直進してくるように見え、海中に没している部分があるようには見えなかった。最後に、強い光線が彼らのボートを照らしたが、それは通常の船がもつどんな光とも違っていた。

2. イリノイ大学の研究者、ノーマン・ドン博士も、一九九八年一二月五日の会話で、著者に対してこれらの関係を強調した。

3. Multidisciplinary Study Group Conference on Anomalous Experiencesのために用意された声明の中で、ルドルフ・シルトは、これは今では「精髄（quintessence）」と呼ばれていると述べた。これまで既知の物理学法則は、宇宙は加速しながら膨張しているのではなく、減速していると予言していた。おそらく、と彼は示唆する。この謎めいた圧力は、私たちの宇宙と相互作用している広大な「多元宇宙」の中の他の宇宙が原因で生じているのだろうと。量子理論それ自体のあれこれの不確定性から、シルトは、「多元宇宙の中にあって、私たちがまだ理解していない方法で、私たちの四次元宇宙の出来事を導いている、何らかのより高度な知性または目的の作用」を、私たちは発見しつつあるのではないかと疑うようになった（一九九九年三月一八日の、著者とのインタビューで）。

4. アブダクティたちは振動の身体的感覚について語り、彼らが体験する感覚の強烈さは彼らの体にどのようにしてか「貯蔵」されているように思えると言うが、こういう捉え方は起きていることについて考える最善の方法ではないかもしれない。その体験は、彼らが体験している間に遭遇するエネルギーの中に含まれる何らかの種類の情報と一緒に生じている可能性がある。おそらくこの情報が、それがもつ意味と力と一緒に、体験が想起または再体験されるとき、蘇るのだろう。カリンとデイヴは二人とも、Multidisciplinary Study Group で、体験の初めに知覚した光の中にどのようにしてか含まれているように見える情報について語っている。

## 第五章

1．一九九八年六月一一日の、Center for Psychology and Social Change の役員会議での発言。そのとき役員と招待者たちは、この章の原稿について意見を求められた。

2．セレステはロバータ・コラサンテに送った手紙の中で、地球の苦しみについての自分の悲しみを詩で表現した。

私は地球のために涙する
その栄光に満ちた美しさにもかかわらず、彼女は生き延びられない

私たちの破壊はエスカレートしている
彼女は苦しみ、それでも生命を支え続ける
神の偉大な地球は死につつある
私たち人間は生命を保持するために壊れやすいそれにしがみついている
地球の確実な運命を回避できる可能性はもうない
デリケートで脆(もろ)い生命
それが試練にさらされている
死なんとしている母の胸で乳を飲みつつ
静かに私は涙する
……未来の地球の子供たちのために
そして彼らのかけがえのない母のために（一九九九年二月一八日付の手紙）

3. スタディ・カンファレンスで人類学者のチャールズ・ラフリンとカルロスの体験について話したとき、彼は私の注意をフリッツ・A・ポップの生体電気学と生物発光に関する著作（ポップ他 1984；ホー他 1994）に向けさせた。その後の手紙で、ラフリン博士は次のように書いてきた。

基本的に、彼らは細胞が熱によらない光の海を生み出し、この光を細胞内・細胞間コミュニケーションのために用いることを明らかにしているのです。その光は生命と、生体システムの有機的組織にとって基本的なものです。私たちは肉眼ではその光を見ることができません。可視的なスペクトルを相殺する干渉パターンをその周波は生み出しているからです。（一九九九年四月一二日付の著者宛の手紙）

## 第六章

1. けれども、これを額面どおりに受け取っていいかどうかはまだわからない。たとえばセコイア（第九章）は、「スピリットはそれが欲するどんなやり方でも女性を受胎させることができる」と述べている。

2. エヴァの未刊の論文、*Communion* 一九九七年一月二二日、p.3

# 第七章

1. この章で私が用いている「元型（アーキタイプ）」という言葉は、人間の心の内部世界と宇宙に本来備わったパターンを結びつける、シンボルについてのカール・ユングの考えに由来するものである。元型は内的で普遍的な構造物であるかもしれないが、人間にとってのその表現の性質は、文化の進化と共に変わり、集合的無意識の中で変化するものである。

2. ケルト神話では、白馬は神々のメッセンジャーとされることがある。一方、古代ギリシャでは、それはリアリティのある次元から別の次元への移行を表わすことがある。日本や中国、インドの神話では、白馬は慈悲の女神、太母を象徴する。これは、ノーナが五人の子供をもち、「宇宙に」他にも多くの子供をもっと信じていることを考慮するなら、不適切なものではない。ノーナは彼女のコミュニティにおける一種の太母であり、存在たちから「子供たちの世話をする」ミッションを与えられている。ジョセフ・キャンベルは、どのようにして白馬が昔のエスキモーのシャーマンの援助霊とみなされるようになったかを語っている（キャンベル 1993,p.171）が、それはバーナード・ペイショットのアシスタントとしてのノーナの差し迫った役割を思い起こすとき、興味深いものである。

3．面白いことに、フクロウは、大きな黒い目をもつエイリアンと同様、見ること、とくに夜間に見ることと関連している（ラルフ・メツナー　一九九八年七月三一日の著者との個人的な会話で）。

4．ラルフ・メツナーは、シャーマンの旅では、通過はトンネルを通って行なわれ、旅人はそうして別の世界に現われるのだということを私に思い出させた。

5．死の前後に、管を通って光の存在が住む世界に旅をする体験は、十年にわたって、セラピストのマイケル・ニュートンによって多くのクライエントを対象に研究されてきた（ニュートン 1994　とくに pp.17-25）。

6．メツナーは、強調点はむしろ「暗喩的な含意または関係」と結びついたリアリティに置かれるべきだと示唆している。彼はゲーテの「あらゆる現象は暗喩的である」という言葉を引用している（一九九八年七月三一日の個人的な会話で）。

# 第八章

1．興味深いことに、アマゾン川流域にまつわるいくつかの伝説では、空からやって来る存在たちは、河口近くの川にいる淡水哺乳類のイルカと結びつけられているようである。熱帯雨林に住むある少女が妊娠したが、誓って自分は男性と交接したことはないと言うとき、その妊娠はイルカのせいだとされることがある。しかし、バーナードは、これらのイルカは実際には空から来た存在たちで、処女に受精するためにこの形態をとり、それから宇宙に帰っていくのだと考えられている、という話も聞いた。そのような結合の結果、「星の子供」が生まれるとき、それはイルカのような肌をもち、地上では長く生きられないと言われている。

ノーナはこの話を聞いたとき、驚いた。というのも、彼女は存在たちが自分を南アメリカの海の入江に連れて行ったときの体験を思い出したからである。そこでは美しいイルカたちがのぼってきて彼女のそばに来た。存在たちは彼女に、君は胸の上にイルカのシンボルをつけなければならないと言った。以後、彼女はイルカのピンを胸のところにつけている。彼女は宇宙船で、自分の子供だが、イルカとも関係する子供たちを見せられたことがある。イルカは、とノーナは信じている。〔彼女の〕アブダクション現象と分かち難く結びついていて、バーナードとの出会いとも関係するのだと。バーナードの部族での名前はイプピアラだが、それは「イルカ」を意味しているのである。

2．実際、現代の物理学者と天文学者は、「無」がある意味では万物の根源だということを証明する発見を報告し始めている。MITのノーベル賞物理学者であるアラン・グース博士は、こう書いている。「宇宙における物質の起源の問題は、もはや科学の領域を超えるものとは考えられていない。二千年にわたる科学研究の後、……すべては無から創られた可能性が高くなっているように思われる（グース 1997, pp. 2, 15）」。宇宙論研究者のブライアン・スウィムは言う。「量子物理学者による、現在『空（くう）（emptiness）』『純粋空間（pure space）』『真空（the vacuum）』と呼ばれるものについての注意深い研究から、……基本的な微粒子の奇妙な出現が明らかになった。……通常のプロセスは、微粒子をペアにして、すばやく相互作用し、互いを消滅させるよう働く。……そのような創造的・破壊的活動は、宇宙全体でつねに、いたるところで起きている。……脳の中のニューロンのシナプスの間でさえ。宇宙の根底は……不活性ではない。それは創造力で激しく沸き立っており、物理学者たちは宇宙の根底の状態を「時間―空間の泡」と呼ぶほどである（スウィム 1996, pp. 92–93, 101）。現代科学によるこのような観察は、古代ヒンズー教や仏教の師たちの、世界は絶対無または魂の空性、無性から現われたという教えをこだまさせている。

3．このシンボリズムについては、ジョン・パーキンスからも教示を受けた（一九九七年一一月九日の個人的会話）。彼は長年アマゾン密林の部族民や他の先住民族と暮らしてきた人である。彼は「形態変容」(1997)、「サイコナビゲーション」(1990) について学んだことを書き、『世界はあなたが夢見るものである (*The World Is as You Dream It*)』を著している。

## 第九章

1．セコイア・トゥルーブラッド『自伝的要約』Sequoyah Trueblood, Autobiographical Summary, 1997a, pp. 21-27（以下、読者には煩雑なだけと見て連続する註記参照表示は省略したが、しばらくここからの引用が続く——訳者）

2．ドストエフスキーの『おかしな人間の夢』に、主人公がセコイアのそれとよく似た地球外旅行をするくだりがある。

これらの幸せな人々の目は、明るく光っていた。彼らの顔は理性と、すでに平静の境地に到達した意識に満たされて輝いていたが、あくまでも楽しげで、彼らの言葉や声は子供のような喜びではずんでいた。ああ、私はすぐさま、彼らの顔を一目見ただけで、すべてがわかった。何もかもが！　ここは、堕罪に汚されていない大地であり、ここには原罪のない人々が、全人類の伝説によれば私たちの堕罪に汚れた祖先もかつては住んでいたという、あれと同じ楽園に暮らしているのだ。ただし、一つ違っているのは、ここでは、隅から隅まであらゆる所がひとしなみに楽園であるという点だった。ここの人々は、嬉しそうに笑いながら、私の方に押し寄せてくると、私を愛撫した。彼らは私を自分たちのところへ連れて行き、一人一人が皆、私を宥め、落ち着かせようとしていた。

（安岡治子訳『白夜／おかしな人間の夢』光文社文庫　2015　p.187～8）

この話に私の注意を向けさせてくれたのは、クリストファー・リドンであった。

3．前出『自伝的要約』p.14

4．セコイア・トゥルーブラッド『ネイティブの霊性：平安への道』Sequoyah Trueblood, 1997b. *Native Spirituality : Pathway to Peace*. Senior Fellowship Research Description, Harvard University Center for the Study of World Religions, p.4

5. セコイア・トゥルーブラッド、ペギー・ハドルストンとの会話、一九九八年六月一四日、p.4

6. これらの言葉が感性的に、仏教の金剛経の最後の四行にどれほど似ているか、私には印象深く思われる。

現象界というものは、
星や、眼の翳、燈し火や、
まぼろしや、露や、水泡や、
夢や、電光や、雲のよう、
そのようなものと、見るがよい。

（中村元・紀野一義訳註『般若心経・金剛般若経』岩波文庫　p.127）

7. 前出、ハドルストンとの会話　p.9

8. セコイア・トゥルーブラッド、"Healing Our Youth : A Proposal for a Youth Healing and Development Council," 1996, pp.21–22

9. 前出『ネイティブの霊性』pp.1-2

10. 前出『自伝的要約』pp.20-21

11. Sequoyah Trueblood, Senior Fellowship Application, Harvard University Center for the Study of World Religions, 1996, p.8

12. 一九九三年に、彼はカナダのニューブランズウィック州に来るよう電話で依頼を受けた。そこでは八十二人のミクマク族【カナダ東部のインディアン】のティーンエイジャーたちが自殺協定に署名していた。彼が到着するまでに、すでに七人が自ら命を絶っていた。彼のヒーリング・ワークは、これらの若者たちを彼らの文化伝統に再び結びつけること、そしてネイティブの年長者の中に彼らのお手本となるような人物を見つけてやることに主眼が置かれていた。一九九三年以降、自殺は一件しかない――それは、とくに自殺の危険が高いと見なされていて、必要とする注意を向けてもらえなかった少年だった。セコイアはまた、ドラッグやアルコール乱用の問題を抱える若者相手にもワークを行なった。そして青少年大使プログラムの発展も手助けしている。

13. 前出『自伝的要約』p.19

## 第十章

1. クレド・ムトワと彼の教えについて学ぶための文献は彼自身の著作を含め、多数ある。*Let Not My Country Die*『わが祖国を死なせることなかれ』(Pretoria, South Africa：United Publishers International, 1986)、*Indaba My Children：African Tribal History, Customs and Religious Beliefs*『インダバ、私の子供たち：アフリカ部族民の歴史と習俗、宗教的信条』(New York：Grove Press, 1999)、そして*Africa is My Witness*『アフリカはわが証人』(Johannesburg, South Africa：Blue Crane Books, 1966)、また、ラーセンの"The Making of a Zuru Sangoma"、ケニーの*Shaking Out the Spirits* (Barrytown, NY：Station Hill Press, 1994) 所収の"Credo Mutwa"を含むエッセイ群がある。ラーセンの*Song of the Stars：The Lore of a Zuru Sharman* (Barrytown, NY：Barrytown Ltd., 1996) には、クレド自身によって語られたアフリカの神話や知恵と共に、クレドの生涯についての物語が収めら

れている。

## 第十一章

1. ホイットリー・ストリーバーは次のように述べた。

私は物質的な世界と霊的な世界を区別しない。「霊的（スピリチュアル）」というのは、たんに物事をよく見ることである。霊的なものと物質的なものとの間に断絶はない。だから私はインプラントの露出を霊的なものとして見るので、それは実際には霊的な反逆の行為なのだ。私にとって、身体に物体を植えつけるというのは、その物を魂に植えつけるのと同じだ。だから私はこうした物体の意味に大きな関心を寄せる。それらは低い次元から最も高い次元まで、セルフ全体に必ずや影響を及ぼすに違いないからだ。

（ストリーバーの著書、*Confirmation* の原稿をイアンが読んだ返礼に、ストリーバーがマイケル＆イアン・ボールドウィンに書き送った一九九八年の手紙より）

2. 自我の死と、私たちが肉体の死後も何らかのかたちで生き延びる霊魂をもつ存在だという感覚に対して開かれる体験は、臨死体験（アトウォーター 1988：リング 1998）や、精神変容をひき起こす物質の使用（グロフ 1985）、宗教的な神体験（ジェームズ 1902）、そして瞑想や祈り、ヨガなどを含む熱心な霊的修養の際に起こる（ニュートン 1994 も参照のこと）。

3. 一九九七年四月、ニューヨーク市で開かれた「ノエティック・サイエンス友の会」（FIONS）の会議における発言。

## 第十二章

1. 本章で論じられるテーマを体験したことのある、ノンアブダクティ【たとえば、臨死体験や宗教的な神秘体験をした人たち】についての報告は多数あり、参考文献一覧の中にそれらの関連書も含めたが、項目別に例示すると以下のようになる（邦訳書名はそちらに表示）。

- 「故郷」に帰るという強烈な感情：臨死体験に関連して、Moody 1975, Morse 1995, Greyson & Flynn 1984, Ring 1980

● 究極的な源泉からの分離についての苦痛：Dawson 1994, Shucman 1976。どちらの著者も、さらに、この苦痛を多くの種類の病気に対するかかりやすさの無意識的なルーツとみなしている。

● 魂の受肉と生のサイクル：多くの著者が既存の理論に沿って受肉を描いているが、マイケル・ニュートンは、インタビューした人たちそれぞれの前世の旅についての報告をまとめている。Newton 1994 第十二〜十五章を参照。

● 感情の防壁を破り、普遍的なエネルギーに身をゆだね、それと結びついて成長すること：Washburn 1995, 第七・八章

● 心霊能力の増大、地球との同一化とその未来への懸念、使命の感覚、職業を変える必要性：こうしたことすべては、臨死体験の後にもしばしば起こる。Atwater 1988, Morse 1992, Ring and Valarino 1998

● 源泉との直接的交流の体験に伴って生じる制度宗教の活性化：Fowler (1981) はこれを個人の霊的発達の六番目（そして最終）の段階の一部としている。

2．私は、体験者たちのスピリチュアルな方向性は、彼らの宗教的な背景とはほとんど関係がないという印象を受けている（これはたんなる印象なので、公式の研究がもっと必要だが）。いくつかのケースでは、しかし、それが元々彼らの信奉する宗教だったか否かは別として、

体験者たちは既成の宗教の伝統に新たな息吹を吹き込み、真正の霊的な力を発見しつつあるように思われる。ジェームズ・フォウラーは、その著書、*Stages of Faith*（『信の階梯』）で、源泉との直接コミュニケーションの体験によって賦活された制度宗教の別の事例を挙げている（Fowler 1981）。

3. 前出、エヴァ *Communion*

4. 東洋哲学では、苦しみと関連する誕生、死、再生のサイクルは、サンサーラと呼ばれている。

## 結論

1. これとよく似た考えをセオドア・ロスザックは私に表明した。「地球は私たちと共感的にコミュニケートし、そのニーズに合うように私たちの文化を変えていると私は思っている。私は知性を高度に複雑で精妙な、超人間的な惑星的回路だと考えている」（一九九八年六月二八日付の著者宛の手紙)。

2. 同じことがマイケル・ジンマーマンによって、一九九八年一二月四日の the Center for Psychology and Social Change, Cambridge, MA, の役員会議でも述べられた。

3. 臨死体験とエイリアン・アブダクション現象の両方を研究している、心理学者のケネス・リングは、同じような結論に達している(1992)。

the Very Idea of UFOs and Reported Alien Abductions." Gulf Breeze UFO Conference, Pensacola, FL, October 22–24.
Zimmerman, Michael E. 2002. "Encountering Alien Otherness," in Saunders, Rebecca (ed.). *The Concept of the Foreign*. Lanham, Maryland: Lexington Books, pp. 153–177.
———. 1997. "The Alien Abduction Phenomenon: Forbidden Knowledge of Hidden Events."*Philosophy Today* (Summer), pp. 235–54.
———. 1998. "How Science and Society Respond to Extraordinary Patterns." *PEER Perspectives*, no. 2, (Winter 1998), pp. 3–4. Cambridge, MA: Center for Psychology and Social Change.

1987）
———. 1998. *The Marriage of Sense and Soul: Integrating Science and Religion*. New York: Random House.
ケン・ウィルバー『科学と宗教の統合』（吉田豊訳　春秋社　2000）
Williamson, Duncan. 1992. *Tales of the Sea People*. Northampton, MA: Interlink Publishing Group.
Wittgenstein, Ludwig. 1965. "A Lecture on Ethics." *The Philosophical Review*, vol. 74 (January), pp. 3–12.
『ウィトゲンシュタイン全集 5　ウィトゲンシュタインとウィーン学団 / 倫理学講話』（黒崎宏・杖下隆英訳　大修館書店　1976）
Wolf, Fred Alan. 1989. *Parallel Universes: The Search for Other Worlds*. New York: Simon & Schuster.
同じ著者の、シャーマニズムとの関連も扱った *The Eagle's Quest: A Physicist Finds the Scientific Truth at the Heart of the Shamanic World*（1992）には邦訳がある。フレッド・アラン・ウルフ『聖なる量子力学 9 つの旅』（小沢元彦訳　徳間書店　1999）
Woolger, Roger. 1987. "Aspects of Past-Life Bodywork: Understanding Subtle Energy Fields." *The Journal of Regression Therapy*, vol. 11, nos.1 and 2.
———. 1988. *Other Lives, Other Selves*. New York: Bantam.
ロジャー・J・ウルガー『「魂」の未完のドラマ―カルマの心理学』（長沢房枝訳　中央アート出版社　2006）
Zajonc, Arthur. 1992. Interview by Jane Clark, "Contemplating Nature." *Noetic Sciences Review*, no. 23 (Autumn), pp. 19–25.
———. 1995. *Catching the Light: The Entwined History of Light and the Mind*. New York: Oxford University Press.
アーサー・ザイエンス『光と視覚の科学―神話・哲学・芸術と現代科学の融合』（林大訳　白揚社　1997）
Zimmerman, Michael E. 1993. "Why Establishment Elites Resist

York: Marlowe & Co.
Washburn, Michael. 1995. *The Ego and the Dynamic Ground: A Transpersonal Theory of Human Development*. (2nd ed.) Albany: State University of New York Press.
マイケル・ウォシュバーン『自我と「力動的基盤」―人間発達のトランスパーソナル理論』（安藤治・高橋豊・是恒正達訳　雲母書房　1997）
Weiss, Brian. 1988. *Many Lives, Many Masters*. New York: Simon & Schuster.
ブライアン・L・ワイス『前世療法―米国精神科医が体験した輪廻転生の神秘』（山川紘矢・亜希子訳　PHP研究所　1991）
———. 1993. *Through Time into Healing*. New York: Simon & Schuster.
ブライアン・L・ワイス『前世療法2―米国精神科医が挑んだ、時を越えたいやし』（山川紘矢・亜希子訳　PHP研究所　1993）
Westrum, Ron. 1978. "Science and Social Intelligence About Anomalies: The Case of Meteorites." *Social Studies of Science*, vol. 8, no. 4, (November).
White, John, ed. 1990. *Kundalini Evolution and Enlightenment*. New York: Paragon House.
ジョン・ホワイト編『クンダリニーとは何か』（川村悦郎訳　めるくまーる社　1983）
Whitehead, Alfred North. 1933. *Adventures of Ideas*. New York: Macmillan.
A・N・ホワイトヘッド『観念の冒険〈ホワイトヘッド著作集第12巻〉』（山本誠作・菱木政晴訳　松籟社　1982）
Wilber, Ken. 1983. *Eye to Eye: The Quest for the New Paradigm*. Garden City, NY: Anchor.
ケン・ウィルバー『眼には眼を―三つの眼による知の様式と対象域の地平』（吉福伸逸・プラブッダ・菅靖彦・田中三彦訳　青土社

Temple, Robert. 1976. *The Sirius Mystery. Rochester*, VT: Destiny Books.

ロバート・テンプル『知の起源—文明はシリウスから来た』（並木伸一郎訳　角川春樹事務所　1998）

Thorne, Kip. 1994. *Black Holes and Time Warps*. New York: North.

Tintinger, Lesley Ann. 1997. *The KWA Vezilanga Cultural Village at Magaliesburg.* Cramerview, South Africa: Works of Credo Mutwa. Privately published.

Travis, Mary Ann. 1998. "The Z Files." *Tulanian*(Summer), pp. 16–23.

Vallee, Jacques. 1988. *Dimensions: A Casebook of Alien Contact*. Chicago, IL: Contemporary Books.

———. 1990. *Confrontations: A Scientist's Search for Alien Contact*. New York: Ballantine Books.

———. 1992. *Revelations: Alien Contact and Human Deception*. New York: Ballantine Books.

ジャック・ヴァレー『人はなぜエイリアン神話を求めるのか』（竹内慧訳　徳間書店　1996）

Van der Post, Laurens. 1975. *A Mantis Carol*. New York: Viking Penguin.

L・ヴァン・デル・ポスト『かまきりの讃歌』（秋山さと子訳　思索社　1987）

Walsh, Roger. 1990. *The Spirit of Shamanism*. Los Angeles: Jeremy P. Tarcher.

ロジャー・ウォルシュ『シャーマニズムの精神人類学—癒しと超越のテクノロジー』（安藤治・高岡よし子訳　春秋社　1996）

Walters, Ed, and Walters, Frances. 1990. *The Gulf Breeze Sightings*. NewYork: William Morrow & Co.

Warren, Larry, and Robbins, Peter. 1997. *Left at East Gate*. New

Strieber, Whitley. 1987. *Communion: A True Story*. New York: Morrow/Beech Tree Books.
ホイットリー・ストリーバー『コミュニオン―異星人遭遇全記録』（南山宏訳　扶桑社　1994）
———. 1996a. *The Secret School: Preparation for Contact*. New York: HarperCollins.
———. 1996b. Interview with the author, June 16.
———. 1998. *Confirmation: The Hard Evidence of Aliens Among Us*. New York: St. Martin's Press.
———. 1998. Unpublished letter to Michael and Ian Baldwin, June 16,1998.
Sturrock, Peter, et al. 1998. "Physical Evidence Related to UFO Reports," proceedings of a workshop held at the Pocantico Conference Center, Tarrytown, NY, September 29–October 4, 1997. Published in *Journal of Scientific Exploration*, vol. 12, no. 2, pp. 179–229.
*Subtle Energies*, peer-reviewed journal published by International Society for the Study of Subtle Energies and Energy Medicine, Golden, CO.
Swimme, Brian. 1996. *The Hidden Heart of the Cosmos*. Maryknoll, NY: Orbis Books.
Tanenbaum, Shelley. 1995. *Mindfulness in Movement: An Exploratory Study of Body-Based Intuitive Knowing*. D. psych. diss., Massachusetts School of Professional Psychology.
Tarnas, Richard. 1991. *Passion of the Western Mind*. New York: Ballantine.
Tart, Charles. 1977. *PSI: Scientific Studies of the Psychic Realm*. New York: Dutton.
チャールズ・T・タート『サイ・パワー―意識科学の最前線』（井村宏次・岡田圭吾訳　工作舎　1982）

Shucman, Helen. 1976. *Course in Miracles*. Glen Elen, CA: Foundation for Inner Peace.
ヘレン・シャックマン著、ウィリアム・セットフォード、ケネス・ワプニック編集『奇跡のコース〈普及版〉』(第一・二巻　大内博訳　ナチュラルスピリット　2014, 2015) ／『奇跡講座〈普及版〉』(上下巻　加藤三代子・澤井美子訳　中央アート出版社　2017)

Skolimowski, Henryk. 1994. *The Participatory Mind: A New Theory of Knowledge and of the Universe*. New York: Penguin.

Smith, Angela Thompson. 1998. *Remote Perceptions*. Charlottesville, VA: Hampton Roads Publishing Co.

Smith, Huston. 1992. "Postmodernism's Impact on the Study of Religion." In *Huston Smith: Essays on World Religions*, edited by Darrol Bryant. New York: Paragon House. pp. 262–279.

Somé, Malidoma Patrice. 1995. *Of Water and the Spirit*. New York: Arkana/ Penguin.

Sparks, James. 1996. Interview with author, July 15.

———. 2007. *The Keepers*. Columbus, NC: Granite Publishing, LLC.

Star Wisdom Conference. 1998. "Exploring Contact with the Cosmos. A Native American/Western Science Conference and Dialogue on Extraordinary Experiences." Conference sponsored by PEER (Program for Extraordinary Experience Research), Cambridge and Newtonville, MA, May 8–9.

Stevenson, Ian. 1997. *Where Reincarnation and Biology Intersect*. Westport, CT: Greenwood-Praeger.

Stolorow, Robert, George Atwood, and Bernard Brandchaft, eds. 1994. *The Intersubjective Perspective*. Northvale, NJ: Jason Aronson, 1994.

心理学』（片山陽子訳　春秋社　1997）

Ring, Kenneth, and Valarino, Evelyn. 1998. *Lessons from the Light: What We Can Learn From the Near-Death Experience*. New York: Plenum Insight.

Roberts, Jane. 1972. *Seth Speaks*. Englewood Cliffs, NJ: Prentice-Hall.
ジェーン・ロバーツ著、ロバート・F・バッツ記録『セスは語る―魂が永遠であるということ』（紫上はとる訳　ナチュラルスピリット　1999）

Rubik, Beverly. 1995. *Life at the Edge of Science*. Oakland, CA: Institute for Frontier Science.

Russell, Peter. 1998. "Sciences, Consciousness and (Dare I Say It) God," *Consciousness Research and Training Newsletter*, vol. 21, no. 1 (June), pp. 3–9.

Sagan, Carl. 1985. *Contact*. New York: Pocket Books. The 1997 film of the same name was based on this novel.
書籍カール・セーガン『コンタクト』（上下巻　池央耿・高見浩訳　新潮文庫　1989）／映画『コンタクト』（ロバート・ゼメキス監督　ジョディ・フォスター主演 1997　DVD・Blu-ray あり）

Schlemmer, Phyllis. 1993. *The Only Planet of Choice: Essential Briefings from Deep Space*. Oakland, CA: Gateway Books.

Schild, Rudolf. 1994. Presentation at PEER forum, November.

———. 1998. Interview with author, December 30.

Sheldrake, Rupert. 1995. *Seven Experiments That Could Change the World*. New York: Putnam.
ルパート・シェルドレイク『世界を変える七つの実験―身近にひそむ大きな謎』（田中靖夫訳　工作舎　1997）

———. 1998. "Experimenter Effects in Scientific Research: How Widely Are They Neglected?"*Journal of Scientific Exploration*, Vol. 12, pp.73–78.

*Mythology*. New York: Philosophical Library.

ポール・ラディン他『トリックスター』(山口昌男解説　皆河宗一他訳　晶文社　1974)

Randles, Jenny. 1988. *Alien Abductions: The Mystery Solved*. New Brunswick, NJ: Inner Light Publications.

Reich, Wilhelm. 1949. *Ether, God, and Devi*l. Reprint, New York: Farrar, Strauss and Giroux.

———. 1951. *Cosmic Superimposition*. Rangeley, ME: Wilhelm Reich Foundation.

今は入手できないが70年代に『W. ライヒ著作集』(太平出版社)が出ていた。

Riess, A., et al. 1998. "Observational Evidence from Supernovae for an Accelerating Universe and a Cosmological Constant." *Astronomical Journal,* vol. 116, p. 1009.

Rilke, Rainer Maria. 1984. *Selected Poems of R. M. Rilke,* edited by Stephen Mitchell. New York: Random House.

『リルケ詩集』には新潮文庫、岩波文庫など多数ある。本文の引用がどの詩の英訳なのかは明示されていないので不明。

———. 1987. *Letters to a Young Poet*. New York: Random House.

リルケ『若き詩人への手紙・若き女性への手紙』(高安国世訳　新潮文庫　1953)

Ring, Kenneth. 1980. *Life at Death*. New York: Coward, McCann.

ケネス・リング『いまわのきわに見る死の世界』(中村定訳　講談社　1981)

———.1984. *Heading Toward Omega: In Search of the Meaning of the Near-Death Experience*. New York: Morrow.

———. 1992. *The Omega Project: Near-Death Experiences, UFO Encounters and Mind at Large*. New York: Morrow.

ケネス・リング『オメガ・プロジェクト—UFO遭遇と臨死体験の

(ed.). *Cyberbiological Studies of Imaginal Components in the UFO Contact Experience*. St. Paul, MN: Archaeus Project.

———. 1992. "Neuropsychobiological Profiles of Adults Who Report Sudden Remembering of Early Childhood Memories: Implications for Claims of Sex Abuse and Alien Visitation/ Abduction Experiences." *Perceptual and Motor Skills*, no. 75, pp. 259–66.

Phillips, Ted. 1975. *Physical Traces Associated With UFO Sightings*. Evanston, IL: Center for UFO Studies.

Popp, Fritz-Albert, et al. 1984. "Biophoton Emission: New Evidence for Coherence and DNA as Source."*Cell Biophysics*, vol. 6, pp. 33–52.

Price, A. F., and Mou-Lam, Wong. 1969. *The Diamond Sutra and the Sutra of Hui Neng*. Boulder: Shambhala.
『金剛般若教』の訳書については巻末註 p.602 参照

Pritchard, Andrea, et al., eds. 1994. *Alien Discussions*. Cambridge, MA: North Cambridge Press.

Pritchard, David E. 1998. Presentation to PEER's Star Wisdom Conference, Newtonville, MA, May 9.

———. 1994. "Physical Evidence and Abductions." In Pritchard, ed., *Alien Discussions*, p. 279–95.

Puthoff, Harold. 1996. CIA-initiated Remote Viewing Program at Stanford Research Institute. *Journal of Scientific Exploration*, vol. 10, pp. 63–76.

Radin, Dean. 1997. *The Conscious Universe: The Scientific Truth of Psychic Phenomena*. New York: HarperCollins.
同じ著者の *Entangled Minds*（2006）については邦訳がある。
ディーン・ラディン『量子の宇宙でからみあう心たち―超能力研究最前線』（竹内薫監修　石川幹人訳　徳間書店　2007）

Radin, Paul. 1956. *The Trickster: A Study in American Indian*

*Between Lives*. St. Paul, MN: Llewellyn Publications.
マイケル・ニュートン博士『死後の世界が教える「人生はなんのためにあるのか」―退行催眠による「生」と「生」の間に起こること、全記録』(澤西康史訳　ヴォイス　2000)

Nisker, Wes "Scoop." 1990. *Crazy Wisdom*. Berkeley, CA: Ten Speed Press.

O'Leary, Brian. 1996. *Miracle in the Void: Free Energy, UFOs, and Other Scientific Revelations*. Kihei, HI: Kamapua'a, 1996.

Osis, Karlis, and McCormick, Donna. 1980. "Kinetic Effects at the Ostensible Location of an Out-of-Body Projection During Perceptual Testing." *Journal of the American Society for Psychical Research*, vol. 74, pp. 319–29.

Pazzaglini, Mario. 1991. *Symbolic Messages: An Introduction to a Study of "Alien" Writing*. Newark, DE: PZ Press.

———. 1994. "Studying Alien Writing." In Pritchard, ed., *Alien Discussions*, pp. 551–56.

Perkins, John. 1990. *Psychonavigation: Techniques for Travel Beyond Time*. Rochester, VT: Destiny Books.

———. 1994. *The World Is as You Dream It: Shamanic Teachings from the Amazon and Andes*. Rochester, VT: Destiny Books.

———. 1997. *Shapeshifting: Shamanic Techniques for Global and Personal Transformation*. Rochester, VT: Destiny Books.
この著者の最も有名な本は、別の分野だが、*Confessions of an Economic Hit Man* (2004)で、それには邦訳がある。ジョン・パーキンス『エコノミック・ヒットマン―途上国を食い物にするアメリカ』(古草秀子訳　東洋経済新報社　2007)

Perry, Mark. 1986. "The Strange Saga of Steve Trueblood." *Veteran*, vol. 6,no. 3 (March), pp. 1, 10–13.

Persinger, Michael. 1989. "The Visitor Experience and the Personality: The Temporal Lobe Factor," in Stillings, Dennis

Moody, Raymond. 1975. *Life After Life*. Covington, GA: Mockingbird Books.
レイモンド・A．ムーディ・Jr.『かいまみた死後の世界』（中山善之訳　評論社　1989）
Mookerjee, Ajit. 1986. *Kundalini: The Arousal of Inner Energy*. 3rd ed. Rochester, VT: Destiny Books.
Morse, Melvin. 1990. *Closer to the Light: Learning from Children's Near-Death Experiences*. New York: Villard.
メルヴィン・モース、ポール・ペリー『臨死体験光の世界へ』（立花隆監修　TBSブリタニカ編集部訳　阪急コミュニケーションズ　1997）
———. 1992. *Transformed by the Light: The Powerful Effect of Near-Death Experiences on People's Lives*. New York: Villard.
Morton, Patrick. 1998. *Following the Creative Process in Mathematics and Dreams*. Audiotape available from Arthur Associates, Peterborough, NH.
Mullis, Kary. 1998. *Dancing Naked in the Mind Field*. New York: Pantheon Books.
Mutwa, Credo Vusumazulu. 1966. *Africa Is My Witness*. Johannesburg, South Africa: Blue Crane Books.
———. 1986. *Let Not My Country Die*. Pretoria, South Africa: United Publishers International.
———. 1999. *Indaba My Children: African Tribal History, Customs and Religious Beliefs*. Reprint, New York: Grove/Atlantic. (Earlier editions: London: Kahn and Averill, 1985; Johannesburg, South Africa, Blue Crane Books, 1965).
Narby, Jeremy. 1998. *The Cosmic Serpent: DNA and the Origins of Knowledge*. New York: Putnam.
Newton, Michael. 1994. *Journey of Souls: Case Studies of Life*

キリアコス・C・マルキデス『メッセンジャー 永遠の炎』(鈴木真佐子・ギレスピー峯子訳　太陽出版　2001)

McLeod, Caroline, et al. Forthcoming. *Psychopathology, Fantasy Proneness, and Anomalous Experience: The Example of Alien Abduction*.

Meadows, Donella. 1993. Beyond the Limits. White River Junction, VT: Chelsea Green.

Metzner, Ralph. 1994. *Well of Remembrance*. Boston: Shambala.

———. 1997. *Unfolding Self*. Novato, CA: Origin Press.

Miller, John G. 1994. "Lack of Proof For Missing Embryo/Fetus Syndrome," in Pritchard, Andrea, et al., eds. *Alien Discussions*. Cambridge, MA: North Cambridge Press.

Mitchell, Edgar. 1996. *The Way of the Explorer*. New York: Putnam.

エドガー・ミッチェル『月面上の思索』(前田樹子訳　めるくまーる　2010)

———. 1998. Presentation at Star Wisdom conference, Newton, MA, May 9.

Monk, Ray. 1990. *Ludwig Wittgenstein: The Duty of Genius*. New York: Penguin.

レイ・モンク『ウィトゲンシュタイン〈1・2〉—天才の責務』(岡田雅勝訳　みすず書房　1994)

Monroe, Robert. 1971. *Journeys Out of the Body*. New York: Doubleday.

ロバート・モンロー『ロバート・モンロー「体外への旅」—未知世界の探訪はこうして始まった!』(坂本政道監訳　川上友子訳　ハート出版　2007)

———. 1996. *Ultimate Journey*. New York: Doubleday.

ロバート・A・モンロー『究極の旅：体外離脱者モンロー氏の最後の冒険』(塩﨑麻彩子訳　日本教文社　1995)

"Intersubjectivity and Interaction in the Analytic Relationship: A Mainstream View." *Psychoanalytic Quarterly*, Vol. 69, pp. 63–92.

Lewels, Joe. 1997. *The God Hypothesis: Extraterrestrial Life and Its Implications for Science and Religion*. Mill Spring, NC: Wild Flower Press.

Mack, John E. 1994. *Abduction: Human Encounters with Aliens*. New York: Charles Scribner's Sons.

———. 1995. *Abduction: Human Encounters with Aliens*. Rev. ed. New York: Ballantine Books.

ジョン・E. マック『アブダクション―宇宙に連れ去られた 13 人』（南山宏訳　ココロ　2000）

———. 1996. "Studying Intrusions from the Subtle Realm: How Can We Deepen our Knowledge?" MUFON 1996 *International UFO Symposium Proceedings*.

———. UFOlogy: *A Scientific Enigma. Seguin*, TX: MUFON.

Maney, Will. 1998. "Integration: Changes in Perception and Sense of Self." *PEER Perspectives* (Cambridge, MA), no. 2, pp. 7, 17.

Mankiller, Wilma, and Wallis, Michael. 1993. *Mankiller: A Chief and Her People*. New York: St. Martin's Press.

Markides, Kyriacos C. 1987. *The Magus of Strovolos*. Reprint, New York: Viking Penguin.

キリアコス・C・マルキデス『メッセンジャー―ストロヴォロスの賢者への道』（鈴木真佐子訳　太陽出版　1999）

———. 1989. *Homage to the Sun*. Reprint, New York: Viking Penguin.

キリアコス・C・マルキデス『太陽の秘儀―偉大なるヒーラー"神の癒し"メッセンジャー〈第 2 集〉』（鈴木真佐子訳　太陽出版 1999）

———. 1992. *Fire in the Heart*. St. Paul, MN: Paragon House.

Kaku, Michio. 1994. *Hyperspace: A Scientific Odyssey*. New York: Oxford University Press.

———. 1997. *Visions: How Science Will Revolutionize the 21st Century*. New York: Bantam.

———. 1998. Interviewed by Art Bell on *Coast to Coast* radio program. March 4.

同じ著者の邦訳としては、ミチオ・カク『パラレル・ワールド』（原題同じ　斉藤隆央訳　NHK出版　2006）、*Physics of the Future* の訳『2100年の科学ライフ』（斉藤隆央訳　NHK出版　2012）、*Introduction to Superstrings and M-theory* の訳『超弦理論とM理論』（太田信義訳　丸善出版　2012）、『フューチャー・オブ・マインド　心の未来を科学する』（原題同じ　斉藤隆央訳　NHK出版　2015）、*The Future of Humanity* の訳『人類、宇宙に住む：実現への3つのステップ』（斉藤隆央訳　NHK出版　2019）などがある。

Keeney, Bradford. 1994. *Shaking out the Spirits: A Psychotherapist's Entry into the Healing Mysteries of Global Shamanism*. Barrytown, NY: Station Hill Press.

Larsen, Stephen. 1994. "The Making of a Zulu Sangoma, Vusumazulu Credo Mutwa." *Shaman's Drum*, no. 35 (Summer).

———, ed. 1996. *Song of the Stars: The Lore of a Zulu Shaman* (Vusamazulu Credo Mutwa). Barrytown, NY: Barrytown Ltd.

Lawson, Alvin H. 1980. "Hypnosis of Imaginary UFO Abductees." In *Proceedings of the First International UFO Congress*, edited by Curtis Fuller. New York: Warner Books, pp. 195–238.

Leir, Roger K. 1998. *The Aliens and the Scalpel: Scientific Proof of Extraterrestrial Implants in Humans*. Columbus, NC: Granite Publishing Co.

Levine, Howard E., and Friedman, Raymond J. 2000.

*UFO Journal*, no. 297 (January), pp. 9–12.

Hunt, Valerie. 1996. *Infinite Mind. Malibu*, CA: Malibu Publishing Co.

Huxley, Aldous. 1970. *The Perennial Philosophy*. New York: Harper & Row.

オルダス・ハクスレー『永遠の哲学—究極のリアリティ』（中村保男訳　平河出版社　1988）

Hyzer, William G. 1992. "The Gulf Breeze Photographs: Bona Fide or Bogus?" *MUFON UFO Journal*, no. 291 (July), pp. 3-8.

Jacobs, David M. 1992. *Secret Life: Firsthand, Documented Accounts of UFO Abductions*. New York: Simon & Schuster.

———. 1998. *The Threat: The Secret Alien Agenda*. New York: Simon & Schuster.

同じ著者の訳書としては、*Walking Among Us*（2015）の邦訳 デイヴィッド・M・ジェイコブス『ヒトが霊長類でなくなる日』（並木伸一郎訳　竹書房　2018）がある

Jahn, Robert G., and Dunne, Brenda J. 1987. *Margins of Reality: The Role of Consciousness in the Physical World*. San Diego/New York/London: Harcourt Brace & Co.

James, William. 1902. *Varieties of Religious Experience*. Reprinted by New York: Macmillan, 1997.

ウィリアム・ジェイムズ『宗教的経験の諸相』（上下巻　桝田啓三郎訳　岩波文庫　1969,1970）

Jung, C. G. 1959. "On The Psychology of the Trickster-Figure." *Collected Works of C. G. Jung: Archetypes and Collective Unconscious*. Vol. 9, part I. Princeton, NJ: Princeton University Press.

C. G. ユング『元型論（増補改訂版）』（林道義訳　紀伊國屋書店　1999）

HarperCollins
ポール・ホーケン『サステナビリティ革命—ビジネスが環境を救う』（鶴田栄作訳　ジャパンタイムズ　1995）

Henderson, Hazel. 1997. *Building a Win-Win World: Life Beyond Global Economic Warfare*. San Francisco: Berrett-Koehler.

Herbert, Nick. 1985. *Quantum Reality*. New York: Doubleday Anchor.
ニック・ハーバート『量子と実在—不確定性原理からベルの定理へ』（はやし・はじめ訳　白揚舎　1990）

Herman, Judith. 1997. *Trauma and Recovery*. New York: Basic Books.
ジュディス・L・ハーマン『心的外傷と回復〈増補版〉』（中井久夫訳　みすず書房　1999）

Hill, Paul R. 1995. *Unconventional Flying Objects: A Scientific Analysis.* Charlottesville, VA: Hampton Roads Publishing Co.

Ho, Mae-Wan; Popp, Fritz-Albert; and Warnke, Ulrich. 1994. *Bioelectrodynamics and Biocommunication*. London: World Scientific.

Hopkins, Budd. 1981. *Missing Time: A Documented Study of UFO Abductions*. New York: Marek.

———. 1987. *Intruders: The Incredible Visitations at Copley Woods*. New York: Random House.
バッド・ホプキンズ『イントゥルーダー—異星からの侵入者』（南山宏訳　集英社　1991）

———. 1996. *Witnessed: The True Story of the Brooklyn Bridge UFO Abductions*. New York: Pocket Books.

Howe, Linda Moulton. 1993, 1998. *Glimpses of Other Realities*. Vol. 1, Huntington Valley, PA: LMH Productions. Vol. 2, New Orleans: Paper Chase Press.

Hufford, Art. 1993. “Ed Walters, the Model, and Tommy Smith.”

Greenwell, Bonnie. 1988. *Energies of Transformation*. Cupertino, CA: Transpersonal Learning Services.
ボニー・グリーンウェル『クンダリーニ大全—歴史、生理、心理、スピリチュアリティ』（佐藤充良訳　ナチュラルスピリット　2007）
Greyson, Bruce, and Flynn, Charles. 1984. *Near-Death Experience: Problems, Prospects, Perspectives*. Springfield, IL: Charles Thomas, publisher.
Grof, Stanislav. 1985. *Beyond the Brain: Birth, Death, and Transcendence in Psychotherapy*. Albany: State University of New York Press.
スタニスラフ・グロフ『脳を超えて』（吉福伸逸・菅靖彦・星川淳訳　春秋社　1988）
———. 1988. *The Adventure of Self-Discovery*. Albany: State University of New York Press.
スタニスラフ・グロフ『ホロトロピック・セラピー（自己発見の冒険）』（菅靖彦・吉福伸逸訳　春秋社　1988）
———. 1992. *The Holotropic Mind*. San Francisco: Harper.
スタニスラフ・グロフ、ハル・ジーナ・ベネット『深層からの回帰—意識のトランスパーソナル・パラダイム』（菅靖彦 他訳　青土社　1994）
———. 1998. *The Cosmic Game: Explorations of the Frontiers of Human Consciousness*. Albany: State University of New York Press.
Grosso, Michael. 2004. *Experiencing the Next World Now*. New York: Paraview Pocket Books.
Guth, Alan. 1997. *The Expansionary Universe*. Reading, MA: Addison-Wesley.
Harpur, Patrick. 1994. *Daimonic Reality: Understanding Otherworld Encounters*. New York: Penguin Books.
Hawken, Paul. 1994. *The Ecology of Commerce*. New York:

Don, Norman S., and Moura, Gilda. 1997. "Topographic Brain Mapping of UFO Experiencers." *Journal of Scientific Exploration*, vol. 11, no. 4, pp.435–53.

Dossey, Larry O. 1992. "But Is It Energy?: Reflections on Consciousness, Healing, and the New Paradigm." *Subtle Energies,* vol. 3, no. 3.

———. 1993a. "Healing, Energy, and Consciousness." *Subtle Energies*, vol.5, no. 1.

———. 1993b. *Healing Words: The Power of Prayer and the Practice of Medicine*. New York: Harper.

ラリー・ドッシー『祈る心は、治る力』(大塚晃志郎訳　日本教文社　2003)

Dostoevsky, Fyodor. 1995. *A Gentle Creature and Other Stories*, translated by Alan Myers. Oxford/New York: Oxford University Press.

引用作の邦訳については本文参照

Downing, Barry. 1993. "UFOs and Religion." *MUFON Symposium Proceedings*. Seguin, TX: Mutual UFO Network, pp. 33–48.

Easterbrook, Gregg. 1998. "Science Sees the Light: The Big Bang, DNA, and the Rediscovery of Purpose in the Modern World." *New Republic* (October 12), pp. 24–29.

Eisenberg, David. 1985. *Encounters with Qi*. New York: W. W. Norton.

Feyerabend, Paul. 1993. *Against Method.* 3rd ed. New York: Verso.

Fowler, James W. 1981. *Stages of Faith: The Psychology of Human Development and the Quest for Meaning*. San Francisco: Harper.

Friedman, Stanton T. 1996. *Top Secret/Majic*. New York: Marlowe & Co.

Callimanopulos, Dominique. 1994. "Notes from Brazil." Cambridge, MA: PEER (Program for Extraordinary Experience Research).

———. 1995. "Exploring African and Other Abductions." *Centerpiece*, no.5 (Spring-Summer), 10–11. Cambridge, MA: Center for Psychology and Social Change.

Campbell, Joseph. 1983. *The Way of the Animal Powers*. Vol. 1. San Francisco: Harper & Row, 1983.

———. 1991. *The Masks of God*. Vol. 2, *Oriental Mythology*. New York: Penguin Arkana.

Ｊ・キャンベル『神の仮面―西洋神話の構造』（上下巻　山室静訳　青土社　1985）

Carpenter, John S. 1991. "Double Abduction Case: Correlation of Hypnosis Data."*Journal of UFO Studies*. New series, no. 3, pp. 91–114.

Collinge, William. 1998. *Subtle Energy*. New York: Warner Books.

ウィリアム・コリンジ『見えない力 サトル・エネルギー―古代の叡智ヒーリング・パワーとの融合』（中村留美子訳　太陽出版　2001）

Cooperstein, M. Allen. 1996. "Consciousness and Cognition in Alternative Healers." *Subtle Energies and Energy Medicine*, vol. 7, no. 3, pp.185–237.

Daly, Herman. 1997. *Beyond Growth*. Boston: Beacon Press.

Dawson, Michael. 1994. *Healing the Cause*. Findhorn, Scotland: Findhorn Press.

Dennett, Preston. 1996. *UFO Healings*. Mill Spring, NC: Wild Flower Press.

Diaz, Carlos. 1995. Typed remarks for presentation at an international conference in Dusseldorf, Germany, October 29, 1995.

———. 1993. *Light Emerging*. New York: Bantam.

Brenneis, C. Brooks. 1997. *Recovered Memories of Trauma: Transferring the Present to the Past*. Madison, CT: International Universities Press.

*Bridges: Magazine of the International Society for the Study of Subtle Energies and Energy Medicine* (1989–1998).

Bruyere, Rosalyn. 1994. *Wheels of Light*. New York: Fireside and Schuster.

ロザリン・L・ブリエール『光の輪―オーラの神秘と聖なる癒し』(鈴木真佐子訳　太陽出版　1998)

Bryan, Ronald. 2000. "What Can Elementary Particles Tell Us About the World in Which We Live?"*Journal of Scientific Exploration, vol. 14, no.2, pp. 257-274.*

Bryant, Darrol, ed. *Huston Smith: Essays on World Religions*. New York:Paragon House.

ヒューストン・スミスの邦訳書については、『忘れられた真理―世界の宗教に共通するヴィジョン』(菅原浩訳　アルテ　2003) がある

*Buddhist Door*, 1997. Vol. 2, no. 7 (July). Vancouver, Canada: Tung Lin Kok Yuen Society.

Buhlman, William. 1996. *Adventures Beyond the Body*. New York: HarperCollins.

ウィリアム・ブールマン『肉体を超えた冒険―どのようにして体外離脱を経験するか―』(二宮千恵訳　ナチュラルスピリット　2012)

Bullard, Thomas E. 1994a. "The Well-Ordered Abduction: Pattern or Mirage?" In Pritchard, ed., *Alien Discussions*, pp. 81–82.

———. 1994b. "The Influence of Investigators on UFO Reports." In Pritchard, ed., *Alien Discussions*, pp. 571–619.

Caballero, Maria Christina, and Lenger, John. 1998. "Researchers Searching for Light from E.T." *Harvard University Gazette*, vol. XCIV, no. 11.(December 3), pp. 1, 10.

# 参考文献


Almaas, A. H. 1987. *Diamond Heart, Book I: Elements of the Real in Man*. Berkeley, CA: Diamond Books.

———. 1989. *Diamond Heart, Book II: The Freedom to Be*. Berkeley, CA:Diamond Books.

Atwater, Phyllis M. H. 1988. *Coming Back to Life: The After-Effects of the Near-Death Experience*. New York: Ballantine Books.

同じ著者の邦訳としては、*Future Memory* の訳と思われるが、フィリス・アトウォーター『臨死体験 未来の記憶―精神世界への新たなる光』(青山陽子訳　原書房　1997) がある

———. 1998. *Three Very Different Types of Subjective Light*. Privately published,Charlottesville, VA.

Barrett, William. 1976. *Irrational Man: A Study in Existential Philosophy*. New York: Doubleday.

Berry, Thomas. 1990. *The Dream of the Earth*. San Francisco: Sierra Club Books.

同じ著者の *Evening Thoughts* に関してはトマス・ベリー『パクス・ガイアへの道：地球と人間の新たな物語』(浅田仁子訳　日本教文社　2010)

Bhajan, Yogi, and Khalsa, Gurucharan. 1998. *Mind: Its Projections and Multiple Facets*. Espandla, NM: Kundalini Research Institute.

Black Elk, Wallace, and Lyon, William S. 1991. *Black Elk: The Sacred Waysof a Lakota*. New York: HarperCollins.

Brennan, Barbara Ann. 1987. *Hands of Light*. New York: Bantam.

バーバラ・アン・ブレナン『光の手―自己変革への旅』(上下巻　三村寛子・加納真士訳　河出書房新社　1995)

## 著者略歴

### ジョン・E・マック（John Edward. Mack, M.D.）

1929年10月4日、ニューヨーク市に生まれる。1955年、ハーバード・メディカル・スクール（ハーバード大医科大学院）からMDの学位を取得、マサチューセッツ・メンタルヘルス・センターで精神科医としての訓練を受ける。1959年、米空軍に入り、軍医として来日、駐留米軍で働いたこともある。1964年、ハーバード・メディカル・スクールに戻り、1972年、その正教授となる。1977年、「アラビアのロレンス」として有名な英軍将校T・E・ロレンスの伝記、*A Prince of Our Disorder*（『われらが無秩序の貴公子』未邦訳）を出版して、同年のピューリッツァー賞（伝記部門）を受賞。80年代には、カール・セーガンらと共に、学者団体を組織して核兵器廃絶運動に取り組む。1994年、エイリアン・アブダクション現象を取り上げた*Abduction: Human Encounters with Aliens*（邦訳『アブダクション―宇宙に連れ去られた13人』南山宏訳　ココロ　2000）によって一大センセーションを巻き起こすが、いかがわしい話を真面目に取り扱って大学の品位を汚したと憤慨した一部の保守的な同僚たちから告発され、査問委員会にかけられる。それから5年後、10年近くに及んだこの現象についての集中的な研究の集大成として本書 *Passport to the Cosmos：Human Transformation and Alien Encounters*が発刊された。2004年9月27日、英国T・E・ロレンス協会の招きで渡英中、ロンドンで交通事故により死去。本書が事実上の遺作となった。医療経済学のパイオニア的学者であったメアリー・リー・イングバー（2009年没）は異母妹。

・John E. Mack Institute　http://johnemackinstitute.org/

## 訳者略歴

### 大野龍一（おおの りゅういち）

1955 年、和歌山県奥熊野に生まれる。早稲田大学法学部卒。英国の精神科医ガーダムの特異な自伝『二つの世界を生きて』がきっかけで翻訳の仕事を始め、その後、クリシュナムルティ、ドン・ミゲル・ルイス、バーナデット・ロバーツなどの翻訳を手がける。小社刊行物としては他に、キリスト教異端カタリ派の歴史と神秘思想を扱った『偉大なる異端―カタリ派と明かされた真実』（アーサー・ガーダム著）、『リターン・トゥ・ライフ―前世を記憶する子供たちの驚くべき事例』（ジム・B・タッカー著）がある。

現在、宮崎県延岡市在住。高校生・大学受験生対象の少人数制英語塾を営む。

個人ブログ「祝子川通信」 http://koledewa.blog57.fc2.com/

# エイリアン・アブダクションの深層

意識の変容と霊性の進化に向けて

●

2021年5月18日　初版発行

著者／ジョン・E・マック
訳者／大野龍一

装幀／山添創平

発行者／今井博揮
発行所／株式会社 ナチュラルスピリット
〒101-0051 東京都千代田区神田神保町3-2 高橋ビル2階
TEL 03-6450-5938　FAX 03-6450-5978
info@naturalspirit.co.jp
https://www.naturalspirit.co.jp/

印刷所／中央精版印刷株式会社


ISBN978-4-86451-364-7 C0011